식육과학 4.0

- Meat Science 4.0 -

강석남 · 김일석 · 남기창 · 민병록
이무하 · 임동균 · 장애라 · 조철훈 편저

MS1.0

MS2.0

MS3.0

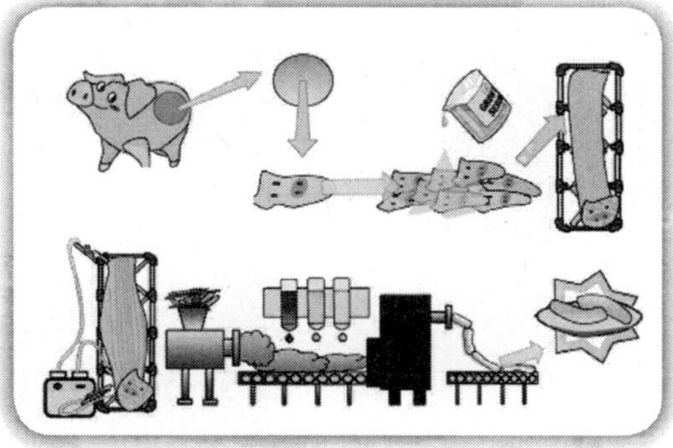
MS4.0

Jones, N. (2010) Nature News. 468(7325), pp. 752-753.

yh 도서출판 유한문화사

들어가는 말

우리나라 대학교에서 축산학을 가르치기 시작한 것은 일본 식민지 시대의 농학교육의 일부로 가르쳐온 수의축산학을 해방 이후에 국내 국립대학교에서 그대로 이어받아 교과과정으로 채택하였을 때였다. 이 시기에 식육에 관한 학문적 지식은 축산의 일부로서 전달되었을 따름이다. 따라서 식육은 단순히 가축을 사육함으로써 생산되어지는 다양한 축산물 중의 하나로서, 그러나 모든 가축이 사육 목적이 무엇이든지 간에 궁극적으로 인간이 이용하는 식육자원이라는 차원에서 식육생산은 축산의 꽃으로 언젠가는 각광받을 학문으로서의 잠재력을 가지고 있었다.

농업이 생산량 증가에만 집중하던 시절에는 현실적으로나 학문적으로나 생산물을 가공하는 측면에 대한 관심이 적었기 때문에 식육생산은 가공보다는 신선육을 소비하는 양적(quantity)인 부분이 강조되어졌다. 1970년대에 들어와서 육가공이라는 분야가 국내에서 관심의 대상이 되었으나 축육의 부족으로 가공품의 원료가 대부분 수산물과 곡물로 대체되는 현실이었고, 가공기술도 일본에서 지원을 받았다. 따라서 1970년대 이전까지가 식육과학 1.0 시대이었고, 이후 국가 경제가 급성장을 이룩하여 가공품의 원료로서 축육이 이용되기 시작하던 1980년대 중반 이전 시대까지가 식육과학 2.0, 그리고 그 이후에서 지금까지가 식육과학 3.0 시대일 것이다. 이 시대에는 품질(quality)과 안전성(safety)이 강조되었다.

이제 시대는 바야흐로 제 4차 산업혁명 시대를 맞이하게 되어 인공지능과 빅데이터를 이용한 스마트 산업시대가 열리고 있다. 2050년의 세계 인구가 90억 명을 상회할 것으로 예상하여 이 지구 인구를 먹여 살릴 농식품 산업이 지속가능하게 유지되고, 식품영양 안보가 확보되려면 앞으로의 농식품 산업이 어떻게 발전되어야 할 것인지를 고민해야 할 시대가 되었다. 이 와중에 식육산업은 기후변화를 포함한 지구환경을 고려하고 소비자 건강과 윤리를 염두에 두면서 소비자들이 지속적으로 찾을 수 있는 맛과 영양을 제공하는 건강한(healthy) 식육제품 생산 기술을 발전시켜야 하는 입장이 되었다.

이러한 미래 시대에 적합한 학문 후속세대는 첨단 식육과학과 기술을 이용하여 산업을 발전시키며 소비자를 만족시키는 능력을 갖춰야 할 것이다. 따라서 식육의 근본인 근육의 기초과학을 이해하고 식육 및 식육제품의 품질과 영양가의 기본과 그것들을 제어할 수 있는 생명공학 그리고 첨단 가공기술의 원리를 이해하는 것이 필수적이라고 생각된다. 이에 저자들은 젊은 세대들을 위하여 최신의 지식과 정보를 종합하여 식육과학 4.0을 준비하였다.

2018. 8.

편저자 일동

차 례

제 1편 근 육 / 13

제 1 장 근육 형성 / 14

제 2 장 근육 수축 / 39

제 2편 근육의 식육 전환 / 55

제 1 장 사후근육의 생화학적 변화 / 56

제 2 장 식육 생산 / 84

제 3편 식육 품질 / 111

제 1 장 식육 품질의 이해 / 112

제 2 장 관능적 품질(Sensory quality) / 117

제 3 장 건전성(Wholesomeness) / 176

제 4 장 가공 기능성(Functionality) / 196

제 5 장 변질과 품질의 유지 / 208

제 4편 식육 가공 / 227

제 1 장 신선육 가공 / 228

제 2 장 가공육제품 / 236

제 3 장 가공육제품 제조기술 / 242

제 5편 식육과 육제품의 품질 제어 / 273

제 1 장 식육 품질에 영향을 미치는 요인 / 274

제 2 장 가축에서의 제어 / 279

제 3 장 식육제품에서의 품질 제어 / 292

제 6편 첨단 미래 식육과학 기술 / 303

제 1 장 첨단 식육과학 기술 / 305

제 2 장 식육의 미래 / 339

제1편 근 육

"자신의 근육 조직을 어떻게 사용하는가에 성공이 좌우되던 시대는 갔다. 21세기에는 뇌세포가 근육 조직보다 더 많은 일을 해야 한다."

- 이스라엘모어 아이버 -

제 1 장

근육 형성

골격근의 성장은 몇 가지의 핵심 발달단계로 구분된다. 수정, 배아의 성숙(착상을 통한 8세포 단계), 분만, 그리고 출생 후 성장이다. 골격근의 발달을 분만을 기준으로 나누면 두 단계로 구분이 된다. 하나는 출생 전 발달로 주로 근육섬유의 수가 늘어나는 단계(증산, hyperplasia)이며, 다른 하나는 근육의 출생 후 발달로, 존재하는 근육섬유들의 크기가 증가하는 단계이다(비대, hypertrophy). 상처가 없으면 이 단계에서 기본적으로 근육 섬유의 숫자는 유지되며, 출생 후 새로운 섬유 성장은 거의 일어나지 않는다.

출생 전 근육 발생 단계는 3단계로 구분이 가능하다. 첫째로 임신 초기에는 섬유수가 배아근육 발생기에 증가한다(1차 섬유형성). 태아 근육 발생의 2단계(2차 섬유형성)는 임신 중기 및 말기에 일어난다. 이 출생 전 근육 발생의 두 단계에서 기본적으로 성체의 근육 숫자가 결정된다. 위성세포(satellite cell) 관련 근육 발생인 3차 단계는 성장하는 동물에서 일어나는 출생 후 근육섬유의 크기 증가를 중재한다. 위성세포 융합은 또한 성체에서의 섬유 숫자 유지를 책임진다.

근육의 성장과 발달을 제어하는 요인들과 근육이 고기로 전환되는 과정에 대한 이해가 깊어지면 이는 당연히 고기품질을 향상시키는 전략으로 연결될 것이다. 이러한 관점에서 이 장은 근원세포가 형성되고, 이것이 어떻게 근육으로 성장하고, 또한 이러한 과정을 실험실에서 가능하게 만드는 세포배양에 관해 공부한다.

1. 근육의 구조

우리가 근육의 구조를 이야기하려면 우선 근육이 무엇인가를 이해해야 한다. 동물 신체에는 평활근(smooth), 심근(cardiac), 골격근(skeletal)이 있고, 모두 유사한 기능을 가져 화학적 에너지를 기계적 에너지로 전환한다(근육 수축). 근육은 움직임을 만든다. 이것은 근육 수축의 결과이다. 평활근은 위장관을 구성하며, 내용물을 관을 통해 입에서 항문까지 운반하는 기능을 한다. 심근은 심장의 근육으로 유일한 기능이 혈액을 분출하는 일이다. 평활근과 심근은 불수의근(不隨意筋)이다. 골격근은 무늬

근으로서 체내에서 운동하는 기관이다. 이것은 인대, 힘줄 혹은 뼈에 직접 연결되어 있다. 골격근의 기능은 신체의 자세를 유지하며 생명을 위해 필요한 신체의 운동력을 제공하고, 지지하고, 그리고 신체 각 부분들이 움직일 수 있게 하는 것이다. 더욱이 수축할 때는 열이 발생하며, 이 열은 정상 체온조절에 매우 중요하다. 이것은 평활근이나 심근과 달리 원할 때만 수축이완 작용하는 수의근(隨意筋)이다. 골격근은 조직 내 근육세포 외에 정맥과 동맥, 신경조직 그리고 결합조직을 가지고 있다.

근육 조직이 동물 신체에서 요구되는 기능을 수행하기 위해서는 여러 가지의 성질이 필요하다. 첫째, 흥분성(excitability)은 반응성이나 피자극성이라고도 불리는 성질로서 신체 내외의 환경 변화 즉, 자극을 받아들이고 대응하는 능력이다. 근육에서 자극은 일반적으로 신경세포가 분비하는 화학적 신경전달 물질이나 pH의 변화이다. 둘째, 수축성(contractability)은 충분히 자극되었을 때 강제로 단축하는 능력이다. 셋째, 신전성(extensibility)은 길이가 늘어나는 능력이다. 근육세포는 수축하면 길이가 짧아지나 이완됐을 때는 휴식상태의 길이 이상으로 신장될 수도 있다. 넷째, 탄력성(elasticity)으로 근육세포는 신장되었다가 다시 휴식상태의 길이로 되돌아오는 능력이 있다.

2. 근육의 종류

동물 신체에 존재하는 근육의 종류는 골격근, 심근 그리고 평활근이다. 골격근과 평활근 세포는 심근 세포와는 달리 가늘고 긴 형태이기 때문에 근섬유(muscle fiber)라고 부른다. 체성분 중 지방조성이 높은 동물을 제외하고는 골격근은 도체의 대부분(35~65%)을 차지하고 있다. 골격근과 심근은 현미경 하에서 관찰하면 횡으로 무늬를 띄우고 있어 횡문근(橫紋筋, striated muscle)이라 한다(그림 1-1). 또한 골격근은 수의근(隨意筋, voluntary muscle)이라 부르며, 평활근과 심근은 불수의근(不隨意筋, involuntary muscle)이라 한다.

2.1 골격근

골격근(骨格筋, skeletal muscle)은 직・간접적으로 뼈에 부착되어 있는 기관이며, 일부는 인대(靭帶, ligaments), 근막(筋膜, fascia), 연골(軟骨, cartilage) 또는 피부에 먼저 부착되어 있다(그림 1-2). 동물체는 600개 이상의 근육을 가지고 있으며 근육의 모양, 크기 및 작용은 매우 다양하다. 한 근육의 독특한 성질은 그 근육 고유 기능에 의해 지배된다. 모든 근육은 얇은 결합 조직 막에 의해 덮여져 있으며, 근육 내부를 통과하는 결합조직이 연속적으로 배열되어 있다. 신경섬유와 혈관은 근육을 통

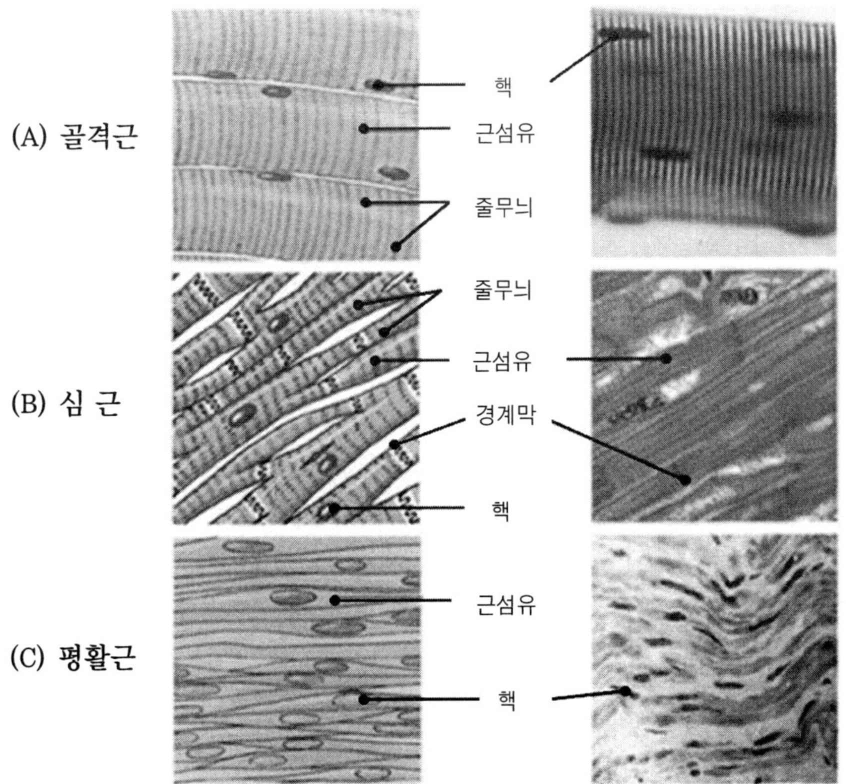

그림 1-1. 근육 섬유의 종류

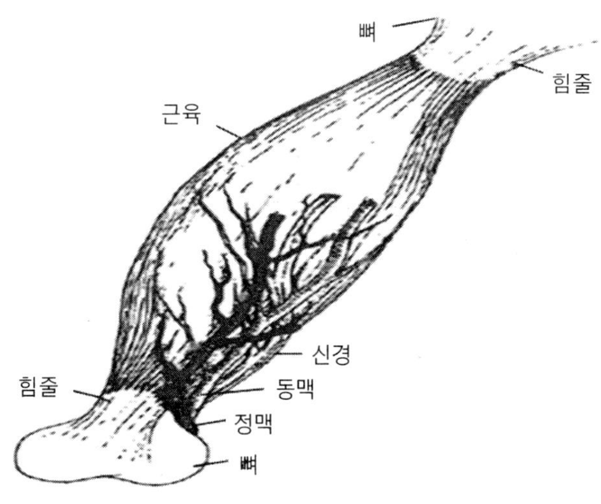

그림 1-2. 골격근의 모식도

과하고 있으며, 결합조직 망상 조직은 운반의 통로를 제공하고 있다.

골격근 조직의 기본 구조적 단위는 근섬유(筋纖維, muscle fiber)라 부르는 고도로 특수화된 세포이다. 근육세포(muscle cell, myocyte 혹은 myofiber라고도 부른다)는 핵이 주변에 위치한 다핵세포로서 매우 잘 정렬되고 촘촘히 묶인 근원섬유의 세포내 망이다. 개별 근육은 서로 평행으로 배열된 다양한 숫자의 섬유들로 구성되어 있다. 전 근육량의 75～92%는 근섬유가 차지하며, 나머지 부분은 결합조직, 혈관, 신경섬유 및 세포 외액이 차지하고 있으나 대부분은 세포 외액이다.

구조적 용어로서 근육은 근속(筋束, bundles) 또는 섬유속(纖細束, fascicle)으로 분류된 많은 개개의 섬유로 구성되어 있다. 섬유의 수는 근속마다 다르며 근속 크기도 다양하다. 많은 근속은 근육을 이루기 위해 여러 형태로 집단을 이룬다. 횡단면에 있어서, 근속은 불규칙적인 다면체 모양으로 보인다(그림 1-3). 이들은 상호변형과 인접한 근속 사이의 결합조직 격막의 압력에 의해 모양이 정해진다. 근속의 크기와 결합조직 격막의 두께는 근육의 구조에 의해 결정된다. 즉 작은 근속과 얇은 격막은 미세한 구조를 가지며, 큰 근속과 두꺼운 결합조직 막은 거친 조직을 갖는다. 조직이 미세할수록 살아있는 근육의 운동 정확도는 커진다.

개개의 근섬유 근형질막(sarcolemma)은 근섬유내막(筋鐵維內膜, endomysium)에 의해 둘러싸여 있다(그림 1-3). 근형질막과 근섬유내막은 양쪽 모두 근섬유를 둘러싸지만 분명히 다른 두 개의 구조이다. 근형질막은 지질-단백질 구조로 이루어져 있으며 근섬유내막은 단백질-다당류로 이루어져 있다. 근섬유내막은 소량의 미세한 collagen 섬유와 다량의 reticulin 섬유로 구성되어 있다. 약 20～40개의 근섬유와 관련 근섬유내막은 1차 근속이라 불리는 구조로 분류된다. 다수의 1차 근속(primary muscle bundle)은 2차 근속(secondary muscle bundle)으로 알려진 보다 큰 근속을 이루기 위하여 서로 결합한다. 1차 근속과 2차 근속은 collagen 결합조직막인 근주막(筋周膜, perimysium)에 의해 둘러싸여 있다(그림 1-3).

결과적으로 다수의 2차 근속이 모여 근육을 이루며 근육은 근외막(筋外膜, epimysium)이라 불리는 결합조직막 속에 함유되어 있다. 이들 결합조직 막은 섬유와 근속을 함께 묶으며 주위의 신경과 혈관을 지지하고 있다. 비록 근육 섬유가 골격근의 기본 구조적 단위이지만 조직 내에서 발견되는 세포 유형의 관점에서는 근육은 다양한 종류가 섞여 있는 조직이다. 특화된 단핵의 근육 전(pre-muscle) 세포인 위성세포는 근섬유내막과 근형질막 사이에 존재하며 출생 후 근육 성장을 지원하기 위한 필수적인 내부 DNA 급원으로 근육 비대에 역할을 한다. 혈관, 신경 및 림프관들도 근주막과 근외막 사이에 퍼져 있다. 운동신경세포(motor neuron)는 근육 수축을 야기하고 움직임을 가능하게 하는 근육세포 집단을 활성화 한다.

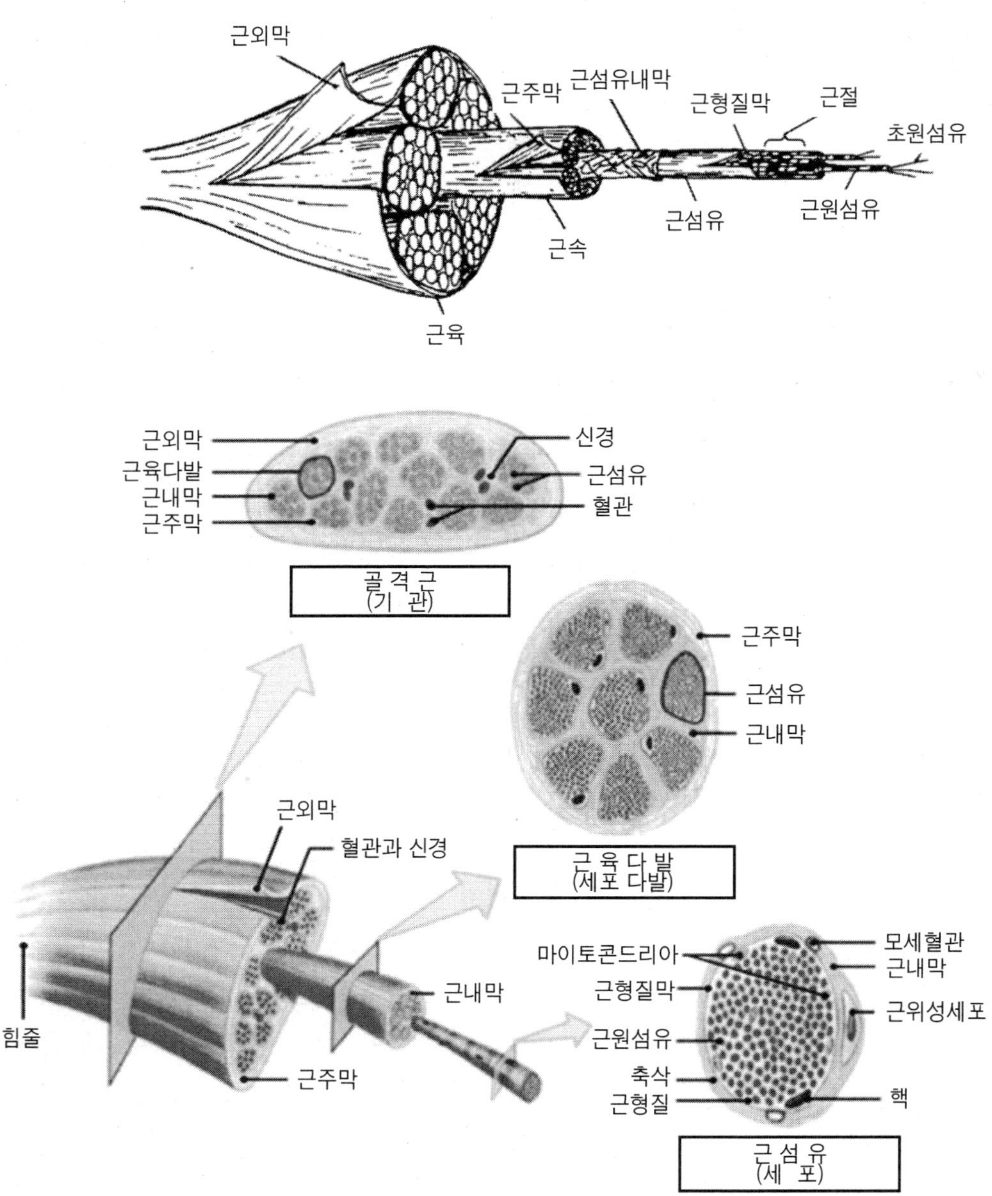

그림 1-3. 근육 구조의 모식도

1) 골격근 섬유

포유류와 조류의 골격근 섬유(骨格筋 纖維, skeletal muscle fiber)는 길고 분지되어 있지 않고 양쪽 끝이 약간 가는 모양을 하는 실과 같은 세포이다. 골격근 섬유는 수 cm의 길이를 가지지만 전 근육의 길이에 걸쳐 존재하는 것은 아니다. 또한 직경도 10㎛에서 100㎛ 이상까지 같은 동물, 같은 근육 내에서 조차도 매우 다양하다.

(1) 근형질막

근섬유를 둘러싸는 막을 근형질막(筋形質膜, sarcolemma)이라 부른다(그림 1-4). 근형질막은 단백질과 지질로 이루어져 있으며 수축, 이완 및 신장되는 과정에서 순응할 수 있는 탄력성을 가지고 있다. 근형질막이 만입되어 이루어진 횡행세관(橫行細管, transverse tubules)은 근섬유의 전 길이와 원주형의 근섬유 주위에 주기적으로 존재하고 있다(그림 1-5). 이 소관구조를 T관(T-system 또는 T-tubules)이라 한다.

운동신경 섬유(運動神經 纖維, motor nerve fiber)는 근신경 연결부가 있는 근형질막에 최종적으로 도달된다. 근신경 연결부는 근형질막에 약간의 만입이 허용되어 운동신경 섬유가 도달된 장소이다. 근신경 연결부에 존재하는 구조를 운동종판(運動終板, motor end plate)이라 부르며, 근섬유 표면에 약간 불룩한 모양을 가지고 있다.

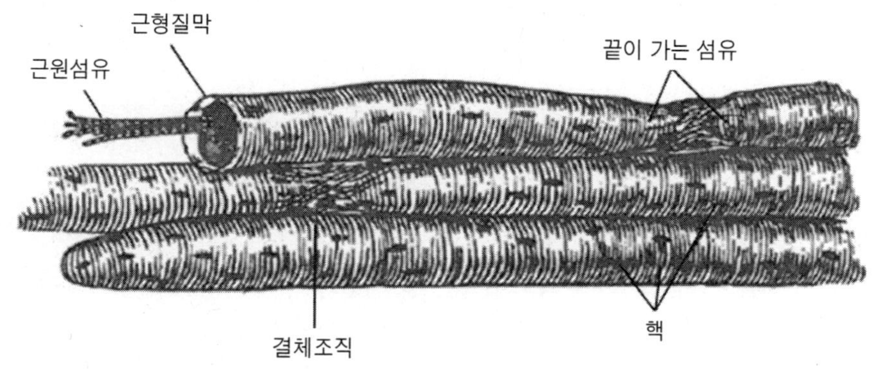

그림 1-4. 골격근 섬유의 구조적 모양과 장축배열

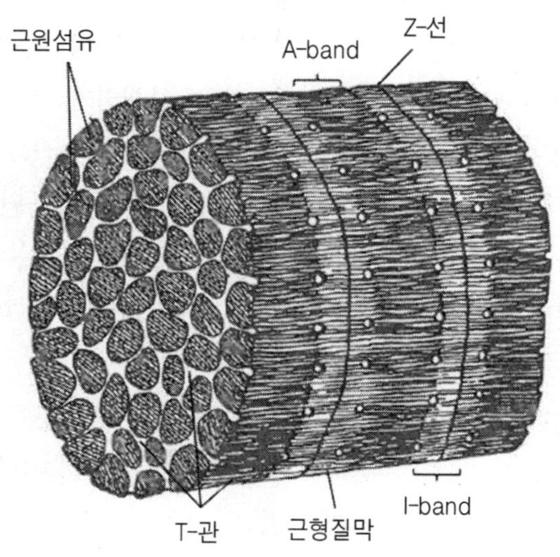

그림 1-5. 포유류 골격근의 T관 구조와 A-band~I-band 접합부의 모식도

(2) 근형질

근섬유의 세포질을 근형질(筋形質, sarcoplasm)이라 한다. 근형질은 모든 소기관과 봉입체들이 현탁되어 있는 세포내 콜로이드성 물질이다. 수분이 근형질의 75~80%를 차지하고 있으며, 골격근의 근형질에는 지방입자, 글리코겐 과립, 리보솜, 다수의 단백질, 비단백태 질소화합물과 얼마간의 무기물질들이 함유되어 있다.

(3) 핵

골격근 섬유는 다핵세포이고, 핵(核, nuclei)의 길이는 큰 변이를 가지고 있으며, 섬유당 핵의 수도 일정치 않다. 포유동물 근육의 핵은 근형질막 바로 밑의 섬유 주위에 존재하며, 어류 골격근의 핵은 항상 섬유 내의 중앙에 존재하고 있다. 모양은 타원체이며, 섬유의 장축에 평행하게 장축방향으로 배열되어 있다.

(4) 근원섬유

근원섬유(筋原纖維, myofibril)는 근육조직의 독특한 기관이다. 근원섬유는 길고 가는 원주관이며, 직경은 대개 1~2㎛이다. 대부분의 근육과 모든 포유동물 근육의 장축은 근섬유 장축에 평행하게 배열되어 있다. 근원섬유는 근형질에 잠겨 있으며, 근섬유 전 길이에 걸쳐 존재한다. 근원섬유의 모식도와 전자현미경 사진을 그림 1-6, 1-7, 1-8에 표시하였다. 50㎛의 직경을 가지는 식육동물의 근섬유는 적어도 1,000개의 근원섬유를 가지나 2,000개 이상의 근원섬유를 가질 수도 있다.

근원섬유의 횡단면 현미경사진에서 두 개의 다른 크기를 가지는 잘 정돈된 점의 배열을 볼 수 있다(그림 1-8). 이 점들은 실제로 근원섬유 내의 초원섬유(超原纖維, myofilament)이다. 초원섬유는 일반적으로 근원섬유의 굵은 필라멘트와 가는 필라멘트를 가리켜 말한다. 종단면에 굵은 필라멘트는 서로 평행하게 정렬되어 있으며, 전 근원섬유를 가로질러 정확한 정렬로 배열되어 있다(그림 1-6, 1-7). 마찬가지로 가는 필라멘트도 서로 평행하게 그리고 굵은 필라멘트와도 나란히 근원섬유를 가로질러 정확하게 배열되어 있다. 초원섬유의 배열과 굵은 필라멘트와 가는 필라멘트의 중복은 근원섬유의 특징적인 banding 또는 횡문무늬(striated appearance)를 나타나게 한다(그림 1-7). 밝은 부분과 어두운 부분이 교체되는 모양을 가지는 이 banding 효과는 횡문근(橫紋筋, striated muscle)이라는 용어로 설명된다.

근원섬유 내에서 명대(明帶, light band)와 암대(暗帶, dark band)의 상이한 밀도의 영역을 볼 수 있다. 명대는 편광으로 관찰할 때 한 번 굴절하여 등방성(等方性, isotropic)이라 하며 I-band라 부른다. 더 넓은 암대는 편광에서 이중으로 굴절하여 이방성(異方性, anisotropic)이라 하며 A-band라 칭한다. A-band는 I-band 보다 농도가 짙고, 두 band는 비교적 가늘고 진한 선에 의해 양분되어 있다. I-band는 Z-disk라 부르는 검고 가는 band에 의해 양분되어 있다. 두 개의 인접한 Z-disk 사이의 근원섬유 단위를 근절(筋節, sarcomere)이라 한다. 근절은 하나의 A-band와 A-band 양편에 있는 두 개의 반쪽 I-band로 구성되어 있다. 근절은 근원섬유의 반복되는 구조적 단위이며 또한 근육의 수축-이완과정에서 기능을 영위하는 기본적 단위이다. 근절의 길이는 일정치 않으며, I-band의 경우와 마찬가지로 근절의 면적도 근육의 수축상태에 의존하여 변한다. 포유동물의 경우 근절의 길이는 휴지 시 2.5㎛이다.

근원섬유는 상이한 농도를 가지는 zone, line 또는 band의 다른 구조도 가지고 있다. H-zone, 유사 H-zone(pseudo H-zone)과 M-line도 수축상태 시 구조변화가 일어난다(그림 1-6, 1-7).

(5) 초원섬유

초원섬유의 굵은 필라멘트와 가는 필라멘트는 면적도 다르고, 이들의 화학조성, 성질 그리고 근절(筋節) 내의 위치도 다르다. 척추동물 근육의 굵은 필라멘트는 대략 14~16nm의 직경과 1.5nm의 길이를 가지고 있다. 굵은 필라멘트는 근절의 A-band를 구성하고 있다(그림 1-6, 1-7). 굵은 필라멘트의 주요한 단백질은 myosin이며, 굵은 필라멘트를 myosin filament라고도 한다. Myosin filament는 M-line에 존재하는 미량 단백질에 의해 위치가 유지되고 있다. 가는 필라멘트는 약 6~8nm의 직경을 가지며, Z-disk의 양쪽으로 1.0nm 정도 뻗어 있다. 가는 필라멘트는 근절의 I-band를 구성하고 있으며, 또한 I-band의 범위를 벗어나 A-band 안으로 뻗어 있고, thick myosin filament 곁에 있다(그림 1-6).

횡단면에 있어서 초원섬유(超原纖維)의 분포는 근절의 thick filament(myosin)와 thin filament(actin)의 규칙적인 배열을 나타내고 있다(그림 1-6, 1-8). H-zone에는 굵은 필라멘트만 존재하며, actin과 myosin filament가 중복되는 A-band의 횡단면을 보면 하나의 굵은 필라멘트 주위에 6개의 가는 필라멘트가 존재하는 것을 알 수 있다. I-band는 가는 필라멘트만을 함유한다.

(6) Z-disk의 초미세구조

종단면을 보면, Z-disk의 한쪽에 있는 하나의 actin filament는 Z-disk의 반대편에 있는 2개의 actin filament 사이에 놓여 있다(그림 1-6, 1-7). 이 배열은 actin filament가 본래 Z-disk를 통과치 않는 것을 가리킨다. Z-filament라 부르는 아주 가는 필라멘트는 Z-disk 물질을 구성하고 있으며, 또한 Z-filament 양쪽에서 actin filament와 결합하고 있다. 각각의 actin filament는 Z-disk 근처에서 Z-disk를 비스듬히 통과하는 4개의 Z-filament와 연결되어 있다(그림 1-9).

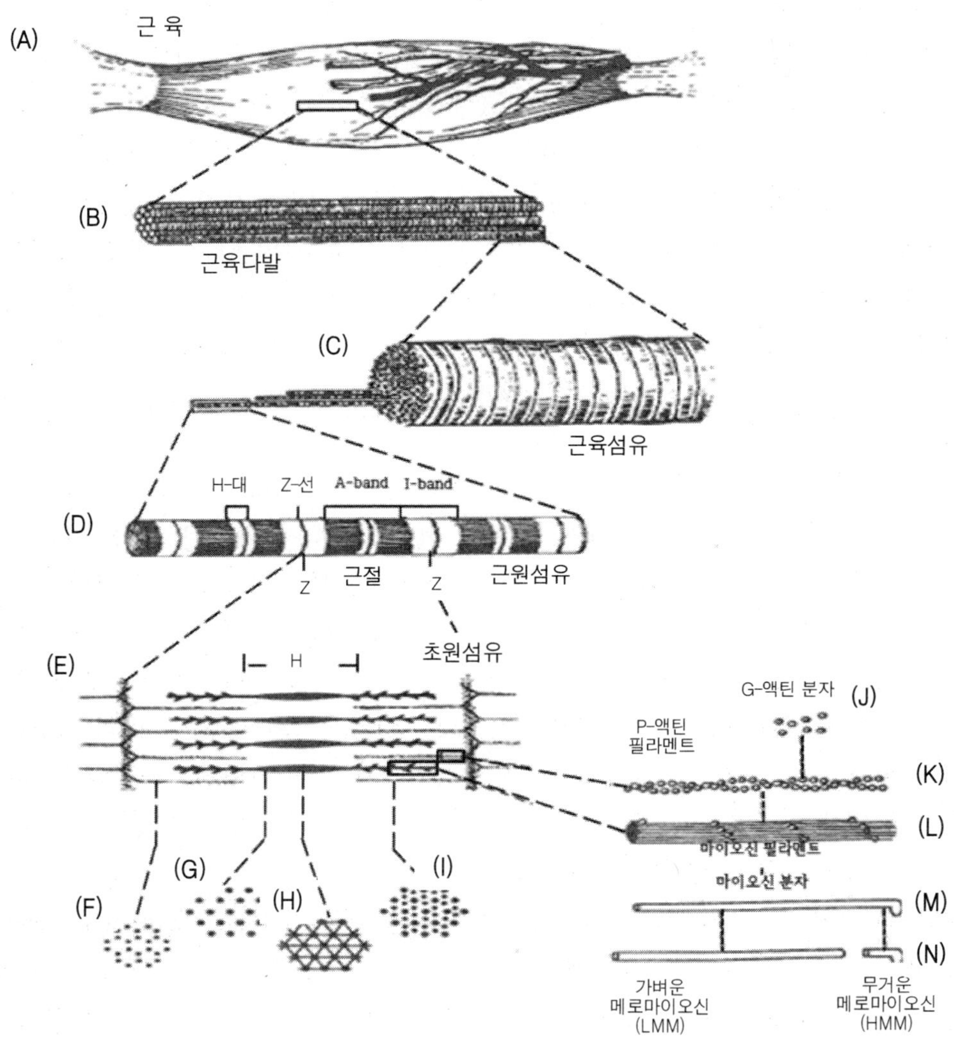

그림 1-6. 육안으로부터 분자수준까지의 골격근 구성의 모식도

(A) 골격근, (B) 근속, (C) 근섬유, (D) 근원섬유, (E) 초원섬유
(F)~(I) 근절 내 여러 위치에서의 초원섬유의 배열
(J) G-action 분자, (K) F-action filament
(L) Myosin filament, (M) Myosin 분자
(N) 가벼운 메로마이오신(Light meromyosin, LMM),
무거운 메로마이오신(Heavy meromyosin, HMM)

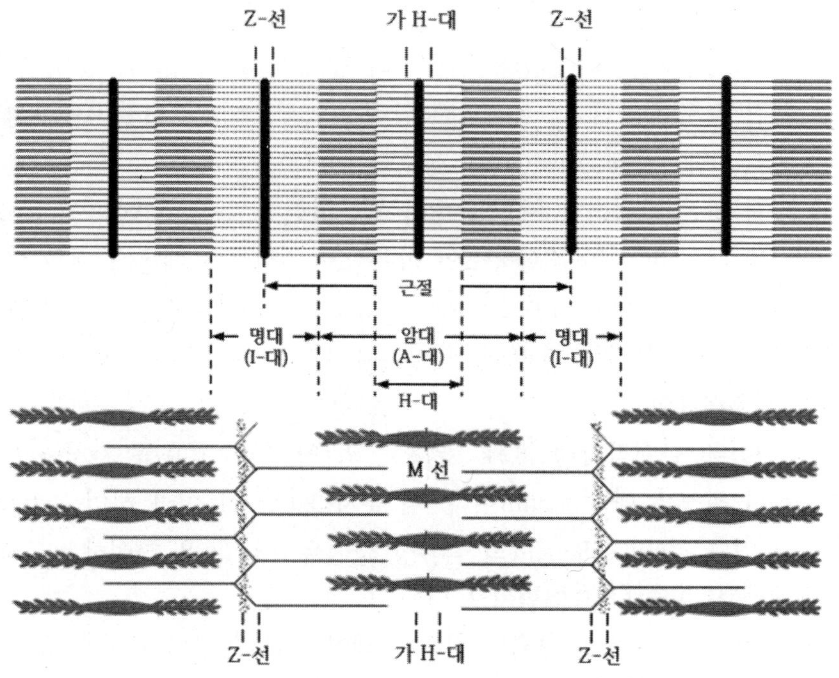

그림 1-7. 근원섬유의 미세구조

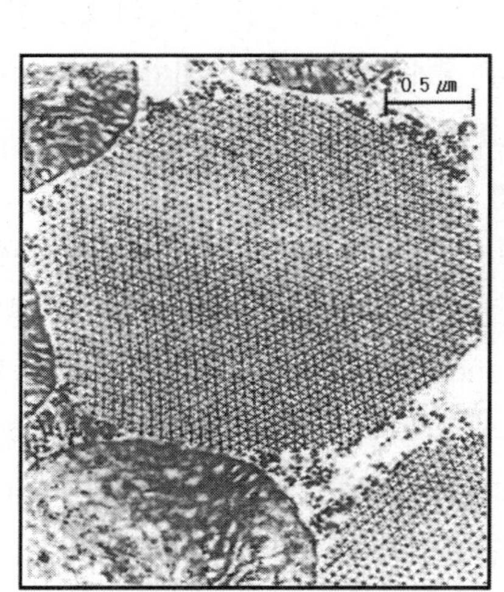

그림 1-8. 근원섬유의 횡단면 전자현미경사진

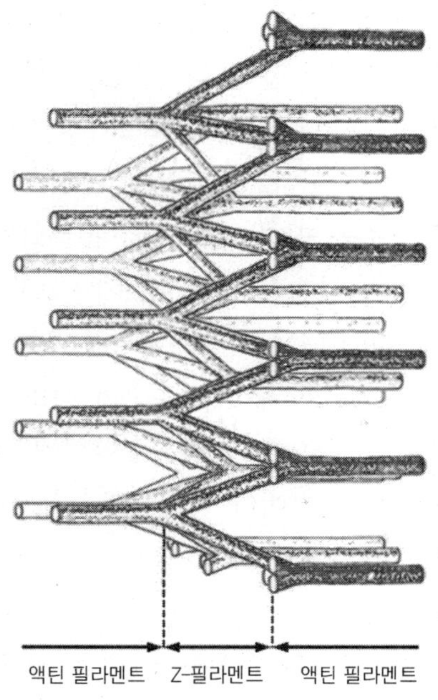

그림 1-9. Z 필라멘트의 구조

(7) 초원섬유 단백질

Actin과 myosin 단백질은 근원섬유 단백질의 약 65%를 차지하고 있다. 나머지 부분은 조절단백질(調節蛋白質)과 세포골격 단백질(細胞骨格 蛋白質)로 구성되어 있다. 이들 후자의 단백질은 actin-myosin 상호작용을 조절하거나, 또는 근섬유 자체를 유지하는데 직접 또는 간접적인 역할로 인하여 붙여졌다. Tropomyosin과 troponin은 actin filament에 대한 myosin 결합장소의 이용성을 조절하기 때문에 매우 중요한 단백질이다(그림 1-10). C-protein은 myosin filament를 둘러싸고 굵은 필라멘트를 형성하는 다발에 myosin 분자를 함께 둘러 감는다. Desmin은 Z-disk를 둘러싼 단백질이며 인접한 근원섬유와 결합하기 위하여 방출된다.

Actin은 근원섬유 단백질(筋原纖維 蛋白質)의 약 20% 정도를 차지하고 있으며, 구상의 분자로서 직경은 대략 5.5nm이다. 이 분자를 G-actin이라 하며, actin의 단량체를 구성하고 있다. Actin filament의 섬유상 성질은 F-actin을 형성하는 G-actin 단량체의 연결에 의해 나타난다(그림 1-6, 1-10).

F-actin에 있어서 G-actin 단량체는 진주를 꿰어 만든 목걸이와 아주 유사하게 섬유 내에서 서로 연결되어 있다. F-actin의 2개의 섬유는 나선형으로 서로 꼬여 actin filament의 특징인 super helix 형태를 취하고 있다.

Myosin은 근원섬유 단백질의 약 45%를 차지하는 섬유상 단백질이다. Myosin 분자의 구조는 가느다란 막대기 모양이며 한쪽 끝은 굵은 부분을 가지고 있다. Myosin 분자의 굵은 끝부분은 머리(head) 부분이라 하며, 굵은 필라멘트의 지주를 형성하는 길고 가는 부분은 rod 또는 tail 부분이라 한다. Head와 tail 부분 사이의 분자부분은 목(neck)이라 한다. Myosin 분자의 head 부분은 2개의 head를 가지고 있으며, 필라멘트의 장축을 따라 외측으로 돌출되어 있다(그림 1-11).

Myosin은 단백질 분해효소에 의해 분해되면 분자량이 다른 두 개의 부분, light meromyosin(LMM)과 heavy meromyosin(HMM)으로 분해된다. A-band 중앙에 있어서, myosin filament는 구상의 머리(globular heads)를 가지지 않는 myosin 분자의 rod 부분을 가진다. M-line 양편에 있는 H-zones 내의 이 부분을 유사 H-zone (pseudo H-zone)이라 한다. Myosin filament의 극성은 A-band의 heads가 없는 중앙부위의 양쪽에서 M-line으로부터 떨어져 사각으로 배열되어 있다. 돌출된 heads는 근육이 수축하는 동안 굵은 필라멘트의 기능적인 활동부위이며 myosin heads는 actin filament와 가교를 형성한다. 근육 수축 시 myosin head는 actin filament의 G-actin 분자와 결합한다.

Tropomyosin은 근원섬유 단백질의 약 5%를 차지하며, actin filament와 거의 결합된 상태로 존재한다. Tropomyosin 섬유는 actin super helix의 구에 나란히 배열되어 있으며, tropomyosin 한 분자는 actin filament의 7개 G-actin 분자의 범위까지 뻗어 있다(그림 1-10).

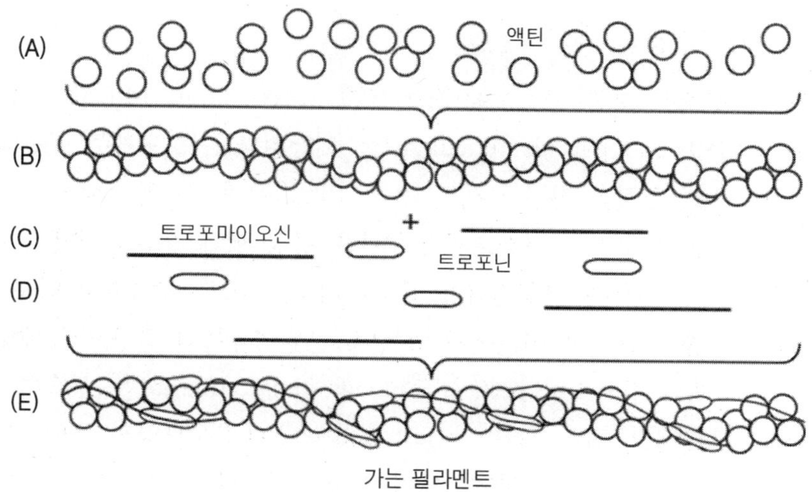

그림 1-10. 가는 필라멘트의 구조

(A) G-actin 분자, (B) F-actin 분자, (C) Tropomyosin 분자
(D) Troponin 분자, (E) 가는 필라멘트(Thin filament)

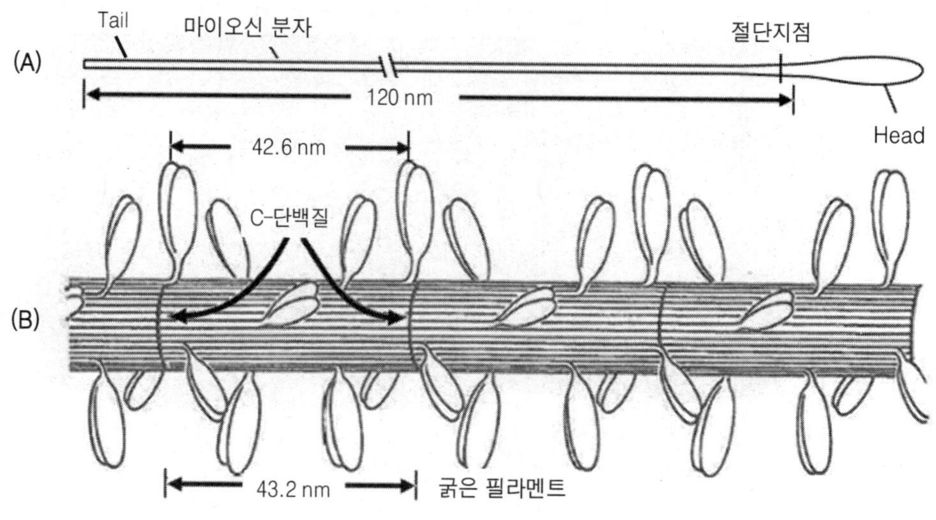

그림 1-11. 굵은 필라멘트의 구조

(A) Myosin 분자, (B) 굵은 필라멘트(Thick filament)

Troponin도 역시 근원섬유 단백질의 약 5%를 차지하며, tropomyosin과 같이 actin filament에 존재한다. Troponin 단위는 actin filament 길이를 따라 주기성(반복성)을 보인다. Actin filament의 7 또는 8개의 G-actin 분자마다 troponin 한 분자가 존재한다(그림 1-10).

(8) 근소포체와 T관

발생학의 기원에서 보면 근소포체(筋小胞體, sarcoplasmic reticulum)는 일반세포의 소포체(小胞體, endoplasmic reticulum)에 해당된다. 근소포체는 근원섬유 주위를 그물망과 같은 망상조직을 형성한 세관(細管, tubules)과 조(槽, cisternae: Ca^{2+} 이온 저장소)의 막모양 조직이다. 근소포체와 T관은 항상 함께 논의되지만 2개의 독립된 별개의 막조직이다. T관은 근형질막에 유래하며 근소포체는 세포내 막구조이다.

근소포체는 수개의 요소로 이루어져 있는데, 근원섬유축의 방향으로 배열된 비교적 가는 관은 소포체의 장축소관(長縮小管, longitudinal tubules)을 구성하고 있다. 근절의 H-zone 부근에서, 장축소관은 fenestrated collar(창문모양의 구멍)라 부르는 바늘구멍의 점선이 있는 판자를 이루어 모여 있다. A-band와 I-band 가 교차되는 곳에서 장축소관은 한 곳에 모여 있고, 횡축으로 배열된 종말조(終末槽, terminal cisternae)라 불리는 하나의 큰 관요소와 연결되어 있다(그림 1-12).

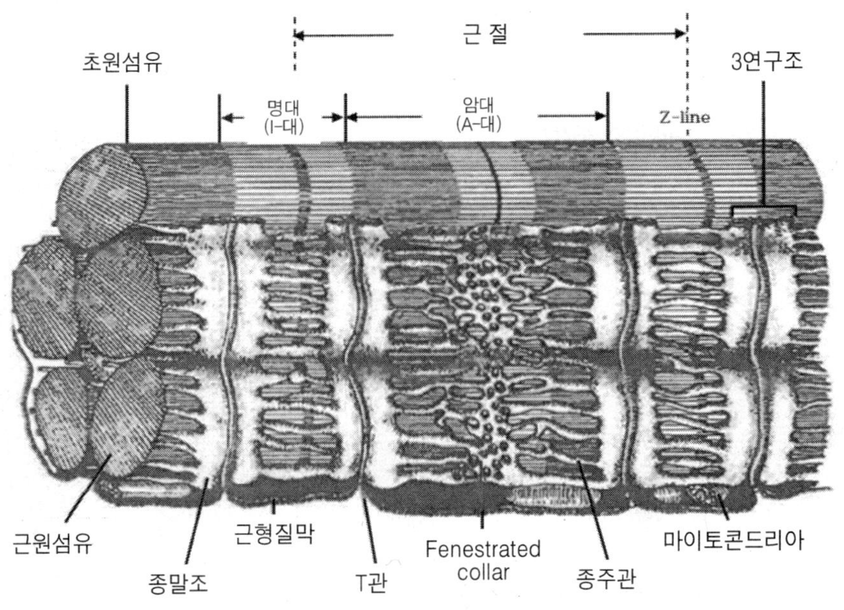

그림 1-12. 포유류 골격근의 근소포체 및 T관의 세포막계 미세구조의 모색도

장축소관은 fenestrated collar로부터 종말조까지의 양편으로 배치되어 있다. T관은 A-I-band 교차점에서 근절을 횡축으로 가로질러 달리고 있으며, 종말조 한 쌍인 두 개의 관 요소 사이에 놓여 있다. 포유동물에 있어서 근세관 조직(筋細管 組織, sarcotubular system)은 A-I-band 교차점에서 근원섬유를 둘러싸고 있으며, 조류와 일부 어류에 있어서는 Z-disk에 존재하고 있다. 근소포체의 용량은 근섬유에 따라 각기 다르나 전체 근섬유량의 약 13%를 차지하는 것으로 추측되며, T관은 근섬유 량의 약 0.3%를 차지하고 있다.

골격근 세포의 근절은 코스타미어(costamere)에 의해 근육세포막에 연결되어 있다. 이것은 근원섬유의 Z-disk를 둘러쌓는 형태로 부착되어 있는 보조근형질막(sub-sarcolemmal) 단백질로서 골격근 세포에서 근절이 근형질막과 힘을 발생시키는 데에 물리적으로 함께한다(그림 1-13).

2) 골격근 단백질

근절에 있는 굵은 필라멘트와 가는 필라멘트는 근육 수축에 관여한다. 굵은 필라멘트는 근육에서 가장 풍부한 근원섬유 단백질인 마이오신(myosin)으로 주로 구성되어 있다. 마이오신들은 C-protein으로 묶여 다발을 이룬다. 굵은 섬유를 형성하기 위해 마이오신 다발은 근절의 M-line에 꼬리로 연결되어 있다. 가는 필라멘트는 구상인 단량체 단백질인 G-protein이 필라멘트인 F-actin으로 조립된다.

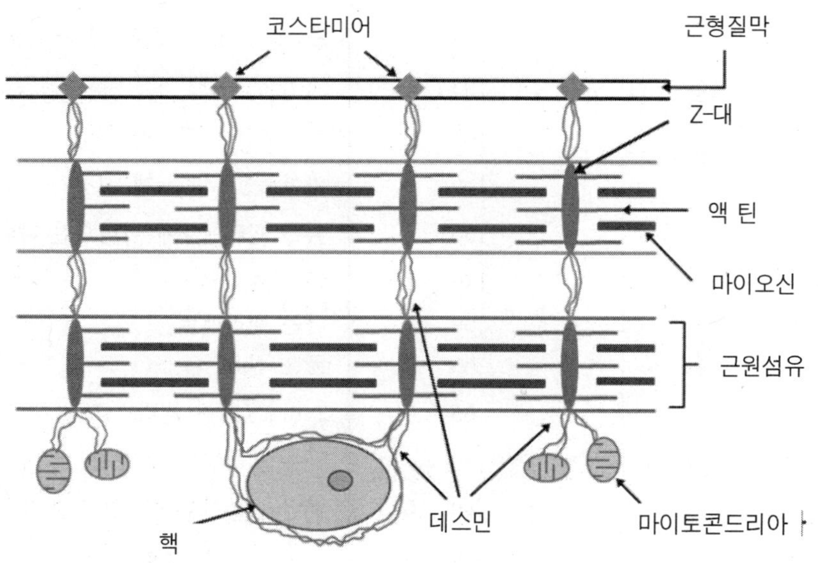

그림 1-13. 코스타미어, 근형질막 및 근절의 모식도

액틴의 길이는 M-line 근처에 있는 beta-actinin과 Z-disk에 존재하는 cap-Z가 관여한다. 액틴의 뾰족한 끝 쪽에 beta-actinin이 존재하여 액틴의 길이를 조절하는 역할을 하는 것으로 추측한다. 가는 필라멘트에는 액틴 이외에 troponin과 tropomyosin이 결합되어 있다. Z-disk에는 alpha-actinin이 존재하며, F-actin과 결합하여 근절에 가는 필라멘트를 고정시킨다. 굵은 필라멘트와 Z-disk 사이와 가는 필라멘트와 M-line 사이에 간격(gap)이 있는 곳에 존재하는 일단의 단백질을 gap protein이라 한다. 굵은 필라멘트 쪽에는 titin, 가는 필라멘트 쪽에는 nebulin이 존재한다.

표 1-1. 골격근에서 발견되는 구조 단백질들

단백질	개략적 분자량(kDa)	위치/기능
Titin	3,700	굵은 필라멘트 / gap
Dystrophin	854	Costamere
Nebulin	773	가는 필라멘트 / gap
Filamin	560	Z-disk 변두리 / costamere
Talin	536	Costamere
Myosin	520	굵은 필라멘트 / 근수축
Synemin	372	Z-disk 변두리 / 중간
Paranemin	356	Z-disk 변두리 / 중간
Desmin	212	Z-disk 변두리 / 중간
Alpha-actinin	204	Z-disk / 가는·굵은 섬유 고정
Skelemin	195	M-line 중간
Myomesin	185	마이오신 M-line에 고정
M-protein	165	마이오신 M-line에 고정
C-protein	130	굵은 필라멘트에 마이오신 다발
Vinculin	116	Costamere
Troponin	69	가는 필라멘트
Tropomyosin	66	굵은 섬유
Cap-z	66	Z-disk / 가는 필라멘트 크기
Actin	42	가는 필라멘트
Tropomodulin	40	액틴의 첨단부 끝. 길이 조정
Telethonin(Tcap)	19	Z-disk. 근절 조립
Myopalladin	145	Z-disk. 근절과 핵 연결

근육섬유 길이에 수직으로 가로질러 근절과 근원섬유의 3차원 구조를 유지시키는 단백질로서 M-line에서 skelemin이 발견되고, Z-disk에서 desmin, paranemin, 그리고 synemin이 발견된다. 코스타미어(costamere)는 세포막과 근형질막 외부 근내막층과 결합하는 단백질들을 함유하고 있다. Filamin, dystrophin, talin, vinculin 등이 그들로서 사후 고기 연화에 영향을 준다(표 1-1).

2.2 평활근

평활근(平滑筋, smooth muscle)은 식육의 적은 부분을 차지하나, 동맥, 림프관의 벽, 위장과 생식관에 많은 양이 존재한다. 평활근 섬유는 존재위치에 따라 크기와 모양이 다르다. 평활근은 보통 묘사되는 것과 같이 항상 방추형은 아니며 외형이 다소 울퉁불퉁 하다. 횡단면을 보면, 평활근 섬유의 모양을 평평한 타원형에서 부터 삼각형과 다면체에 이르기까지 매우 다양하다(그림 1-14). 평활근 섬유의 근형질막은 인접한 섬유와 교량으로 결합하는 막-막 결합(membrane-to-membrane)을 형성하고 있다.

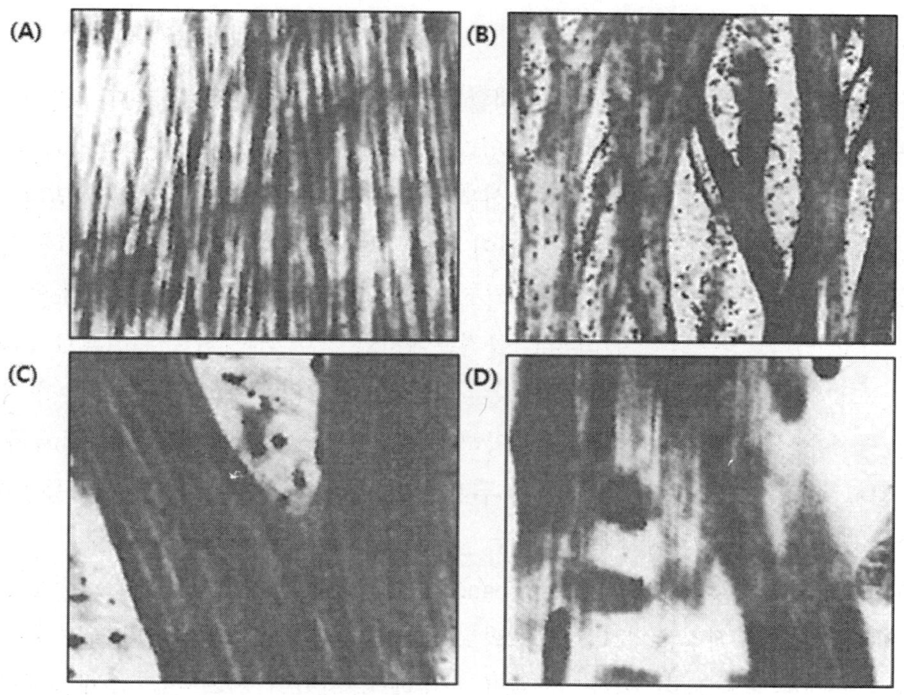

그림 1-14. 평활근 섬유의 배율에 따른 현미경 사진

(A) : ×12, (B) : ×75, (C) : ×300, (D) : ×1000

평활근 섬유는 세포내의 중앙에 하나의 핵을 가지는 단핵세포이며, 근소포체는 골격근보다 덜 발달되어 있다. 평활근의 초원섬유는 골격근과 같이 잘 정렬되어 있지는 않으나, 섬유의 장축에 평행하게 뻗어 있으며 한 쌍을 이루어 배열되어 있다. 골격근과의 차이를 보면 섬유의 끝은 필라멘트의 밀도가 높은 집합체를 함유하고 있고, 이 중에는 골격근의 F-actin을 닮은 actin filament가 존재한다. 그러나 myosin filament는 myosin이 평활근으로부터 추출되지만 보이지는 않았다. Actin과 myosin은 골격근에서와 같은 비율로 존재하고 있고 횡문무늬는 없다. 평활근의 초원섬유는 근형질막의 dark zone에 결합되어 있다. Dark zone은 수축작용을 전달하는 골격근의 Z-disk와 같은 유사물질이며, 또한 초원섬유의 수축을 근형질막에 전달하는 기능도 가지고 있는 것 같다.

평활근 섬유는 단독 또는 속(bundles)으로 존재하며, 배열에 관계없이 존재 위치에서 평활근을 지지하고, 결합하고, 수축력을 전달하는 미세한 결합조직의 정교한 망막에 의해 둘러싸여 있다. 평활근 섬유 사이의 좁은 공간에는 결합조직, 혈관 및 신경섬유가 분산되어 존재하고 있으나, 골격근에 비교하면 평활근은 빈약하게 혈액이 공급되고 있다.

2.3 심 근

심근(心筋, cardiac muscle)은 태아생활 초기부터 죽음에 이르기까지 끊임없이 계속 수축한다는 독특한 성질을 가지고 있다. 심근은 골격근과 평활근 쌍방과 비슷한 성질을 가진다. 평활근에서와 같이 각 섬유는 중앙에 하나의 핵을 가지고 있다. 심근섬유는 분지되어 있으며, 가지보다 직경이 큰 본관을 가지나 골격근 섬유보다 직경도 작고 짧다. 심근의 근형질은 다수의 글리코겐 입자와 매우 큰 다수의 마이토콘드리아를 함유하고 있다. 심근의 초원섬유는 골격근에서와 같이 분리된 근원섬유로 되어 있지 않다. 그 대신에 초원섬유의 집합체는 극히 일정치 않은 크기의 섬유를 형성하고 있으며 면적은 섬유의 장축에 따라 다양하다. 그러나 thick filament(myosin)와 thin filament(actin)는 현미경 하에서 매우 뚜렷하며, 두 필라멘트는 골격근과 동일한 횡문모양을 띄우고 있다(그림 1-15).

포유류와 조류의 골격근에서는 A-I band 교차점에 T관이 존재하나 심근의 T관은 Z-disk에 존재하며 직경은 크다. 심근의 근소포체는 덜 발달되어 있으며, 종말조에 비교되는 구조는 결여되어 있다. 심근의 장축에 규칙적인 간격으로 개재판(介在板, intercalated disks)이라고 불리는 조밀한 선이 섬유를 횡단하고 있다. 이들 개재판은 한 섬유로부터 다른 섬유까지 섬유축의 방향으로 수축력의 전달을 용이하게 하고, 아

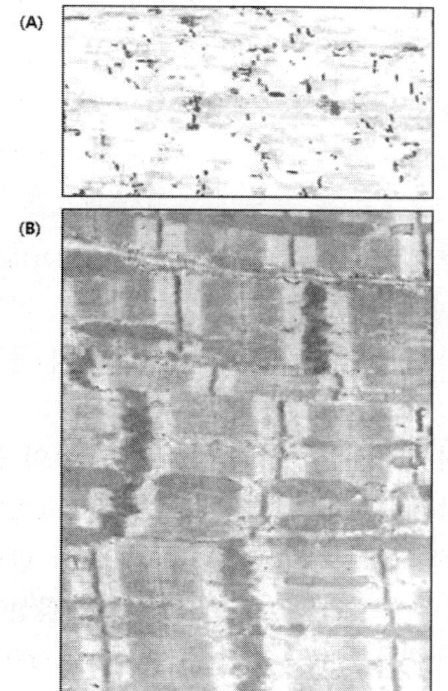

그림 1-15. 심장근의 전자현미경 사진
(A) 섬유배열과 핵의 소재, (B) Banding pattern, 개재판, 마이토콘드리아 및 glycogen 입자

울러 심근의 섬유 가운데서 결합력이 있는 연결을 제공한다.

심근층(心筋層, myocardium)은 심장의 수축층이며, 심근의 대부분을 차지한다. 심근층의 섬유는 섬유 속으로 분류되는 결합조직막으로 연속적인 결합조직 섬유에 의해 존재 위치가 유지되고 있다. 혈관, 림프관 및 신경섬유는 근속 사이의 결합조직을 경유하여 심근층을 출입하고 있다. 심근은 주로 산화적 대사(酸化的 代謝)를 할 수 있는 기능을 부여받고 있어 결과적으로 광범위한 모세혈관을 가지게 된다.

3. 근육 섬유형태

근육은 통상 근육색의 강도에 의해서 적색근(red muscle)과 백색근(white muscle)으로 분류하는데, 색의 강도는 근육이 함유하는 적색근섬유(赤色筋纖維, red muscle fibers)와 백색근섬유(白色筋纖維, white muscle fibers)의 비율에 따라 정해진다(그림 1-16). 근육은 전부가 적색근섬유 또는 백색근섬유로 구성되어 있지 않으며, 대부분의 근육은 적색근섬유와 백색근섬유의 혼합으로 이루어져 있다. 식육동물의 대부분의 근육은 적색으로 보여도 적색근섬유보다 백색근섬유의 비율을 높게 함유하고 있다.

이와 같이 적색근은 백색근에서 발견되는 것보다 적색근섬유의 비율이 높고, 반대로 백색근은 적색근에서보다 적색근섬유를 적게 함유하고 있다. 닭과 칠면조의 다리 근육은 적색으로 보이며, 가슴근육은 적색근섬유와 백색근섬유의 비율로 인하여 거의 백색으로 보인다. 돼지의 반건양근(半腱樣筋, semitendinosus)과 같은 소수의 근육은 적색이 우세하게 보이는 부분을 가지나, 동일 근육의 다른 부분은 뚜렷한 백색을 가진다. 적색과 백색근섬유의 중간적인 특징을 가지는 섬유를 중간형 섬유(intermediate fiber type)라 한다. 백색근섬유 중간형 섬유 그리고 적색근섬유의 구조적, 기능적, 대사특성은 다르다(표 1-2). 그러나 이들 차이는 상대적이며, 섬유형마다의 특징들도 상당한 변이를 보이고 있다.

백색근섬유에 비교해서 적색근섬유의 높은 마이오글로빈 함량은 적색근섬유의 붉은색으로 설명된다. 마이오글로빈에 의한 산소저장은 산화적 대사에 포함되는 효소의 높은 비율과 적색근섬유에서 발견되는 해당효소의 낮은 수준과 일치하고 있다. 한편 백색근섬유는 해당효소의 높은 함량과 낮은 산화적 효소활성을 가진다. 대사활성에 일치하여 적색근섬유의 마이토콘드리아는 백색근섬유보다 숫자도 많고 크기도 크다. 적색근섬유는 또한 모세관 밀도가 커 대사폐기물과 혈관계로부터 영양소 전달을 용이하게 한다. 이들의 작은 섬유직경은 확산거리를 감소시키며, 이들 물질들을 백색근섬유에 비교하여 적색근섬유 내에 잘 통과되도록 한다.

적색근섬유는 또한 지방함량이 높고, 일부는 대사연료의 자원으로서 유용되며, 백색근섬유보다 glycogen 함량은 낮다. 백색근섬유에서 주로 일어나는 해당대사는 산소의 존재유무에 관계없이 일어날 수 있다. 이와 같이 백색근섬유는 적색근섬유보다 낮은 모세혈관 밀도를 가진다. 백색근섬유는 보다 광범위하게 발달된 근소포체와 T관을 가지며, 이 두 구조는 보다 빠른 수축 속도와 일치하고 있다. 백색근섬유는 역시 적색근섬유보다 좁은 Z-disk를 가진다.

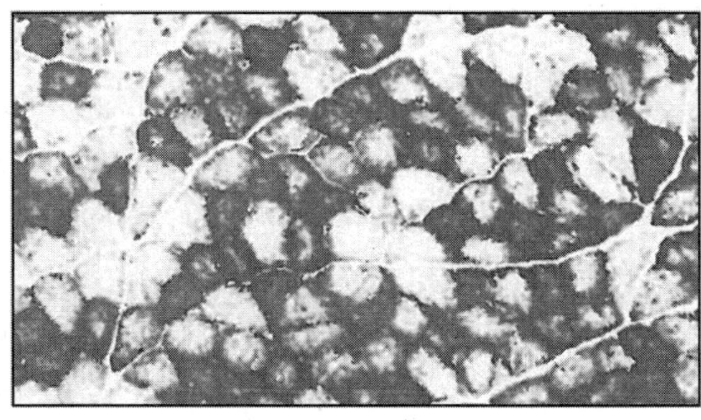

그림 1-16. 돼지 배최장근의 적색근섬유와 백색근섬유의 현미경사진(배율 : ×175)

표 1-2. 가축 및 조류의 적색근섬유, 중간형 섬유 및 백색근섬유의 특징

특 징	적색근섬유	중간형 섬유	백색근섬유
색(color)	Red	Red	White
마이오글로빈 함량(myoglobin content)	High	High	Low
섬유 직경(fiber diameter)	Small	Small-Intermediate	Large
수축속도(contractile speed)	Slow	Fast	Fast
수축성 활동(contractile action)	Tonic	Tonic	Phasic
마이토콘드리아의 수 (number of mitochondria)	High	Intermediate	Low
마이토콘드리아의 크기 (mitochondrial size)	Large	Intermediate	Small
모세혈관 밀도(capillary density)	High	Intermediate	Low
산화적 대사(oxidative metabolism)	High	Intermediate	Low
해당대사(glycolytic metabolism)	Low	Intermediate	High
지질함량(lipid content)	High	Intermediate	Low
글리코겐 함량(glycogen content)	Low	High	High
Z-disk 폭(Z-disk width)	Wide	Intermediate	Narrow

백색근섬유는 일과성 형태의 활동을 가진다. 즉 백색근섬유는 순간적으로 빠르게 수축하며 그리고 쉽게 피로해진다. 적색근섬유는 천천히 수축하나 장시간 동안 수축한다. 천천히 그러나 지속적인 형태의 활동을 일반적으로 tonic(계속적 긴장)수축이라 한다. 적색근섬유는 자세 유지에 있어서 기능적으로 중요하며, 산화적 대사 때문에 산소공급이 지속되는 한 쉽게 피로해지지 않는다. 중간형 섬유는 적색근섬유 보다는 빠르게 수축하나 백색근섬유보다 쉽게 피로해지지는 않는다.

4. 근육 형성

근육의 형성과 골격근의 성장과 발달에 대한 이해는 식육과학에서 매우 중요한 사항이다. 살아있는 동물에서의 근육은 인간이 소비하는 식육으로 전환되기 때문에 근육의 생성과정을 이해하는 것은 소비자를 만족시킬 관능적 품질, 영양가 그리고 식품윤리의 측면에서 식육을 시대에 맞게 생산할 수 있는 지혜를 발휘할 수 있게 해줄 것이다.

근육형성은 수정단계에서 시작한다. 배란기에 난자는 수란관에서 나팔관으로 배란된다. 난자의 정자에 의한 수정은 난모세포를 활성화하여 감수분열(meiosis)를 유발한다. 2세포 접합자(two-cell zygote)는 신속한 세포분열 단계를 거쳐 세포 숫자를 증가시키지만 크기는 감소한다. 이 시기에 세포들은 서로 단단히 결합하여 구형을 이룬다. 8세포 단계에서 배아의 각 세포는 전능세포여서 성체의 어떤 조직으로도 분화가 가능하다. 그러나 16세포 상실배(morula) 단계에서는 배아세포는 상이한 조직으로의 전사요인들을 표현하기 시작한다.

독특한 유전자 표현은 특화되어 특정 세포의 발달 운명을 제한한다. 40~150세포 단계에서 발달하는 배아는 배반포(blastocyst)가 되어 자궁벽의 자궁내막에 착상이 가능해진다. 그리고 배아는 영양막(trophoblast)과 배아줄기세포인 내세포물질(inner cell mass)로 구성된다. 내세포물질의 세포들은 중배엽, 내배엽 및 외배엽으로 분화한다. 이들은 나중에 성체에서 모든 조직들로 분화한다. 중배엽의 세포가 특화되면 근육의 발달로 이어지는 근절(myotome)이 생성된다. 낭배형성(gastrulation)이 시작되면 근축중배엽(paraxial mesoderm)이 형성되고, 이것은 체절(somite)이라는 조직으로 분할된다. 이 체절은 경절(sclerotome), 피부분절(dermatome), 근절(myotome)로 발전하고, 근절에서 근육섬유로 분화할 수 있는 근원세포(myoblast)가 유래한다.

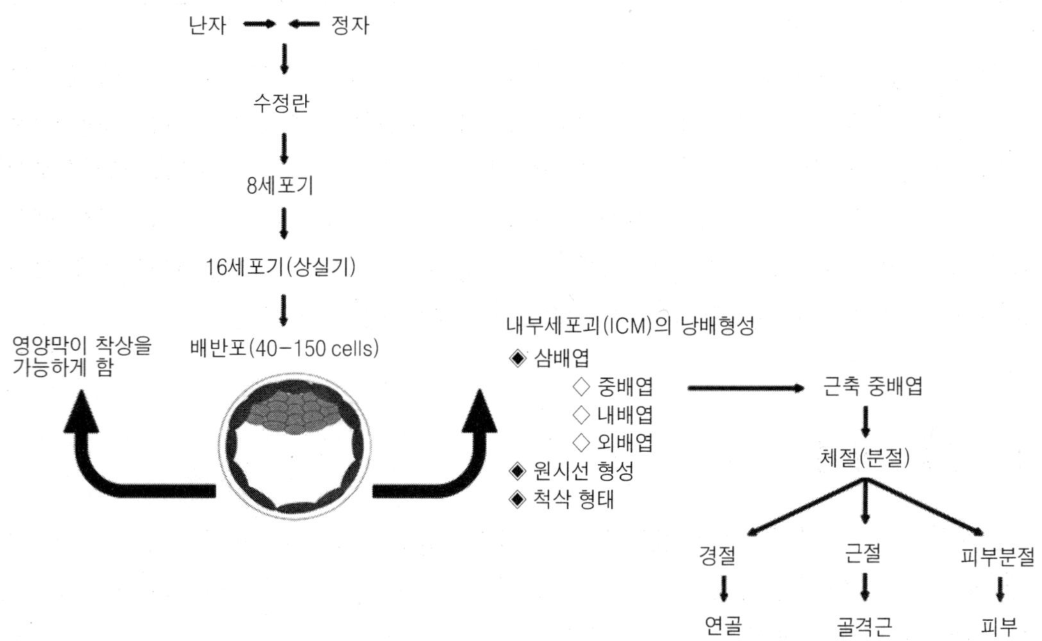

그림 1-17. 배반포에서의 세포의 운명과 배아발달

근육발생(筋肉發生) 혹은 근육 분화(myogenesis)는 배아발달 시기에 근육조직의 형성이다(그림 1-18). 배아발생기의 중배엽 원체절(mesodermal somite)에 존재하는 피부근절(dermomyotome)이나 근절(myotome)은 근원성 전구체(myogenic progenitor)를 가지고 있어 나중에 골격근으로 진화한다. 결합조직 배아의 형태인 간충직 세포(間葉織 細胞, mesenchyme cells)는 근원성 세포와 섬유원성(fibrogenic) 세포를 형성한다. 섬유원성 세포는 여러 결합조직으로 분화하며, 근원성 세포는 근조직으로 분화한다. 근원성 세포가 한 번 나타나면 분화가 일어날 때까지 증식 유사분열기(proliferative mitosis)를 거친다(그림 1-19).

근육발생 단계에서 유사분열을 마감하고 근원세포(筋原細胞, myoblast)로 넘어가는 과정을 결정기(determination)라고 한다(그림 1-20). 근원세포는 근관(myotubes)을 형성하기 위하여 다른 하나와 융합할 수 있는 능력을 가지는 세포이다. 배아발달 초기에 근원세포는 증식하거나 근관으로 분화한다. 성장인자가 결핍되면 근원세포는 세포분열을 멈추고 근관으로 최종 분화를 한다. 근관으로 분화하는 단계를 분화기(differentiation)라고 한다. 미숙한 근관은 myosin, actin 및 다른 근원섬유 단백질을 합성하며 근원섬유 형성을 시작한다.

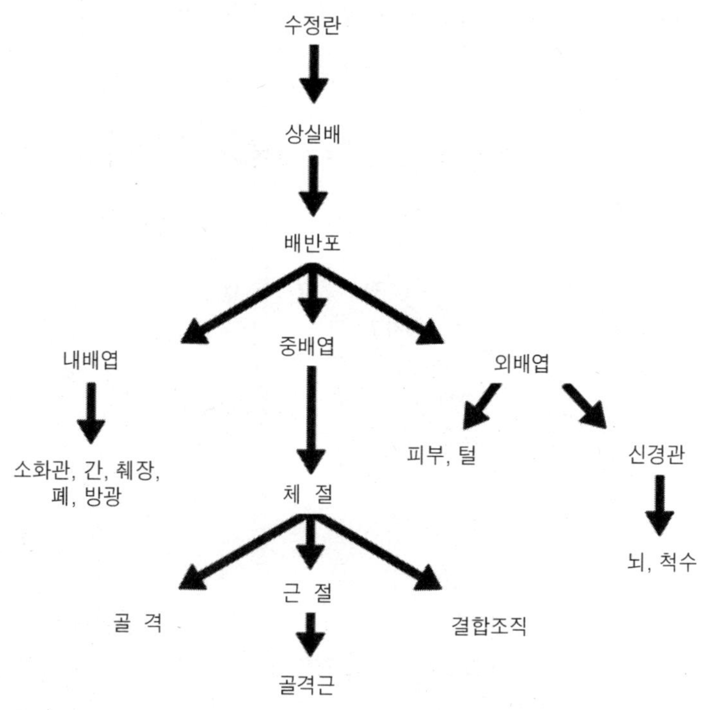

그림 1-18. 출생 전의 성장과 발달 중 조직의 변화

유전자 표현에서의 단계적 변화는 개별 줄기세포에서 골격근 섬유의 생성을 주도한다. 근육 줄기세포는 그들의 유전적 특성, 환경조건, 독특한 신호체계들의 상호작용에 의해 제어된다. 근육 세포 발달의 제어는 근육발생 신호들이 전사인자 망(transcription factor networks)을 제어하여 단계별로 진행된다(그림 1-20). 근관은 핵을 함유하는 세포질의 중앙핵을 가지고 길게 늘어나 있고, 다핵 구조이며, 근원섬유는 말초에 존재한다. 소량의 비횡문근원섬유가 처음으로 근관에 나타난다.

근육생성이 진행됨에 따라 근형질막 바로 밑에 있는 근원섬유는 처음으로 횡문무늬를 가지게 된다. 근원섬유는 종적 분해에 의해 각각의 근관 내에 수의 증가가 일어난다. 태아 발달의 후반부에서 핵은 중심위치에서 말초위치로 이동한다. 초원섬유가 근원섬유 내에 일렬로 정렬하게 되면 골격근과 심장근의 전형적인 횡문을 발달시킨다. 근육생성의 이 단계에서 근관은 근섬유의 전형적인 특징을 가진다. 근관으로부터 발달한 근섬유는 처음으로 섬유를 형성하는데, 이것을 1차 근섬유(primary muscle fibers)라 한다. 이것은 적색근섬유로 발달되는 경향을 가진다.

근관이 배아 근육 내에서 형성된 후에 많은 2차 근섬유(secondary muscle fibers)가 각 근관주위에 형성된다. 이것은 백색근섬유로 발달한다. 2차 근섬유는 근원세포의 융합에 의해 생기나 핵은 중앙에 존재하지 않는다. 2차 근섬유는 근원섬유의 중앙핵(central core)과 말초에 존재하는 핵을 함유하며, 배아 및 태아 근육 발달 중의 근관보다 직경은 작다.

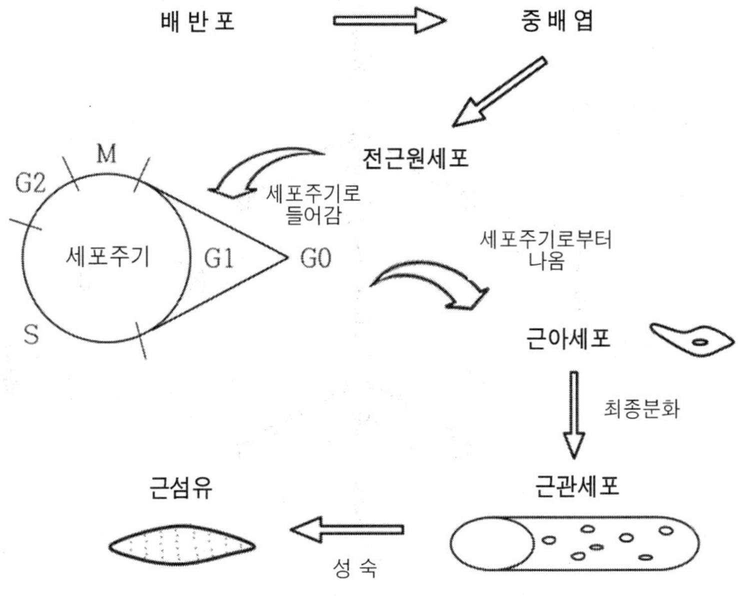

그림 1-19. 근육발생 과정 도식

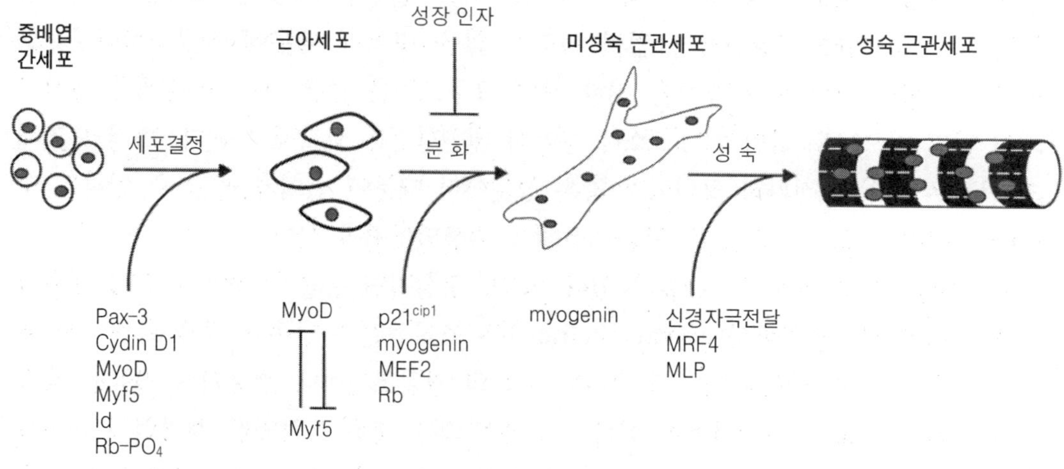

그림 1-20. 근육발생 단계별 전사인자들

배아 및 태아 발달 중 근육 내의 섬유 수는 증가하고 명확하게 근속들이 형성된다. 개개의 섬유는 출생기의 처음 2/3단계에서 약간의 직경의 증가가 보인다. 출생기의 마지막 1/3단계에서의 비대는 처음의 2/3시기에서 일어나는 것보다 비교적 큰 근육 성장을 야기한다. 이 시기에 있어서 근육무게의 대부분의 증가는 증생(增生, 섬유 수의 증가)을 일으킨다. 발달하는 근섬유는 존재하는 근원섬유의 끝에 완전한 근절단위의 부가에 의해 길이의 성장이 일어난다.

5. 근육 세포배양

조직이나 세포배양은 기본적으로 살아있는 동물에서 조직이나 세포를 수확하여 세포배양용 용기에서 이것들을 배양하는 것이다. 따라서 세포배양은 생체외(*in vitro*)라는 용어로 기술되며, 이것은 세포를 실험실에서 인공적으로 키우는 과정이다. 세포배양의 궁극적인 목표는 대상 세포나 동물의 행동을 가능한 비슷하게 유지하는 실험실 환경을 조성하여 생체내(*in vivo*) 상황을 모방하는 것이다. 세포배양의 목표가 생체 내 상태를 모방하는 환경을 만드는 것이라면 성공적인 생체외 세포배양을 위해 중요한 요구조건들이 있다.

첫째, 세포들은 적절한 온도와 pH, 대부분의 경우 섭씨 37℃ 및 pH 7.2를 유지하는 환경에서 배양되어야 한다. 둘째, 세포의 대사와 성장을 지지할 정도로 충분한 에너지 공급원, 아미노산, 무기염을 함유한 적절한 성장 배지를 공급해야 한다. 배지의 형태는 배양할 세포의 종류에 따라 요구되는 대로 결정된다. 셋째, 세포는 유사분열물질(mitogen)이나 성장인자가 없이 자라지 않을 것이기 때문에 성장조절인자들도 공급해야 한다. 지속적인 증식을 위한 특별 요구조건은 많은 세포 종류에서 분석이 되어 있지 않으므로 일반적으로 소나 송아지 태반혈청을 보조제로 쓴다. 혈청 보조제의 단점은 혈청이 정확히 정의되지 않은 성분이기 때문에 변이가 생길 수 있다는 것이다. 마지막으로, 세포배양은 무균조건에서 수행되어져야 한다.

세포배양 시스템에는 두 종류가 있다. 첫째, 정상적인 동물 조직에서 직접 채취한 세포를 이용하는 일차배양(primary culture)은 조직절편 배양이나 단세포 현탁액 배양을 이용한다. 단세포 배양을 위해서는 조직의 결합조직이나 세포외 물질들을 효소로 분해하여 세포를 분리하여야 한다. 세포현탁액은 매우 불균일한 성격의 조직시료보다 특정 세포 형태만을 배양할 수 있게 해준다. 일차배양은 생체내 환경과 가장 유사한 시스템이지만, 제한된 횟수의 세포분열 후에는 세포 순환주기를 벗어나고 노화되어 제한된 시간 동안만 유지될 수 있다는 단점이 있다. 조직절편 배양은 오래 배양하면 괴사하는 경향이 있다. 둘째, 연속배양(continuous culture)이다. 배양에 이용되는 세포는 동물에서 복제된 것으로 균일한 종류의 세포로서 무한히 증식될 수 있는 것이다. 그래서 이것은 세포주(cell lines)로 불린다. 세포주는 암세포나 줄기세포 혹은 화학적으로 무한증식화한 세포들(immortalized cells)이다.

제 2 장

근육 수축

생근(生筋)은 수축을 통하여 화학에너지를 기계적 에너지로 전환할 수 있는 고도로 특수화된 조직이다. 근육은 동물의 도축과정에 의해 식육으로 변환되어 영양가가 높고 기호성 있는 식품이 된다. 근육은 골격에 위치하고 부착되어 있으며, 수축과 이완을 통하여 운동과 이동을 할 수 있게 한다. 근육이 식육으로 변환될 때 수축과 이완하는 능력은 상실된다.

생근에 있어서 수축과 이완의 일련의 과정은 사후변환 중 식육에서 일어나는 단축이나 연도 감소와 직접적으로 관계를 가진다. 살아 있는 동물에 있어서 근육 기능인 에너지를 공급하는 생화학적 과정은 사후기간 중 젖산 생산과 보수력의 상실을 야기하는 과정과 같다. 이와 같이 생근의 기능을 얼마나 많이 이해하는 가는 식품으로서 근육의 사후성질을 많이 이해하는 데 도움이 된다.

본 장에서는 수축을 일으키는 자극, 수축과 이완 중에 일어나는 기계적 과정, 근육에 에너지를 공급하는 화학적 반응과정이라는 견지에서 근육기능을 논의하고자 한다. 근육은 무엇에 의해 수축하여 힘을 발생하며, 일을 수행하는 기작은 무엇인가를 연구하기 위해서는 근섬유와 근원섬유 구조에 대한 명백한 이해가 필요하다. 특히 강조할 점은 초원섬유의 단백질들, 구조, banding pattern 그리고 횡행소관, 근소포체와 근원섬유의 삼차원적 구조이다. 근육이 수축할 수 있는 것은 이들의 독특한 구조 때문이다.

1. 신경과 자극의 본질

근육 수축은 근섬유 표면(sarcolemma)에 도달하는 자극에 의해 시작된다. 골격근에 있어서 수축은 뇌 또는 척수(spinal cord) 내에서 시작되어 신경을 경유하여 근육에 전달되는 신경자극에 의해 시작된다. 수축자극을 골격근에 전달하는 신경섬유를 운동신경(motor nerve)이라 하며, 운동신경 섬유를 따라 일정 간격에서 슈반(Schwann) 세포층과 이에 관련된 수초(myelin sheath)는 Ranvier 결절(node)에 의하여 중단되어 있고, 축색 원형질막은 일부 노출되어 있다.

수초는 신경섬유 주위의 절연체로 작용하여 자극을 결절에서 결절로 건너뛰게 하여 신경섬유를 따라 자극전도의 속도를 보다 빠르게 한다. 유수신경섬유(有髓 神經纖維, myelinated nerve fibers)는 무수신경섬유(無髓 神經纖維, unmyelinated nerve fibers)보다 30～40배 전송속도가 크다.

1.1 신경과 근육의 막전위

정상적인 휴지기 상태 하에서 살아있는 세포의 전위(電位, electrical potential)는 세포 내부와 외부 사이에 항상 존재한다. 이들 전위는 -20～-100mV로 세포 종류에 따라 다양하다. 휴지상태에서의 신경세포에서는 -70mV, 골격근 세포는 -90mV, 상피세포에서는 -50mV이다. 이들 섬유의 내부와 외부에 있는 액은 대략 동등한 양이온과 음이온을 함유한다. 일반적으로 막 안쪽 면을 따라 세포 내액에는 약간 과다한 음이온이 축적되어 있으며, 막의 세포 외표면을 따라서는 약간 과다한 양이온이 존재한다.

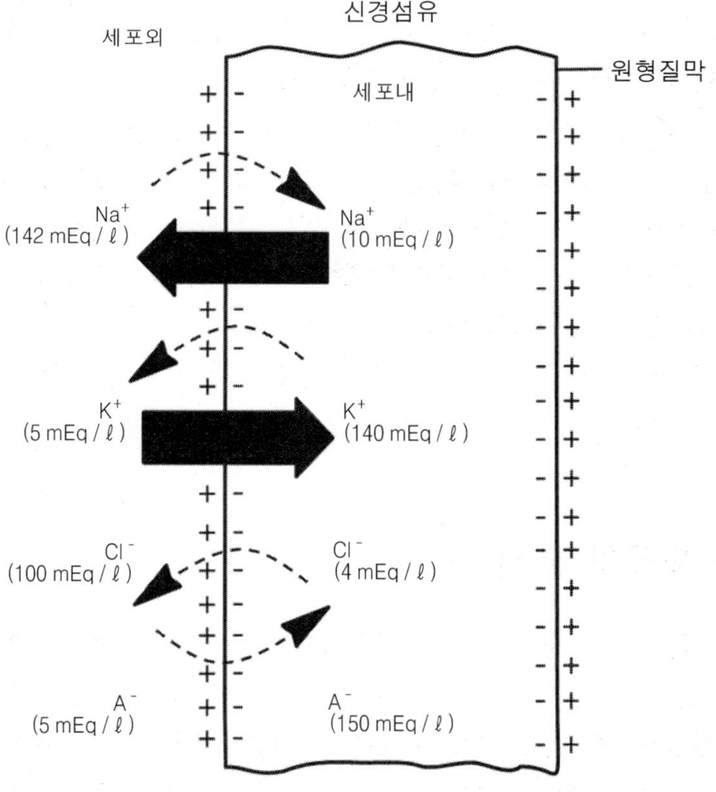

그림 2-1. 신경세포 내외의 이온분포 및 막전위의 확립

이 반대 하전의 분리는 세포막을 가로질러 나타나는 전위를 일으키는 원인이 된다. 이 휴지막 전위(休止膜 電位, resting membrane potential) 외부 표면은 양하전이고, 세포 내부는 음하전이다(그림 2-1).

신경과 근육의 휴지막 전위는 막을 통한 이온의 능동수송(active transport), 이온과 작은 분자의 확산에 대한 막의 선택적 투과성(selective permeability) 특성, 세포 내외액의 독특한 이온 조성의 결과에 의해 이루어진다. 세포 외액은 Na^+과 Cl^-이온을 높은 농도로 함유하고 있으며, 매우 낮은 농도의 K^+과 미확산 음이온도 함유하고 있다. 반대로 K^+과 미확산 음이온의 농도는 세포 내액에서는 매우 높고, Na^+과 Cl^-은 아주 낮다. 원형질막을 통한 Na^+과 Cl^- 농도구배(濃度句配, concentration gradients)는 세포 밖으로 Na^+의 능동수송과 K^+의 세포 안으로의 능동수송에 의해 유지된다.

Na^+과 K^+의 능동수송을 완성하는 체계가 원형질막 내에 존재하고 있으며, 일반적으로 Na^+-K^+ pump라 칭한다. 농도구배에 의지하여 막을 통과하는 두 이온의 pump에 요구되는 에너지는 adenosin triphosphate(ATP)의 분해에 의해 공급된다. K^+ 확산에 의한 원형질막의 투과성은 Na^+ 확산에 대한 투과성 보다 50～100배 크다. 이와 같이 Na^+에 비해 K^+은 막을 비교적 쉽게 통과한다. 만일 막을 통한 이온 농도구배를 막의 투과성 성질에 따라 고려한다면 K^+은 Na^+이 세포내로 확산하는 것보다 이온 농도구배에 따라 세포 밖으로 매우 빠르게 확산할 것이다. 물론 세포 내액에 있는 미확산 음이온이 막을 통과하는 것은 극히 어렵다. 그러므로 막을 통한 전기하전의 순흐름은 세포내부에 약간의 양하전을 남기고 양이온으로 하전된 K^+의 세포 외액으로의 확산이 일어난다.

그 결과, 반대로 하전된 이온이 막에 한 줄로 늘어서 즉, 막외부에는 양이온을, 막내부에는 음이온을 끌어당기어 휴지기의 막전위를 완성한다. 그러나 세포 밖으로의 양하전의 확산은 무기한 계속될 수 없으며, 휴지막 전위가 완성되면 세포 밖으로의 K^+이온 흐름은 중단된다. 막전위가 증가함에 따라 K^+ 확산을 방해하는 힘도 커진다. 이와 같이 농도구배에 따른 K^+의 외부로의 확산과 이 외부로의 확산을 방해하는 힘 사이에는 평형이 확립된다. 즉 원형질막의 바깥 면 위에 양이온이 존재하여 휴지막 전위가 수립되는 것이다.

1.2 활동전위 : 자극

신경과 근섬유는 다른 세포와 같이 막전위를 나타내고 있으며, 다른 세포에서는 가지지 않는 독특한 능력을 가진다. 즉 이들 신경과 근섬유는 활동전위(活動電位, action potential)라 불리는 전기적 충격을 막 표면을 따라 전달하는 능력을 가진다.

활동전위가 운동신경으로부터 근섬유에 옮겨지면 근수축이 시작된다. 활동전위는 신경섬유의 막 표면을 따라 진행하며 막에 화학변화를 일으키는 전기적 분극의 흐름이다. 이 현상을 전기화학적 진행(電氣化學的 進行, electrochemical process)이라 한다. Na^+의 막투과성이 수백에서 수천 배로 증가함에 따라 활동전위는 시작된다. 만일 Na^+ 투과성이 K^+이 존재하는 것보다 높은 수치로 증가한다면 세포 외액에 있는 Na^+의 높은 농도는 세포 밖으로의 K^+이 확산하는 것보다 매우 빠른 속도로 세포 안으로의 Na^+의 확산을 일으킨다. 이 결과 세포막 내부에 과도한 양하전이, 세포막 외부는 음하전이, 즉 휴지막 전위가 반전한다(그림 2-2).

결과적으로 자극으로 탈분극화가 시작하여 막전위가 전위역치인 -55mV까지 올라가면 Na^+의 유입이 강화되어 활동전위가 +40mV까지 높아진다. 그러나 Na^+의 증가된 투과성은 수천분의 1초 동안만 지속된다. 새로이 반전된 막전위는 Na^+ 투과성이 이전의 낮은 수준으로 되돌아가면 환원된다(그림 2-3). 이런 관점에서 세포막의 Na^+과 K^+pump는 Na^+을 세포 밖으로, K^+을 세포 내로 막전위의 붕괴 없이 재배치한다. 신경섬유의 어느 한 부분을 지나서 활동전위의 전달이 일어나는 일련의 과정은 0.5~1 millisecond가 요구된다.

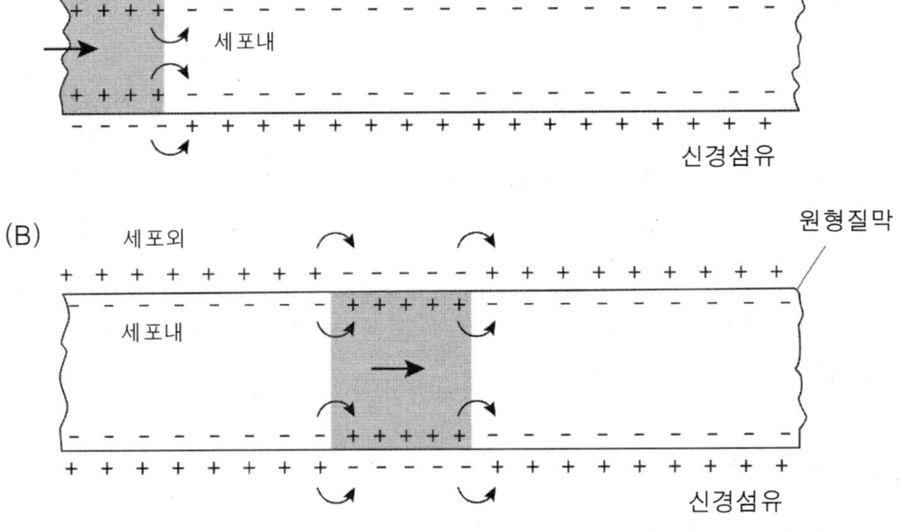

그림 2-2. 활동전위의 시작과 진행

(A) 활동전위의 시작, (B) 활동전위의 진행

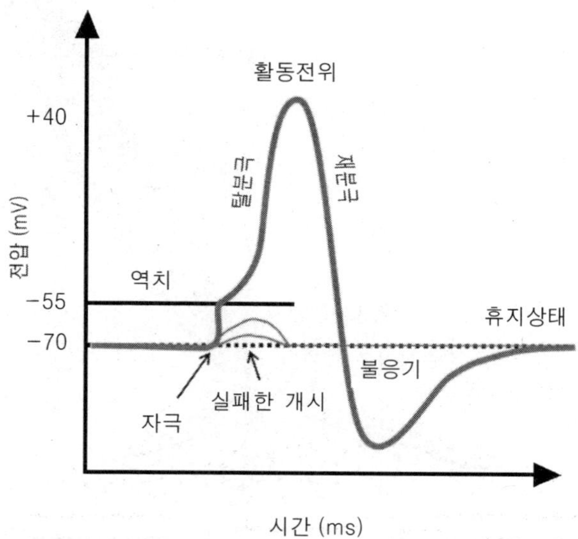

그림 2-3. 막에서의 정지 및 운동 전위 변화

1) 근신경 접합부

근육수축을 일으키는 자극(action potential)은 근신경 접합부(neuromuscular junction)에서 신경섬유로부터 근섬유까지 전달된다. 이 접합에서 운동신경은 종말분지되어 있으며, 근형질막에 약간 함입되어 있다(그림 2-4). 이들 종말분지는 근형질막을 통과하는 것이 아니고 근형질막에 단단하게 부착되어 있다. 근신경 접합부의 배합구조는 근섬유 표면 위가 약간 불룩한 모양을 가지며, 이것은 운동종판(運動終板, motor end plate)이라 한다.

근섬유는 강한 인공 전기충격에 의해 수축할 수도 있지만 신경섬유의 경우는 활동전위의 전기적 충격은 스스로 이 임무를 이룩하기에는 그렇게 강하지 못하다. 어떤 독특한 기작이 전기적 신호를 증폭하고 근섬유에 전달한다. 활동전위가 운동종판에 도달되면 화학적 전달물질인 acetylcholine이 유리된다. Acetylcholine은 종말신경 분지 내에서 발견되는 소포에 저장되어 있으며, 매 활동전위 마다 이 소포(小胞)로부터 내용물이 유리된다. 근형질막은 acetylcholine과 접촉하면 Na^{+}의 투과성이 높아져 극성이 반전되고 활동전위는 근형질막 길이를 따라서 전달된다.

Acetylcholine은 근형질막에 수천 분의 일초 동안만 작용하고, 근신경 연결부에 고농도로 존재하는 효소 choline esterase의 유리에 의해 쉽게 파괴된다. *Clostridium botulinum*에 의해 생산되는 독소와 쿠라레(curare)는 acetylcholine의 활동 또는 유리를 방해하여 신경으로부터 근육으로의 자극 전달을 방해한다.

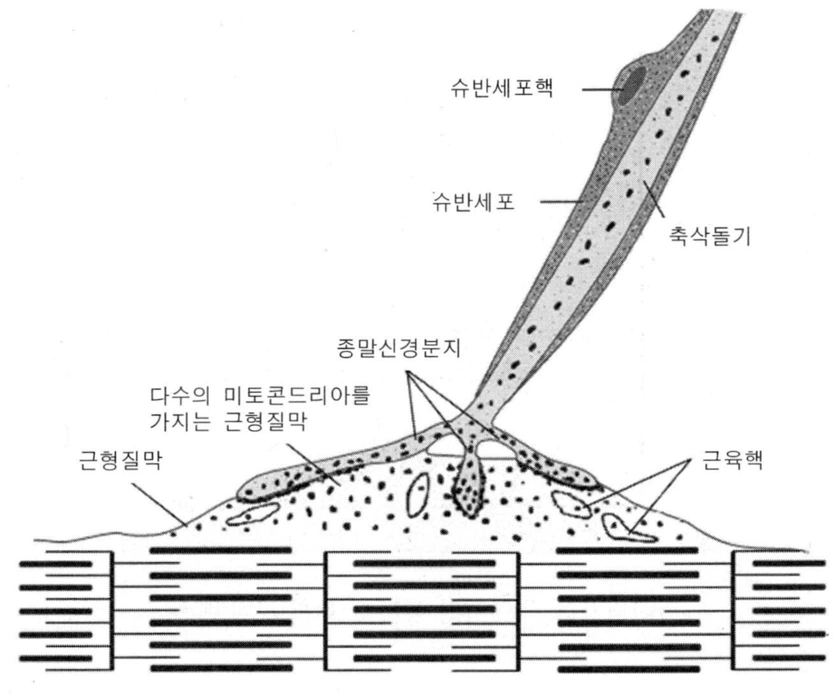

그림 2-4. 운동종판의 모식도

2) 근육의 활동전위

Acetylcholine이 근형질막과 접촉될 때 근섬유에서 일어나는 활동전위는 신경섬유에서 일어나는 경우와 거의 동일하다. 주요한 차이는 활동전위의 지속기간이다. 즉 골격근 섬유는 50～100 millisecond이고, 신경섬유의 경우는 0.5～1 millisecond이다.

대부분의 근섬유는 자극을 섬유의 모든 부분에 전달하는 하나의 근신경 연결부만을 가진다. 활동 전위는 근신경 연결부에서 시작되어 근형질막을 따라 양방향으로 세로로 진행되며 섬유의 전 길이를 자극한다. 이 자극은 다시 T관에 의해 섬유 내부에 있는 각 근원섬유에 전달된다. T관은 근형질막의 몰입에 의해 생겼으며, 근섬유를 가로질러 근형질막 내부로의 통로이다. 활동전위는 T관을 따라 섬유의 내부로 들어가 근원섬유를 둘러싸는 근소포체에 전달된다.

2. 골격근의 수축

골격근의 수축에는 4개의 근원섬유 단백질인 actin, myosin, tropomyosin과 troponin이 관계하고 있다. Actin과 myosin은 수축성 단백질이며 근원섬유의 actin filament와 myosin filament를 형성한다. Actin filament와 myosin filament 사이에 형성된 가교는 myosin에 의해 수축과정에 수축력을 발생한다. 이완된 상태에서 근육은 거의 장력을 발생하지 않으며 잡아당기는 힘에 의해 쉽게 늘어난다. 이것은 actin과 myosin filament 사이에 crossbridge가 없는 것을 의미하고, 각 근절의 필라멘트는 서로 수동적으로 활주한다. 사후경직(死後硬直, rigor mortis) 상태에서는 영구적인 crossbridge가 형성되고, 이들 filament의 활주를 방해하며 근육은 신전되지 않는다. Actin과 myosin에 대하여 tropomyosin과 troponin은 조절단백질의 역할을 하고 있다. 즉 tropomyosin과 troponin은 수축과정에서 on-off의 전환을 조절하고 있다.

이완된 근육은 근원섬유가 잠겨있는 근형질 내에 매우 낮은 Ca^{2+} 농도를 가지고 있다. 몰 농도로 표현하면 10^{-7} moles/L 보다 낮은 농도의 유리 Ca^{2+}을 가진다. 그러나 골격근의 총 Ca^{2+} 농도는 이 수준의 1,000배 이상이며(10^{-4} moles/L 보다 크다), 거의 모든 Ca^{2+}은 근소포체에 결합되어 있다. 근육이 이완상태를 머무르기 위해서는 비교적 높은 농도의 ATP를 함유해야 한다. 대부분의 ATP는 Mg^{2+}의 복합체로서 발견되며 Mg-ATP 복합체는 actin과 myosin의 상호작용을 막기 위해 존재한다. Mg-ATP는 actin과 myosin filament가 서로 반드시 지나쳐서 쉽게 활주할 수 있도록 하는 윤활제의 역할을 한다. 근형질의 Ca^{2+} 농도가 낮고(10^{-7} moles/L) Mg-ATP 농도가 높으면 troponin과 tropomyosin은 actin과 myosin filament 사이의 가교형성(架橋形成, crossbridge formation)을 억제한다.

활동전위가 근형질 막에서 T관을 따라 섬유 내부에 전달되면 근소포체로부터 근형질액으로의 결합 Ca^{2+}의 유리가 일어난다. 근형질 내에 증가된 유리 Ca^{2+} 농도는 수축기작을 일으키는 trigger이다. 수축을 일으키기 위해서는 유리 Ca^{2+}이 약 10^{-6} 또는 10^{-5} moles/L(10～100배 증가)로 증가하는 것이 필요하다.

Ca^{2+}이 근형질 내로 유리되면 유리된 Ca^{2+}은 troponin과 결합한다. 유리된 Ca^{2+}과 troponin이 결합하며 가교형성 억제작용이 해제된다. Ca^{2+}에 의해 활성화된 troponin이 actin filament를 따라 원래의 위치에서 이동을 한 tropomyosin과 상호작용을 함으로써 tropomyosin은 actin과 myosin 사이의 가교형성에 작용하게 된다(그림 2-5).

Tropomyosin에 의한 이동은 thick filament와 thin filament 사이에 가교가 형성되도록 myosin head를 작용하게끔 한다. 이들 가교는 수축력을 발생하고 근절 내에 있는 절반의 각 actin filament는 근절의 중앙을 향하여 끌려 움직인다(그림 2-6). Actin과 myosin이 가교에서 상호작용 할 때 형성되는 단백질 복합체는 actomyosin이라 한다. 수축과정에서 개개의 actin과 myosin filament 길이는 변하지 않는다. 오히려 각 필라멘트는 서로 엇갈려 활주하여 myosin filament에 아주 근접하게 Z-disk를 잡아당기어 근절의 길이는 짧아진다.

하나하나의 가교는 actin filament를 10nm 활주하는 데 필요한 힘을 발생한다. 수축과정에서 활주하는 필라멘트는 가교의 주기적인 결합과 분리가 필요한데, 하나하나의 주기는 전 수축과정에 소량만 기여한다. 힘은 actin filament에 대한 myosin head의 부착 각도의 변화에 의해 발생된다(그림 2-7).

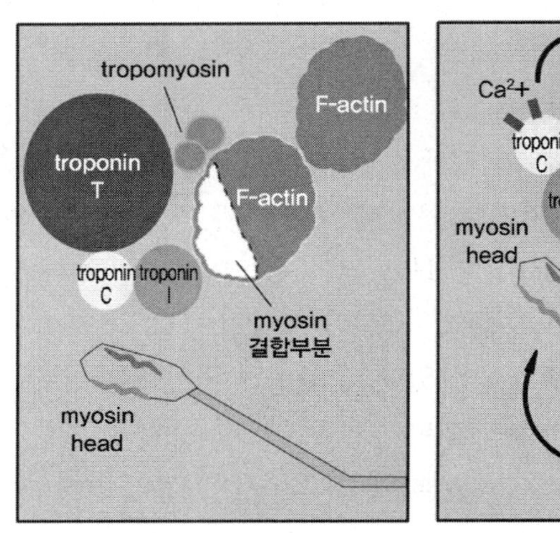

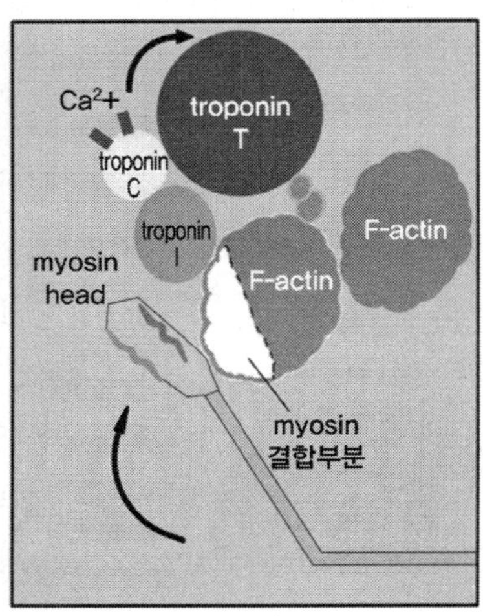

그림 2-5. 트로포닌과 트로포마이오신의 위치 변동과
액틴필라멘트의 마이오신 결합

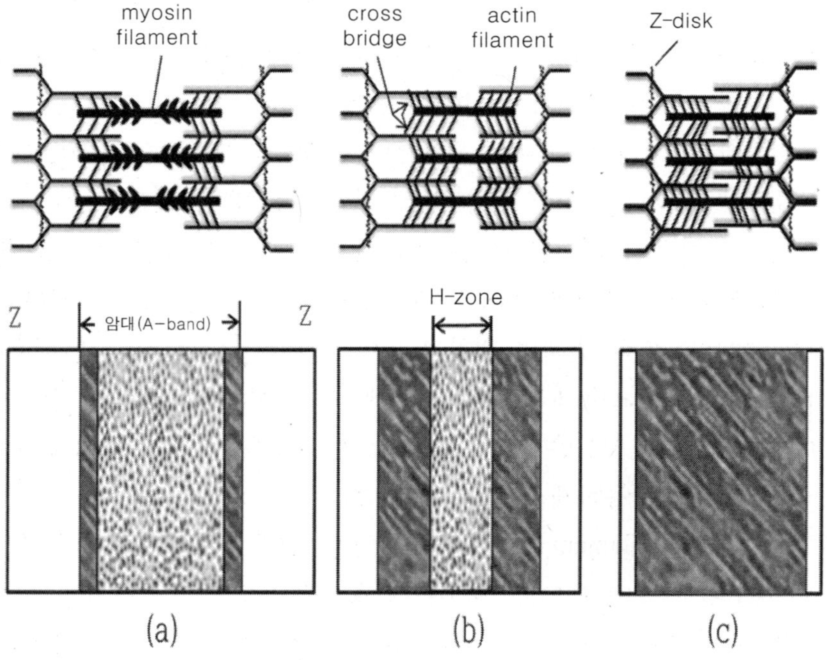

그림 2-6. 신장 시, 휴지 시 및 수축기의 I-band와 A-band의
위치와 수축, 이완중의 근섬유횡문의 연속적 변화

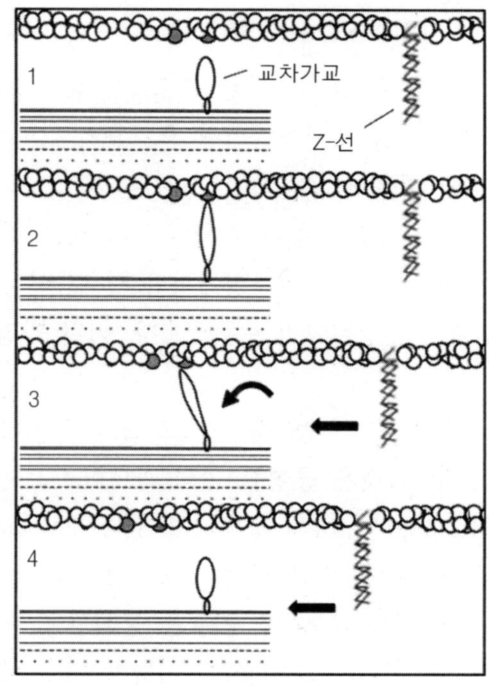

그림 2-7. Myosin head와 actin과의 가교형성 과정

A-band 폭은 근육수축의 전 과정에서 일정하나 I-band와 H-zone의 폭은 변한다. 이들 폭은 근육이 신장될 때는 커진다(그림 2-6). 그러나 근육이 단축하면 감소하고 심하게 수축한 근육에 있어서 actin filament는 A-band의 중앙에서 마주치거나 또는 실제로 중복되나 Z-disk는 myosin filament의 끝부분에서 접촉한다(그림 2-6). 이러한 조건하에서는 H-zone과 I-band는 전자현미경 사진에서 알아볼 수 없다.

근육수축에는 휴지근에 의해서 정상적으로 소비되는 것 외에 에너지가 더 요구된다. 이 에너지는 효소 myosin-ATPase에 의해 촉매되는 반응에 의해 ATP로부터 유래되며, ATP는 ADP와 Pi로 분해된다. 이 반응에 관여하는 효소계는 myosin 분자의 머리에 존재하고 있다. Myosin-ATPase의 ATP 분해활성은 근형질으로 유리되는 Ca^{2+}에 의해 크게 높아진다. 이와 같이 근형질 내에 증가된 유리 Ca^{2+} 농도는 actin과 myosin filament 사이의 가교형성을 증진시키며, 동시적으로 요구된 화학에너지를 생산하는 ATP분해를 증가시킨다. Actin과 myosin 사이의 가교는 화학에너지를 기계적 에너지로 전환시키고, 필라멘트 활주를 일으켜 수축력을 발생시킨다.

3. 골격근의 이완

골격근의 이완(relaxation)은 휴지상태로의 재복귀라고 정의하며, 근육장력의 감소에 의해 측정할 수 있다. 이완이 일어나려면 휴지상태로 있을 조건으로 재복귀 되어야 한다. 즉 근형질 내의 세포내 유리 Ca^{2+} 농도는 10^{-7} moles/L이거나 또는 그 이하이어야 하고, ATP 농도는 비교적 높아야 한다. 그러므로 이완은 활성화된 수축과정이 반전될 때만 일어날 수 있다. 이완과정에서의 첫 단계는 근형질의 전기전위가 휴지상태의 수치로 복귀하는 근형질막의 재분극이다. 이완 과정의 다음 단계가 이때 일어날 수 있다.

근형질 내의 세포내 유리 Ca^{2+} 농도는 근소포체의 작용에 의해 원래의 낮은(휴지상태) 수준으로 복귀한다. 이것은 근형질 내의 과도한 Ca^{2+}을 제거하여 불활성 형태로 만드는 근소포체의 tubule에 의해 수행되고 있다. Tubule에 의해 결합된 Ca^{2+}은 저장을 위해 종말조에 이송되며, 다음 자극이 도달되면 다시 결합된 Ca^{2+}이 유리된다. 근형질 내의 유리 Ca^{2+} 농도가 감소하면 가교는 붕괴되고, troponin 분자는 수축개시과정에 결합한 Ca^{2+}을 방출한다. Troponin이 이들 Ca^{2+}을 상실하면 가교형성 위치상에 tropomyosin 본래의 방어적 장소를 되찾게 함으로써 가교형성을 다시 억제 할 수 있게 된다. 가교의 결여로 장력은 발생되지 않고 근육내의 탄성 성분에 의해 일어나는 신장은 두 필라멘트가 서로 엇갈려 수동적으로 활주하게끔 한다.

근소포체에 의한 Ca^{2+} 축적은 Ca^{2+} 농도구배(濃度句配, concentration gradient)에 의해 완성된다. 그러므로 능동 pumping은 신경과 근섬유 막을 통한 Na^{+}과 K^{+} 농도구배를 확립하고 유리하는 과정과 아주 비슷하다 이런 형태의 능동 pumping 과정은 농도구배를 극복하기 위하여 에너지를 요구한다. 이 에너지는 ATP의 ADP와 무기인으로의 효소적 분해에 의해 공급된다. ATP가 가수분해에 관계하는 효소는 수축을 위해 에너지를 유리하는 myosin-ATPase는 아니다. 오히려 근소포체의 막에 관계하는 분리된 효소계에 의해 수행된다. 이 효소는 세포내의 유리 Ca^{2+}에 의해 민감하고 또한 활성화 된다. 이와 같이 종말조로부터의 Ca^{2+}의 유리는 3가지의 효과를 가진다. 즉 ① 가교형성의 tropomyosin 억제를 해제하는 troponin의 활성화, ② 수축을 위한 energy를 유리하는 myosin-ATPase 효소의 활성화, ③ 수축 종료에 따라 종말조로 Ca^{2+}을 되보내는 능동 pumping에 필요한 에너지를 유리하는 ATPase 효소의 활성화이다. 골격근의 수축-이완 주기 중에 일어나는 일련의 과정을 요약하면 그림 2-8과 같다.

<수 축 과 정>

휴지상태
↓
운동종판에 활동전위의 도달
↓
Acetylcholine 유리, 원형질막과 막의 탈분극
(Na+ 섬유내로 이동)
↓
T관을 경유하여 SR에 활동전위의 전달
↓
SR* 종말조로부터 근형질로의 Ca^{2+} 유리
↓
Troponin 에 의한 Ca^{2+} 결합
↓
Myosin-ATPase의 활성화와 ATP의 가수분해
↓
Actin 결합장소로부터 tropomyosin의 이동
↓
Actin-myosin 가교 형성
↓
필라멘트의 활주와 근절의 단축에 의한
가교의 형성과 분리의 반복

<이 완 과 정>

Cholinesterase의 유리와 acetylcholine의
분해
↓
근형질막과 T관의 재분극
↓
SR Ca^{2+}pump의 활성화와 Ca^{2+}의
SR 종말조로의 복귀
↓
Actin-myosin 가교형성의 종결
↓
Tropomyosin의 actin 결합장소로의 복귀
↓
Mg^{2+}의 ATP와 Mg ATP 복합체 형성
↓
필라멘트의 수동적 활주
↓
근절의 휴지상태로의 복귀

그림 2-8. 근육의 수축 - 이완 주기 중에 일어나는 일련의 과정
*SR : 근소포체, Sarcoplasmic Reticulum

4. 근육수축과 기능을 위한 에너지원

지금까지의 논의로부터 ATP는 근육 수축과정을 위한 근육이완 과정 중 Ca^{2+} 동원을 위한 그리고 근형질 막을 가로지르는 Na^{+}과 K^{+}의 농도차를 유지하기 위한 에너지원이다. 위의 세 과정의 에너지 소모 중에서 근육수축이 ATP를 가장 많이 소비하는 과정이다. 단일 근육의 단수축(單收縮, twitch) 과정 중에서 수축과정은 막전위의 반전에 필요한 에너지의 1,000배를 필요로 하며, 근소포체에서 Ca^{2+} 동원에 필요한 에너지보다 최소한 10배가 필요하다. 그러나 근육에 존재하는 ATP 함량은 겨우 몇 번의 경련에 필요한 에너지를 낼 양 정도밖에는 존재하지 않는다. 그러므로 생근 내에는 ATP를 재합성하기 위해 빠르고도 효율적인 수단이 반드시 있어야 한다.

ATP 합성을 위해 동원될 수 있는 가장 즉각적인 에너지원은 phosphocreatine이다. 이 과정은 ADP + phosphocreatine → ATP + creatine 반응에 의해 이루어진다. 이 반응은 근형질에서 일어나며, 이 반응을 촉매하는 효소는 creatine kinase이다. 그러

므로 수축과정에서 소모된 ATP는 빠르게 재보충된다. 이 반응은 아주 빠르게 일어나서 이 반응을 중단시키기 위한 특별한 주의가 없이는 단일 근육 경련동안 소모되는 ATP는 측정될 수 없으며, 단지 phosphocreatine의 소모만이 측정될 수 있다.

휴지중인 근육 내의 phosphocreatine 농도는 ATP의 2배 정도이다. 그러므로 근육의 수축기간이 길어지면 phosphocreatine은 고갈될 수 있어서 근육 휴지기간 동안 다른 어떤 기작에 의해서 반드시 재보충이 이루어져야만 한다. Creatine의 재인산화 반응(再燐酸化 反應, rephosphorylation)은 마이토콘드리아 막내에서 일어난다. 이들 수소이온들은 운반 복합체인 nicotinamide adenine dinucleotide(NAD^+)에 의해 수용되고 후에 재인산화 반응에 사용하기 위해 마이토콘드리아로 운반된다.

ATP 합성을 위한 가장 효율적인 기작은 식이 영양소, 즉 탄수화물, 단백질, 지질이 CO_2와 H_2O로 분해되는 동안 에너지의 일부분이 ATP를 형성하기 위해 방출되는 산화적 대사(酸化的 代謝, aerobic metabolism)로 알려진 집합적인 일련의 반응기작이다. 이들 영양소의 분해산물들은 모두 궁극적으로 이 일련의 반응을 거친다. Glycogen은 근육 중량의 1% 정도가 된다. 이 glycogen은 해당과정을 통해 glucose 단위로 분해되는데, 이 과정의 전반부는 12단계의 반응으로 되어 있다(그림 2-9). 전체적인 반응은 근형질에서 일어나며, 일련의 반응을 촉매하는 효소들은 가용성의 근형질 단백질들이다. Glycogen은 제일 먼저 glucose-1-P로 쪼개진 후 다시 2분자의 3-carbon 절편으로 나누어지는데 glucose 분해의 최종산물은 pyruvic acid이다.

해당과정(glycolysis)으로부터의 유용한 에너지 생산은 glycogen으로부터 잘라지는 한 분자의 glucose-1-phosphate당 3개의 재인산화(3ADP→ 3ATP)와 4개의 수소이온이다. 두 번째 부분의 기작인 tricarboxylic acid cycle(TCA cycle)이라고 불리는 일련의 반응은 마이토콘드리아에서 일어나게 된다. 이 회로에서 pyruvic acid는 순차적으로 CO_2와 H^+로 분해된다. 이때 생성된 CO_2는 확산되어 결국 노폐물로서 혈중으로 들어가게 되고, H^+는 NAD^+라는 운반체에 수용된 후 NADH 복합체를 형성하게 된다. 지방산과 단백질의 분해산물들도 역시 이 회로를 거쳐서 유용한 에너지로 전환되게 된다(그림 2-9).

유용한 재인산화 반응의 대부분은 기작의 3번째 부분, 즉 전자전달계(電子傳達系, electron transport chain)에서 일어난다. 이 전자전달계는 TCA cycle 효소들과 함께 마이토콘드리아에 위치한 일련의 철 함유 효소들이다, 전자전달계에서는 해당과정과 TCA cycle로부터 생산된 H^+가 NAD^+로부터 전달되고, 이 H^+들은 산소분자와 결합하여 물을 생성한다. 방출된 에너지의 많은 부분은 ADP를 재인산화하는 데 사용되고, 나머지는 열로서 소비되게 된다. TCA cycle로부터 생성된 매 쌍의 H^+당 3개의 ATP가 생성된다. 또한 해당과정에서 방출된 매 쌍의 H^+는 2개의 ATP를 생성한다.

1분자의 glucose가 glycogen에서 쪼개져 나와서 ATP 생성반응의 전 과정을 거친다고 가정하면 순 ATP 생성은 다음과 같다.

해당과정으로부터 3분자의 ATP가 생성됨과 더불어 4 H^+가 생성되는데, 이는 전자전달계에서 4분자의 ATP를 생성하게 된다. 해당과정의 마지막 단계에서 glucose 한 분자는 2분자의 pyruvic acid를 생성하게 된다. 이들은 TCA cycle을 통해 pyruvic aicd 한 분자당 10 H^+를 생성하여 총 20 H^+를 생성할 것이다. 이들 20 H^+는 순차적으로 전자전달계를 통해 30분자의 ATP로 전환된다. 그래서 glycogen으로부터 유래된 한 분자의 glucose는 CO_2와 H_2O로 분해되고, 37 ADP 분자가 37 ATP로 전환되어진다. 만일 근육이 서서히 운동한다면 그리고 산소 공급이 적당하다면 산화적 대사와 phosphocreatine 분해를 통해 에너지 필요량의 거의 전부를 공급할 수 있다. 그러나 근육수축이 아주 빠를 때는 산소 공급은 산화적 대사를 통해 ATP 재생성을 계속할 수 없을 만큼 부족해진다. 산소가 부족한 상태에서는 제3의 기작, 즉 혐기적 대사(嫌氣的 代謝, anaerobic metabolism)가 단기간 동안은 에너지를 공급할 수 있는 능력이 있다.

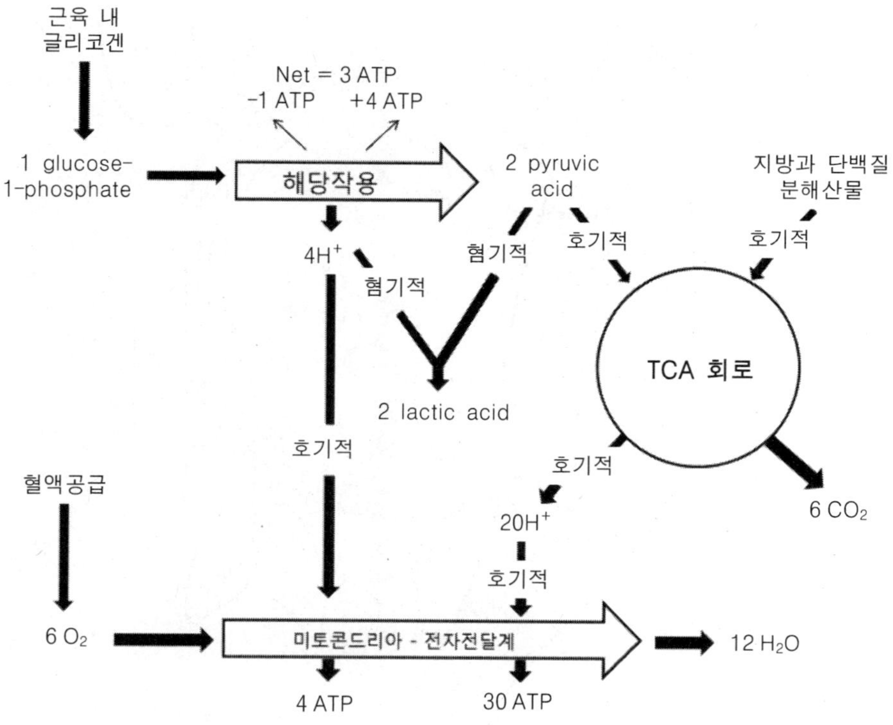

그림 2-9. 근육기능을 위한 에너지 공급회로

혐기적 대사의 주된 점은 젖산의 축적이다. 산소 공급이 부족하면 해당과정과 TCA 회로에서 생성된 H^+가 충분히 빠른 속도로 산소와 결합할 수 없다. 그래서 이들은 근육에 축적되게 된다. 이때 과잉 축적된 H^+는 pyruvic acid를 젖산으로 환원시키는 데 사용되게 된다. 위에서 언급한대로 glucose 1분자는 해당과정에서 3분자의 ATP를 생성하기 때문에 혐기적 대사과정도 근육기능에 필요한 에너지를 공급할 수 있다. 그러나 혐기적 과정에서 이용 가능한 에너지는 제한되어 있다.

근육 내 젖산의 축적은 근육의 pH를 낮추게 되고, pH가 6.0~6.5 이하로 떨어지게 되면 해당과정의 속도는 매우 급격히 감소하게 되고, 비례적으로 ATP 생성도 감소하게 된다. 이러한 조건에서는 피로가 매우 빨리 오게 되고, 근육은 불충분한 에너지와 지나친 산도 때문에 더 이상 수축을 계속할 수 없게 된다. 근육이 피로에서 회복되는 동안에는 근육 중에 축적되었던 젖산들이 혈중으로 이동되고, 이들 젖산은 간(肝)에서 glucose로 재 전환되거나 또는 심장에서 특수한 효소계에 의해 CO_2와 H_2O로 대사되게 된다. 에너지의 저장고인 ATP와 인산 크레아틴은 정상적 호기적 대사과정에 의해 재충전되지만 근육의 피로가 극심할 때는 이 과정이 매우 오래 걸린다.

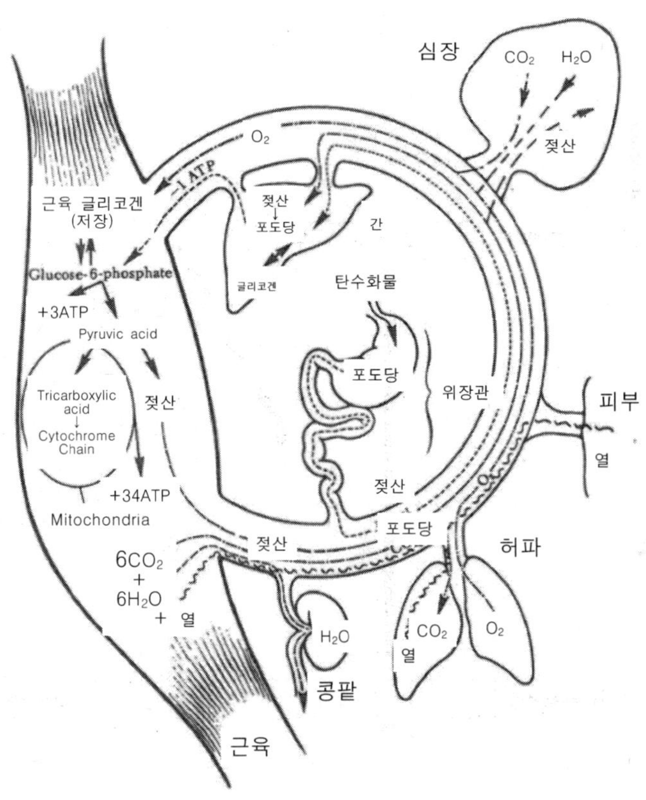

그림 2-10. 근육수축과 열 생산을 위해 에너지를 공급하는 회로의 모식도

근육의 수축과 기능을 위한 에너지 공급과정 회로를 알려면 잠재적인 에너지 생성물인 영양소가 체내로 흡수되는 소화 장기에서부터 시작해야 한다(그림 2-10). 포도당은 순환계에 의해서 운반되어 저장을 위해 간으로 가게 되거나 근육으로 가게 되는데, 근육에서는 이 glucose를 즉시 에너지로 대사시키거나 glycogen으로 앞으로 필요한 에너지로서 저장한다. 간의 glycogen은 glucose로 가수분해 되어 필요할 때 근육으로 운반되어 에너지로 사용된다.

근육에서는 glycogen은 해당회로(解精回路)를 통해 3분자의 ATP를 생성하고 pyruvic acid가 되며, pyruvic acid는 TCA cycle과 전자전달계에 의해 대사되어 H_2O와 CO_2로 전환되고 34ATP를 생성하거나 젖산으로 전환된다. CO_2는 폐(肺)을 통해 체외로 나가게 되고 H_2O는 신장을 통해 배설되고, 젖산은 간에서 glucose로 재합성되거나 성장에서 물과 CO_2로 분해된다. 대사과정 동안에 생성된 에너지의 일부는 근육수축을 위해 사용되지 않고 체온유지를 위해 근육 내에서 열로 방출되게 된다. 과량의 열은 혈액을 통해 제거되고, 피부나 폐를 통해 발산되게 된다. 근육에 에너지를 공급하기 위해 이용 가능한 동적인 체계는 오직 매우 빠른 근육 수축과정에서만 일어나며, 이 체계는 에너지 요구와 항상 보조를 맞추지는 못한다. 그러나 이러한 무리한 현상이 일어나면 피로가 빨리 오게 되고, 근육은 회복할 시간을 얻기 위해 수축을 멈추어야만 한다.

제2편 근육의 식육 전환

"고기를 먹지 않는 것은 결심이고, 고기를 먹는 것은 본능이다."

-데니스 리어리-

제 1 장

사후근육의 생화학적 변화

골격근은 고등동물에 있어서 운동의 기능을 담당하는 고도로 발달된 조직이다. 이 조직은 또한 중요한 식품자원으로서 인간에게 이용된다. 이렇게 생산되는 고기를 질적으로 손상됨이 없이 이용하는 것은 매우 중요한 일이다. 그러나 근육에서 고기로 전환되는 과정은 매우 복잡하며 대사적, 물리적, 구조적 변화를 포함한다. 유전적 형질이 비슷하고 동일한 사육조건 하에서 길러진 가축이라 할지라도 도축 전후의 환경적 조건과 취급 및 처리방법에 따라서 육질이 크게 다른 고기가 생산될 수 있다.

동물은 도축되면 곧 혈액순환(blood circulation)이 정지되고, 그 결과로 산소공급이 중단되며, 근육의 기능을 위한 에너지 공급체계가 변화한다. 거기다가 대사산물이 제거되지 않으며 조직에 축적된다. 이러한 변화는 수 시간 또는 며칠에 걸쳐 일어나며, 도축 전후의 취급 및 처리조건에 따라 크게 영향을 받는다. 먼저 알아야 할 것은 모든 근육이 사후 균일한 방법으로 변화하지 않는다는 것이다. 그 이유 중 하나는 근육은 적색근섬유와 백색근섬유로 구성되어 있으며, 이 두 가지 섬유의 구성 비율이 다르기 때문에 이웃하고 있는 근섬유라 하더라도 사후변화가 동일하지 않다. 다른 하나는 대사과정에 미치는 온도의 영향이 매우 크고, 같은 근육이라 하더라도 부분에 따라 냉각정도가 일정하지 않으므로 사후의 여러 변화가 일정하지 않다는 것이다.

사후 근육 내에서 일어나는 변화를 이해하고, 이를 적절히 조절하는 일은 양질의 고기를 생산하는 데 필수적이라 할 수 있다. 이 장에서는 이러한 관점에서 근육의 식육화 과정을 살펴본다.

1. 생체 항상성

근육의 식육화 과정에서 일어나는 변화를 이해하기 위해 먼저 근육조직의 생체기능을 이해하는 것이 기본적으로 선행되어야 한다. 생체상태에서는 체내의 모든 기관과 조직이 효과적으로 각 기능을 발휘하도록 내부 환경을 유지하기 위하여 협력한다. 근육을 포함한 체내의 대부분의 기관은 좁은 범위의 생리적 조건(pH, 온도, 산소농도, 에너지 공급)하에서만 효과적으로 기능을 발휘한다.

생리적으로 균형 잡힌 내부 환경을 유지하는 것을 생체항상성(生體恒常性, homeostasis)이라고 한다. 이것은 신체 내부 환경을 변화시키려는 외부의 힘에 대처하는 수단으로서 신체가 가지는 억제와 균형 체계이다. 생체항상성의 조절은 생물로 하여금 많은 어려움과 불리한 환경조건, 예를 들면 온도의 극심한 변화, 산소부족, 심리적 스트레스 등의 조건하에서도 생존하기 위한 능력을 말한다. 생체항상성의 기작은 신경조직과 내분비선에 의하여 지배받는다. 이 두 조직은 스트레스를 받는 동안 여러 기관의 기능을 조정하는 정보전달과 유인기작으로서 역할을 한다. 생체항상성의 개념은 다음의 두 가지 이유로 근육의 식육화 과정에서 매우 중요하다. 즉, ① 근육의 식육화 과정에서 일어나는 반응과 변화는 생체기능을 유지하기 위한 노력의 직접적 결과이며, ② 도축 직전의 환경조건, 예를 들면 가축수송, 취급상태, 기절과정 등은 대단한 긴장상태이며, 사후변화에 영향을 주어 육질을 변화시킬 수 있다.

2. 기절과 방혈

통상적인 도축의 첫 단계는 가축을 기절시키는 것이다. 즉, 가축이 의식을 잃게 하는 것이다. 물론 이 과정은 가능한 한 가축의 고통을 최소화하기 위하여 빠르게, 무통으로 처리되어야 한다. 더욱이 이러한 처리가 혈압 상승이나 과도한 신경자극으로 조직 손상이 일어나서는 안 된다. 비록 가축이 느끼지 못한다 하더라도 심한 몸부림은 근육이나 다른 조직에 출혈의 원인이 된다.

선진국에서는 가축에게 고통을 적게 주고, 조직의 손상을 적게 하는 인도적인 기절방법을 법으로 요구하고 있다. 가령 소, 송아지, 양의 질식에는 captive bolt법이, 양, 송아지, 돼지, 닭, 물고기 등은 전기충격법(electrical stunning)이, 그리고 돼지는 탄산가스법(CO_2 gas anesthesia)이 사용된다. 가능한 한 충분한 방혈을 하게 되는데, 이것은 또한 과도한 스트레스이기도 하며, 방혈 즉시 근육 내에서 일련의 사후변화가 시작된다. 혈압이 떨어지기 시작하면 심장박동은 증가하고 혈압을 유지하기 위하여 모세혈관이 수축하며, 생체기관에 혈액을 보관하게 된다. 실제로 총 혈액의 50% 정도만 방혈될 뿐이고, 나머지는 주로 기관에 남아있게 된다. 혈액은 부패세균이 성장할 수 있는 좋은 배지가 되며, 절단육의 과다한 혈액은 소비자에게 불쾌감을 주기 때문에 철저한 방혈은 도축과정에서 필수적이다.

순환계의 역할은 근육에 필수 영양소를 운반하고 대사를 위한 노폐물을 운반하는 것이다. 따라서 방혈을 함으로써 근육과 외부환경과의 사이에서 일어나는 이러한 보급관계가 제거되는 것이다. 순환체계 붕괴의 가장 중요한 결과의 하나는 근육으로 산소공급이 중단되는 것이다. 살아있는 가축에서는 산소가 허파로 들여 마셔지면 혈액 속의 헤모글로빈에 의해 근육으로 운반되고, 거기서 마이오글로빈에 이전된다. 마이오글로빈은 산소가 세포에 의해 대사에 쓰일 때까지 저장고의 기능을 한다. 이러한 방법으로 저장된 산소의 총량은 단지 짧은 기간 동안 산화적 반응을 유지하는 데 충분할 정도이다.

방혈된 후 저장된 산소가 고갈되기 시작하면 TCA회로와 전자전달계를 통한 산화적 대사는 기능이 중단되고 혐기적 대사로 바뀌게 된다. 근육에서 이러한 방법으로 에너지원이 충당되는 것은 생체항상적 대사에 해당된다. 혐기적 대사를 통하여 ATP 형태로 생산되는 에너지는 적지만, 그것이 세포의 구조적 총체성을 짧은 기간 동안 유지하는 에너지로서 조직에 공급된다.

2장에서 언급했듯이 생체 근육에서는 혐기적 대사에 의해서 생산된 젖산(lactic acid)은 근육에서 간으로 운반되고, 거기서 포도당(glucose)과 글리코겐(glycogen)으로 재합성되거나 심장에서 탄산가스와 물로 대사된다. 가축이 방혈되면 순환체계가 더 이상 작용하지 않으므로 젖산은 근육조직에 남게 되고, 혐기적 대사가 진행되면서 농도가 증가한다. 근육에 저장된 글리코겐이 거의 소실되거나 해당과정 관련 효소가 불활성화 되는 pH 범위로 떨어질 때까지 젖산의 축적이 진행된다. 그림 1-1은 가축이 방혈되고 이어서 근육의 식육화 과정 중 일어나는 일련의 변화를 정리한 것이다.

3. 사후변화

3.1 사후근육의 에너지대사

ATP는 세포 내에서 주된 고에너지 화합물로 세포 생존을 위하여 필수적이며, 이온 수송을 포함한 각종 대사작용을 수행하는 데 이용된다. 따라서 사후근육 세포는 가능한 한 ATP 수준을 일정하게 유지하려고 한다. 2장에서 자세히 기술된 바와 같이 근육수축의 에너지원인 ATP는 다음의 세 과정으로 생성된다(그림 1-1).

첫째, 근섬유 내에 상당한 농도로 존재하는 creatine phosphate(CP)로부터 다음과 같은 반응(Lohmann's reaction)으로 ATP 수준을 유지하는 데 기여한다.

$$\text{Creatine phosphate} + \text{ADP} \xrightarrow{\textit{Creatine kinase}} \text{ATP} + \text{Creatine}$$

생체 내에서 근섬유가 일을 하게 될 때 ATP 분해속도가 빠르더라도 위의 반응을 통하여 ATP 농도는 안정되어 있다. 동일한 과정이 사후근육에서도 일어나며, CP의

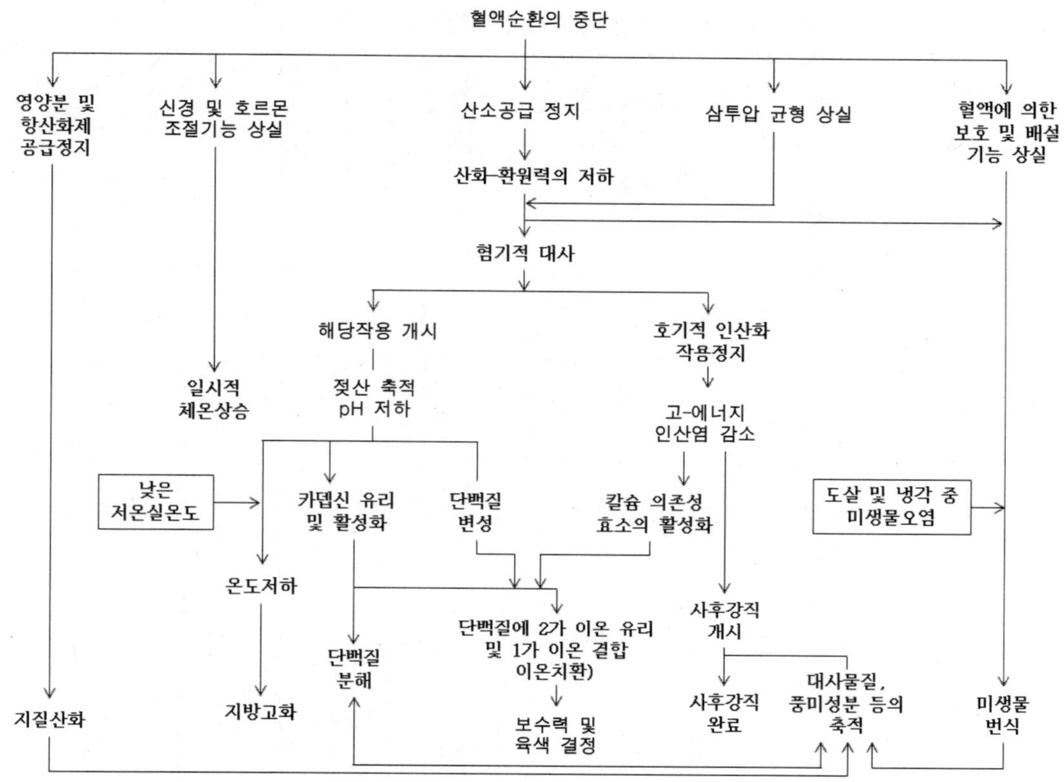

그림 1-1. 혈액순환의 중단으로 근육 내에서 일어나는 변화

70%가 분해될 때까지 ATP 농도가 어느 정도 일정하게 유지되지만, 이후 ATP는 급격히 떨어진다.

둘째, 산소공급이 충분한 상태에서 일어나는 호기적 대사에 의하여 ATP가 생성된다. 가장 효율적이기는 하지만 도축 후 혈액순환이 정지되면 산소 공급도 중단되고 근육 내에 남아있는 잔류혈액 수준이 대단히 낮고(1% 이하), 혈액 헤모글로빈이나 근육 마이오글로빈과 결합된 산소는 5분 이내에 급격히 소모된다. 따라서 도축 후 호기적 대사에 의한 ATP 생성은 곧 중단된다.

셋째, 호기적 대사에 의한 ATP 생성이 중단되면 근육 내에 저장되어 있는 글리코겐의 해당작용이 ATP를 재합성할 수 있는 유일한 방법이다. 이들 반응의 최종산물은 젖산이며, 이 과정은 사후 일정 기간 동안 증가하고 젖산이 축적되게 된다.

도축 시 방혈과 동시에 산소 공급이 중단되므로 근육 마이오글로빈과 결합된 산소가 일단 소모된 다음에는 혐기상태가 된다. 이때부터 ATP의 호기적 생산은 불가능

표 1-1. 사후경과 시간에 따른 pH와 화학성분의 변화(쇠고기 등심)

사후경과 시간(hrs)	pH	글리코겐	포도당	젖 산	ATP	CP	산용성인산염 총 량
0	6.99	56.7	7.9	13.1	6.4	9.1	54.9
6	6.57	41.6	6.3	44.8	5.0	2.0	55.2
12	5.96	30.4	12.2	58.0	3.9	1.5	54.9
24	5.74	10.1	18.1	71.2	1.7	-	53.6
48	5.57	10.0	15.9	82.4	1.1	-	54.2
72	5.46	-	-	-	-	-	-
96	5.36	-	-	-	-	-	-
102	5.42	12.7	12.1	80.9	-	-	53.6
126	5.50	-	-	-	-	-	-
151	5.53	-	-	-	-	-	-
173	5.54	-	-	-	-	-	-
198	5.63	-	-	-	-	-	-
288	5.59	9.9	16.8	82.7	-	-	54.9
480	5.46	1.4	17.9	84.6	-	-	54.2

해지고 비효율적인 혐기적 대사과정만 존재하게 된다. 즉 creatine phosphate로부터, 그리고 글리코겐(glycogen)에서 젖산(lactic acid)으로 전환되는 과정을 거쳐 사후 일정기간 동안은 ATP의 제한된 생성이 계속된다. 그러나 이들 에너지원의 근육 내 함량은 제한되어 있기 때문에 사후 비교적 빠른 시간 내에 고갈된다. 따라서 종국적으로 ATP 생성이 완전 중지될 뿐만 아니라 계속되는 근육수축으로 인해 잔존하는 ATP가 고갈되면 사후강직현상(死後强直現象, rigor mortis)이 일어나게 된다.

방혈에 따른 또 하나의 중요한 사실은 근육 내에서 생성된 혐기성 대사의 산물인 젖산이 간으로 이행되지 못하고 근육 중에 남게 되는 점이다. 근육 중의 글리코겐이 거의 완전히 고갈될 때까지 젖산의 축적은 계속되는데, 이러한 젖산의 축적은 근육 pH의 저하를 가져온다. 표 1-1은 사후근육의 pH와 화학성분의 변화를 나타낸 것이다.

3.2 사후 pH 변화

젖산의 축적에 의한 근육 pH저하는 가장 중요한 사후변화의 하나이다. pH저하 속도와 최종 pH는 가축의 종류, 환경온도, 도축방법, 도축 전후의 취급 등에 따라 변이가 심하며, 근육의 성질에 영향을 미치게 된다.

돼지고기에 있어서 정상적인 pH변화를 보면 그림 1-2에서 보는 바와 같이 사후 직후 pH 7.0 내외에서부터 서서히 강하하여 6～8시간 후에는 5.6～5.7에 이르고, 약 24시간 후에 최종 pH인 5.3～5.6에 이르게 된다. 경우에 따라서는 사후 1～2시간 동안 약간의 pH저하가 있은 후 더 이상 변화 없이 6.5～6.8의 높은 수준을 유지하는데, 이는 도축 전 스트레스로 인하여 근육 내 글리코겐이 거의 고갈된 상태에 있기 때문이다. 또 다른 경우는 pH의 저하가 빨라서 사후 1시간 동안에 5.4～5.5에 이르고, 최종 pH 역시 5.1～5.3의 비교적 낮은 수치로 보인다.

도체가 냉각되기도 전에 젖산 축적으로 인해 근육이 산성 상태(낮은 pH)로 되면 근육단백질이 변성될 수 있다. 온도는 변성에 중요한 역할을 한다. 단백질의 변성은 단백질의 용해도 저하와 물과 단백질의 결합력 저하 그리고 근육 색깔의 강도 저하의 원인이 된다. 이러한 모든 변화는 근육이 신선육으로 이용되든 가공육으로 이용되든 간에 바람직하지 못하다.

pH 변화가 빠르고 심한 근육은 색깔이 열어지고 보수력이 낮아지며, 절단 표면의 수분삼출이 많게 된다. 한편 근육의 식육화 과정에 높은 pH를 유지하는 근육은 색깔이 짙게 되고, 절단 표면이 건조하게 된다. 근육 온도가 사후 해당속도에 현저한 영향을 미친다. 그림 1-3은 온도가 높을수록 해당속도가 빨라서 pH의 저하속도가 빠름을 나타내고 있다. 가축에 따라 해당속도가 매우 빠른 경우가 있다.

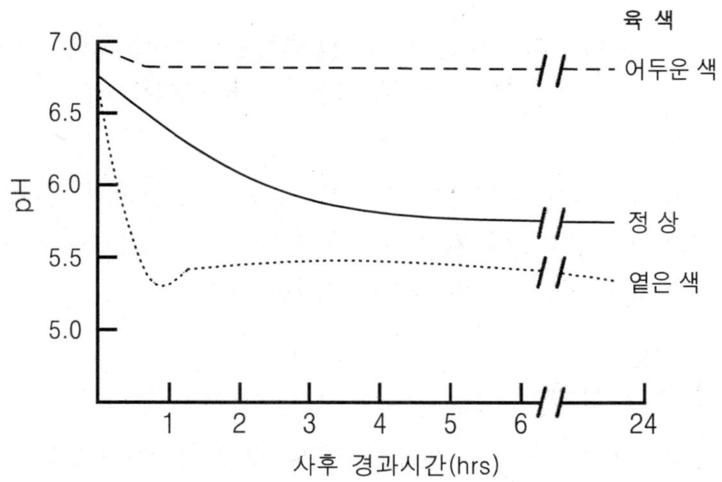

그림 1-2. 사후 근육 pH의 변화(돼지고기)

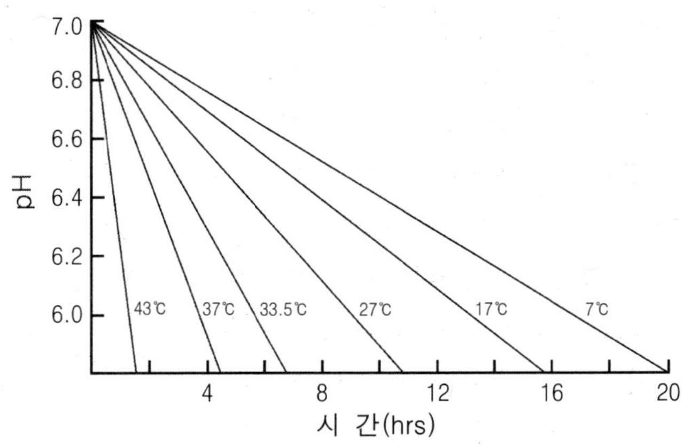

그림 1-3. 사후 근육의 pH저하 속도에 미치는 온도의 효과(쇠고기 등심)

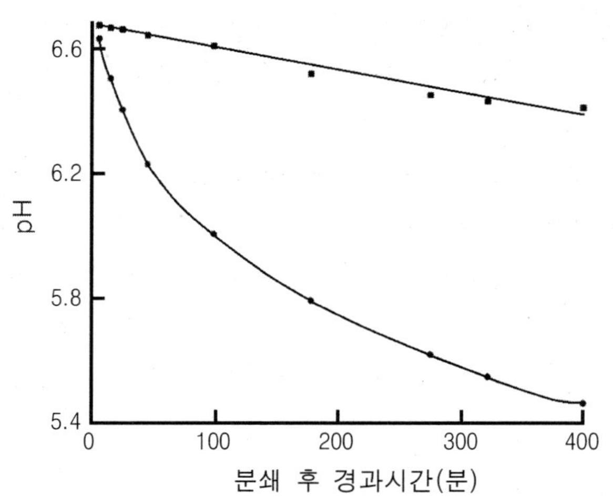

그림 1-4. 사후 근육의 pH에 미치는 분쇄육의 영향
■ : 분쇄하지 않은 것 ● : 분쇄한 것

즉, 37℃에서 pH저하 속도는 돼지의 경우 시간당 0.64 단위이며 소, 양, 토끼의 경우는 시간당 0.27~0.4 단위이다. 또한 분쇄(mincing 또는 grinding)한 사후근육의 경우 일반적으로 근육의 해당속도가 빨라진다(그림 1-4).

3.3 사후 열 발생과 방열

방혈에 의해 근육 내 중요한 온도조절 대사인 순환체계는 상실하게 된다. 신체 내부로부터 허파 또는 몸 표면으로 더 이상 체열이 발산될 수 없게 된다. 그러므로 대사가 진행되면서 발생되는 열은 방혈 직후에 근육온도 상승의 원인이 된다. 온도 상

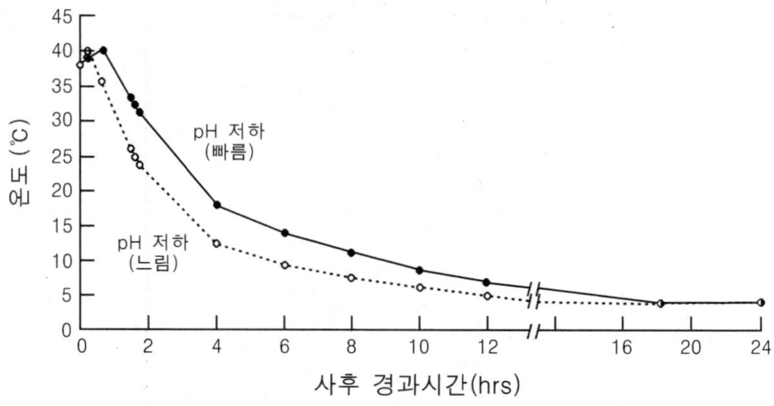

그림 1-5. 사후 온도저하 곡선(돼지도체)

승의 정도는 대사열 생산과 그 지속기간에 따라 다르다. 그림 1-5는 돼지근육에서 대사정도에 따라서 발생 열과 방열의 변이를 나타낸 것이다. 해당이 빨라 pH저하가 빠른 도체는 열 발생이 많아서 도체냉각 속도가 느리다. 도체의 크기, 도체 내 근육의 위치, 지방두께 등은 최종온도 상승과 방열정도에 영향을 미친다. 발생되는 열을 근육에서 빨리 제거하는 것은 단백질 변성의 방지를 위해 대단히 중요하다.

도축 과정중 적용하는 탕침과 잔모 그슬리기(torching) 공정은 열 발산을 지연시킨다. 도축장의 온도, 도축시간, 도축작업, 초기 냉각기의 온도 등은 모두 도체온도의 변화속도에 상당한 영향을 미친다.

3.4 사후강직

근육의 식육화 과정 중에 일어나는 가장 극적인 변화 중의 하나는 사후강직(死後强直, rigor mortis)인데, 이것은 사후 근육이 유연하고 신전성이 있는 상태에서 단단하고 신전성이 없는 상태로 전환되는 현상이다. 사후강직에서 관찰되는 뻣뻣해지는 현상은 근육 내 액틴과 마이오신 사이에 영구적인 상호결합이 형성되기 때문이다. 이것은 살아있을 때의 근육수축 중 액토마이오신(actomyosin)을 형성하는 것과 동일한 화학적 반응이다. 생체와 사후현상의 차이점은 후자의 경우 이완이 불가능하다는 것이다. 왜냐하면 액토마이오신 결합을 해리시킬 에너지가 없기 때문이다.

사후강직과 근육 내 에너지 대사와는 밀접한 관계를 가진다. 그림 1-6에서 보는 바와 같이 도축 후 최초 1~3시간 동안은 ATP의 수준이 높게 유지되는데, 이는 앞에서 기술한 바와 같이 creatine phosphate로부터, 그리고 혐기적 대사를 통하여 글리코겐으로부터 ATP가 생성되기 때문이다. ATP는 수축된 근육을 이완시키는 데 필수적

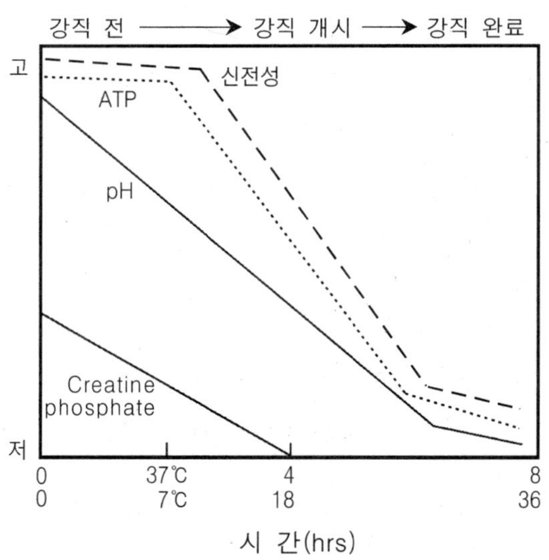

그림 1-6. 사후 근육 내에서의 물리·화학적 변화

이며, ATP 수준이 높이 유지되는 동안은 살아있는 가축에서와 같이 근섬유 간의 상호결합이 가역적이어서 이완된 상태로 되돌아 갈 수 있으므로 근육이 유연하고 신전성이 매우 높은 상태에 있게 된다. 이러한 사후 초기단계를 강직 전(强直前, pre-rigor 또는 delay phase)이라고 한다.

사후시간이 경과함에 따라 근육 중의 creatine phosphate와 글리코겐이 소모되기 시작하면 ATP를 계속 높은 수준으로 유지할 수 없고 점차 떨어지기 시작한다. ATP 수준이 일정 수준 이하로 저하되면 근원섬유 간에 불가역적인 액토마이오신 결합이 형성되기 시작하고, 그 결과로 유연성과 신전성이 저하되는데, 이 단계를 강직개시(强直開始, onset of rigor)라고 한다. Creatine phosphate와 글리코겐이 완전히 고갈되고, 근육 pH가 최종 pH에 도달하게 되면 액틴과 마이오신 간의 불가역적 상호결합이 더욱 많아져서 근육은 신전성을 완전히 잃고 굳어지는데, 이를 강직완료(强直完了, completion of rigor)라고 한다.

사후강직 중에 형성되는 액토마이오신 결합은 불가역적이라는 특징 이외에 정상적인 근육수축에 비해 훨씬 많은 상호결합이 형성되는데, 정상적인 경우는 결합이 가능한 전체 결합부위(binding site)의 20% 정도만이 실제로 상호결합에 동원되나, 사후강직의 경우 액틴과 마이오신이 겹쳐있는 부위에 있는 거의 모든 결합부위가 상호결합에 이용된다. 이와 같은 광범위한 상호결합으로 인하여 근육은 단축되고, 장력이 형성되어 강직현상이 오게 되는 것이다.

사후강직의 속도는 가축의 종류, 근육의 종류, 영양수준, 도축 시 흥분상태, 피로, 도축 후 근육온도 등 여러 가지 요인에 따라 크게 달라지는데, 가축별 대략적인 강직

지체시간을 보면 쇠고기, 양고기의 경우 6~12시간, 돼지고기에는 1/4~3시간, 칠면조고기는 1시간 이내, 닭고기는 1/2시간, 물고기의 경우 1시간 이내 등으로 다양하다.

도축 후 환경온도와 근육온도는 사후강직 속도에 큰 영향을 주는데, 그림 1-6에 나타난 바와 같이 쇠고기를 37℃에 유지하였을 때에 6시간 후에 강직이 완료되나, 7℃로 냉각하였을 때에는 24시간 후에야 강직이 완료됨을 볼 수 있다. 이는 근육온도가 높을수록 ATPase를 비롯한 효소들의 작용이 빨라서 근육 중의 에너지원이 빨리 소모, 고갈되기 때문이다.

앞에서 설명한 pH 변화와 사후강직과는 밀접한 관계를 가진다. 즉, 사후 pH저하가 거의 없거나, pH저하가 급속한 두 극단의 경우에는(그림 1-2) 사후강직의 개시와 완료가 빨리 오게 된다. 그 이유는 전자의 경우 심한 피로나 스트레스에 의해 근육 내 글리코겐이 도축 전에 거의 고갈된 상태이므로 사후 해당작용이 미미하고, ATP생성이 적어서 강직이 빨리 오게 된다. 한편, 후자의 경우에는 근육 내 글리코겐이 사후 단시간 내에 급속히 분해되어 일찍 고갈되거나, 젖산의 축적으로 pH가 낮아져 해당작용이 억제되므로 ATP생성이 장시간 지속되지 못하고 일찍 고갈되어 강직이 빨리 오게 된다. 정상적인 pH의 변화를 보이는 근육은 사후강직의 개시 및 완료가 보다 장시간에 걸쳐 서서히 일어난다.

3.5 사후근육의 물리적 성질의 변화

사후시간이 경과함에 따라서 모든 생체항상적 대사가 결국 없어지게 된다. 저장된 대사물질이 고갈됨에 따라서 열이 발생되지 않기 때문에 온도가 떨어진다. 중추신경계로부터의 신경조절은 방혈 후 4~6분 이내 상실하게 된다. 중추신경의 지배를 받지 않는 신경충격이 국부적으로 일어나서 방혈 후 얼마동안 근육 단수축(單收縮, twitch)의 원인이 될 수도 있으며, 이러한 국부충격은 사후대사에 영향을 미칠 수도 있다.

건강한 가축에서 근육은 일련의 방어기작에 의하여 미생물의 침입으로부터 보호된다. 신체나 내부기관을 둘러싸고 있는 조직이 첫 방어선이다. 결합조직과 세포막도 역시 보호기능을 가진다. 림프계와 혈액 중의 백혈구는 신체 내부로 들어온 미생물을 파괴하는 역할을 한다. 근육의 식육화 과정에서는 막의 성질이 변화하며, 조직은 세균의 침입이 용이한 상태가 된다. 또한 순환계와 림프계는 기능을 상실하기 때문에 미생물의 전파를 막지 못한다. 따라서 근육의 식육화 과정에서 일어나는 대부분의 변화(pH저하를 제외한)는 미생물의 증식에 유리하게 작용한다. 따라서 사후 고기의 취급과 저장과정에서 미생물 증식을 방지하기 위하여 세심한 주의를 기울이지 않으면 안 된다.

생체에서 산소공급이 충분한 근육은 밝은 적색을 나타낸다. 산소가 부족한 조직에서는 짙은 적색 또는 자주색을 띤다. 사후 근육에서는 산소가 대사에서 사용되어 고갈되어감에 따라 색깔이 짙은 적자색으로 된다. 신선육을 절단하면 노출된 표면은 절단 직후에는 짙은 적색을 나타내지만, 잠시 동안 대기 중에 방치하면 마이오글로빈이 산소화(oxygenation)하고 밝은 적색으로 변화한다. 근육이 심하게 변성하게 되면 색깔의 강도는 여린 적색으로 감소한다. 생체 근육은 골격에 부착된 것이 약간의 장력을 부과하기 때문에 어느 정도 긴장도를 유지하다가 근육이 완전히 강직상태로 되면 심하게 굳어지게 된다. 식육화 전환의 후기에 효소적 변성과 단백질 변성이 진행되기 때문에 근육은 점차 연해진다.

수분은 총 근육량의 65～80%에 해당된다. 생체근육에서 수분은 다른 생체세포에서와 마찬가지로 세포적 기능의 중요한 역할을 한다. 근세포에 존재하는 대부분의 수분은 여러 종류의 단백질과 견고하게 결합하고 있다. 단백질이 변성되지 않으면 근육의 사후 식육화 과정 중 수분과의 결합이 유지되고, 대부분은 조리하는 과정까지도 결합되어 있다. 이렇게 단백질과 결합된 수분은 식품으로서의 고기의 풍미와 다즙성에 기여한다.

근육의 식육화 과정 중 보수력의 변화는 pH저하 정도와 단백질 변성 정도에 따라 다르다. 사후근육의 pH가 높은 경우 고기의 보수력은 생체 근육의 보수력과 유사할 정도로 높고, 사후 초기에 pH가 빠르게 저하하면 보수력은 대단히 낮다.

3.6 강직의 해제와 숙성

강직의 해제(resolution of rigor)와 숙성(aging 또는 conditioning)은 비슷한 말로서 사후강직에 의하여 신전성을 잃고 강직된 근육이 시간이 지남에 따라 점차 장력이 떨어지고 유연해지는 현상을 말한다. 사후강직 중의 고기는 조리 시 연도 및 다즙성이 떨어지므로 주어진 조건하에서 일정시간 보존하여 숙성을 함으로써 육질이 식용에 알맞도록 향상되게 된다. 보통 숙성은 0～5℃의 온도 범위에서 냉장하여 행한다. 고온숙성(15～40℃)은 효소적 분해를 촉진하여 식육의 연화를 촉진하지만 미생물에 의한 변질이 문제가 되어 거의 대부분의 숙성은 저온에서 행한다.

강직해제 또는 숙성 중에 일어나는 중요한 변화는 연도의 개선, 보수력의 향상, 풍미의 증진 등이고, 이에 대한 정확한 기작은 아직 불분명하며 논란이 많다. 숙성 중 일어나는 변화를 요약하면 다음과 같다.

첫째, 연도 개선은 몇 가지 원인에 의해서 일어나는데, 우선 강직 중에 형성된 액토마이오신 상호결합이 근육 내의 물리화학적 변화(pH 변화, 이온조성 변화 등)에 의하여 점차 변형, 약화된다.

둘째, 근육 내에 존재하는 단백질 분해효소에 의한 자가소화(autolysis)의 결과로 근원섬유 단백질 및 결합조직 단백질이 일부 분해되고 연화된다. 사후 근육 단백질 분해는 주로 근원섬유의 근절에 있는 Z-disk에서 일어난다. 이로 인해 근원섬유가 분해되어 결국 근섬유가 분해되는 결과를 가져온다. 관여하는 효소들은 칼페인(calpain)이라 칭하는 칼슘 의존성 단백질 분해효소(calcium-dependent protease, CDP), 카텝신(cathepsin) 그리고 세린 의존성 단백질 분해효소(serin-dependent protease, SDP)가 있다. 카텝신과 SDP는 근육구조 요소들을 분해하는 능력이 없고, 칼페인이 숙성 중 사후 근육 단백질을 분해하여 연화가 진행되는 것으로 알려진다.

칼페인은 활성화에 밀리몰(mM) 수준의 칼슘이 필요한 m-칼페인과 마이크로몰(μM) 수준의 칼슘이 필요한 μ-칼페인으로 구성되어진다. 칼페인의 역가는 몇 가지 요소들에 의해 영향을 받는다. 우선, 억제효소인 칼페스타틴(calpastatin) 수준이 높으면 단백질 분해 능력은 감소한다. 단백질 분해 능력은 pH 7.5 온도 25℃에서 최대였다. 카텝신은 라이소좀(lysosome)에 존재하기 때문에 사후 pH 감소로 인해 라이소좀의 막이 파손되면 효소가 배출되므로 사후 근육 단백질 분해 효과는 최소일 것으로 추정된다. 사후 근육 단백질 분해의 대상은 Z-disk와 titin, nebulin, troponin-T, desmin, filamin 그리고 vinculin이라고 보고되고 있다.

Z-disk의 분해는 근원섬유를 짧게 소편화(fragmentation) 하기 때문에 근육의 장력을 저하시키고, 연도를 크게 개선시키는 효과를 가져온다. 사후근육의 pH저하로 근육은 산성화하고, 단백질 분해효소들이 작용, 근원섬유 및 결합조직 단백질이 분해하게 된다.

셋째, 사후강직 시에 낮아진 보수력은 그 후 숙성에 의하여 일부 향상된다. 근육의 보수력을 결정하는 주요인은 pH이다. 도축 후 pH에 따른 근육 보수력의 변화는 그림 1-7과 같고, 마이오신과 액틴의 등전점에 해당하는 pH 5.0 부근에 최저임을 나타낸다. 따라서 도축 후의 pH 저하는 보수력 감소와 밀접한 관계가 있다. 그러나 강직 시의 보수력은 pH저하로 설명될 수 있는 양 이상으로 감소하고 있다(그림 1-7). 이 감소분은 강직을 일으킨 근원섬유 내의 구조 변화에 기인한 것이다. 숙성 중 pH는 거의 상승하지 않으므로 보수성의 회복은 연화와 관련하는 근원섬유의 구조변화에 기인한다.

넷째, 숙성 중 또 하나의 변화인 풍미 증진은 ATP와 같은 핵산이 IMP, inosinic acid, hypoxanthine, ribose 등의 풍미성분으로 분해되기 때문이다. ATP는 숙성 중

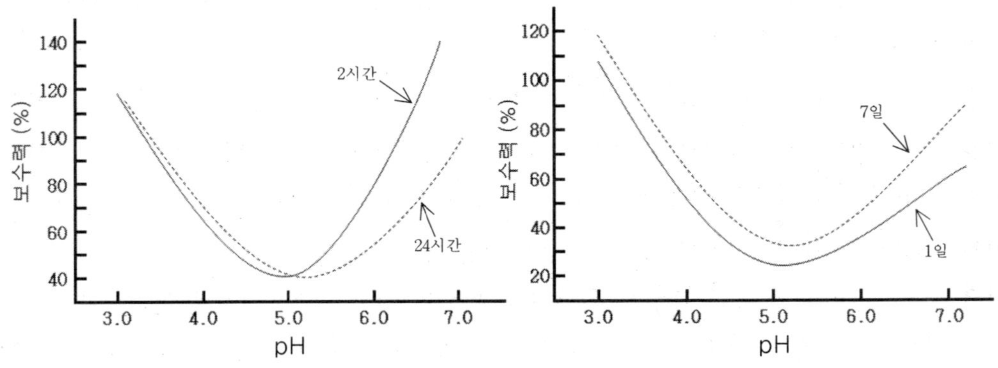

그림 1-7. 사후 경과시간과 pH에 따른 보수력

효소 분해되어 ADP로 된다. ADP는 myokinase에 의해 2ADP → ATP + AMP의 반응을 거쳐 일부 ATP로 재생된다. AMP는 주로 AMP deaminase에 의해 탈아미노화되어 IMP로 된다. IMP는 여러 가지 효소의 작용으로 inosinic acid, hypoxanthine 등으로 변화한다. IMP는 숙성육의 풍미에 기여한다. 또한 지방과 단백질도 일부 분해되어 유리아미노산, 펩타이드, 유화수소, 암모니아, 아세트알데하이드, 아세톤, 다이아세틸 등을 형성하여 풍미 증진에 도움을 주나, 지나친 숙성은 오히려 풍미 저하를 가져온다.

고기의 숙성기간은 육축의 종류, 근육의 종류, 숙성온도 등에 따라 다르다. 일반적으로 쇠고기나 양고기의 경우 4℃ 내외에서 7～14일의 숙성기간이 필요하나, 10℃에서는 4～5일, 16℃의 높은 온도에서는 2일 정도에서 대체로 숙성이 완료된다. 돼지고기는 4℃에서 1～2일, 닭고기는 8～24시간이면 숙성이 완료된다. 고기의 연도 증진을 주목적으로 하는 숙성과정이 지나 필요 이상으로 장기간 저장하게 되면 근육 중에 존재하는 미생물의 번식으로 단백질의 분해가 과다하게 일어나고 pH가 증가하며, 지방이 산패되는 부패단계에 까지 이르게 되는데, 이런 경우 식용으로 부적합하게 된다.

숙성고기의 연화는 근육단백질의 효소적 분해와 강직의 해제에 의하여 나타난다. 고기 숙성 중 연화과정에 효소의 기능은 앞에서 설명하였으나 강직해제와 그것의 연화에 기여하는 가능성에 대한 의문은 Bendall이 강직 중 액토마이오신 결합의 분해가 ATP(강직 후 근육에는 극히 낮거나 거의 없는)를 필요로 한다고 보고한 이래 거의 무시되어 왔다. 그럼에도 불구하고 강직이 최대로 달한 후에는 점차로 뻣뻣한 정도가 낮아진다. 강직해제에 대한 또 다른 증거는 근절의 길이가 실제로 길어진다는 것이다.

고기의 숙성은 실질적으로 사후강직의 해제에 기인한다. 그리고 해제에 의해 숙성과 관계있는 연도 개선에 기여하게 된다. 그럼에도 불구하고 어떠한 단일의 기작이 숙성 중 일어나는 연도 증가의 원인으로 보기는 어렵다.

3.7 숙성 중의 연화효소 시스템

사후 골격근에서의 연화과정은 복잡한 현상이다. 방혈 후 근육은 사후강직이 시작되기 전에는 부드럽고 연하다. 사후강직의 시작은 액틴과 마이오신의 불가역적인 결합을 유발하고 고기가 질겨지게 된다. 사후강직 완료 후 시간이 지나면서 단백질은 분해되고, 초미세 조직은 변화하여 고기의 연화가 시작된다. 이 연화단계에 근육 내에서 근원섬유와 troponin, desmin, vinculin, dystrophin, nebulin, 그리고 titin 같은 세포골격 단백질의 분해가 일어난다. 이러한 단백질들이 분해되면서 I 밴드와 Z-disk의 연결부위가 붕괴되고, 중간섬유의 분해로 Z-disk들의 부착이 붕괴되고, 근형질에 부착된 Z-disk과 M-line이 붕괴된다. 결국 숙성 중에 근육 내에서 초미세 조직에 변화가 오게 되는데, 이것은 효소들에 의한 근원섬유 및 세포골격 단백질의 분해에 기인하는 것으로 생각된다.

골격근에는 살아있는 조직에서 다양한 대사경로를 작동시키는 다양한 연화효소들이 존재한다. 이 다양한 효소시스템은 사후 근육에서도 여전히 활동하여 고기 품질 변화에 영향을 준다. 카뎁신(cathepsin), 칼페인(calpain) 그리고 프로테아좀(proteasome) 효소 시스템이 식육의 숙성 중 연화와 관련하여 집중적으로 연구되었다.

1) 카뎁신(Cathepsin)

카뎁신은 라이소좀(lysosome)과 식세포(phagocyte), 그리고 근소포체(sarcoplasmic reticulum)에 존재하는 산성 단백질 분해효소이다. 라이소좀 카뎁신은 15개 이상이 발견되었지만, 골격근육 세포에서는 단지 8개만 발견되었다. 이들은 막에 결합되어 있어 기질 접근이 제한되어짐으로써 고기 연화에는 그리 중요하지 않다고 생각되어진다. 라이소좀은 근원섬유 구조를 분해하지 못한다. 하지만 사후 근육의 온도와 pH가 낮아짐에 따라 라이소좀의 막이 파손되어 효소가 배출될 수도 있다고 주장된다.

카뎁신 B, D, H 그리고 L만이 사후 숙성 중에 관찰되는 단백질들을 분해한다. 카뎁신 B는 마이오신과 액틴을 약간 분해시키지만, D는 모두 펩타이드 조각으로 분해한다. 카뎁신 L은 마이오신, 액틴, α-actinin, troponin-T 그리고 troponin-I를 분해하며, H는 마이오신을 분해하는 것으로 보고된다. 사후 숙성 중 단백질 분해에 카뎁신은 그리 큰 공헌을 하지 못할지라도 전혀 관여하지 않는다고 말할 수도 없다.

2) 칼페인(Calpain)

칼페인은 칼슘 의존성 시스테인 단백질 분해효소로서 중성 pH에서 최적 활성을 가지며 모든 살아있는 생물에서 발견된다. 최소 15종류 이상의 칼페인이 포유동물에서 확인되고 있다. 포유동물 골격근의 단백질 수준에서 감지되는 칼페인은 μ-칼페인, m-칼페인 그리고 p94 /칼페인 3 isoform이다. μ-칼페인은 완전한 활성을 위해 마이크로몰(10～50 μM) 칼슘 농도가 필요하고, m-칼페인은 0.3～1.0 mM 칼슘농도, p94/칼페인 3는 마이크로몰 이하 수준의 칼슘이 필요하다. 총 칼페인의 10% 이하만이 골격근에서 활성을 가진다.

적정 활성을 위한 조건은 pH 7.5, 25℃이다. 그러나 pH 5에서도 여전히 활성을 보인다. 고기 연화는 낮은 칼슘 농도에서 μ-칼페인이 활성화되는 pH 6.3(소에서는 대략 사후 6시간)에서 시작된다. m-칼페인은 적정 pH가 6.5～8.0로서 1～2 mM의 칼슘을 필요로 한다. 소 지육에서 사후 24～48시간에 도달하는 조건인 pH 5.5, 5℃에서는 최소한의 활성을 보인다. 따라서 μ-칼페인이 사후 단백질 분해에 필수적이며 주된 효소이고, m-칼페인과 합쳐서 식육 연화의 85%까지를 책임지고 있다고 주장된다.

3) 프로테아좀(Proteasome)

사후 근원섬유 단백질의 분해는 칼페인이 주도하지만, 큰 폴리펩타이드 조각들을 생산하여 다른 효소들이 추가로 작은 펩타이드나 아미노산으로 분해시켜야 한다. 칼페인이 분해한 근절 단백질을 추가로 분해하는 것은 프로테아좀일 것으로 보고된다. 프로테아좀은 다촉매적 단백질분해효소 복합체(multicatalytic proteinase complex, MCP)로서 여러 개의 subunit 단백질 분해효소가 복합되어 있다. 이 효소의 적정 pH는 7.0～8.0이고, 골격근의 근형질에서 발견된다. 이것은 폴리펩타이드를 주로 분해하며, 근형질 단백질과 근원섬유 분해조각들을 분해하는 데에 주도적인 역할을 한다. 프로테아좀은 숙성 7일 동안 비교적 안정적으로 활력을 가진다.

4) 캐스페이즈(Caspase) 시스템

최근 연구 결과는 세포자멸(apoptosis)의 과정이 사후 단백질 분해와 식육 연화에서 역할을 할지도 모른다는 것을 보여준다. 생물체에서는 세포자멸 혹은 세포예정사가 주위 세포를 다치지 않고 세포들을 제거하는 복잡한 기작이다. 도축의 결과로 인한 근육조직의 혈액 공급의 중단으로 산소와 영양소가 결핍된다. 산소결핍 상태에서 근육 세포는 캐스페이즈 시스템을 통하여 세포자멸을 시작할 것이라는 가설이다. 캐스페이즈는 중성 시스테인 단백질 분해효소로서 단백질을 아미노산 아스파트산 잔기에서 절단하여 분해하는 효소이다. 시스템은 3가지로 분류된다.

첫째, 염증에서 작용하는 싸이토카인 활성제(cytokine activator), 세포자멸 개시제(apoptosis initiator)(캐스페이즈 8, 9, 10 및 12), 그리고 세포자멸 실행제(apoptosis effector)(캐스페이즈 3, 6 및 7)이다. 캐스페이즈 3는 돼지고기 근원섬유에서 desmin, troponin-I, actin, troponin-T 그리고 myosin light chain을 분해하였다고 보고된다. 캐스페이즈는 사후 초기(<4시간)에 가장 활성이 높았다고 한다. 반면에 반대로 소고기에서 캐스페이즈 3 활력은 도축 직후에는 존재하였으나, 사후 시간이 지남에 따라 감소하였음으로 캐스페이즈는 사후 고기 연화와 관련된 단백질 분해에서 관여하지 않을 것이라는 보고도 있다. 캐스페이즈는 칼페인의 억제제인 칼파스타틴을 절단한다. 따라서 칼페인/칼파스타틴 시스템과 상호 작용함으로써 간접적으로 사후 고기 연화에 관여할 것이라는 주장도 있다.

5) Heat shock proteins(HSP)

생체에서 항세포자멸 기능을 하는 HSP에 대한 연구가 사후 근육의 연화에 영향하는 요인으로서의 가능성 때문에 수행되어 왔다. 생체에서는 $\alpha\beta$-crystallin, HSP20 그리고 HSP27 같은 열충격 단백질이 단백질 변성을 방지하여 항상성을 유지하는 기능을 수행한다. 이러한 세포 단백질 보호 능력으로 인해 HSP는 스트레스에 대응하여 발현된다. 도축 후 근육 세포는 스트레스에 반응하여 HSP 발현이 자극될 수 있으므로 사후 단백질 분해에 영향을 줄 수 있을 것이라 추론하였다.

강직 전 소고기에서 HSP20과 $\alpha\beta$-crystallin 수준이 사후 각각 0.5 및 3시간에 가장 높았다가 사후 22시간까지 감소하였다. 사후 HSP 수준은 사후 근육 pH에 의해 영향을 받았다. 사후 22시간의 높은 $\alpha\beta$-crystallin 수준은 낮은 최종 pH를 가진 소고기 단백질의 분해를 감소시켰다. 따라서 HSP는 사후 숙성기간 동안 단백질 분해를 저해한다고 생각된다. 결국 사후 근육 내의 HSP 수준이 사후 단백질 분해나 고기 연화의 단순한 지표인지 아니면 숙성 과정에서 중요한 역할을 하는 것인지는 더 연구를 해보아야 할 것이다.

4. 사후변화와 육질에 영향을 미치는 요인

앞에서 기술한 근육의 식육화 과정에서 일어나는 물리화학적 변화는 신선육의 품질과 가공 특성에 크게 영향을 미치며, 또한 이들 변화는 육질을 향상시키기 위하여 어느 정도 조절할 수도 있다. 그러므로 도축 전과 도축 후의 근육 내 물리화학적 변화를 이해하는 것은 생산되는 육질을 개선하고 조절하기 위하여 매우 중요하다.

4.1 도축 전 효과

1) 스트레스

가축이 익숙하지 않는 환경에 있게 되면 흥분하게 되고 피로해지며, 떨거나 열이 나게 된다. 이들 모든 상태는 새로운 환경에서 여러 가지 요인에 의해 일어나는 가축 체내에서의 반응의 결과이다. 이러한 반응을 나타낼 때 스트레스 상태에 있다고 하는데, 스트레스라는 용어는 가축이 불리한 환경에 노출되는 경우에 일어나는 심장박동의 속도, 호흡속도, 체온 그리고 혈압과 같은 생리적 조절을 말하는 일반적인 표현이다. 가축이 이러한 자극을 받으면 자극에 대처해서 정상적인 생리기능을 수행하기 위한 적응현상의 첫 반응으로서 여러 가지 호르몬의 분비가 촉진된다. 즉 뇌하수체로부터 ACTH(adreno-corticotropic hormone), 부신수질로부터 epinephrine과 norepinephrine, 부신피질에서 adrenal steroid 그리고 갑상선에서 thyroid hormone 등이다. 이들 호르몬은 체내의 많은 생화학적 반응에 영향을 한다.

Epinephrine은 에너지원을 공급하기 위하여 지방의 가수분해를 촉진하고, 간과 근육에 저장되어 있는 글리코겐을 분해하는 것을 돕는다. 또한 epinephrine과 norepinephrine은 심장과 혈관에 작용을 하여 혈액순환을 촉진하여 산소공급을 원활하게 한다. 갑상선호르몬은 대사속도를 증가시켜 적절한 에너지를 공급하게 한다.

표 1-3. 스트레스에 민감한 돼지와 저항이 높은 돼지에 고온이 미치는 영향*

요 인	스트레스에 민감한 가축	스트레스에 대한 저항성이 높은 가축
심장 박동수	급속한 증가	점진적인 증가
호흡수	급속한 증가 후에 급속한 감소	점진적인 증가
체 온	현저히 상승	약간의 상승
혈액 내 탄산가스 농도	증 가	저 하
사후근육 pH	급속한 저하	점진적인 저하
사후강직	사후강직의 개시 및 완료가 빠름	사후강직의 시작 및 완료가 천천히 일어남

*: 40℃에서 20～30분간 처리

가축이 스트레스를 받으면 일반적으로 많은 근육수축 운동을 하게 되고, 운동을 뒷받침하기 위하여 많은 ATP를 필요로 하게 된다. 따라서 앞에서 언급한 호르몬의 영향으로 혈액순환 속도를 증가시켜 영양소와 산소를 다량 공급하고 수축운동으로 생기는 열을 제거하여 체온을 일정하게 유지하려고 노력한다. 그러나 가축에 따라서는 스트레스가 심한 경우에 혈액순환의 증가에도 불구하고 산소가 부족해지고 체온이 오르게 된다. 이 경우에 자극호르몬은 글리코겐의 해당작용을 촉진시켜 근육수축에 필요한 에너지를 공급하게 된다.

혐기적 대사(嫌氣的 代謝, anaerobic metabolism)가 촉진되면 그 결과로 젖산이 근육 내에 축적되는데, 젖산은 근육 내에서 직접 에너지원으로 이용되지 못하므로 혈액순환에 의해 간으로 운반되어 포도당으로 또는 글리코겐으로 재합성되거나 심장으로 운반되어 에너지원으로 이용된다. 만일 자극이 계속되어 체내에서 미처 처리하지 못할 정도로 젖산이 과다하게 축적되면 산중독(酸中毒, acidosis)을 일으켜 폐사하게 되는 경우에까지 이르게 되는데, 이러한 현상을 porcine stress syndrome(PSS)이라 한다. 이 증상은 돼지에 많이 발견되나 어느 가축에서나 발생될 수 있다. 특히 고온다습한 여름날 가축을 심하게 다루거나 장거리 수송을 할 때 많은 폐사를 볼 수 있는데 PSS의 좋은 예다.

스트레스를 유발하는 여러 가지 환경적 요소 중에서 특히 높은 환경온도는 가축에게 큰 부담을 주는데(표 1-3), 너무 더워서 체열을 제거하는 기능이 충분하지 못할 때에는 체온이 오르고, 그 결과로 근육 내 ATP 분해와 해당작용이 촉진되어서 결국 폐사에 이르게 되기도 한다. 또한 습도가 높아서 고온다습한 경우에는 체열의 제거가 더욱 어려워져서 가축이 적응하지 못하고 폐사하는 확률이 높아지게 된다. 또한 낯선 환경이나 좁은 공간에서의 밀집, 익숙하지 않은 소음, 거친 취급 등은 가축을 불안하게 하고 놀라게 하여 근육 내 글리코겐 함량을 변화시키고, 사후근육의 육질에 여러 가지 변화를 가져오게 한다.

2) 스트레스와 육질

앞에서 언급한 어떤 스트레스 요인들은 근육의 대사에 변화를 주며, 이들 변화는 육질에 영향을 미친다. 그 정도는 스트레스의 강도, 기간 그리고 가축의 스트레스에 대한 저항성 등의 요인에 따라 다르다. 가축은 스트레스에 대한 대응정도에 따라서 적응성이 약한 가축(stress susceptible animal)과 적응성이 강한 가축(stress resistant animal)으로 구분된다.

적응성이 약한 가축은 별로 심하지 않은 자극을 받더라도 호흡수와 맥박수가 빨라지고 체온이 상승하며, 피부가 빨개지고 근육경련을 일으키며 행동이 불안해진다. 이들 가축은 사후근육 내의 해당작용이 빨라 pH저하가 급속도로 진행되고, 사후강직이 빨리 오게 된다. 도체를 바로 냉장실에서 냉각시킨다 하더라도 도체온도는 서서히 떨어지는데, pH는 1시간 만에 5.4 내외로 급격히 저하하므로 고온과 낮은 pH에 의한 단백질 변성과 보수력 저하가 심하게 일어난다. 이러한 근육을 PSE(pale, soft, exudative)라 하며, 육색이 창백하고, 조직이 단단하지 못하며, 수분의 삼출이 일어난다(표 1-4).

PSE 현상은 돼지고기에 가장 많이 나타나지만(약 20% 정도) 소, 양, 닭고기에서도 볼 수 있다. 돼지 중에서도 지방이 많은 지방형보다는 근육이 잘 발달된 고기형의 돼지가 PSE 현상을 더 많이 나타내는 경향이 있는데, 이는 가축의 심장 크기와 혈액 순환량은 비교적 일정한데, 계속적으로 근육크기 중심으로 육종을 하고, 또 방사보다는 옥내 사육으로 바뀜으로써 호기성 대사를 하는 적색근섬유(赤色筋纖維, red muscle fiber)보다는 혐기적 대사를 하는 백색근섬유(白色筋纖維, white muscle fiber)가 발달된 데 기인한다고 볼 수 있다.

표 1-4. 정상 및 PSE 돈육에 있어서 해당대사물질의 사후농도

대 사 물 질	사후경과기간(min)	정상육(μmol/g)	PSE육(μmol/g)
Glycogen	3 180	35～100 20	23 0.8
Glucose	3 180	2.3 4.3	3.3 6.8
Glucose-6-phosphate	3 60 180	4.5 5.0 6.5	8.5 7.0 7.5
Lactate	3 60 180	30～40 40～60 60～80	～60 105 105
Creatine phosphate	3 60 180	6.0 3.0 2.0	3.0 1.0 1.0
ATP	3 60 180	5.5 4.5 2.5	3.5 <0.5 <0.5

최근에는 육종학적 방법에 의하여 PSE를 줄이고자 노력하고 있다. PSE 근육은 외관이 좋지 않으며, 조리 시 수분 손실이 많아 다즙성이 떨어지고, 가공육 제조 시에는 결착성이 낮아서 감량이 많은 단점을 가지고 있어 경제적 손실이 크다. 이와는 반대로 일부 가축은 피로, 운동, 절식, 흥분, 싸움 등으로 인한 스트레스를 받았을 때 비교적 잘 적응하여 견디지만, 근육 내의 글리코겐은 낮은 수준으로 떨어지게 된다. 이렇게 소모된 글리코겐이 다시 보충될 시간적 여유가 없이 도축되었을 때에는 사후 근육 pH가 높게 유지되고, DFD(dark, firm, dry) 근육을 얻게 된다.

DFD 근육은 육색이 짙고, 조직이 단단하며 건조한 외관을 나타내는데, 이는 높은 pH로 인하여 보수성이 높기 때문이다. DFD 근육은 dark cutting beef 또는 dark cutter라 하여 쇠고기에 많이 나타나고 있으나(약 3% 정도) 돼지, 양고기에서도 종종 볼 수 있다. 이러한 현상은 가축을 장거리 수송한 후 24시간 이상의 충분한 휴식이 없이 바로 도축하였을 때 많이 나타난다. DFD 근육은 결착력과 보수력이 높아 가공육으로서는 좋으나 신선육으로 판매 시 육색이 지나치게 짙어서 상품가치가 떨어지며, pH가 높아 미생물의 번식이 용이한 단점을 가지고 있다.

극단적 PSE와 DFD 근육 사이에는 스트레스에 대한 가축의 적응성 정도에 따라 육질에 많은 변화를 보이고 있는데, 사후 근육 pH의 저하속도와 정도를 측정함으로써 어떤 육질인지 판단할 수 있다.

3) 유전력

표 1-5는 사후변화 후에 나타나는 근육의 물리적 특성을 추정하는 유전력을 나타낸 것이다. 이들 추정치는 근육의 물리적 특성(육질)이 적어도 상당히 유전되고 있음을 나타낸다. 따라서 가축 생산자들은 정상적인 색깔, 적당한 경도, 최적 상강도, 높은 연도에 가까운 형질을 가진 가축을 선발 육종함으로써 기호성이 높은 고기를 생산할 수가 있다.

4) 연 령

가축이 나이가 들어감에 따라 마이오글로빈 함량이 증가하기 때문에 근육 색깔이 짙어진다. 또한 근육 내의 결합조직의 성질이 변화하는데, 연령에 수반하는 연도의 저하는 결합조직 변화에 크게 영향을 받는다. 결합조직의 양은 성숙한 후에는 큰 변화가 없으나 콜라겐(collagen) 섬유에 있어서 분자 간 교차결합이 증가한다. 이러한 구조적인 변화가 콜라겐의 용해도를 감소시키고 연도를 떨어뜨린다.

어린 가축의 근육은 나이든 가축의 근육보다 연하지만, 이러한 변화는 나이와 직선적으로 변화하지는 않는다. 빠르게 성장하는 시기에는 연도가 시간에 따라 증가하는데, 근섬유 크기의 빠른 성장이 결합조직을 희석하는 효과가 있기 때문이다. 그렇기 때문에 시판 체중의 소(12~18개월)가 종종 성장기의 송아지(6개월령)보다 더 연한 경우도 있다. 쇠고기는 약 30개월령이 지나면 본격적으로 질겨지고, 이 시기를 넘어서면 점차 더 질겨진다(표 1-6).

고기 풍미의 강도는 가축의 연령과 함께 증가한다. 풍미 변화의 원인은 사후 inosinic acid와 hypoxanthine으로 분해되는 근육 중의 nucleotide의 농도가 증가하기 때문이다. 성숙한 양이나 수렵동물(game meat)의 강한 풍미 등은 소비자에 불쾌감을 줄 수도 있다.

표 1-5. 육질의 유전력

육 질	축 종	유전력, 대략적인 평균 %
육색 - 경도 - 조직	돼 지	30
	소	30
상강지방 침착도	돼 지	25
전단력 또는 연도	돼 지	30
	소	60

표 1-6. 연도에 미치는 연령의 영향

연령과 체중 증가에 수반되는 변화	연도에 미치는 효과
1. 조리 중 용해도 감소의 원인이 되는 콜라겐 내의 교차 결합의 증가	부정적
2. 근섬유 크기의 증가에 의한 콜라겐 농도의 경미한 감소	긍정적이나 경미한 효과
3. 도체 중 증가와 표피지방 두께의 증가로 인한 완만한 냉각속도	긍정적
4. 근육간 지방수준의 증가	긍정적이나 변동적
5. 축종과 나이 변이에 의존하는 근섬유 형태의 비율 변화	예측 곤란
6. 2℃에서의 저온 단축의 정도	부정적

5) 성(性)

가축은 성(性)에 따라 성호르몬의 순환 정도가 다르므로 육질에 많은 변이가 있다. 수컷은 정육률이 우수하기는 하나 육질은 대개 좋지 않다. 특히 웅취(sex odor, boar taint)는 종부용 돼지(boar)의 고기에서 종종 문제가 된다. 이 성분은 조직에 존재하는 testosteron의 대사산물인 5α-androst-16-ene-3-one이라고 알려지고 있다. 냄새는 이들 호르몬의 분해산물에서 직접적으로 유래하기도 하고, 그 산물에 의해 생산되는 부차적 산물에서 유래하기도 한다.

수컷의 근육은 거세한 경우보다 근육 내 콜라겐의 농도가 높으며, 일정한 연령에서 콜라겐의 화학적 교차결합이 훨씬 많다. 또한 일반적으로 높은 농도의 마이오글로빈 때문에 색깔이 약간 짙다.

6) 사 료

심각한 영양적 결핍이 없는 한 사료는 육질에 크게 영향을 미치지 않는다. 그러나 근육의 저장 글리코겐 함량에 변화를 주는 도축직전 시기에 특정 사료의 급여는 육질에 영향을 미칠 수 있다. 전분질 사료, 특히 설탕 급여는 고갈된 근육의 글리코겐을 회복하게 하고, 사후 pH저하를 정상적으로 일어나게 한다. 그러나 내장적출 과정을 용이하게 하고, 소화관으로부터 도체의 미생물 오염을 최소화하기 위하여 도축 전 24시간 동안 급여를 중단하는 것이 바람직하다.

어떤 반추동물은 β-carotine의 함량이 높은 목초를 급여할 때 체지방에 β-carotine이 축적되어 도체지방의 색깔이 바람직하지 않게 되거나, 과량의 목초 급여는 목초 내에 함유된 다양한 화합물에 의해 비정상적인 목초냄새를 함유할 수도 있다. 이들 문제는 도축 전 몇 주 동안 곡류사료를 급여함으로써 제거할 수 있다.

7) 도축 전 가축취급

도축 전 가축은 복합된 환경적 스트레스, 예를 들면 가축을 분류하거나 트럭에 싣기, 수송, 계량, 운전, 급수, 기절 등에 노출된다. 이러한 과정에서 육질에 심각하게 영향하는 것은 기후, 사용하는 장치, 취급하는 사람 그리고 다른 많은 요소가 있다. 부주의한 취급은 도체 상흔, dark cutting 고기, PSE고기 등의 원인이 된다.

수송과정은 일련의 과정 중 가장 스트레스가 심한 단계이다. 환기가 잘 되지 않는 트럭이나 더운 날씨는 가축을 매우 불안한 상태로 만들며, 이러한 상태에서 장시간 수송하는 것은 때로는 가축이 죽게 되거나 근육조직의 수축, 도체중의 감소 등이 생긴다. 그러나 정상적 유통과정에서는 근육의 무게는 영향을 받지 않으며, 보통 가축 생체중의 2~5% 정도 감량이 생긴다 하더라도 이것은 장내 내용물의 손실 때문이다.

8) 기절방법

일반적으로 가축을 기절시키는 방법에는 탄산가스, 전기충격, captive bolt 기절법이 있다. 기절과정은 스트레스가 완전히 없는 것은 아니지만 기절 없이 방혈하는 것보다 스트레스 반응이 감소된다. 근육의 성질과 조성은 기절과정의 형태와 효과에 의하여 영향을 받는다. 이 과정의 스트레스 정도는 일반적으로 근육의 글리코겐 고갈정도에 의하여 표현된다. 닭의 기절방법에 따른 가슴육의 글리코겐의 수준을 보면 마취기절, 전기기절, 기절 없이 도계한 순서로 글리코겐 함량이 높다. 글리코겐 함량에서 나타나는 차이는 결과적으로 근육의 최종 pH와 근육의 물리적 성질의 차이를 나타내게 된다(표 1-7, 1-8, 1-9).

기절시킨 후에는 가축이 의식을 회복하지 않게 하고 혈압을 떨어뜨리게 하기 위하여 가능한 한 빨리 방혈을 한다. 전기충격법을 사용하는 경우에는 근육 내에 용혈이 일어날 정도로 혈압이 상승한다. 기절 후 수초 내에 방혈을 하지 않으면 blood splash 현상이 나타나는 수가 있는데, 이것은 혈액반점이 근육에 생겨 제거되지 않는 상태이다. 이러한 문제는 적당한 전압을 사용하고 전극을 정확하게 장치함으로써 최소화할 수 있다.

표 1-7. 기절방법이 사후 돼지 근육 내 에너지 대사에 미치는 영향

측정 요소	기 절 방 법				
	기절 없이 붙잡고 방혈	전기충격 (90 V)	전기충격 (290 V)	피스톨법	탄산가스법
pH (1시간 후)	5.92	6.22	6.18	5.99	6.14
pH (최종)	5.45	5.47	5.62	5.59	5.58
ATP (1시간 후) (μmoles/g)	3.22	3.51	3.23	2.08	3.48
CP (1시간 후) (μmoles/g)	0.60	0.61	2.48	0.65	0.55
젖산 (1시간 후) (μmoles/g)	72.91	75.53	62.48	63.69	75.67

표 1-8. 전기충격법이 사후 ATP, CP 변화에 미치는 영향 (닭 가슴고기)

도계단계	ATP(μmoles/g 근육)		CP(μmoles/g 근육)	
	직접 방혈	전기기절 후 방혈	직접 방혈	전기기절 후 방혈
방혈 후	4.3	7.4	1.3	6.4
탈모 후	1.4	6.1	0.4	2.2
침수 냉각 후	0.2	3.1	0	0.2
4시간 숙성 후	0	0	0	0
24시간 숙성 후	0	0	0	0

표 1-9. 전기충격법이 연도에 미치는 영향 (닭 가슴고기)

요리시간	전 단 력 (kg/20 g 고기)		질긴 도체의 비율(%) (고기 20 g 당 전단력 80 kg 이상)	
	기절 없이 직접 방혈	전기기절 후 방혈	기절 없이 직접 방혈	전기기절 후 방혈
도계 후 4시간 후	99	85	70	35
도계 후 24시간 후	88	63	44	5

4.2 도축 후 효과

1) 사후 보존온도

일반적으로 고기단백질의 변성과 미생물 번식을 방지하고, 보존성을 증진시키기 위하여 도체는 도축 즉시 저온실에서 온도를 빨리 저하시키는 것이 바람직하다. 그러나 가축과 근육에 따라서는 사후 근육온도를 너무 급속히 저하시키거나 또는 너무 높은 온도에 유지하면 육질에 좋지 않은 영향을 미치게 된다. 사후 도체 보존온도는 또한 숙성 속도에도 직접적인 영향을 주어 숙성기간을 좌우하는 요인이 된다.

(1) 저온단축

사후강직 이전의 근육을 여러 가지 환경온도에 유지하였을 때 근섬유 단축도를 보면 그림 1-8과 같다. 즉, 16℃에서 단축도가 가장 낮고, 이보다 낮거나 높은 온도에서는 단축도가 증가한다. 특히 0℃의 낮은 온도에서는 50%에 이르는 심한 단축을 보이고 있다. 이와 같이 강직전 근육을 0~16℃ 사이의 낮은 온도로 급속 냉각시킬 때 일어나는 근섬유 단축현상을 저온단축(低溫短縮, cold shortening)이라고 한다. 저온단축의 기본적인 유발원인은 근소포체가 저온의 영향으로 여분의 칼슘을 결합할 수 없기 때문이다. 즉, 낮은 온도(0~5℃)에서 근소포체와 마이토콘드리아는 칼슘 결합 능력이 감소하며, 따라서 여분의 칼슘이 세포내로 유출되고, 근육수축이 일어나는 양상으로 단축이 일어나게 된다.

그림 1-8에 나타난 단축도는 근육을 도체로부터 절단하여 자유로이 단축이 가능하도록 한 실험실에서의 측정치이다. 그러나 도체의 근육은 뼈에 부착되어 있으므로 자유로운 수축이 불가능하여 실제로 일어나는 단축은 이 정도보다 낮다. 저온단축 현상은 적색근섬유의 비율이 높은 쇠고기와 양고기에서 주로 볼 수 있는데, 적색근은 백색근보다 마이토콘드리아가 많고, 근소포체가 덜 발달되어 있기 때문에 낮은 온도에서 더 많은 칼슘이 유출되고, 저온단축이 용이하게 나타나기 때문이다. 적색근에서의 저온단축은 저온의 영향 하에 무산소(anoxia) 상태의 마이토콘드리아가 칼슘이온과의 결합력이 떨어지며, 근소포체의 발달이 좋지 않아서 쉽게 칼슘으로 포화되므로 칼슘이 세포 내로 유출되어 단축이 용이하게 일어나게 된다. 돼지고기에 있어서는 적색근섬유의 비율이 훨씬 낮아 저온단축의 정도도 쇠고기의 1/2 이하로서 크게 문제되지 않는다.

저온단축을 방지하기 위하여 다음의 몇 가지 방법이 있다. 즉, ① 사후강직이 완료될 때까지 저온단축이 일어나지 않는 온도에서 일정시간 도체를 보관한다. 여러 가지

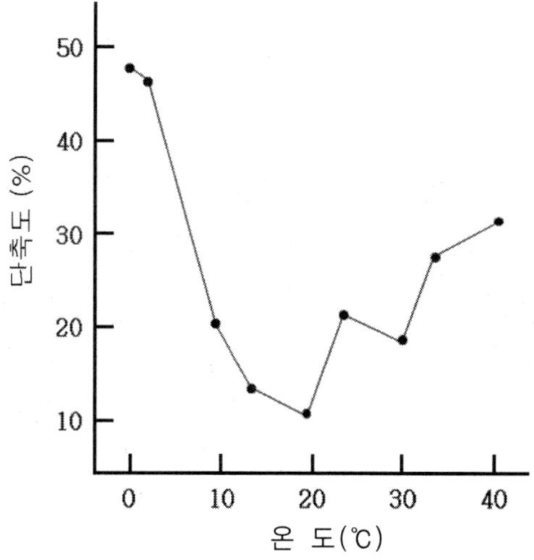

그림 1-8. 사후 보존온도가 근육의 단축에 미치는 영향(소 근육)

온도와 시간이 적용되며, 15～16℃에서 16～24시간 정도가 일반적이다. 이 방법은 미생물학적 문제가 없다는 보고가 있음에도 불구하고 공중위생학적으로 위험하다는 비판이 있다. 특히, 도체처리가 비위생적인 경우에는 적용하기에 문제가 있다. ② 도체의 자세를 변경함으로써 저온단축을 방지하는 시도로 도체현수를 엉덩이뼈(aitch-bone)를 통하여 행함으로써 뒷다리, 등심 등에 더 많은 장력을 부여하여 저온단축을 방지하는 방법(tender-stretch)이다. 호주에서 주로 이용되며, 레일의 배열을 변경해야 하는 번거로움과 뒷다리 부위의 형태가 변경되는 것이 문제가 된다. 그러나 최근에는 전기자극법의 발달로 이용이 줄었다. ③ 도체에 전기를 통함으로써 ATP와 고에너지 인산염의 소실을 촉진시켜 저온단축을 방지하는 전기자극법(electrical stimulation, ES)이다. ES의 주요 효과는 사후 pH저하를 촉진하여 사후강직을 촉진한다(불활성인 phosphorylase b를 활성화하여 phosphorylase a로 전환하게 하여 해당을 촉진). ES는 여러 전압, 주파수, 기간 등이 응용되나, 사후시간이 경과하면 신경반응이 감소하므로 높은 전압의 자극이 유효하다.

도체현수 변경이나 특정 근육에 장력을 부과하는 장치(muscle-tendon device) 등은 효과는 인정되나 on-line 작업에서 적용이 용이하지 않고, 많은 수의 도체에 적용이 어려우므로 널리 이용되지 않는다.

(2) 고온단축

저온단축의 반대 현상으로 16℃ 이상의 높은 온도에서도 역시 근섬유의 단축도가 증가한다(그림 1-9). 이러한 고온단축(高溫短縮, heat shortening) 현상은 고온으로

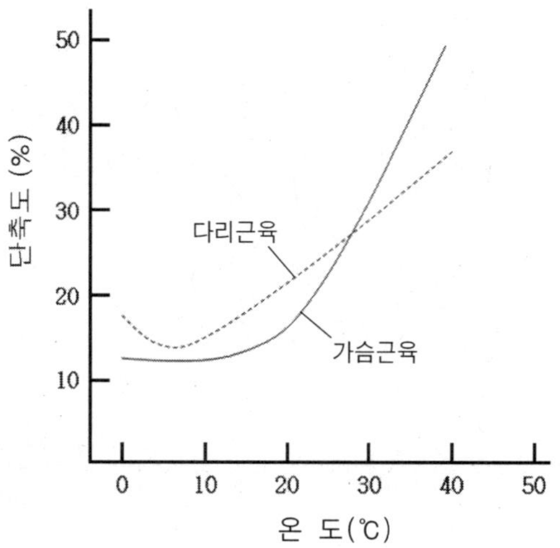

그림 1-9. 닭고기에 있어서 사후 보존온도와 단축도와의 관계

인하여 근육 내 ATPase 및 대사작용에 관계하는 효소들의 활성이 증가되고 따라서 ATP, CP, glycogen 등이 빠른 속도로 분해되어 사후강직이 촉진되고, 단축도가 증가하는 현상이다.

저온단축이 전술한 바와 같이 적색근에서 주로 일어나고, 백색근에서는 거의 볼 수 없는데 반하여, 고온단축은 닭의 가슴고기, 토끼의 psoas 근육과 같은 백색근에서 많이 볼 수 있다. 그림 1-9에서 보는 바와 같이 닭고기에 있어서는 저온단축은 거의 없거나 적은 편이고, 20℃ 이상에서의 고온단축이 현저하다. 따라서 도계의 경우, 탕침 온도를 가급적 낮추고 내장적출 후에는 빨리 냉각시키는 것이 권장된다. 이는 저온단축 때문에 너무 빨리 냉각시켜서는 안 되는 쇠고기나 양고기와는 정반대의 상태이다.

(3) 해동강직

강직이 완료되기 이전의 강직 전 근육을 냉동시켰다가 이를 해동하면 극심한 근섬유의 단축과 함께 강직현상이 일어나는데, 이를 해동강직(解凍强直, thaw rigor)이라고 한다. 해동강직 현상은 저온단축과 비슷한 기작에 의한다고 믿어지고 있다. 즉, 냉동 및 해동에 의해 근소포체 및 마이토콘드리아의 막이 변형되거나 일부 파괴되어 칼슘의 농도가 높아지게 되어 근육수축을 촉진하기 때문이다. 해동강직의 시작은 ATP 농도가 상대적으로 높을 때(약 40% 정도) 나타난다. 이때 골격으로부터 분리되어 자유수축이 가능한 근육은 60~80%까지의 높은 단축(shortening)을 보이게 되고, 결과적으로 가죽처럼 질긴 고기를 얻게 된다.

그림 1-10은 해동강직 시 근섬유의 단축 정도를 잘 나타내고 있다. 해동강직은 해동 중 drip loss의 원인이 된다. pH, drip loss와 단축도 사이의 상관은 뚜렷하며, 이

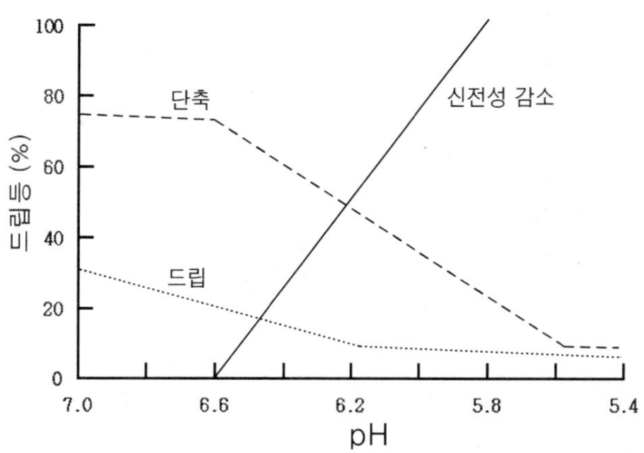

그림 1-10. 해동단축, 드립감량, 신전성과의 상관관계

것은 고기가 강직 전 상태에 있음을 반영한다. pH가 저하함에 따라 drip loss와 단축도는 둘 다 감소하고, 신전성도 저하한다.

해동강직을 방지하기 위해 가장 전통적인 방법은 완전히 강직된 후(일반적으로 0~4℃에 24시간)에 냉동하는 것이다. 그러나 강직 전에 냉동하는 것은 여러 가지 이점이 있으므로 강직 전에 냉동하면서 해동강직을 방지하는 방법을 연구하게 된다. 가장 성공적인 방법이 ES이다. ES는 저온단축은 물론 해동강직도 방지하며, 또한 온도체가공도 가능하게 한다.

해동강직은 냉동상태에서 조리하는 것과 비교하여 아주 완만한 해동을 함으로써 해동강직을 줄인다. 해당은 강직 전 냉동육에서 계속되며, 냉동기간이 충분히 길면 해동강직을 피할 수 있다. 강직 전 상태에서 냉동된 고기의 극단적인 급속해동은 해동강직을 줄이는 데 도움을 준다. 12℃에서 10일 정도 보관하면 강직 전 냉동육의 해동강직을 방지하는 데 좋다는 보고도 있다. 이와 같이 강직 전 냉동육의 해동강직 방지법이 여러 가지로 연구되고 있음에도 불구하고 ES가 이 문제해결에 가장 바람직한 방법이라고 생각된다.

제 2 장

식육 생산

식육(meat)이란 학문적으로 식품으로 쓰일 수 있는 동물의 모든 조직(animal tissues)이라고 정의를 내린다. 따라서 식육은 근육조직(muscle tissue) 뿐만 아니라 간(liver), 심장(heart), 콩팥(kidney), 뇌(brain) 등의 가식부인 내장육(variety meat)도 포함시키게 된다. 또한 쇠고기에 있어서 갈비(short rib), 스테이크(steak) 등이나 돼지고기의 갈비(spare rib)나 폭찹(pork chop) 등에 일정한 모양으로 존재하는 뼈도 포함된 상태로 판매되고 있어 식육의 일부를 이루고 있다.

고기는 넓은 의미로 해석할 때에는 소, 돼지, 양, 염소, 말, 사슴, 토끼 등의 포유가축의 조직인 적육(red meat), 닭, 오리, 칠면조, 거위, 메추리, 꿩 등 가금의 조직인 가금육(poultry meat), 붕어, 장어, 명태, 고등어, 문어, 오징어, 조개, 게, 바다가재, 새우 등 민물이나 바닷물에서 사는 어패류의 조직인 수산식품(sea food), 그리고 노루, 멧돼지, 다람쥐, 비둘기, 기러기, 두루미, 까마귀 등 야생동물의 조직인 수렵동물육(game meat)으로 분류할 수 있다. 좁은 의미의 고기는 포유가축의 조직만을 의미하여 서양에서는 meat라고 할 때 단지 적육만을 의미하지만, 국내에서는 고기라고 할 때 적육과 가금육을 통 털어 지칭한다.

법적으로는 국내의 축산물 위생관리법에 의해 고기를 식용 목적으로 하는 가축의 지육, 정육, 내장 및 기타 부분을 망라한다. 따라서 법에서 제시하고 있는 가축의 범주에 포함되지 않는 개나 캥거루, 낙타 혹은 악어같이 외국에서 사육하는 동물의 조직은 고기에 포함시키지 않게 된다. 우리나라에서는 축산법에서 「가축이란 사육하는 소, 말, 양(염소 등 산양을 포함한다. 이하 같다), 돼지, 사슴, 닭, 오리, 거위, 칠면조, 메추리, 타조, 꿩 그리고 그밖에 농림축산식품부령으로 정하는 동물(動物) 등을 말한다.」라고 기술하고 있다. 시행령에서는 「노새, 당나귀, 토끼 및 개, 꿀벌 그리고 그 밖에 사육이 가능하며 농가의 소득증대에 기여할 수 있는 동물로서 농림축산식품부장관이 정하여 고시하는 동물」이라고 기술하고 있다.

식육생산을 목적으로 사육된 동물은 육축(肉畜, meat animals)이라고 부른다. 우리나라의 주요한 식육 자원은 소, 돼지, 닭이 차지하고 있고, 비공식적으로는 개도 상당한 부분을 차지하고 있는 실정이다. 가축은 사육되는 목적이 다양하다. 사육되는 동물 중에는 돼지와 같이 전적으로 식육생산을 목적으로 사육되는 것도 있으나, 소의 경우 고기 생산뿐만 아니라 우유 생산이나 일을 시키기 위해서도 사육되고, 닭의 경우 계란 생산만을 위해서 사육되는 종류가 있으며, 양이나 토끼의 경우 털만을 생산하기 위해서 사육되는 것이 있고, 염소의 경우 젖을 생산하기 위해서 사육되기도 한다. 이렇게 여러 가지 목적을 위해 사육되는 가축이지만, 최종적으로는 고기를 생산하게 되므로 모든 동물은 육축이라고 할 수 있다.

가축이 고기로 전환되는 과정은 몇 가지 단계를 거친다. ① 농장에서 생축의 취급과 상차, ② 도축장으로의 생축 이동, ③ 생축의 하차 및 계류, ④ 생축의 도축 등이다. 이 전 과정에서 발생하는 불량한 운영기술이나 시설은 불필요한 생축의 고통과 부상을 야기하여 고기의 소실, 즉 품질저하 및 부패를 가져온다. 따라서 도축 후 신선육 가공공정에서의 오염방지는 필수적이다. 위생적 도축과 지육의 청결한 취급은 저장기간을 연장시킬 수 있다.

1. 도축(Slaughter)

식육은 식육동물(食肉動物, meat animals)을 도축·해체함으로써 생산되며, 고기 생산을 위하여 사육된 동물로부터 고기를 거두어들인다는 뜻에서 도축·해체는 수육과정(收肉過程)이라 부르기도 한다. 식육동물의 도축·해체에 필요한 시설을 설비한 장소를 도축장(屠畜場, slaughtering house, abattoir)이라고 하며, 국내에서는 시설규모에 따라 일반지 도축장, 특별지 도축장 및 간이 도축장이 있다. 일반지 도축장에서는 계류사, 생체검사실, 작업실, 소독실, 격리사 및 오물처리시설을 갖추고 있어야 하며, 특별지 도축장은 일반지 도축장의 시설 외에 냉장실, 경의실 및 목욕실을 갖추고 있어야 한다.

동물의 도축, 해체 과정 중에 있어서는 동물에게 고통을 주지 않도록 하고, 방혈(放血, bleeding)을 완전히 하여 좋은 질의 고기를 얻게 하되 동물이나 전기, 기계시설 등의 위험물로부터 피해를 받지 않게 안전에도 주의가 필요하다. 또 도축장은 식육공장(食肉工場)이므로 완전한 시설과 능률적인 작업으로 위생적이면서 경제적으로도 유리하게 운영되도록 해야 할 것이다.

1.1 계류(Lairage)

식육동물은 생산지나 가축시장으로부터 수집되어 도축장으로 수송되어 오게 되므로 피로한 상태에 있고, 또 불안·흥분상태에 있으므로 우선 안정과 휴식이 필요하다. 우리나라에서는 법적으로 가축을 도축 전 12~24시간 동안 계류시킬 것을 요구하고 있다. 계류시간이 너무 짧으면 생산되는 식육이 PSE육이 될 위험이 많고, 반면에 너무 길면 DFD육이 생산될 가능성이 커진다. 그러나 유럽에서는 돼지의 경우 도축장에 도착 후 2시간에, 소의 경우 도착 즉시 또는 최소한 48시간 이상 계류 후 도축할 것을 추천하고 있다. 이렇게 함으로써 계류장에서 야기되는 불안·흥분상태의 영향을 줄일 수 있다고 주장된다. 국내의 경우에는 강제급수 문제 때문에 유럽에서 주장되는 방법의 사용은 매우 곤란하다. 계류 시 물은 자유로이 먹을 수 있게 해줌으로써 도축 시의 방혈이 완전하게 되어 육색을 좋게 하고, 저장성이 높은 고기가 되게 한다.

또한 휴식하는 동안 도축될 때까지 절식(絕食, fasting)을 시키게 된다. 일반적으로 수송되어 온 후 12~24시간 동안을 휴식시키게 되는데, 그 동안 물은 자유로이 먹게 하며, 사료는 주지 않고 절식을 시키는 것이다. 이 절식에 의하여 생체중은 2~3%가 감소되는데, 이것을 절식감량(絕食減量, fasting shrinkage)이라 한다.

그러나 이 동안의 절식감량은 주로 분뇨(糞尿) 등 소화기 내용물의 배설에 의한 것이라 배설감량(排泄減量, excretorial shrinkage)이라 하며, 근육조직의 감소에 의한 조직감량(組織減量, tissue shrinkage)은 아니어서 산육량(產肉量, meat yield)에는 영향을 주지 않는다. 이와 같이 자유로운 급수와 24시간 동안의 절식은 ① 방혈을 용이하고 완전하게 함으로써 육색이 좋고 저장성이 높은 고기를 생산하게 할 뿐만 아니라, ② 소화기 내장 등 내장적출 작업을 용이케 하며, ③ 사료와 관리비용 등을 절약하게 되어 경제적이다.

실제로 많은 동물을 수용하고 관리할 경우 그 비용은 상당히 크며, 도축 전에 먹는 사료는 소화 흡수되어 이것이 근육조직이 되어 산육량을 증가시키지는 못하기 때문에 경제적 손실만 가져올 뿐이다. 그러나 24시간 이상의 절식에 있어서는 조직 감량을 일으켜 산육량도 저하시키는 것으로 되어 있다.

1.2 도 축

도축공정은 기절, 방혈, 박피, 내장 적출, 그리고 지육 절단의 여러 단계가 있다. 이 중 어느 한 단계에서의 불충분함은 그 다음 단계에서의 부정적 영향을 가져온다. 위생과 저장 온도 그리고 고기의 pH 및 근육조직의 구조도 식육 부패에 영향을 미친다. 예를 들면, 간은 단단한 근육조직보다 빨리 부패한다. 도축 후 근육의 사후강직은 도축 과정에서 생축에게 가해진 스트레스와 도축 방법에 영향을 받아 생육 품질이 크게 변할 수 있다. 도축공정은 계류장에서 가축을 이동시켜 기절시키는 공정에서 시작된다. 따라서 계류장에서 기절장까지 가축을 이동시키는 과정에서 가축에게 가해진 스트레스를 최소화하는 것이 중요하다.

1) 기 절

가축은 인도적 도축을 위하여 완전한 무의식 상태로 만든 다음 방혈로 죽음에 이르게 하는 것이 관행이다. 이것은 가축을 실신시켜 숨골기능이 유지되면 심장 박동이 원활하게 유지되므로 방혈이 순조롭게 진행될 수 있게 하기 위함이다. 기절방법의 선택은 동물의 복지, 식육품질 그리고 경제성이 고려되어진 상태에서 결정된다. 즉, 기절방법을 이용하여 즉시 동물의 무의식 상태를 성취할 수 있게 됨으로써 동물에게 고통을 주지 않고 죽음을 성취할 수 있어야 하며, 식육품질에 나쁜 영향이 없어야 할 뿐만 아니라 방법의 사용이 경제적이어야 한다.

(1) 기계적 방법

동물의 앞이마를 강타하여 실신·전도시켜 신속히 방혈시키는 방법으로, 주로 소와 같은 대동물에 적용된다. 침투형과 충격형으로 분류할 수 있으며, 충격형은 재래식으로 해머로 타격하여 두개골에 충격을 주어 실신시키는 것이고, 침투형은 현대식 도축장에서 이용하는 것으로 화약이 터질 때 강철볼트(captive bolt)가 돌출되거나, 끝이 뾰족한 도끼(pole-axe)의 형태를 이용하여 두개골 속으로 침투시켜 실신시키는 방법이다. 기절 후 방혈시킬 때에 발생하기 쉬운 사지의 반사적 경련에 의한 위험을 방지하기 위하여 앞이마의 타공부에 쇠줄을 넣어 척수(spinal cord)를 파괴시켜 안정시키는 경우가 많다.

(2) 화학적 방법

공기보다 무거운 탄산가스를 가스실에 채워 65～75%의 농도를 갖게 한 후 그 속으로 동물을 통과시켜 실신시키는 방법이다. 주로 많은 돼지를 처리하는 대규모 도축장에서 사용된다. 최근에는 CAS(controlled atmosphere stunning)라고 하여 탄산가스를 주로 하는 혼합가스(탄산가스, 아르곤, 질소)를 이용하여 집단으로 기절시켜 동물복지를 달성하는 방법이 가금류나 돼지에서 이용되고 있다. 탄산가스를 이용할 때는 2단계로 수행하여, 초기에는 비교적 낮은 농도(공기 중 탄산가스 농도 40% 이하)에 노출시켜 무의식을 유발한 후 더 높은 농도(80～90%)에 노출시켜 무의식 상태를 오래 지속시키면서 방혈을 집행할 수 있게 한다.

이 시스템은 하차장에서 가금을 샤클에 걸 필요 없이 집단으로 가스실에 투입하여 기절 후에 가금을 샤클에 걸어 방혈을 집행할 수 있게 해주어 동물복지와 작업자 불편을 동시에 해결한다. 돼지의 경우에도 집단으로 기절단계를 거치므로 계류장에서 이동 시 스트레스를 줄일 수 있다. 또 다른 기절 방법은 저기압 기절방법(low atmospheric pressure stunning, LAPS)으로서 기절실 내의 공기를 진공펌프로 서서히 빼내어 닭이 기절하게 만드는 방법이다. 이것은 전기나 가스를 사용하지 않고 닭을 수송용기채로 투입하여 생계를 샤클에 걸 필요도 없고, 집단으로 균일하게 기절시킬 수 있게 해 주는 장점이 있다.

(3) 전기적 방법

다두도축(多頭屠殺)에 있어서 특히 돼지의 도축에 있어서 자주 쓰이는 방법이다. 다양한 전압강도의 전기로 동물을 감전시켜 기절시키는 것으로, 소음 없이 간단히 할 수 있는 방법이나 강전 사용 시 전기사고의 위험성도 있다. 최근에는 닭이나 칠면조 도축 시에도 많이 사용하고 있다. 가금류에서는 개체별로 머리 양쪽에 전극을 부착하여 기절시키거나 혹은 수조에 머리를, 다리는 마른 전극을 연결하여 연속공정으로 기절시킨다.

(4) 마이크로파 이용

마이크로파(microwave)를 이용하여 발생되는 에너지를 뇌에 집중시켜 온도를 증가시킴으로써 무의식 상태로 만드는 방법이다. 고주파를 이용하면 전극을 표피에 직접 접촉시켜야 하므로 접촉부위가 탈 위험이 있으나, 저주파를 사용 시에는 직접 접촉시킬 필요가 없어 간편하다. 2,450 MHz를 이용하여 쥐의 뇌 온도를 10℃ 증가시키면 무의식 상태가 유발된다. 닭에서는 성공적으로 사용이 될 수 있으나, 양에서는 에너지 침투 깊이가 불충분하여 사용이 부적합하였다. 침투 깊이를 증가시키기 위하여 434 MHz를 사용할 경우, 1초 내에 돼지를 무의식 상태로 만들기 위해서는 발전기의 출력이 최소한 45～60 kw는 되어야 하므로 고전압발전기 사용이 위험하고, 비경제적이 되므로 상업화에는 더 많은 연구가 필요하다.

2) 방 혈

일단 가축이 기절하면 목으로 지나가는 경정맥과 경동맥을 함께 절단하여 혈액을 제거한다. 동물의 전체 혈액량은 생체중의 약 8%인데, 방혈량은 그 중 약 50%에 불과하다. 방혈은 일반적으로 기절 후 10초 이내에 실시되어야 하며, 그렇지 못하면 근육에 혈반(血斑, blood splash)이 발생하게 된다. 이것은 전기적 또는 기계적 충격으로 동물의 혈압이 상승하고, 근육이 수축되어 모세관의 혈액이 방출되게 되는데, 시간이 지나 근육이 이완될 때 방혈에 의해 혈압이 강하되지 않을 경우 높은 혈압에 의해 모세관으로 혈액이 환류되면서 모세관이 파열되어 근육에 수많은 혈점이 발생하게 되기 때문에 야기된다. 닭에서는 전기기절과 목 절단으로 방혈을 실시하는 과정에서 닭이 완전히 죽지 않으면 깃털제거 과정을 거친 후 날개 끝이나 목 주위 혹은 꽁무니부위 등이 적색으로 되어 외관상 좋지 않게 된다.

3) 박피 혹은 탈모

방혈 후 소는 박피틀에서 수동식으로 다리, 배 등의 순으로 박피를 하거나 레일 위에서 다리 부분을 먼저 박피하여 하향식으로 혹은 머리 부분을 먼저 박피한 후 상향식 박피기로 자동 기계박피를 수행한다. 돼지의 경우에는 표피의 구조가 반추동물과 달라 기계박피는 단지 몸통에만 적용할 수 있고, 사지는 수작업으로 박피를 해야 한다.

반추동물과는 달리 돼지는 박피를 하지 않고 탈모를 하기도 한다. 탈모는 재래식으로는 60～63℃의 물에서 6～10분간 도체를 담갔다가 꺼내어 탈모기로 탈모를 한다. 탈모 후에는 잔모를 제거하기 위하여 가스불로 그슬리기를 실시한다. 서양에서는 대량 도축 시 자동공정에서 면실유와 로진의 혼합물에 도체를 침지시킨 후 냉수 살포로 표면을 굳힌 다음 굳어진 왁스층을 제거하여 탈모를 성취하거나 아예 처음부터 가스불로 모든 털을 태워버리는 탈모공정이 시도되기도 한다. 탈모공정이 끝나면 도체를 깨끗이 물로 세척한다.

가금의 경우에는 고온수에서 탕침한 후 탈우기(脫羽機)에서 털을 제거한 후 잔모는 가스불로 태워버리는 공정을 거친다. 그래도 남아 있는 솜깃털(pin feather)은 작업자가 제거하여야 한다. 탕침은 63℃에서 적당한 시간으로 수행하는 노계나 수금류에서 사용되는 고온법(hard scalding)은 59～60℃에서 45～90초간 처리하며, 칠면조를 위해 이용되고, 오리나 거위 등의 백색 피부를 좋아하는 가금류에서 사용되는 중온법(sub-scalding), 53～55℃에서 1～2분간 실시되는 중저온법(semi-scalding), 50℃에서 150초까지 처리되는 육계나 대형 가금류에서 주로 이용되는 저온탕침(soft-scalding)의 네 가지가 있다.

4) 내장적출 및 이분할

탈모나 박피 후 깨끗이 세척된 도체를 이용하여 내장을 적출하기 때문에 도축공정상 내장적출 단계부터는 위생적으로 청결하게 작업을 실시하는 것이 매우 중요하다. 먼저 골반골의 치골접합부를 절단하여 좌우로 분리해 놓고 항문 주위를 절리하여 직장부부터 시작하여 모든 복강내장을 떼어낸다. 등뼈 안쪽으로 양쪽에 붙어 있는 콩팥과 주위의 신지방은 그대로 두어 도체에 붙어 있게 한다. 이어 흉골을 절개한 다음 심장과 폐를 식도 및 기관 등과 함께 흉강내장을 적출한다. 적출된 내장은 수의사가 검사하여 생축검사로 밝혀내지 못한 질병이나 기타 이상 유무에 따라 도체의 식용여부를 판단한다.

내장은 흉강내장과 복강내장으로 구분하여 흉강내장은 적색 내장(red offal), 복강내장은 백색 내장(green offal)으로 구분한다. 내장적출 시 지육 오염은 흉강내장에서는 기도나 식도에서의 분비물에 의하여, 복강내장에서는 항문을 통한 배설물에 의하여 주로 이루어지기 때문에 내장적출이 식육 위생상 가장 조심해야 하는 단계이다. 내장 적출 후 머리와 발을 잘라낸(돼지에서는 자르지 않는다) 도체인 지육은 등뼈를 중심으로 이등분하여 이분체를 만든다. 이것은 지육 냉각 시 냉각이 효율적으로 이루어져 부패지연과 안전을 보장하려는 데에 그 목적이 있다.

광우병이 발생한 후부터 등뼈를 중심으로 이분체를 만드는 과정에서 소위 특정 위험물질(specified risk materials, SRM)인 척수가 지육에 오염되는 문제가 야기된다. 서양에서는 왼쪽 콩팥지방이 적으므로 우도체가 중량이 더 나가지만, 국내에서는 골수를 온전히 보존하려는 목적으로 등뼈를 불균형하게 절단하여 좌우 도체의 중량이 다르게 된다.

닭은 탈우공정을 마친 것을 "dress"된 것이라 하고, 내장이 적출된 상태의 생통닭을 소비자가 바로 요리에 사용할 수 있는 "ready-to-cook(oven)"이라고 칭한다. 우선 내장적출 전에 머리와 다리를 제거한다. 내장적출은 소낭빼기(cropping)를 한 다음 항문 주위를 절리하여 구멍을 낸 후 그곳을 통하여 심장, 근위, 간장 등을 포함한 내장을 일괄 적출한다. 다음에 폐와 신장을 떼어내고 흡입기구로 늑골 안쪽에 붙어 있는 잔유물을 제거한다. 닭의 내장이 도체에서 분리되기 전에 수의사는 도체의 안전성 검사를 실시한다.

5) 지육 세척

이분할 후 지육 세척은 도축과정에서 최종적으로 지육의 오염을 줄이는 단계로서 얼마나 효과적으로 실시하느냐에 따라 생산되는 지육의 위생적 품질이 결정된다. 도체세척은 혈액, 뼛가루, 털 그리고 오물을 제거하기 위해 수행된다. 세척의 효과는 세척시간, 사용되는 물의 양, 압력 및 온도, 그리고 세척기구의 종류에 따라 좌우된다. 세척은 오염 미생물을 제거하지만, 종종 세척에 의한 도체의 오염 세균수 감소는 미미한 것으로 보고된다. 오히려 세척은 미생물을 재배치시키는 경향이 있다고 한다. 도체의 한 부분에서는 세균수가 감소하지만 다른 부분에서는 그대로 있거나 증가한다는 보고가 있다. 도체의 오염 미생물수를 감소시키는 다양한 방법들이 개발되어 시도된다. 세척 후 지육은 즉시 냉각실에서 품온을 낮추게 된다. 이것은 지육에 오염되어 있는 부패세균의 성장을 억제하여 저장기간을 연장시키고, 식중독 세균이 발육을 억제하여 소비자 안전을 보장하려는 데에 근본 목적이 있다.

지육의 오염 제거는 지육의 형태와 구조로 인해 매우 어려운 일이다. 대부분의 방법들은 지육 표면의 물리적 접촉을 필요로 한다. 지육의 형태는 가축 종류나 동일 축종이더라도 개체간의 형태가 매우 불규칙하여 처리에 과도하게 노출되는 부분이 있거나 처리에 전혀 영향을 받지 않는 부분이 있게 마련이다. 따라서 지육 안전을 위한 처리방법은 이러한 문제를 극복하도록 설계되어야 한다(그림 2-1).

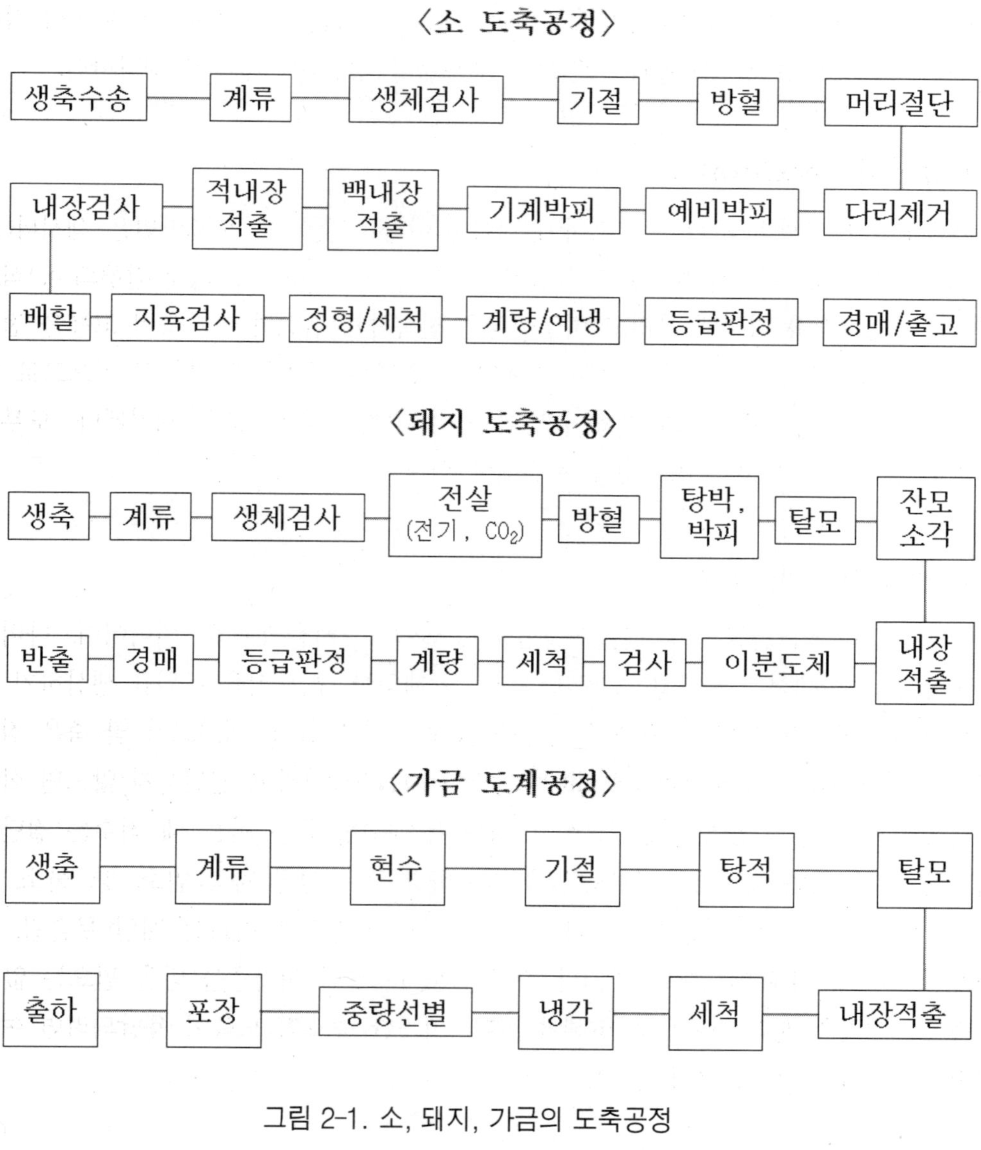

〈소 도축공정〉

생축수송 – 계류 – 생체검사 – 기절 – 방혈 – 머리절단 – 다리제거 – 예비박피 – 기계박피 – 백내장 적출 – 적내장 적출 – 내장검사 – 배할 – 지육검사 – 정형/세척 – 계량/예냉 – 등급판정 – 경매/출고

〈돼지 도축공정〉

생축 – 계류 – 생체검사 – 전살 (전기, CO_2) – 방혈 – 탕박, 박피 – 탈모 – 잔모 소각 – 내장 적출 – 이분도체 – 검사 – 세척 – 계량 – 등급판정 – 경매 – 반출

〈가금 도계공정〉

생축 – 계류 – 현수 – 기절 – 탕적 – 탈모 – 내장적출 – 세척 – 냉각 – 중량선별 – 포장 – 출하

그림 2-1. 소, 돼지, 가금의 도축공정

2. 종교적 도축

대부분의 선진국과 많은 개발도상 국가들에서는 법으로 가축을 도축하기 전에 무의식 상태로 만들도록 규정하고 있다. 이것은 인도적 차원에서 가축이 도축과정 중에 고통으로 괴로워하지 않게 하기 위함이다. 그러나 유대교와 이슬람교식 도축에서는 예외를 만들고 있다. 유대교식 쉐시타(Shechita, Kosher 도축)와 이슬람교식 다비하(Dhabihah, Halal 가축 도축)에서는 일반적으로 기절단계가 허락되지 않고 직접 날카로운 칼로 목을 잘라 경동맥과 경정맥을 절단하여 가축을 방혈시킨다. 이것은 가축이 갑작스럽게 대량의 혈액을 손실시켜 의식을 잃고 죽게 만든다. 그러나 많은 전문가들은 이러한 종교적 도축이 매우 불만족스럽고, 가축은 도축과정에서 무의식 상태가 되지 못하고 상당한 고통과 불편으로 괴로움을 당할 수 있다고 생각한다.

2.1 쉐시타(Shechita)

유대교에서 코셔(Kosher)는 "소비에 적합한"이라는 뜻이며, 도축방법은 쉐시타(코셔 도축)라고 칭한다. 쉐시타는 훈련이 잘 된 쇼세트(shochet)에 의해 집행되며, 식도와 기도, 경동맥과 경정맥 그리고 미주신경을 신속하게 절단하여 가축이 고통을 전혀 느끼지 못하게 만든다. 방혈은 즉시 수행되며, 혈액은 식용을 금지하고 있으므로 가시적인 대동맥과 대정맥들과 혈액이 남아 있는 고기 부위도 모두 제거된다. 도부는 유대교 랍비가 부여하는 허가증을 보유해야 한다.

2.2 다비하(Dhabihah)

이슬람교에서의 할랄(Halal)은 이슬람교 율법에서 "허용되는"의 의미이며, 다비하는 이슬람 율법에서 기술하고 있는 바다생물을 제외한 모든 식육 자원을 생산하기 위한 도축방법을 의미한다. 코란에서 식용을 금하는 것은 혈액, 돼지고기 및 죽은 짐승의 고기이다. 도축 시 도부가 Bismillah(알라의 이름으로!)라고 선언하지 않으면 할랄 고기가 아니다. 도축방법은 유대교식과 매우 유사하며, 목을 자를 때 척수는 절단하지 않는다. 이것은 물고기와 바다생물을 제외하고 모든 할랄 가축(염소, 양, 물소, 소 및 닭)의 도축방법을 기술한 것이다. 도부는 아브람 종교를 따르는 사람(무슬림, 크리스천 혹은 유대교인)이어야 하지만 종교 지도자로부터 허가증을 받을 필요는 없다. 도축 시 가축은 메카 방향으로 향해야 한다. 이러한 종교적 도축이 용납되려면 여러 가지를 고려해야 한다(그림 2-2).

◈ **도축방법**

비종교적 도축

가축을 우선적으로 기절시킴

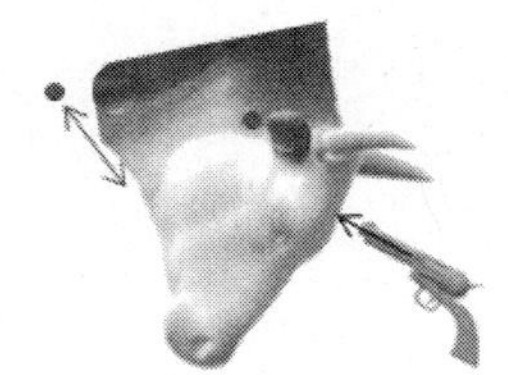

- 도축 전 가축에 전기마취를 실시함(전류에 의한 마취)
- 가축의 목을 절단(cutting)하거나 가슴을 찔러(sticking) 혈액을 손실시켜 도축함

종교적 도축

기절단계가 없어 목절단 및 방혈 전에 의식이 있음

코셔 도축 (Jewish Kosher method)

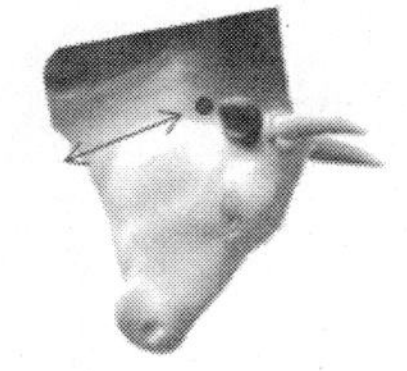

- 공인된 도축자 혹은 전문도축자(shochet)는 날카로운 칼(hallaf)을 이용하여 목 내부의 모든 조직과 혈관을 가로 절단함
- 음식물에 금지된 가축의 피와 좌골신경은 제거함
- 도축된 가축은 피를 흘려 제거하기 위해 거꾸로 매닮

할랄 도축 (Muslim Halal method)

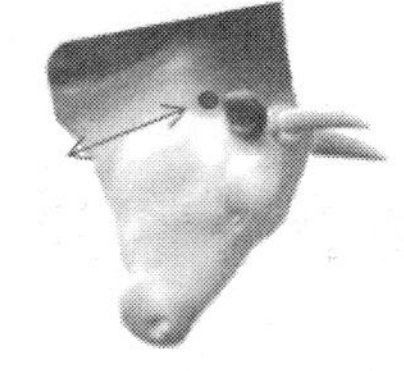

- 가축을 메카(Mecca) 방향으로 놓고 도축 시에는 반드시 의식이 있어야 함
- 무슬림 도축자는 날카로운 칼을 이용하여 빠르고 깊게 목을 절개하면서 "Bismillah"(알라의 이름으로!)를 외침
- 가축은 피를 흘리게 방치하여 죽게 함

그림 2-2. 종교적 도축과 비종교적 도축의 차이

(1) 쉐시타나 다비하 규율에 의하여 도축될 가축은 목을 절단하기 전에 확실히 보정되어야 한다. 특히 머리와 목을 잘 고정시켜야 한다. 가축이 움직이면 잘못 절단되어 방혈이 불충분하여 무의식 상태가 천천히 달성되어 고통을 겪게 된다. 이것은 동물복지 차원에서 복잡한 문제를 야기한다. 목을 절단하여 경동맥과 경정맥을 절단하는 데에 사용되는 칼은 상처나 손상을 가져오지 않도록 매우 날카로워야 한다. 이렇게 하여야 턱 뒤의 목을 신속하고 매끄럽게 절단하여 즉각적이고 다량의 혈액 방출을 성취할 수 있다. 불량한 방혈은 무의식 상태를 완만하게 성취하고, 생산되는 고기의 품질을 불량하게 만든다.

(2) 가축은 방혈 전에 샤클에 걸어 매달면 안 된다. 이것은 가축에게 심한 불편과 스트레스를 가져온다. 매다는 것은 가축이 의식을 잃은 다음에만 집행되어야 한다. 결박하는 시설은 가축에게 편안해야 한다.

(3) 작업자의 유능함이 만족할 만한 종교적 도축을 수행하는 데에는 매우 중요하고, 모든 도축 작업자들은 정부가 인정하는 자격증을 보유해야 한다. 미숙한 작업은 가축에게 심각한 고통과 잔인함을 가져온다. 종교적 도축은 세부사항에 세심한 주의

를 기울여야 하고 방법, 기구 및 작업자 등 모든 것이 적정하도록 해야 한다. 도축과정은 완만해야 한다. 많은 이슬람 당국은 도축 전 기절방법을 인정하고 있다. 일반적으로 죽음을 야기하지 않는 전기기절이나 뇌에 침투하지 않아 죽음을 야기하지 않는 버섯형 볼트 충격법을 인도적 차원에서의 도축을 위해 허용하고 있다. 이것은 기절 후 방혈을 하지 않으면 가축이 다시 살아날 수 있기 때문에 방혈 전에 살아있는 것으로 간주되기 때문이다. 그러나 유대교는 아직 어떤 기절방법도 인정하지 않고 있다.

3. 도축공정의 자동화

식육산업은 상대적으로 소음, 외풍, 습기, 추위, 단순반복 작업 등으로 노동집약적인 산업이다. 더욱이 도축장에서 가축을 도축하고, 다양한 도체의 부분을 분리하고 이동하며, 폐기물을 처리해야 하는 일들은 육체적으로 힘든 작업이다. 최근 제조업에서는 노동력 확보가 점점 힘들어지고 있는 상황이다. 식육산업은 타 산업에 비하여 노동력 확보에 더욱 어려움을 겪고 있다. 결국 인력 부족사태를 해결하고 더 나은 이익창출을 위하여 식육산업은 자동화를 해야 하는 압박을 받는다. 그러나 자동화는 많은 투자액이 요구된다. 대량 생산 및 고임금 산업에서나 자동화 투자액을 적절한 시간 안에 회수가 가능한 상황에서 자동화는 도축장에서의 단순 반복 작업을 더욱 악화시킬 위험까지 내포하고 있다. 자동화는 원료의 균일성이 요구되기 때문에 쇠고기 산업에서보다 돼지고기, 닭고기 및 양고기 산업에서 채택이 증가한다.

자동화는 도축공정에서 포유동물의 경우, 자동화 기절단계를 거치고 나면 기절한 가축을 샤클에 걸고 방혈을 하는 단계는 결코 자동화 될 수가 없다. 조류의 경우에도 하차장에서 생체를 샤클에 거는 단계는 자동화가 안 되고, 기절 및 방혈단계는 자동화가 되어 있다. 방혈이 끝난 도체의 내장적출 전 단계까지의 과정은 자동화 되어 있다. 여기까지가 비청정(unclean) 단계이다. 도체 세척단계도 자동화 되어 있어 세척 이후는 청정단계이므로 모든 것이 매우 위생적으로 진행되어야 한다. 내장적출, 이분체, 내장지방 제거, 목절단, 신지방 제거 등 전 단계가 자동화 되었다. 도축공정이 완료된 후에는 지육가공 단계로서 대부분이 부위별 절단 작업이므로 대부분이 자동화 되어 있다. 자동화 작업장은 기기들의 세척과 소독에 특히 신경 쓰지 않으면 교차오염의 위험성이 커진다.

도축장 자동화는 비록 인력 부족과 인건비 절감을 위해 시작되었지만, 이제는 세계적 추세로서 자동화는 생산 수율을 높여 주고, 작업자들의 반복행동에 의한 부상을 줄여 주며, 전통적 작업장에 비해 위생 및 시스템 통제가 개선되는 장점을 가진다.

더욱이 자동화를 하면 가축을 취급하는 방법이 변경되어 동물복지에도 도움이 된다.

4. 식육오염 제거방법

여러 해에 걸쳐 다양한 지육의 오염제거 방법들이 제시되었다. 이러한 여러 가지 오염제거 기술들 중에는 단지 실험실 수준에서 시도된 것들이 많다. 오염제거 기술은 크게 두 가지로 구분된다. 한 가지는 물리적 방법이고, 다른 하나는 미생물을 제거하거나 죽이기 위해 화학물질을 사용하는 것이다. 가축 도체는 오염제거를 위해 이상적인 형태가 아니다.

대부분의 오염제거 방법은 물리적 접촉에 의존하기 때문에 지육 표면 전체를 골고루 처리해야 한다. 그러나 지육에는 굴곡이 있고, 접힌 부분들이 있어 표면이 매우 불규칙함으로 액체나 가스의 침투를 어렵게 하고, 자외선 같은 비이온화 방사선 처리에는 그늘을 만들기 때문에 부착되어 있는 미생물을 완전히 제거하는 것은 거의 불가능에 가깝다. 더욱이 오염되어 있는 오물이나 털 같은 것들이 물리적으로 미생물을 보호하는 작용까지 하게 된다. 더욱이 오염제거 처리의 효과는 지육을 처리하는 시기가 매우 중요하게 된다. 오염 미생물들이 지육 표면에 오래 붙어 있을수록 바이오필름의 형성이 강화되어 제거하기가 어려워지기 때문이다.

오염제거는 여러 가지 요인들에 의해 그 효과가 영향을 받는다. 예를 들면 자동 유기산 혹은 염소수 세척 시스템은 살포 위치, 횟수, 살포형태 및 각도, 살포압력 및 속도, 노즐 종류 등에 의해 그 효과가 달라지기 때문에 오염제거 처리 자체보다 실시하는 방법이 더 중요하다. 지육들은 일반적으로 g당 10~10,000마리의 미생물이 오염되어 있다. 미생물적 품질이 유의하게 개선되려면 오염제거는 총 균수가 4 log CFU/g 단위 정도 감소되어야 하지만, 아직까지 신선육 품질 손상이 없이 이 수준을 달성하는 기술은 개발되어 있지 못하다. 각종 오염제거 처리의 전형적인 효과는 표 2-1에서 보여준다.

4.1 물리적 방법

1) 가축 세척

도축 전 가축 세척은 배설물이나 진흙 혹은 먼지로 오염이 되어 있는 가축에서 자주 사용된다. 도축 전 세척으로 눈에 보이는 지육 오염은 줄어들었으나 미생물 오염은 오히려 증가하였다고 보고된다. 특히 모용종에서 도축 전 세척은 지육 오염을 악

표 2-1. 전형적인 지육 오염제거 효과

오염제거 처리방법	감소효과(log 호기성균수)
물리적 방법	
냉 수	1～2
열 수	1～3
증 기	2～4
UV	0～2
가시광선	1～3
전자파선	1～2
초음파	0～1.5
화학적 방법	
유기산	1～3.5
염 소	1～2
이산화염소	1～2
인산 3 나트륨	1～3
오 존	0.5～3
과산화수소	2～3

화시키는 것으로 알려진다. 이러한 문제점을 개선하기 위하여 세척수에 화학물질을 가미하면 미생물 오염을 줄일 수 있다. 가성소다(NaOH)나 염화세틸피리듐(cetyl-pyridinium chloride)을 1～2% 수준에서 사용하면 효과가 있다. 그러나 도축 전 세척은 소에 있어서 DFD육 생산을 증가시킨다.

2) 도축 후

(1) 열풍 표면건조

박피직후 300～400℃의 열풍으로 소지육 표면을 15초간 건조시킨 다음 도축의 마지막 단계에서 세척이 끝난 후 25초간 다시 열풍건조를 시키면 병원성 세균의 대부분이 제거된다.

(2) 고온수 세척

도축공정 마지막 단계에서 지육 세척 후 95℃의 고온수를 지육과 12.5 cm의 거리를 두고 165 kPa(24 psi)의 압력으로 15초간 지육 표면에 살포하여 세척한다. 고온수 세척은 지육 표면의 *E. coli* O157:H7과 *Salmonella*를 효과적으로 감소시키는 것으로 보고된다. 고온수 세척으로 지육 표면은 약 82℃까지 상승하게 되어 표면 변색이 발생하지만, 이 변색은 일시적인 것으로 지육 냉각 후 24시간 이내에 정상적인 색깔로 회복된다. 고온수 세척은 작업자의 건강과 안전에 신경을 써야 한다.

(3) 스팀 살균공정

섭씨 100℃의 증기는 동일 온도의 물보다 열용량이 훨씬 높다. 따라서 지육 표면에 응축되었을 때 표면 온도가 훨씬 빨리 상승한다. 따라서 도축의 마지막 단계에서 세척이 끝난 소 지육을 바람으로 표면의 물기를 일단 제거시킨 후 스팀방에서 지육에 스팀을 처리한 후 냉수로 지육을 다시 냉각시키는 공정은 도체 전체의 오염균 감소의 효과적인 방법이 된다. 스팀 처리시간은 15초 이하가 적정한 것으로 보고된다. 스팀 처리 시 지육 표면 온도는 91~93℃ 정도가 되어 표면의 *E. coli* O157:H7, *Salmonella, Listeria* 등의 병원성 세균을 사멸시켜 오염 감소에 효과적이다. 스팀처리에 의한 지육 표면의 색깔은 처리 직후의 회백색에서 24시간 냉각 후 원래의 적색으로 회복된다.

(4) 스팀-진공 시스템

소 도체 표면의 오염 세균수를 줄이기 위하여 스팀을 사용하는 방법은 88~94℃의 물을 7~10 psi의 압력으로 1.5×6.5cm^{2}의 면적에 뿌리고 동시에 그 세척한 물을 진공으로 빨아들임으로써 세균과 배설물 오염을 제거하는 형태로 수행된다. 이것은 오염부위를 칼로 절제하여 제거하는 방법(미국의 규정)을 대신할 수 있을 뿐만 아니라 세척과 병행하여 사용하면 총 균수뿐만 아니라 *E. coli* O157:H7, *Listeria*, *Clostridium sporagenes* 등의 오염도를 크게 줄일 수 있는 것으로 보고된다. 따라서 가공업자는 지육의 일부분이 손실됨으로써 야기되는 경제적 손실을 줄일 수 있고(미국의 경우), 소비자들은 좀 더 위생적인 소고기를 구입할 수 있게 되는 장점이 있다. 스팀-진공 시스템은 도체상의 작은 면적의 눈에 보이는 오염을 제거하는 효과적인 방법이지만, 도체 전체의 오염을 제거한다면 훨씬 효과적으로 안전과 위생을 보증할 수 있을 것이다.

(5) 세척 및 냉각

방혈단계에서 도관을 경동맥에 주입하여 냉각된 용액을 가축의 혈관계에 펌프하는 방법이다. 냉각용액은 98% 물에 포도당, 글리세린, 인산염 및 맥아당을 혼합하여 만든다. 주입 후에 2~3분 동안 경정맥을 통해 잔류 혈액과 과도한 용액은 배출된다.

이 방법을 이용하면 방혈 후 지육온도가 8℃까지로 신속히 내려가며 신속한 pH 저하로 사후강직이 가속화 된다. 이것은 박피작업을 원활하게 할 뿐만 아니라 오염 미생물 수도 줄여준다.

(6) 이온화 방사선

방사선 조사는 감마선, 전자선 및 X선에 대상을 노출시켜 살균처리 하는 공정이다. 감마선은 코발트-60(^{60}Co)이나 세슘-137(^{137}Cs)과 같은 방사성 동위원소를 이용하여 발생시키며, 80~100cm의 높은 침투력을 가지고 있어 차량이나 선적된 상태, 혹은 포장된 상태로도 조사할 수 있다. X선은 감마선과 침투력이 비슷하다. 반면 전자선은 침투 깊이가 5cm 정도이다. 감마선은 방사성 물질을 이용하여 생산하지만 전자선이나 X선은 발생장치를 이용하여 생산한다. 방사선은 세균의 유전물질에 손상을 입혀 식품의 저장성을 연장시킨다. 1-10 kGy 수준에서 식품 살균이 허용되고 있다. 방사선 조사는 식품에 방사능을 전혀 남기지 않음에도 불구하고 방사선 조사에 대한 소비자들의 인식이 방사능과 연결되어 건강에 해로울 것이라는 부정적인 경향이 심해 아직도 널리 활용되지 못하고 있다.

(7) 자외선

자외선은 세균의 핵산에 회복될 수 없는 손상을 주기 때문에 살균에 효과적이다. 자외선은 전자기 파동이며 저에너지 파동이므로 침투력이 낮다. 따라서 주로 표면 살균에 이용된다. 유효한 파장은 210~300nm이지만, 가장 효과적인 것은 240~280nm이라고 한다. 일반적으로 혐기성 미생물, 그람 음성균 및 막대형 균이 호기성, 그람 양성균 및 구형 세균보다 자외선에 민감하다. 각종 식육에서 특히 *Salmonella*의 수를 크게 줄일 수 있다. 기존의 254nm의 자외선은 지방 산화나 변색을 유발하였지만, 최근 265nm를 이용하는 자외선은 이러한 부작용이 없이 *Salmonella* 뿐만 아니라 다른 병원성 세균, *Listeria, E. coli* O157:H7, *Staphylococcus, Campylobacter*에도 효과적인 것으로 보고된다.

(8) 펄스 광(Pulsed light)

마이크로초당으로 방출되는 태양광선 밝기의 2만 배의 빛은 근육식품에서 병원성 세균을 사멸시키는 데에 효과적이다. 170~2,600nm의 파장에서의 순간파동 가시광선을 백만분의 1에서 10분의 1초 동안 처리를 한다. 순간파동 광선은 닭고기, 쇠고기에서 *Salmonella, Listeria, E. coli* O157:H7을 효과적으로 사멸시키는 것으로 보고된다.

(9) 저온 플라즈마

플라즈마는 고체, 액체, 기체에 이은 물질의 제 4 상태로서 이온화된 기체라고 할 수 있다. 플라즈마 속에는 UV 및 높은 반응성을 가진 이온, 라디칼, 반응성 산소(ROS) 및 질소종(RNS) 등이 함께 공존하고 있으며, 이러한 물질들이 가진 특성을 이용하여 병원성 미생물을 사멸한다. 일반적으로 살균 대상의 세포막이 손상되어 세포 내의 내용물이 누출되거나 세포 내 DNA가 파괴되는 것이 살균의 원인으로 알려져 있다.

(10) 펄스 전기장(Pulsed electric fields)

두 전극 사이에 식품을 놓고 고전압(40 kV/cm)을 순간적으로(2,300초) 적용하는 순간파동 전기장은 세포막에 구멍을 냄으로써 세균을 사멸시킨다. 이것의 효과는 온도, 세균의 성장단계, 전압의 강도, 파동의 지속시간, 그리고 식품의 종류에 따라 영향을 받는다. 그람 양성균보다 음성균이 전기장에 더욱 민감한 것으로 보고된다. 도축 시 도체전기 자극을 이용하면 때때로 저장성이 향상되는 경우는 이 순간파동 전기장의 효과가 발생하기 때문인 것으로 해석된다.

(11) 전자기선(Electromagnetic radiation)

전자기 복사는 식품 가열방법으로 널리 쓰이는 기술로서 세균을 죽일 수 있다. 마이크로파는 조리식품의 살균방법으로 사용이 가능하지만, 신선제품에서는 불균일한 가열, 변색, 부분조리 등의 문제를 야기하므로 대안으로 적외선이나 유전체 가열이 고려된다.

- 유전체(dielectric) 혹은 무선주파수(radio frequency) :

유전체 가열은 물 분자의 진동은 마찰열을 생성한다는 사실에 근거한다. 유전체는 1-100 MHz 사이의 주파수이다. 무선 주파수는 마그네트론(magnetron)을 이용하여 생산한다.

- 전자파선(microwave radiation) :

전자파도 무선 주파수와 동일한 가열원리를 이용한다. 다만 주파수가 300 MHz에서 300 GHz 범위로 좀 더 높다. 전자파의 지육 침투 깊이는 주파수가 커질수록 줄어들지만 표면 온도 변화는 훨씬 작다.

- 자외선(infra-red) :

자외선 살균기는 표면 살균을 통해 식중독 미생물을 줄일 수 있다.

(12) 전기분해수

전기분해수는 전해액으로 NaCl 및 $CaCl_2$, KCl 등을 이용하며, 이를 전기적으로 분해하여 제조한다. 전기분해수 내에는 차아염소산(HOCl)이 존재하는데 이는 낮은 pH, 활성염소 그리고 오존과 유사한 강한 산화환원 전위를 가진다. 전기분해수는 처리대상이 넓고 반응 후 휘발성 기체와 물이 되어 유해한 잔류물이 없다고 알려져 있다. 소나 닭 지육 세척에 전기분해수를 이용하면 병원성 세균 및 바이러스의 감소에 도움이 된다.

(13) 초고압가공

식육을 용기 내부에 넣고 고압을 가하게 되면, 식육의 부패를 유발하는 박테리아 및 병원균 등이 사멸되어 유통기한을 2~3배가량 늘릴 수 있는데, 이를 초고압 가공기술이라 명한다. 압력에 의해 미생물이 살균되는 원리는 주로 세포막 붕괴 및 세포막에 존재하는 단백질의 변성, 세포 내 효소의 불활성화 등을 원인으로 들고 있으며 실제로 300 MPa 이상으로 가압함에 따라 미생물의 세포막이 파괴되는 모습도 관찰되었다. 초고압 기술이 도입된 이래 100여 년이 지난 지금 미국, 일본, EU에서 이미 초고압 기술을 이용한 육가공 식품이 상품화되어 소비자들에게 판매되고 있다.

(14) 초음파

낮은 주파수에서 초음파의 고에너지 방출은 세균사멸에 효과적이다. 20~100 kHz에서 10~1,000 W/cm^2의 고에너지 초음파는 강한 압력과 전단(shear) 및 온도 기울기를 생성하여 식품 내에 존재하는 세균의 구조를 파괴한다. 초음파의 살균효과는 주파수보다는 파동 강도에 좌우된다. 주파수가 증가하면 효과는 감소하는 것으로 보고된다.

4.2 화학적 방법

화학적 방법은 식품용 화학물질을 가축이나 지육 표면에 적용하여 살균하는 것이다. 화학물질들은 일반적으로 식육 표면의 pH를 변경시킴으로써 목적을 달성한다. 화학적 방법의 사용에서 문제가 될 가능성은 병원균에 대한 내성을 가질 가능성과 미생물군에서 내성균만 남겨놓을 가능성이다. 또 다른 장·단기적 부정적 측면은 작업자들에 대한 직업적 건강안전, 기구부식 및 식육 관능적 품질에 대한 영향 등이다. 화학물질의 효과는 세균이 얼마나 오래 식육 표면에 접촉해 있었는가와 세균들이 지방,

고기조각, 모낭 등에 의해 보호되어 화학물질이 세균세포에 접촉이 제한되느냐에 달렸다. 아울러 지육 표면 온도, 수분의 존재, 냉각과정에서 지방 표면의 응고 등도 처리효과에 영향을 준다. 화학적 방법은 박피/내장적출 후 냉각 전 단계에서 주로 사용된다. 사용되는 화학물질들은 식품 첨가물(food additive)이 아니고 가공 보조수단(processing aid)으로 분류된다.

1) 화학적 탈모

화학적 탈모는 방혈 후 도체에 초기 세척을 실시한 후 10% 황산나트륨(sodium sulfide)으로 180초간 처리를 한다. 처리 후 수세를 하고 나서 다시 3%의 과산화수소(H_2O_2)로 중화시키고 난 후 물로 세척을 한다. 그 다음에는 박피, 내장적출, 냉각으로 이어지는 도축공정을 진행시킨다. 이 방법은 기존 도축방법에 비해 호기성 일반 세균은 크게 차이가 나지 않았으나 *E. coli* O157:H7, *Listeria, Salmonella* 등은 상당히 줄어드는 것으로 보고된다.

2) 염 소

염소 200~500 ppm을 첨가한 물로 지육을 세척하면 오염 미생물 숫자를 줄일 수 있다. 하지만 미국에서는 20~50 ppm, 유럽과 호주에서는 10 ppm 이하만이 사용이 가능하다. 염소는 유기물이 많은 곳에서는 효과가 신속히 사라지므로 경우에 따라 지육 세척에서 미생물 감소 효과가 성과가 없을 수도 있다. 물을 염소화하기 위해 사용되는 유리 염소 가스는 독성이 있으며, 유기물과 반응하여 발암물질인 trihalomethanes을 생성한다.

3) 유기산 세척

지육 세척 시 초산(acetic acid), 젖산(lactic acid), 프로피온산(propionic acid), 구연산(citric acid) 등의 유기산 용액 1~3%가 세척 시 가장 널리 사용된다. 유기산이 세균을 불활성화시키는 것은 pH를 낮추거나 혹은 해리된 산이 세균에게 특수한 독성을 가지기 때문이다. 유기산은 세균의 세포막이 이물질로 인식하지 않기 때문에 동일 농도와 pH에서 무기산보다 항균력이 더 강하다고 알려진다. 따라서 유기산으로 지육을 세척하는 것은 눈에 보이는 오염 부위나 지육을 오염시키는 눈에 보이지 않는 세균들에게도 영향을 미친다. 사용되는 유기산의 농도는 3%가 넘으면 지육 표면의 변색을 야기할 뿐만 아니라 지육 표면에 잔유 유기산을 남긴다.

유기산 세척은 오염 병원성 세균 *E. coli* O157:H7, *Salmonella, Listeria* 등의 숫자를 효과적으로 줄여준다. 유기산은 따뜻한(50~55℃) 지육 세척 시에 가장 효과적이지만 기구 부식 효과는 온도가 높을수록 심해진다. 유기산 세척은 유럽연합에서는 허용이 안 되지만, 미국에서는 젖산, 초산, 구연산은 냉각 전 지육의 최종 세척에서 항균제로 허용이 된다. 온도체 표면은 유기산수 세척으로 종종 변색이 야기되지만 냉각 후에는 대부분 회복된다.

4) 과산화초산(Peroxyacetic acids), 과초산(Peracetic acid)

과초산은 산화제로서 소 지육 세척에서 주로 사용된다. 0.02% 수준에서 미생물 오염 감소를 위해 적육에서 사용된다. 오염된 *E. Coli*나 *Salmonella*의 수준을 낮춰주는 데에 효과적이다. 유럽연합에서는 사용이 허용되지 않는다.

5) 산성화 아염소산 소다(Acidified sodium chlorite)

산성화된 아염소산 소다의 항균 효과는 염소산의 산화효과에 기인한다. 아염소산염을 구연산이나 인산으로 처리하면 형성되는 아염소산은 세균의 세포막의 기능을 혼란시켜 세균을 죽게 만든다. 산성화 반응은 즉각적이므로 용액은 세척 바로 전에 준비하여야 한다. 지육에 아염소산을 처리하면 *Salmonella*와 *E. coli* O157:H7의 수를 줄이는 데에 매우 효과적으로 알려진다. 이 항균제의 효과는 산성화 방법, 적용방법, 지육 표면에 접촉시간 등에 좌우된다. 미국에서는 500～1,200 ppm 수준에서 허용되고 있다.

6) 산성 황산칼슘(Acidic calcium sulphate)

산성화된 황산칼슘은 세균을 불활성화시켜 복제를 억제함으로써 사멸시킨다. 황산칼슘을 유기산과 혼합하여 pH가 1.5 정도 되도록 만들어 사용한다.

7) 활성 락토페린(Activated lactoferrin)

락토페린은 우유, 침, 눈물에서 발견되는 항균물질이다. 락토페린을 활성화시켜 농도 2% 수준에서 지육 표면에 살포한다. 이것은 미생물이 표면에 부착되는 것을 방해하고 증식을 억제하며, 내독소(endotoxin)의 역가를 중화시킨다. 락토페린은 철원자와 결합하여 세포막을 파괴한다. *E. Coli, Salmonella, Listeria*와 같은 식중독 세균의 성장을 억제하는 데 효과가 있다고 보고된다. 미국에서는 사용이 허가되었지만 유럽연합에서는 허용되지 않고 있다.

8) 인산 3 나트륨(Trisodium phosphate)

가정용 알칼리성 세제로 오랫동안 사용되어져 왔다. 세균 세포막을 파괴하는 것으로 알려진다. 10% 용액으로 지육을 세척하면 오염 세균수를 줄일 수 있다. 하수로 이 용액을 배출시키면 호수나 연못의 과도한 유기물 생성 현상인 부영양화를 악화시킬 위험이 있음을 염두에 두어야 한다.

9) 염화세틸피리듐(Cetylpyridium chloride)

염화세틸피리듐(cetylpyridium chloride, CPC)는 4차 암모늄 제제로서 구강 청결제로 시판된다. 염기세틸피리듐 이온이 세균의 산성입자에 결합하여 대사작용을 억제함으로써 항균작용을 한다. 수용성, 중성 pH, 무색, 무취의 물질로서 치과위생에서 40년 이상 사용되어져 왔다. 이것은 특히 닭 도체 표면의 *Salmonella, Campylobacter, Listeria*의 수를 줄이는 데에 효과적인 것으로 보고된다. 1% 수준까지 소지육에 처리했을 때 매우 효과적이었으며, 기절 후 박피 전 단계에서도 사용이 추천되었다.

10) 오 존

오존은 수용성이며 강력한 산화제로서 실온이나 냉장온도에서 고전압 전기장 속으로 산소가스를 통과시켜 생산한다. 오존은 미생물의 세포벽과 세포막을 산화시킴으로써 사멸시킨다. 오존은 매우 불안정하고 공기와 물에 노출되면 신속히 산소로 분해되기 때문에 사용 시점에 제조되어야 한다. 염소보다 더 효과적인 소독제이지만, 오존가스는 인체에 유해하고 사용하는 어려움 때문에 수용액으로 만들어 사용한다. 오존수는 도체의 호기성균뿐만 아니라 내냉성 균도 감소시켜 저장성을 향상시켜 준다. 부패세균 *Pseudomonas*와 *Alcaligenes*를 사멸시키는 데에 효과적이며, 소지육을 세척 후에 오존수를 0.5% 수준에서 처리한 경우 호기성 세균수를 효과적으로 줄여 주었다고 보고된다. 그람 음성균보다 양성균이 오존에 더 민감하고 세균이 곰팡이나 효모보다 더 민감하다. 온도, pH, 상대습도, 농도, 세균 성장단계 및 유기물 존재 여부 등에 따라 그 효과가 영향을 받는다. 식육에 사용 시 지방이나 마이오글로빈의 산화를 유발할 위험이 상존한다.

11) 과산화수소

과산화수소(H_2O_2)는 오래 전부터 항균제로 사용되어져 왔다. 세균세포에 과산화수소의 산화력이 작용하여 세포단백질을 변형시키므로 분자구조가 파괴되어 살균효과가 발휘되는 것으로 추정된다. 과산화수소는 오래 전부터 직접 닭 도체 냉각수에 첨가하여 *E. coli*와 호기성 세균을 죽이는 소독제로 이용되어져 왔고, 최근에는 과산화수소 5%를 세척수에 넣어 사용함으로써 소 도체의 오염도를 줄이는 데에 효과를 보았다.

4.3 천연물 항균제

설탕, 소금, 식초 혹은 약초와 향신료 등은 오래 전부터 부패를 지연시키는 수단으로 사용되어져 왔다. 특정 식물들의 추출물이나 정유(essential oil)는 항산화와 항균효과를 보여줬다. 또한 미생물들 자신도 다른 세균을 억제하는 물질을 생산한다. 더욱이 다른 미생물을 잡아먹는 세균, 박테리오파지(bacteriophage)도 부패를 억제하고, 식중독 위험을 줄일 수 있는 수단으로 사용될 수 있다.

1) 식물 추출물

다양한 식물 추출물들이 항산화 및 항균효과를 가지기 때문에 식육제품에 사용될 수 있다. 마늘, 로즈마리, 정향, 피망, 그리고 *Thymus eigii, Picea excelsa, Camellia japonica*의 정유가 식육제품에서 항균효과를 위해 사용될 수 있다.

2) 박테리오신

니신(nisin) 같은 박테리오신(bacteriocin)은 세균이 생산하는 항균물질이다. 이것은 그람 양성균에 더 효과가 있으며 EDTA와 같이 사용하면 더욱 효과적이다. 여러 가지 유산균들도 식육제품의 안전성 향상을 위해 사용된다. 예를 들면, *Lactobacillus reuteri, Lactobacillus plantarum*은 *E. coli*나 *Salmonella* 같은 식중독 세균의 수를 줄여주는 데 매우 효과적이다.

3) 박테리오파지와 기생세균

박테리아파지는 미생물 세계의 바이러스이다. 이들은 감기 바이러스가 인간을 공격하는 것처럼 숙주 미생물을 공격하여 죽일 수 있다. 따라서 맹독 계통을 분리하여 다양한 식품에서 부패균 및 병원균의 성장을 억제하기 위해 사용한다. 단점은 숙주 특화로 인해 사용범위가 한정된다는 것이다. 예를 들면 *E. coli*에 대한 파지는 *Listeria*나 *Salmonella*에 효과가 없다.

기생 세균, 예를 들면 *Bdellovibrio bacteriovorus*는 다양한 그람 음성 병원균과 부패균을 잡아먹는다. 토양과 분변에서 분리 정제한 이 균은 *E. coli*와 *Salmonella*를 효과적으로 사멸시키는 것으로 보고된다. 이 균은 30～37℃에서 항균효과가 가장 크지만 12～19℃에서는 매우 낮은 것으로 알려진다.

5. 식육 냉각

세척이 끝난 지육은 즉시 냉각단계에 들어간다. 냉각은 가공 및 유통을 위한 준비단계로서 가공 및 유통과정 중에 식육의 품질을 유지하여 소비자에게 안전한 식육을 제공하고 생산자에게는 충분한 상품의 유통기간을 제공하기 위함이다.

온도는 미생물 성장에 영향을 주는 주된 요인 중의 하나이다. 미생물은 성장을 위한 적정 온도가 있고, 자랄 수 있는 최대 온도가 있다. 최대 온도 범위를 벗어나면 세포가 열에 의해 손상을 받아 성장을 멈춘다. 손상이 치명적이지 않으면 온도가 낮아졌을 때 다시 성장을 시작한다. 반대로 성장이 최소화되는 온도가 있다. 비록 병원성 미생물 중에는 0℃에서 자랄 수 있는 것들도 있지만, 일반적으로 5℃ 이하로 유지하면 미생물의 성장을 심히 낮출 수 있다. 지육 표면의 세균수가 cm^2당 10^7 CFU 수준이면 부패취가 나기 시작하며, 10^8 CFU 수준이 되면 점액이 나타난다. 0℃에서 소지육은 15일 정도 지나면 부패냄새가 나기 시작한다. 따라서 저장성 측면에서 온도관리는 매우 중요하다.

더욱이 신속한 냉각은 드립 손실 양을 줄여준다. 이것은 사후 도체 온도가 높을 때 근육의 pH가 신속히 감소되면서 단백질 변성이 일어나 보수력이 떨어지므로 드립이 발생하게 되는데 신속한 냉각은 단백질 변성을 줄여주기 때문이다. 또한 고기는 수분함량이 높은데, 고기의 수분 증발속도는 지육 표면의 증기압에 좌우된다. 증기압은 온도가 높아질수록 증가하기 때문에 지육 표면 온도를 신속하게 낮춰주면 지육의 증발 감량도 감소된다. 초급속 냉각 시스템으로 냉각시킨 돼지 도체는 전통적 냉각방법보다 중량 감소가 최소 1% 낮게 발생했다.

도축 후 지육의 온도는 미생물의 적정 성장 온도에 가깝다. 따라서 가공 및 유통 전에 1차적으로 냉각이 요구된다. 식육이 냉장상태로 유통시키려면 -1℃에서 15℃ 범위에서 온도를 유지하며, 일반적으로 많은 국가에서 법적 기준은 7℃ 이하이다. 냉동상태로 유통한다면 식육의 온도는 -12～-30℃ 범위에서 유지된다. 유통 전 냉장저장이 종종 제대로 유지되지 못하여 상품의 저장성이 문제가 된다. 그 이유는 불충분한 냉각시간으로 완전히 목적 온도에 도달치 못했거나, 냉각능력이 부족했거나, 냉장실의 용량이 부족하거나, 과도하게 투입했거나, 상품의 크기가 균일하지 못했거나, 냉각조건을 잘못 설정했기 때문일 수 있다.

5.1 송풍 냉각

온도체의 냉각 중 중량 손실은 설치된 기기의 종류와 시설을 운영하는 방식에 영향을 받는다. 공기온도, 공기속도, 상대습도, 지육 중량 및 지방도 등이 중량 손실에 영향을 미친다. 소 지육의 전통적인 하룻밤 냉각 중 중량 손실은 1%에서 최대 3%까지 발생하는 것으로 보고된다. 지육을 발골 할 때에 지방이 많은 지육에서 제거되는 과도한 지방은 판매 가능한 고기의 손실로 간주하지 않는다. 이것은 냉각 중량 손실이 잘라 내지는 표면 조직에 국한되기 때문이다. 그러나 정육형 지육에서의 냉각 중량 손실은 경제적 손실을 야기한다, 지육 표면에서 발생하는 증발에 의한 중량 손실은 냉각 초기 4~5시간 동안에는 빠른 속도로 일어나다가 그 이후로 완만해진다. 일반적으로 총 20시간의 냉각시간 동안 증발에 의한 중량 손실의 80%가 초기 8시간 동안에 발생한다.

냉각 중량 손실 중에 공기온도에 의한 영향은 매우 작다. 정상적인 18~20시간 동안의 냉각기간 동안 낮은 공기온도는 중량 손실을 약간 증가시킨다. 공기온도를 5℃에서 0℃로 낮추면 140 kg 반도체의 중량 손실은 약 0.1% 정도로 증가한다. 그러나 저온에서의 냉각은 냉각시간을 단축시켜 전체적인 중량 감소는 줄어드는 결과를 가져온다.

공기속도가 높아지면 중량 손실은 증가한다. 소 지육 냉각에서 공기속도를 0.75 m/s에서 3.0 m/s로 증가시켰을 때 18시간 동안 중량 손실이 0.2% 증가가 보고되었다. 높은 공기속도는 신속한 냉각을 가능케 하지만, 송풍기의 용량은 공기속도의 세제곱으로 증가하기 때문에 공기속도를 1 m/s 이상으로 증가시키는 것은 증가되는 냉각속도를 고려할 때 실익이 없다. 지육 표면온도가 공기온도에 근접하면 냉각속도는 고기 표면에서 공기로의 열전달 속도에 의해 결정되지 않고 고기의 열전도율에 의해 결정된다. 따라서 소 지육 냉각 8~10시간 이후 공기속도를 0.5 m/s 이하로 낮추는 것은 냉각속도에는 영향이 거의 없지만 중량 손실 감소와 송풍기 전력 소비 감소로 인해 경제적으로 이익이 될 것이다.

상대습도는 공기온도나 공기속도에 비해 중량 손실에 큰 영향을 미친다. 상대습도를 95%에서 80%로 낮추면 18시간 냉각기간 동안 소 반도체에서 중량 손실이 거의 0.5% 증가한다. 따라서 지육 냉각 중에는 가능한 한 상대습도는 높게(90% 이상) 유지하는 것이 좋다. 일반적으로 낮은 상대습도는 원래 시설 설계와 운영 방식에 기인하는 경우가 많다. 만약에 증발기의 용량이 작으면 원하는 열 제거 속도를 달성하기 위해서 낮은 냉각온도를 사용해야 한다. 증발기 코일의 온도와 공기온도 차이가 클수록 더 많은 습기가 공기로부터 코일에 응축될 것이다.

냉각은 최선의 결과가 냉매 증발온도와 주입되는 공기온도의 차이가 3.0~3.5℃로 설계된 냉각기와 코일을 통과해서 공기온도가 0.5~0.8℃ 정도 감소되는 경우에서 얻어진다. 냉각실의 열 부하는 냉각 초기단계에서 훨씬 높을 것이고, 최고 부하는 평균 열 부하보다 3배 이상이 될 것이다. 따라서 냉각 후반부에는 증발기 용량이 불필요하게 과다해진다. 변화하는 열 부하에 맞도록 공기 냉각기를 최고로 높은 흡입온도로 운영하면 코일과 공기 사이의 온도 차이를 최소화하여 상대습도를 높게 유지할 수 있을 것이다.

지육 중량은 가벼울수록, 작은 지육일수록 중량 손실 비율이 크다. 이것은 중량대 표면적 비율이 크기 때문이다. 지방도는 증발 중량 손실에 아주 영향이 크다. 피하지방이 매우 적은 지육은 18시간 냉각기간 동안 유사한 중량의 두껍고 균일한 표면 지방층을 가진 지육에 비해 거의 1%의 손실을 가져온다. 저온단축 현상을 피하면서 수행하는 신속 냉각을 완만 냉각과 비교하면 신속 냉각이 0.3% 낮은 중량 손실을 가져오며, 실험실 조건에서는 0.5% 이하의 더 적은 중량 손실을 야기한다고 보고된다.

5.2 살수 냉각

소 지육에 대한 살수 냉각의 주된 목적은 증발 중량 손실을 줄이는 것이다. 살수 냉각에서 냉각 후 지육 중량이 늘어나면 안 된다. 살수 냉각은 20시간 냉각기간 동안 초기 6~10시간 동안 평균 중량 손실이 0.2~0.4% 정도이다. 전통적인 냉각보다 표면 냉각속도가 약간 더 빠른 것으로 보고되며, 냉각 후 추가로 6일간 저장 시 전통적 냉각보다 중량 손실이 적었다(3.2% 대 4.2%). 또한 가공 후 소매 진열과 조리과정에서 손실이나 진공포장의 육즙 감량도 큰 차이가 없었다.

5.3 냉각 후 저장

지육은 냉각 후 출하 전까지 냉장실에서 보관된다. 냉장실은 낮은 공기속도와 안정된 온도를 유지해야 중량 손실을 최소화 할 수 있다. 만약 냉각실을 그냥 냉장저장용으로 사용한다면 냉장 시 공기속도를 냉각 시보다 낮게 조절하여야 한다. 공기속도가 0.5 m/s인 냉장실에서 소 반도체는 일당 0.5%의 중량 손실이 발생한다. 따라서 0.5 m/s 이하의 낮은 공기속도를 유지하고 증발기 코일과 공기 온도차를 작게 함으로써 중량 손실을 최소화할 수 있다.

소매점에서의 저장 및 진열 중의 증발 중량 손실은 주로 공기 중의 상대습도에 기인한다. 비포장 육은 85% 상대습도 하에서는 4~6시간이 지나면 표면건조를 인식할 수 있고, 40% 상대습도 하에서는 약 100분 후면 표면건조가 나타난다. 표면증발에 의한 중량 손실의 비율은 크기에 좌우된다. 도매 절단육은 전(全) 도체나 사분도체에서보다 중량손실이 빠르다. 소매 절단육에서는 일당 1~2%의 손실이 정육점 냉장실에서 발생한다. 따라서 소매 단계에서 증발 중량 손실을 최소화하는 방법은 ① 가능

표 2-2. 냉장 및 유통 중의 총 증발 중량 손실

	냉 각	저 장	수 송	상 점			총 계
				지 육	부위별	진 열	
양고기-이상적 조건							
일 수	0.5	3	0.25	1	1	0.25	6
손 실(%)	1.2	0.6	0.1	0.2	0.5	0.3	2.9
양고기-일반적 조건							
일 수	0.5	3	0.25	1	1	0.25	6
손 실(%)	2.0	1.5	0.1	0.5	0.9	0.6	5.6
소고기-이상적 조건							
일 수	1	3	0.25	3	1	0.25	8.5
손 실(%)	1.4	0.3	0.1	0.3	1.0	0.6	3.7
소고기-일반적 조건							
일 수	1	3	0.25	3	1	0.25	8.5
손 실(%)	2.5	0.6	0.1	0.9	1.5	1.5	7.1

하면 크기가 큰 부위로 저장한다. ② 절단 혹은 슬라이스 된 식육은 포장하여 냉장실에 보관한다. ③ 판매 가능한 수량만 진열한다. 표 2-2는 영국에서 측정한 냉장육의 냉장 및 유통 도중 증발 중량 감소를 보여준다.

6. 식육 냉동

식육의 냉동은 일반적으로 수출을 위해서나 추후 가공하기 위해 저장하기 위한 목적으로 그 사용이 제한된다. 냉동은 냉장육으로 저장하는 것보다 더 오래 저장하고자 할 때 물리적, 생화학적 그리고 미생물학적 품질 변화를 최소화하기 위해 사용한다. 따라서 저장기간은 항상 냉장보다 더 길다. 냉동을 하면 고기의 대부분의 수분(약 80%)은 순수한 얼음 결정으로 고체화하여 다른 용질들(고형물)과 분리된다. 중심부 온도가 -12℃ 이하가 되면 냉동된 것으로 간주한다.

6.1 냉 동

송풍냉동은 일반적으로 -30~-35℃(때때로 -40℃)의 터널이나 방에서 공기순환 속도 2~4 m/s에서 6 m/s 사이에서, 상대습도 95% 이상으로 유지하며 실시된다. 상자육은 판냉동기(plate freezer)와 같은 표면접촉 냉동을 사용한다. 국제냉장연구소(International Institute of Refrigeration)는 냉동속도를 냉동온도가 제품의 품온으로 침투하는 속도로 표시한다. 적정 냉동속도는 2～5 cm/h, 완만냉동은 1cm/h, 신속냉동은 5 cm/h 이상으로 정의한다. 최대 빙결정 온도대(-1～5℃)를 거쳐 냉동이 이뤄지므로 냉동속도는 빙결정의 크기와 숫자를 결정한다. 신속한 냉동에서는 빙결정 크기가 작고 숫자가 많고, 완만냉동에서는 빙결정 크기가 크고 숫자가 적다. 신속냉동에서는 미세 빙결정이 근육세포 내에서 형성되어 수분분리가 적게 일어나지만, 완만냉동에서는 큰 빙결정이 세포 외부에서 형성되면서 세포 내 수분이 외부로 분리되는 현상이 발생한다.

식육의 두께와 냉동속도는 반비례하기 때문에 지육을 절단하거나 발골하여 냉동을 하면 ① 부피를 30% 이상 줄일 수 있고, ② 저장용량이 두 배로 늘어나고, ③ 취급이 수월하고, ④ 위생문제 및 육즙손실 등을 야기하는 해동을 하여 발골하는 불편을 피할 수 있다.

6.2 냉동저장

냉동저장은 비록 매우 낮은 온도에서 저장하지만 저장기간 동안 어느 정도의 품질저하는 발생한다. 일반적으로 냉동저장 온도는 -18～-25℃이면 1년 이상 저장이 가능하다. 상대습도는 95～98%를 유지하는 것이 건조를 방지하는 데 도움이 된다. 표 2-3은 제품별 냉동저장기간을 보여준다. 냉동저장 중 주된 품질저하는 관능적 품질로서 조직감과 지방산화 그리고 변색이다. 지방산화는 공기 중 산소에 의해 야기되므로 포장을 잘 하면 방지할 수 있지만, 효소의 활력은 냉동저장 중에도 여전히 유지되어 문제를 야기한다. 포장을 하지 않은 지육의 경우 장기간 저장은 수분 증발에 의한 중량손실이 발생한다. 표면 수분증발은 freezer burn이라고 해서 표면 탈색을 야기한다. 냉동저장 감량은 비포장육에서 일반적으로 1～4% 정도이다.

6.3 해 동

냉동육은 직접 분쇄나 절단을 하여 사용하기도 하지만, 일반적으로 작업이나 가공을 위해 해동을 해야 한다. 해동은 열을 가해 고체인 빙결정을 액체인 물로 전환시키는 과정이므로 표면 온도가 높아지므로 미생물의 활동에 적합한 온도와 습도를 제공하게 된다. 아울러 생성된 수분을 고기단백질이 다시 흡수하게 해야 하는 과정이다. 따라서 지육을 위한 적정 해동온도는 4～6℃이며, 상대습도는 초기에 70%로 유지하여 표면에 서리가 형성되는 것을 방지한다. 해동 말기에는 90～95%를 유지한다. 식

표 2-3. 식육 및 육제품 종류별 냉동온도별 저장기간

제 품	저장기간(개월)		
	-18℃	-25℃	-30℃
소 지육	12	18	24
포장된 스테이크	12	18	24
포장된 무염 분쇄육	10	>12	>12
송아지 지육	9	12	24
Veal chop	9	10-12	12
양 지육	9	12	24
Lamb chop	10	12	24
돼지 지육	6	12	15
Pork chop	6	12	15
분쇄 소시지	6	10	-
삼겹살	2-4	6	12
돈 지	9	12	12
포장 생통닭/칠면조	12	24	24
튀김닭	6	9	12
가금 가식내장	4	-	-

육의 품온이 0℃에서 -1℃ 정도가 되면 완료된 것으로 본다. 최근에는 신속 해동을 위해 산업적으로 마이크로파 오븐이나 터널, 진공스팀 가열압력솥을 이용하기도 한다.

제3편 식육 품질

"품질은 당신이 실행한 것이 당신의 의도와 일치할 때 성취되는 것이 아니고, 당신이 실행한 것이 당신의 고객의 기대와 일치할 때 성취되는 것이다."

-구아스파리-

제 1 장

식육 품질의 이해

품질(quality)이란 목적에 따라 다양한 의미로 표현될 수 있는 개념으로서 뛰어남을 의미하거나 꼭 값비싸고 호화로운 것을 의미하지 않는다. 왜냐하면 품질은 용도와 관계가 있는 것으로서 사용목적에 적합한 것을 의미하기 때문이다. 생산자, 가공업자, 중간 상인 그리고 소비자 모두 각각이 어떤 상품에 대하여 특정한 요구나 기대하는 사항이 있는 경우, 이것을 만족시키는 그 상품의 종합적 특징이 그 상품의 품질이 된다. 따라서 품질이란 단어는 안전, 성능, 신뢰성, 경제성, 외관, 사용자 편의 등 여러 가지 의미를 갖는다. 그 중에서 가장 널리 인정받는 정의는 "고객의 필요를 충족시켜 상품에 대한 만족을 제공하는 그 상품의 특징들"과 "결점이 없는 상태"이다.

상품(product)이란 모든 과정의 산물이다. 따라서 이것은 제품(goods), 소프트웨어 및 서비스 등을 포함한다. 제품은 고기, 우유, 계란, 볼펜, 컴퓨터, 자동차 등과 같은 물리적인 물건을 의미하며, 소프트웨어는 컴퓨터 프로그램을 포함한 지적 물건, 서비스는 어느 대상을 위해 수행되어진 일이다. 따라서 상품의 특징은 고객의 필요를 충족시키기 위하여 그 상품이 보유하고 있는 성질을 의미한다. 여기에서 고객이란 특정 상품에 의해 영향을 받는 사람을 말한다.

고객에는 외부 고객과 내부 고객이 있다. 외부 고객이란 해당 상품을 생산하는 기관의 구성원이 아니면서 해당 상품에 의해 영향을 받는 사람으로서 그 상품을 구입하는 고객, 그 상품으로 인해 영향을 받는 정부기관 혹은 일반 대중이 포함된다. 내부 고객은 기관 내부에서 부서별로 서로에게 상품을 공급하는 경우가 존재하며, 이때 상품을 공급받는 자를 내부 고객이라고 부른다. 식품 분야에서는 고객이란 최종 소비자만을 의미하는 것이 아니고 식품이나 원료를 구입하는 중간 상인이나 식품 가공업자도 포함한다. 결국 품질의 중요성은 전문가의 의견이 아니라 고객의 입장에서 파악되는 상품의 특징이라는 데 있다.

1. 식육 품질 속성(Quality attributes)

식육은 식품이기 때문에 소비자가 소비하기 위해 구입할 경우를 가정하여 살펴본

다면, 소비자가 식육의 품질을 판단하는 기준은 구입 시와 소비 후 그리고 소비와 전혀 상관없이 평가하는 경우를 생각할 수 있다(표 1-1). 구입하기 전에는 품질을 판단하기 위한 정보를 탐색을 하고, 구입한 후에는 소비를 하면서 품질 속성들을 경험한다. 이와는 별도로 사회적인 신뢰를 바탕으로 해당 제품을 판단하는 사항들도 있다.

식육의 품질을 판단할 때 소비자들이 기준으로 삼는 품질 속성들의 특징을 살펴보면 다음 표 1-2와 같이 생산물 자체의 속성(product attributes)과 생산과정(process attributes)에 대한 속성이 있을 수 있다. 과거의 소비자들이 생산물인 식육 자체의 품질에만 관심을 두었다면 현대 소비자들은 생산과정에까지 관심을 갖는 경향이 있으므로 소비자에 따라서는 생산과정의 품질 속성을 더 중요시 하는 경우도 있다.

소비자들은 구입 시에 자기가 원하는 품질의 식육을 구입하기 위해 이러한 품질 속성들을 판단하는 단서를 필요로 한다. 따라서 판매되는 식육들은 상품으로서 품질 속성들을 보여주는 단서들을 보유해야 하며, 이를 근거로 판단하게 된다(표 1-3).

표 1-1. 식품 품질 판단 속성

시 기	판단 속성	속성판단 단서
구매 시	탐색 속성(search attributes)	품질 속성들을 외부에서 확인
소비 후	경험 속성(experience attributes)	품질 속성들을 경험
소비와 무상관 시	신뢰 속성(credence attributes)	신뢰에 기반하는 품질 속성들

표 1-2. 식육 품질 속성

생산과정 속성	생산물 속성			
	안전성	영양가	관능적 품질	가공기능성
동물복지 생명공학 유기축산 이력추적제 성장촉진제 사 료	병원균 잔류물 호르몬 식품첨가물 독 소 GMO 지방/콜레스테롤 물리적 오염	지방함량 열 량 섬유소 나트륨 비타민 광물질 생리활성물질	풍 미 연 도 조직감 다즙성 색 깔 신선도	결착력 유화력 저장성

표 1-3. 품질 속성들을 판단하는 품질 단서(quality cues)

내생적 단서	외생적 단서
색 깔 냄 새 살코기 비율 근내지방도(마블링) 부 위 다즙성	포장지 상품 정보/라벨 구매 장소

결국 소비자들은 식육을 구입하려고 할 때 내생적 품질 단서들을 살펴본 후 이를 통해 품질을 인식하고, 외생적 단서들(예: 가격)과 시장상황(예: 경쟁상품의 구입 용이성)에 의해 구입여부를 결정한다. 이때 자기가 추구하는 품질의 우수성은 가격과 비용을 대비하여(가성비) 판단하게 된다. 소비자가 품질을 판단하는 기준은 내생적 품질 단서를 기기나 자신의 감각으로 평가를 하고, 그 결과를 품질 속성으로 전환시킨다. 예를 들면, 내생적 단서인 냄새를 맡아서 생산물 품질 속성인 풍미나 신선도를 평가하는 식이다.

인식된 개별 품질 속성은 소비자 자신의 나름대로의 적정수준에 비추어 정도와 가치를 결정하게 된다. 여러 가지 개별 품질 속성들의 평가 결과를 종합하여 다차원적 품질 속성으로 인식을 하는데, 개인마다 개별 품질 속성에 대한 상대적 가중치가 다르게 된다. 예를 들면, 어떤 사람이 고기의 연도보다 풍미를 중요시 여긴다면 품질 단서에서 살코기보다 지방이 많은 부위를 선호하여 색깔이 변색이 되어 신선도가 떨어지는 것으로 평가되어도 그 고기를 선택하는 반면에 또 다른 사람은 신선도를 중요시 여겨 색깔에 높은 평가 점수를 줄 수도 있다. 따라서 식육 제품의 판매에 있어 품질 단서의 표현방법이 매우 중요해진다. 예를 들면, 지방 30%로 표현하느냐 살코기 70%로 표현하느냐와 같은 내생적 단서와 외생적 단서를 위한 브랜드의 책임성과 일관성을 유지하는 전략 등이 관심을 두어야 할 점이다. 또한 국가나 지역별로 소비자들이 중요시하는 관능적 품질 속성들이 다른 것도 염두에 두어야 한다.

2. 공급자 입장에서의 품질

공급자 입장에서는 품질에 관한 두 가지 관점이 있다. 하나는 산업 경제적 측면이고, 다른 하나는 품질관리의 측면이다. 미시경제 이론에 따르면 품질은 경쟁의 한 가지 변수이다. 회사는 다양한 품질 속성 중에서 이익을 극대화할 수 있는 품질 특성을 선택한다. 적정한 품질의 선택은 타 회사의 행동과 소비자 필요에 좌우된다. 따라서 경제적 측면에서 회사는 소비자의 품질 요구를 효율적으로 만족시키기보다 시장에서 이익을 얻는 위치를 유지하기에 충분한 정도로만 유지한다.

품질관리 측면은 소비자 요구에 맞춰 품질을 디자인 하는 방향으로 변화하여 왔다. 소비자가 가장 중요시 하는 특성에 중점을 두고 제품을 디자인한다. 이것은 원하는 품질을 기술하는 새로운 표현을 개발해야 하는 어려움을 가져온다. 이에 따라 품질을 측정하는 새로운 방법도 개발해야 한다. 최종 제품에서 무엇을 측정해야 하고, 어떻게 그것을 측정해야 하는지를 구명해야 하는 도전에 직면한다. 이 과정을 단계적으로 살펴보면, 우선 목표 시장에서 소비자가 판단하는 품질을 측정하고, 소비자의 평가품질을 내생적 품질 단서와 품질 속성의 개념으로 풀어낸다. 그 다음에는 내생적 단서와 품질 속성으로 해석된 소비자 품질 인식을 제품의 물리적 특성으로 연결시킴으로써 품질지도를 완성한다. 예를 들면 소비자가 인식하는 고기의 연도는 가시성 지방이 비교적 정확한 물리적 특성으로 반영되었다고 보고된다.

3. 수요자와 공급자 품질 인식의 조화

시장에서의 품질은 수요와 공급의 상호작용의 결과이다. 고품질 상품의 생산비용이 시장에서 받을 수 있는 가격보다 낮을 때에만 회사는 고품질 상품을 생산한다. 소비자가 상품의 품질 속성을 측정할 수 있어 품질 특성에 대해 완전한 정보를 가질 수 있고, 그것에 대해 생산비보다 높은 가격을 지불할 의향이 있을 때에는 원하는 품질의 상품이 시장에 공급될 것이다. 그러나 상품의 품질이 경험품질 속성이나 신뢰품질 속성에 기초하여 소비자와 생산자가 품질을 정의하고 측정하기가 쉽지 않으면 고품질 상품의 공급은 원활하지 못할 것이다.

브랜드나 명성 있는 제3자의 보증이 품질 예측의 징표가 된다면 상황은 좀 더 좋아질 것이다. 품질 순환(그림 1-1)을 보면, 수요 측면의 소비자는 상품과 생산과정에 기초한 품질 인식을 하며, 인식은 탐색, 경험 및 신뢰에 의해 분석된 품질 속성에 기반을 둔다. 품질 단서들은 소비자가 품질 속성에 대한 징표로서 사용한다. 공급 측면의 생산자는 소비자의 요구를 만족시킬 상품이나 생산과정을 디자인한다. 품질 특성은 기술적 사양으로 표현되어야 하고 또한 브랜드, 라벨, 선전 혹은 기타의 소비자와의 소통정보 같은 신호로 전환되어야 한다.

생산자는 상품 특성을 위하여 브랜드 이미지 같은 신호를 관리하여야 한다. 소비자

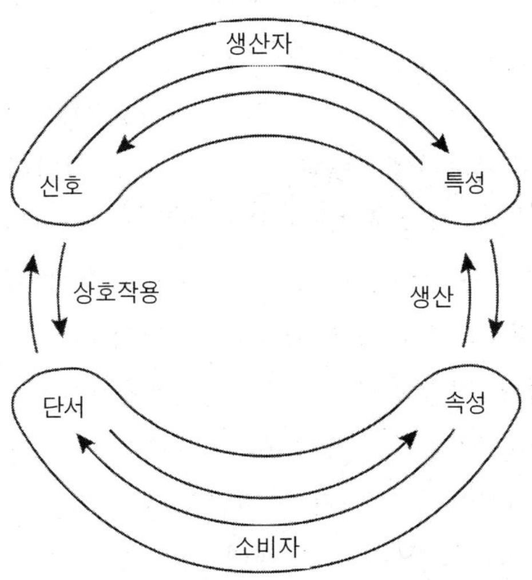

그림 1-1. 품질의 순환

가 사용하는 모든 단서가 품질 속성을 나타내지 않음도 인식해야 한다. 따라서 의사소통이 결정적으로 중요하다.

제 2 장

관능적 품질(Sensory quality)

인간이 느끼는 오감은 시각, 청각, 촉각, 미각, 그리고 후각을 말하며, 이 중에서 미각과 후각은 가장 원초적인 감각이다. 인간의 미각과 후각은 화학적 자극에 반응하는 것이지만, 식량을 추구하는 과정에서는 기본적으로 시각에 의존한다. 인간이 식품의 품질을 분석하는 데에 관여하는 관능적 특성은 외관, 냄새, 맛, 느낌, 소리 등이다. 동서양을 막론하고 소비자들에게 음식에서 가장 중요시 여기는 요인에 대해 설문을 하면 가장 중요한 것이 맛(풍미)이라고 한다. 최근의 식품 소비 경향이 건강과 영양이라지만 식품은 무엇보다도 맛이 있어야 하는데, 특히 한국인은 맛을 중요시 여긴다. 맛이 없고 건강에만 좋은 식품은 약에 불과할 것이다.

1. 육색(Color)

고기의 색은 소비자들이 해당 고기를 수용하는 데에 중요한 역할을 한다. 왜냐하면 소비자들이 식육을 구입할 때 육색을 신선도 판단의 기준으로 삼기 때문이다. 가금육의 경우 적육에서와는 매우 다른 기준이 적용된다. 백색육인 가금육의 경우, 생 통닭은 근육 색보다 피부 색깔이 더욱 중요하고, 가슴육의 경우에는 육색소가 별로 없기 때문에 적색이 강조되지 않는다. 그러나 가금의 다리육은 적색이 충분해야 염지육 제품 생산 시 우수한 제품이 생산될 수 있다. 따라서 바람직한 식육의 색은 이들이 신선식품, 조리식품 혹은 염지식품이냐에 따라 소비자들이 인식하고 있는 기준이 다르다는 것을 명심해야 한다.

1.1 색의 성질

우리는 어떤 대상의 색이 그 자체의 고유한 성질인 것처럼 생각하고 있지만, 사실 색의 인식은 관찰자에 좌우되는 심리적 현상이지 대상 물체나 장면의 고유한 성질이 아니다. 따라서 한 가지 물체를 보고 사람들이 표현하는 색은 다를 수가 있다. 우리가 색을 인식하는 것은 어떤 물체로부터 반사되거나 통과되어 우리 눈으로 들어오는 빛의 파장들을 통하여 이루어진다. 따라서 눈에 들어오는 빛을 구성하는 파장의 종류와 각 파장들이 가지는 복사 에너지의 양에 따라 인식되는 색이 다르게 되고, 나아가서는 빛이 없으면 색을 인식할 수 없게 된다. 이러한 어떤 물체의 색에 대한 인식은 광원, 그 물체가 빛을 흡수, 통과 혹은 반사하는 성질, 보는 사람의 눈의 상태 그리고 심리에 의하여 영향을 받는다.

우리가 빛이라고 부르는 가시 복사 에너지(visible radiant energy)의 파장 스펙트럼은 약 380nm(보라색)에서 760nm(빨강색)에 이르는 매우 좁은 범위이다. 이 범위보다 짧거나 긴 파장은 우리 눈의 빛 수용체를 자극하지 않으므로 인식되지 못한다. 어떤 광원은 특정 파장에서 다른 파장에서보다 더 많은 에너지를 갖거나, 어떤 물체는 특정 파장을 다른 파장보다 더 쉽게 반사하거나 통과시킨다. 이때 우리 눈에 도달하는 빛의 에너지의 불균형이 생긴다. 따라서 우리는 색에서 양적이고 질적인 차이를 느끼게 된다.

질적인 성질은 어떤 파장이 존재하는가에 좌우되고, 양적인 성질은 존재하는 파장들이 가지는 에너지의 양에 좌우된다. 다시 말하면, 질적 특성은 색의 종류를 의미하는 색상(hue)을 나타내게 되며, 우세한 파장이 무엇인가에 따라 색의 강도(chroma)가 영향을 받게 된다. 반면에 양적 특성은 각 파장에서의 에너지 수준을 의미하므로 특정 색의 밝기(value)를 나타낸다. 예를 들면, 모든 파장이 완전히 균형을 이루는 백색 빛이 모든 파장에서 에너지 수준을 50%만 반사시킨다면 회색으로 인식되지만, 파장 스펙트럼의 짧은 쪽 절반(380～570nm)만을 가진 빛이 에너지 수준을 100% 반사시킨다면 강한 푸른색으로 인식된다.

1) 광원(조명)

유색 광원은 특정 파장에서 에너지를 방출한다. 백색등은 모든 가시 파장에서 에너지를 방출하지만, 특정 파장에서 에너지가 결핍되어 있으면서도 백색일 수 있다. 이러한 결핍은 조명을 받는 물체의 색깔 인식에 영향을 준다. 백열등은 적색이나 황색 파장이 강한 따뜻한 백색 빛을 발산하고, 수은등은 푸른색이나 녹색 파장이 강한 찬 백색 빛을 발산한다(그림 2-1). 따라서 이러한 특정 광원을 이용하여 조명을 하면 물체의 색에 대한 인식이 변하게 된다. 예를 들면, 적색 토마토에 백색등을 조명하면 토마토가 백색 빛 속의 붉은 파장만을 반사하기 때문에 여전히 적색으로 보이지만, 녹색등을 조명하면 녹색등에는 적색 파장의 에너지가 없기 때문에 토마토 색은 갈회색을 보이게 된다.

2) 물체의 성질

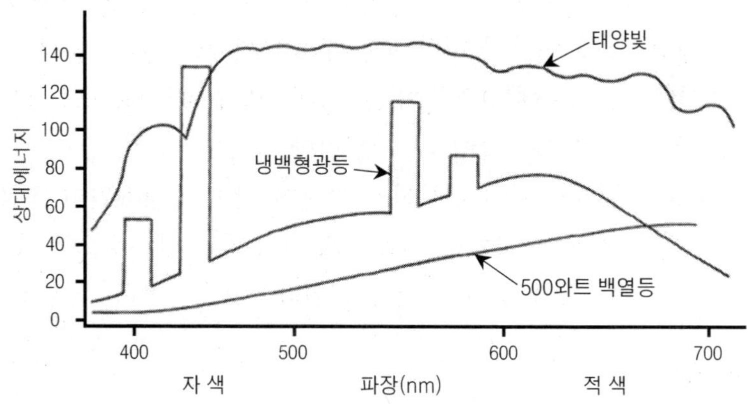

그림 2-1. 광원에 따른 파장별 방출에너지 상태

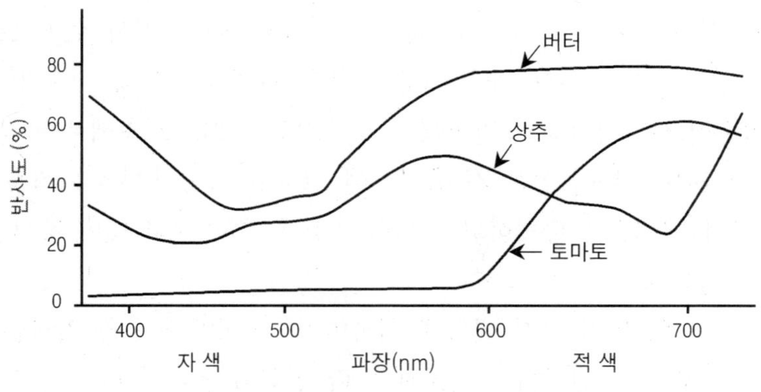

그림 2-2. 식품 색깔에 따른 파장별 반사정도

어떤 물체의 색은 모든 조명 조건하에서 일정한 반면에 어떤 것은 주위 환경에 따라 변한다. 이것은 그 물체가 빛을 반사하거나 통과시키는 성질이 다르기 때문이다. 녹색 필터는 녹색 파장을 제외한 모든 빛 파장을 흡수하고 녹색 파장만을 통과시키며, 버터는 푸른빛을 흡수하고, 나머지는 반사하기 때문에 노랗게 보이며, 토마토는 대부분의 파장에서 에너지를 흡수하고 붉은색 파장(610～780nm)에서만 에너지를 반사하기 때문에 붉게 보이며, 상추는 녹색 파장(500～600nm)에서 주로 에너지를 반사하기 때문에 녹색으로 보인다(그림 2-2).

3) 색시력

인간의 눈은 망막에 빛을 감지하는 두 가지 세포들, 시신경의 간상체와 원추체를 가지고 있다. 간상체는 낮은 수준의 빛에 민감하여 밤이나 매우 낮은 조명상태에서 볼 수 있게 해주는 반면에 원추체는 적색, 녹색, 그리고 자색의 세 가지 파장에 민감한 수용체를 가지고 있어 색에 매우 민감하며, 낮 시간에 사물을 보게 해준다, 더욱이 인간의 눈은 밤과 낮에 민감한 빛의 파장이 다르기 때문에 새벽에는 청색이 적색보다 더 밝게 느껴지고, 대낮에는 적색이 청색보다 밝게 보인다. 또한 이러한 사람의 정상적인 색시력은 나이가 들어감에 따라 변한다.

원추체가 완전히 손상되어 색을 구분하지 못하면 단지 간상체만이 작용을 하여 빛의 양만을 구별하므로 사물이 밝거나 어둡게만 인식된다. 부분적으로 손상된 경우로는 적색과 녹색만을 인식하지 못하는 색맹이 있다.

4) 심리 및 착각

색은 다양한 가시 복사 에너지에 의하여 자극된 정상적인 눈으로부터 뇌에 전달된 신경 자극을 해석함으로써 인식된다. 다시 말하면, 색은 특별한 시각적 자극을 뇌에서 해석하는 정신적 인식이다. 따라서 색은 무의식적으로 우리의 모든 느낌 속에 자리 잡게 되어 심리적으로 특정 색에 대한 반응을 하게 한다. 예를 들면, 적색, 황색, 오렌지색은 일반적으로 자극적인 반면에 청색, 청자색 그리고 자색은 가장 덜 흥분시키는 것으로 인식된다. 녹색 잎은 신선하고 찬 그리고 안정시키는 느낌을 준다. 또한 붉은 빛이 풍부한 백색등은 따뜻하고 아늑한 기분을 주며, 푸른빛이 풍부한 백색등은 차갑고 넓은 느낌을 준다.

인간의 눈은 주위의 여러 가지 변화에 의하여 색 인식에서 종종 착각을 하게 된다. 물체의 크기나 배경 혹은 관찰하는 각도에 따라 인식되는 색이 다를 수가 있다. 물체의 색은 작은 면적으로 관찰될 때보다 큰 면적에서 더 밝고 생생하게 느껴진다. 배경이 밝을 때와 어두울 때에 느껴지는 색이 다른 것을 대조 효과라고 일컬으며, 정확한 색 평가에 어려움을 가져온다. 또한 관찰하는 각도가 변화함에 따라 밝게 혹은 어둡게 인식된다.

1.2 신선육의 색 평가

식육의 색은 마이오글로빈의 함량, 마이오글로빈의 화학적 상태, 그리고 소비자의 시각적 인식효과가 복합적으로 작용하여 평가된다.

1) 육 색소

적육의 붉은색은 80∼90%가 마이오글로빈(myoglobin)의 존재에 기인하고, 나머지 10∼20%가 잔유 헤모글로빈(hemoglobin)과 싸이토크롬 C(cytochrome C) 효소의 존재에서 오는 것으로 알려진다. 이 모든 육색소 물질들을 통틀어 힘색소(heme pigments)라고 한다. 마이오글로빈은 단백질 부분인 글로빈과 비단백질 부분인 힘링(heme ring) 혹은 포피린 링(porphyrin ring)으로 구성되어 있고(그림 2-3), 힘링 한가운데에는 철원자가 존재한다. 그림 2-3에서 보는 바와 같이 이 철원자의 다섯 번째 위치는 글로빈에 결합되어 있고, 여섯 번째 위치는 마이오글로빈의 화학적 상태에 따라 수분분자나 산소분자 혹은 다른 물질이 결합되어질 수 있다.

헤모글로빈의 함량은 방혈정도, 도축전 처리, 도축 후 경과시간에 따라 큰 차이를 보이지만, 잘 방혈된 도체의 경우 전체 철 함량의 10% 내외가 헤모글로빈에 기인한다고 보고된다. 싸이토크롬 C의 함량은 총 힘(heme) 색소의 1/50 정도에 지나지 않아 근육 색에 큰 영향을 미치지 못하지만(표 2-1), 싸이토크롬 C는 마이오글로빈이나 헤모글로빈보다 열에 대한 안정성이 높고, 근육 단위 g당 적색에 기여하는 정도가 다른 힘(heme) 색소에 비해 3.5배 정도 크기 때문에 마이오글로빈이나 헤모글로빈이 비교적 적은 가금의 백육의 경우에 그 영향이 크다.

반면에 싸이토크롬 C의 함량은 가금의 연령이 증가함에 따라 감소하는 경향을 보이기 때문에 나이가 들면 근육 색에 대한 마이오글로빈의 영향이 커진다. 이 육색소 마이오글로빈의 양은 동물의 종류, 품종, 연령, 성별, 근육부위, 운동상태, 영양상태 등에 따라 다양하여 적육의 색깔에 차이를 가져온다. 일반적으로 쇠고기나 양고기가 닭고기 및 생선보다 마이오글로빈의 함량이 높다. 고래는 동물 중에서 가장 많은 마이오글로빈 함량을 가지므로 육색이 가장 짙다(표 2-2). 이에 따라 식육은 가축 종류별로 독특한 색을 가진다(표 2-3).

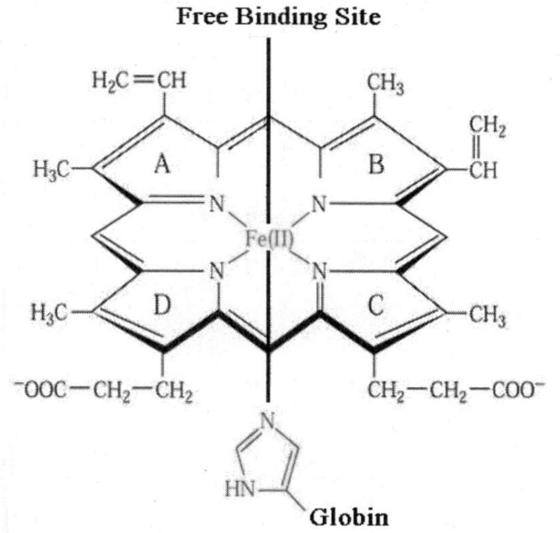

그림 2-3. 마이오글로빈의 힘 링 구조

이미 살펴본 바와 같이 적색 근섬유는 백색 근섬유보다 높은 마이오글로빈 함량을 가진다(1편 1장 참조). 동물의 용도에 따라 근육의 조성과 생화학적 성질 및 근섬유의 종류의 분포에 차이가 생기면 마이오글로빈의 함량의 차이를 가져와 육색의 차이를 보이게 된다.

표 2-1. 가금의 가슴육과 다리육의 힘(heme) 색소 함량과 싸이토크롬 C의 비율

가금의 종류	총 힘 색소 함량(mg/g)		총 힘 색소 함량에 대한 싸이토크롬 C의 비율 (%)	
	가슴육	다리육	가슴육	다리육
육 계	0.49	1.66	2.33	2.14
산란계(암)	0.64	3.06	2.22	2.75
칠면조	0.58	2.15	2.36	2.20
거 위	6.53	3.90	2.16	2.76
새끼 오리	4.31	3.54	2.58	4.23
머스코비 오리	3.57	2.54	2.28	3.83

표 2-2. 동물 종류별 마이오글로빈 함량

동물 종류	근 육	마이오글로빈 함량 (mg/g)
닭	백 육	0.01
	암 육	0.5
칠면조	백 육	0.15
	암 육	1.5
돼 지	등 심	1～3
양	등 심	2～3
황 소	등 심	3～6
청고래	등 심	9
암육 생선		5.3～24.4
백육 생선		0.3～1.0

표 2-3. 근육식품 종류별로 인식되는 색

근육식품	인식되는 색
쇠고기	선홍색
송아지고기	갈홍색
말고기	암적색
양고기	밝은 적색-붉은 벽돌색
돼지고기	회홍색
닭고기	회백색-흐린 적색
칠면조고기	흐린 적색
생 선	회백색-암적색

따라서 사역종 소의 고기가 육용종의 것보다 마이오글로빈의 함량이 많게 된다. 동물의 연령이 증가함에 따라 마이오글로빈의 함량은 증가한다(표 2-4). 연령에 따른 마이오글로빈 함량 증가는 두 단계에 걸쳐 일어나는데, 처음에는 급속한 증가가 이루어지고 이후에는 서서히 증가하게 된다. 급속한 증가 시기는 돼지는 생후 1년 동안, 말은 생후 2년 동안, 그리고 소는 생후 3년 동안이다.

성별에 따른 육색의 차이는 수컷이 암컷이나 거세한 수컷보다 마이오글로빈 함량이 많은 근육을 소유하는 데에 기인한다. 따라서 황소의 고기가 암소의 고기보다 색이 짙다. 근육부위에 따른 색의 차이는 근육부위에 따라 적색 근섬유와 백색 근섬유의 비율이 다르기 때문이다. 횡격막은 배최장근(등심)보다 더 많은 마이오글로빈을 가지고 있으며, 닭에서 대퇴근이 흉근보다 높은 마이오글로빈 함량을 가지는 것은 운동을 많이 하는 근육은 높은 마이오글로빈 함량을 가지게 되기 때문이다. 육체적 운동이 특정 종류의 근섬유의 발달을 촉진시키는 것은 잘 알려진 사실이다. 따라서 운동 종류나 단련 정도에 따라 근육의 마이오글로빈 함량에 차이가 생기게 된다.

결과적으로 같은 근육이라도 야생동물에 있어서 가축보다 육색이 짙게 되고, 방사한 가축이 축사에서 가두어 기른 가축보다 같은 근육에서 더 많은 마이오글로빈을 갖게 되어 육색이 짙게 된다. 환경온도가 일정한 곳에서 사육된 동물은 계속 변화하는 환경온도 하에서 사육된 것보다 높은 마이오글로빈 함량을 가지며, 고지대에서 사육된 동물은 저지대에서 사육된 것보다 마이오글로빈의 함량이 높다. 영양상태는 근육의 조성을 변화시킨다.

표 2-4. 연령에 따른 식육 내 마이오글로빈 함량 변화

동물의 종류	나 이	마이오글로빈 함량 (mg/g)
소 등심	12일	0.70
	3년	4.60
	>10년	16～20
돼지 등심	5개월	0.30
	6개월	0.38
	7개월	0.44
닭고기 암 육	8주	0.40
	26주(암)	1.12
	26주(수)	1.50
백 육	8주	0.01
	26주(암)	0.08
	26주(수)	0.10
칠면조 암 육	14주(암)	0.037
	14주(수)	0.37
	24주(암)	1.00
	24주(수)	1.50
백 육	14주(암)	0.12
	14주(수)	0.12
	24주(암)	0.25
	24주(수)	0.37

영양상태가 좋아지면 근육의 마이오글로빈 함량은 감소하고, 또한 철분이 낮은 사료를 급여하면 가축의 근육은 낮은 마이오글로빈 함량을 갖게 된다. 반면에 돼지에서 비타민 E 결핍은 마이오글로빈 함량을 증가시키는 것으로 보고된다.

2) 마이오글로빈의 화학적 상태

식육의 적색은 마이오글로빈의 철원자의 화학적 상태에 의해 영향을 받는다. 만약에 힘 링의 한가운데에 존재하는 철원자의 원자가가 2가이면(Fe^{2+}, 환원철) 마이오글로빈은 환원마이오글로빈(deoxymyoglobin)으로 불리우고 색은 자적색을 보이며, 3가

이면(Fe^{3+}, 산화철) 산화마이오글로빈(metmyoglobin)이라고 불리우며 갈색을 보인다. 또한 환원 철원자의 여섯 번째 위치에 산소분자가 결합되면 이것을 마이오글로빈의 산소화라고 부르며, 마이오글로빈은 산소화마이오글로빈(oxymyoglobin)이라고 칭하며, 색은 선홍색을 보인다. 이렇게 마이오글로빈이 산소화 되어 육색이 선홍색을 보이는 현상을 블룸(bloom)이라고 부른다(그림 2-4).

마이오글로빈의 산화는 산소량이 증가함에 따라 증가하는 것이 아니고 산소압이 1~10mm 수은주에서 최대로 일어나고, 이보다 낮거나 높으면 산화속도가 느려진다(그림 2-4). 따라서 신선 적육이 공기 중에 노출되면 표면이 선홍색을 띠게 되는 것도 공기 중의 산소가 21%이므로 산소압이 높아 마이오글로빈이 산화되지 않고 산소화 되기 때문이다. 신선 적육에 존재하는 환원효소들은 표면에서 지속적으로 산소를 소비하므로 환원상태를 유지하게 되고, 따라서 환원효소들의 활력이 지속되는 한 심부의 마이오글로빈은 산소의 결핍으로 환원상태를 유지하여 자적색을 띠게 된다. 그러나 상층 내부에는 표면에서의 환원효소들이 지속적인 산소 소비에도 불구하고 표면으로부터 산소의 확산에 의해 어느 정도의 산소압이 형성된다. 표면에서 산소가 내부로 확산되는 깊이는 다음과 같이 계산이 된다.

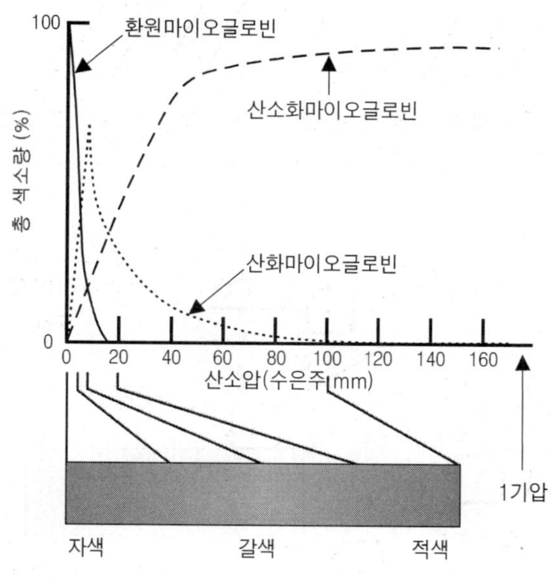

그림 2-4. 공기중 산소압에 따른 마이오글로빈의 화학적 상태와 색

$$d = \sqrt{2 \times C_o \times D \div A_o}$$

d : 산소침투 깊이, C_o : 표면 산소압,
D : 산소확산 계수 A_o : 산소소비 계수

산소가 표면에서 내부로 확산되어 들어감으로써 형성된 산소화마이오글로빈의 선홍색 층 아래에는 마이오글로빈의 산화에 알맞을 정도의 매우 낮은 산소압의 형성으로 산화마이오글로빈은 갈색을 보이게 된다. 결과적으로 신선 적육의 단면을 보면 표면은 선홍색, 상층 내부는 갈색, 그리고 심부는 자적색을 보이는 세 가지 층을 가지게 된다(그림 2-5). 그러나 신선 적육을 절단하여 내부를 공기 중에 노출시키면 심부의 자적색은 환원마이오글로빈이 시간이 지남에 따라 산소화 되어 선홍색을 가지게 된다.

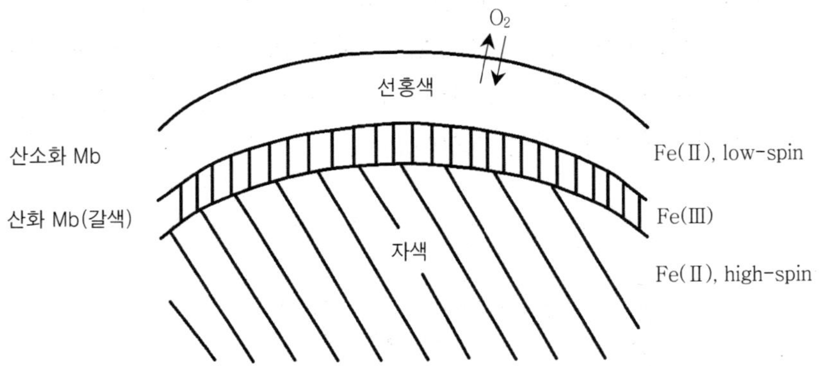

그림 2-5. 식육의 두께에 따른 산소압 차이에 기인한 육색과 마이오글로빈의 화학적 상태

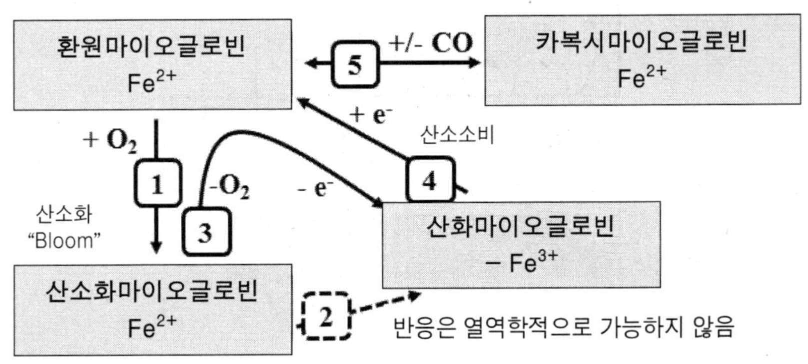

그림 2-6. 마이오글로빈의 화학적 상태에 따른 변화

일산화탄소(CO)는 환원마이오글로빈(deoxymyoglobin) 힘링의 6번째 위치에 결합하여 선홍색의 카복시마이오글로빈(carboxymyoglobin)을 형성한다. 일산화탄소는 산소보다 결합력이 50배 강하다. 하지만 카복시마이오글로빈은 준안정상태이어서 산소 농도가 높은 상태에 노출되면 일산화탄소를 배출하고 산소와 결합한다(그림 2-6). 카복시마이오글로빈은 산소화마이오글로빈보다 안정되어 정상적인 포장상태에서 선홍색이 오랫동안 유지된다. 일반적으로 선홍색 신선육색을 위해 포장에서 0.4~0.5% 정도의 농도가 사용된다.

3) 시각적 인식

식육의 색은 육색소의 함량과 화학적 상태에 의해서 뿐만 아니라 시각적 효과에 의해서 인식되는 색이 영향을 받게 된다. 영양상태가 좋아지면 근육 내의 마이오글로빈의 함량은 감소되지만, 근내지방도가 높은 적육은 근내지방도가 낮은 적육에 비해 적색 강도가 더 강하게 인식된다. 이것은 적색 근육과 백색 지방이 대비되어 시각적으로 적색이 더 강하게 느껴지기 때문이다.

이러한 현상은 마이오글로빈의 산화에 의한 갈색이 적색으로 둘러싸여 있으면 녹색처럼 강하게 인식되는 경향이 있으며, 발효소시지의 내부 녹색 변색은 이러한 이유로 더욱 심각한 문제로 지적되고 있다. 반면에 신선육 진열시 파슬리 같은 녹색 야채를 곁들이는 것은 녹색과 적색의 대비효과를 극대화하기 위함이다. 더욱이 서양에서 식육 코너 옆에 채소나 꽃식물 판매 코너를 설치하는 것도 녹색을 이용하여 적색 강도를 시각적으로 강조하려는 의도이다.

그림 2-7에서 보는 바와 같이 갈색의 산화마이오글로빈은 푸른색 파장과 붉은색 파장이 섞여 있으므로 어떻게 관찰되느냐에 따라 푸르게 혹은 붉게 보일 수 있다. 이러한 현상을 이색성(dichroism)이라고 한다. 따라서 어떤 두 가지 색들이 특정 조명에서는 같은 색상을 보이지만, 또 다른 조명하에서는 서로 다른 색상을 보이게 하는 색의 이성(異性, metamerism)은 그들이 서로 다른 빛의 흡수스펙트럼을 가지기 때문이다. 또한 강한 녹색 파장을 가지는 백색 형광등은 백열등보다 약간의 갈색도 심하게 느끼게 한다.

색의 연출효과는 이미 살펴 본 마이오글로빈 상태에 따른 이색성과 색의 이성으로 인하여 조명을 어떻게 하느냐에 따라 색의 인식이 다르게 되는 상태를 생각할 수 있다. 색 연출효과를 위해서는 사용되는 조명등의 선택이 가장 중요하다. 근육식품 진열장을 위한 백색 조명등은 형광등과 백열등을 고려할 수 있다. 백색 조명등의 선택 기준은 조명비용 효율, 색 연출 및 백색도(유색기미의 부재)이다.

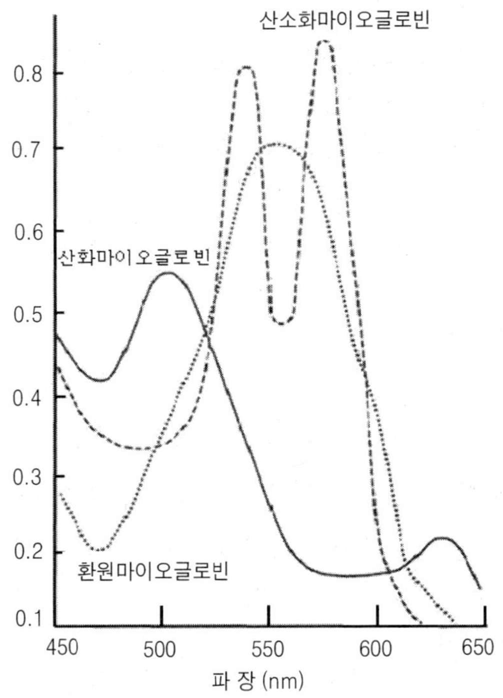

그림 2-7. 마이오글로빈의 화학적 상태에 따른 파장별 흡광도

조명비용 효율은 전력당 조도로 평가하고, 색 연출은 중간색 표면에 대한 색 효과, 색의 분위기 효과, 그리고 사람 얼굴에 대한 색 효과 등을 평가한다. 백색도는 강하거나 약한 색 파장의 구성을 고려한다. 국내 식육 판매장에서는 이제껏 조명 비용을 강조하여 조명등의 색 연출이나 백색도가 고려되지 못하였으나 앞으로는 이 부분이 강조되어져야 할 것이다. 이러한 색 연출과 백색도는 조명등의 빛 스펙트럼 구성에 좌우된다. 같은 백색등이라도 백열등이냐 형광등이냐에 따라 같은 형광등이라도 냉백색이냐 연백색이냐 아니면 자연 백색이냐에 따라 스펙트럼의 구성이 달라 특정 색의 파장이 강하고 약한 차이가 있어 색의 연출 효과가 달라진다(표 2-5).

색의 연출은 결과에 따라 진열장의 조명이 육색과 자연스럽게 조화를 이루어 호감을 줄 수 있고, 반대로 혐오감을 줄 수도 있다. 식육 표면의 빛 반사 형태와 비슷한 붉은 색이 풍부한 조명을 사용하면 식육이 자연스러운 붉은 색을 보여 구미를 당기게 되지만, 너무나 과도한 붉은 색을 방출하는 조명을 사용하면 인위적으로 식육을 붉게 보이게 함으로써 소비자의 불신을 초래하게 된다. 적외선이 많이 방출되는 조명은 온도상승의 위험이 있고, 자외선이 많이 방출되면 변색이 촉진되며, 노란색이나 황색이 많이 방출되면 뼈와 지방색이 황색으로 보이게 되는 단점이 있다. 또한 청색 파장이 많이 방출되는 조명은 육색에 푸른빛을 더해준다. 따라서 적색 파장은 20~35% 정도, 청녹색 파장은 20% 이하가 바람직한 것으로 평가된다.

표 2-5. 조명등* 종류에 따른 색 파장별 에너지 구성(%)

파 장	냉백색 형광등	자연색 형광등	연백색 형광등	백열 형광등	백열등
자외선	1.7	3.6	7.0	1.9	1.1
자 색	7.6	7.1	7.1	2.0	1.9
청 색	20.8	15.5	18.7	7.0	5.5
녹 색	24.7	21.3	20.9	16.2	12.9
노란색	18.3	10.9	12.2	11.8	8.1
주황색	17.8	16.3	19.0	19.2	13.5
적 색	8.5	25.3	15.2	34.4	30.1
적외선	0.7	0	0	7.2	26.9
총에너지(와트)	9.52	7.23	7.05	6.42	9.66

*GE가 생산하는 조명등

4) 마이오글로빈의 자동산화

식육이 갈색으로 변하는 것은 표면에 산화마이오글로빈이 축적되기 때문이다. 총근육색소의 30~40%가 산화마이오글로빈으로 존재하면 소비자들은 근육 색을 갈색으로 인식하여 적육의 구입을 기피하는 것으로 보고된다. 산화마이오글로빈의 축적은 산소화마이오글로빈의 자동산화와 산화마이오글로빈의 환원의 상대적인 비율에 좌우된다. 따라서 마이오글로빈의 산화는 변색에 중요한 역할을 한다.

마이오글로빈이 환원상태를 유지하고 있을 때에는 철원자의 6번째 위치는 비어 있다. 그러나 공기 중에 노출되면 산소와의 결합력이 매우 높기 때문에 마이오글로빈 철원자의 6번째 위치에 산소분자가 결합하여 산소화마이오글로빈이 된다. 이 결합상태는 공유결합과 이온결합의 중간체 형태인 dioxygen iron구조를 가진다(그림 2-8). 산소가 전혀 없는 상태에서는 마이오글로빈이 산화되지 않기 때문에 자동산화는 엄격한 의미에서 산소화마이오글로빈이 유리 산소에 의해 비효소적, 자동산화에 의해 일가 산화되어 산화마이오글로빈을 형성하는 것을 의미한다.

산소화마이오글로빈의 산화는 두 가지 경로가 있는 것으로 주장된다. 첫째는 산소화마이오글로빈의 dioxygen으로 힘(heme) 철에서 전자 한 개가 이동되면서 이것이 hydroperoxy radical($HO_2^{\bullet}$)로 유리되고 철원자는 3가로 산화되어 산화마이오글로빈을 형성하고, 철원자 6번째 위치에는 물 분자가 결합되는 결합산소의 일가 환원 경로

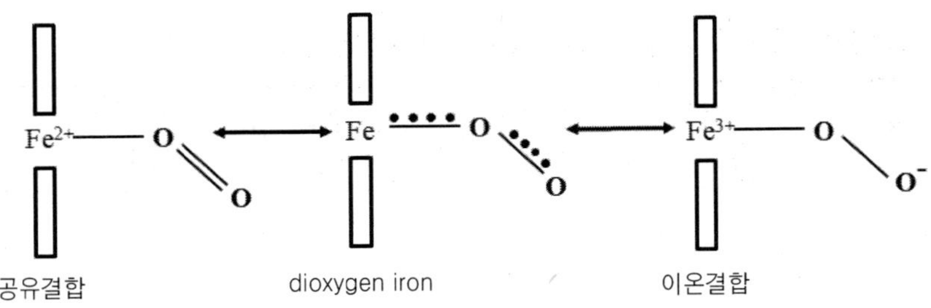

그림 2-8. 산소화마이오글로빈의 세 가지 가능한 산소 결합상태

이다. 두 번째 경로는 환원마이오글로빈과 산소화마이오글로빈 함량이 같아질 정도로 산소 농도가 제한되는 조건하에서 산소화마이오글로빈의 힘 철이 전자 하나를 산소에 제공하고, 두 번째 전자는 환원마이오글로빈의 힘 철이 산소화마이오글로빈의 산소에 제공하거나 고기 속에 존재하는 다양한 환원물질에서 제공되어 산소는 동시에 두 개의 전자를 받아 환원되어 과산화수소가 되고, 산소화마이오글로빈은 산화마이오글로빈이 되는 결합산소 두개의 등가(等價) 환원 경로이다.

$$MbFe(II)O_2 + MbFe(II) + 2H^+ \rightarrow 2MbFe(III) + H_2O_2$$

$$(2O_2^- + 2H^+ \rightarrow O_2 + H_2O_2)$$

산소화마이오글로빈과 환원마이오글로빈의 자동산화는 pH, 산소압, 저장온도, 광선 등에 의해 영향을 받는다. 이미 언급한 바와 같이 낮은 pH는 산소화마이오글빈의 산화를 촉진시키지만 반면에 산화마이오글로빈의 환원도 촉진된다. 따라서 낮은 pH에서는 환원력이 급속히 고갈된다. 산화마이오글로빈 환원력(metmyoglobin reducing activity)은 온도(3～35℃)와 pH(5.1～7.1)가 증가할수록 증가하며 총 육색소량에 비례한다. 그림 2-9에서 보는 바와 같이 산화마이오글로빈 환원력에는 환원 NADH가 조효소로서 필수적이다. 따라서 산소가 많으면 NADH가 산화되어 산화마이오글로빈의 환원이 억제되고, 마이토콘드리아의 활력이 높아(산소 소비율이 높아) 산소가 줄어들면 산화마이오글로빈 환원력이 증가한다.

근육 부위 간에는 색의 강도가 비슷하여도 색의 안정도에서 차이를 보인다. 색의 안정도는 이두박근 = 중둔근 = 대요근(안심) = 극상근 = 삼두완근 = 횡경막내근 <반막양근 < 배최장근(등심) = 반건양근 = 대퇴근막장근의 순서를 보인다. 일반적으로 색의 안정도가 떨어지는 근육은 산소 소비율은 매우 높고, 반면에 산화마이오글로빈 환원력이 낮다. 산소 소비율이 낮으면 근육 표면은 산소화마이오글로빈의 선홍색이 훨씬 강하지만, 높은 산소 소비율을 가진 근육은 표면에 산소화마이오글로빈 층이 얇게 형성되고, 산화마이오글로빈 환원력이 약해 나중에 산화마이오글로빈이 표면에 더욱 가

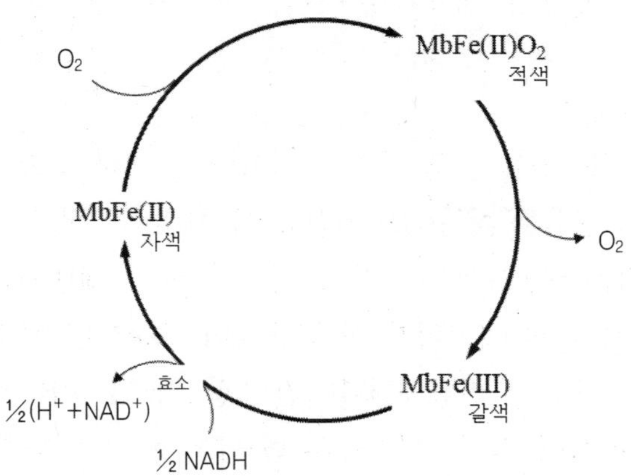

그림 2-9. 산화마이오글로빈의 환원과 산소화마이오글로빈의 산화

깝게 형성되므로 유통기간 내에 더욱 빨리 갈색이 관찰되게 된다. 결국 산소 소비율은 사후 초기의 색에 중요하고, 일단 산소 소비율이 높으면 저장기간 중 색의 안정도는 산화마이오글로빈 환원력에 의해 좌우된다. 따라서 초기에는 근육 간에 색의 안정도에서 차이가 없는 경우일지라도 시간이 지남에 따라 안정도에서 차이를 보이게 된다.

5) 신선 식육의 변색에 영향하는 요인

변색이란 근육색이 산소화마이오글로빈의 선홍색이나 환원마이오글로빈의 자적색이 아닌 색을 가지는 것을 말하며, 여기에는 산화마이오글로빈의 갈색도 포함된다. 이러한 변색은 마이오글로빈 내의 글로빈의 변성, 환원기전의 존재 유무, 산소압의 정도, 온도, pH, 수분함량, 세균, 금속이온, 광선 그리고 산화제 등 다양한 요인에 의해 영향을 받고 또한 이러한 요인들의 복합적인 작용에 의해 변색의 정도가 다양하게 된다.

(1) 방 혈

가축이나 가금에서 고전압 전기기절을 시키거나, 혹은 기절 후 방혈을 제때에 실시하지 않으면 근육 내의 모세혈관이 파열되어 근육에 혈반(blood splash)이 발생하여 변색이 촉진된다. 도계 시에는 가금을 완전히 기절시키지 않은 상태에서 방혈이 불충분하면 탕침을 할 때 가금이 의식이 있는 상태이므로 모세혈관으로 혈액이 몰려 날개 끝이나 목 주위가 붉은 색을 갖는 도체가 생산된다. 백색 생선에서는 남아 있는 혈액이 저장 중 산화되어 갈색의 산화마이오글로빈이 되고, 또한 이것이 지방 산화를 촉진시키므로 죽기 전에 방혈을 적절하게 하는 것이 매우 중요하다.

(2) pH

살아있는 동물의 근육 pH는 거의 중성에 가깝다. 그러나 도축 후 사후 해당작용에 의한 젖산의 축적으로 근육의 pH는 감소한다. 이 사후 해당작용 과정에서 젖산이 생성되는 속도나 성취되는 최종 pH는 육색에 영향을 준다. 체내의 글리코겐이 여러 가지 이유로 인하여 분해된 후 재생되기 전에 동물이 도축되면 사후 해당작용 시 젖산 생성이 저조하여 pH 감소가 빈약해진다(2편 1장 참조). 따라서 최종 pH가 높은 DFD(dark, firm, dry)육이 생산된다. 높은 pH에서는 근육 내의 마이토콘드리아의 산소 소비력이 높게 오랫동안 유지되어 고기 표면의 마이오글로빈은 산소가 없는 환원상태를 유지하여 자적색을 보이게 된다. 아울러 높은 pH는 근육의 보수성을 높여 근섬유들이 부풀어 촘촘히 배열되는 관계로 광선의 반사가 적고, 흡수가 많게 되어 색이 어둡게 된다. 따라서 육색은 암적색을 보이게 된다.

정상적인 근육에서는 최종 pH가 5.5～5.6에 도달하게 되면 마이토콘드리아의 산소 소비가 억제되므로 근육 단면이 공기 중에 노출되면 산소화마이오글로빈이 형성되어 선홍색을 갖게 된다. 반면에 스트레스에 민감한 동물은 도축 후 사후 해당작용이 급속히 진행되어 체온이 높은 상태에서 근육 pH가 급격히 하강되면 정상적인 고기보다 낮은 pH를 갖는 PSE(pale, soft, exudative)육을 생산하게 된다. 이 PSE육은 보수력이 낮아 근섬유는 개방되어 있고, 표면에는 유리수가 많이 존재하므로 광선의 반사가 심하게 되어 색이 옅어진다.

이미 살펴본 바와 같이 도축과정에서 pH가 육색에 영향하는 것은 간접적인 효과에 기인한다. 마이오글로빈의 산소화는 pH에 의해 영향을 받지 않기 때문에 사후 pH가 높은 상황에서의 암적색(강직 전 고기나 DFD육에서)은 온도를 3℃로 낮춰 마이토콘드리아의 산소 소비를 억제하고, 충분한 산소를 공급하면 선홍색으로 변할 수 있다. 그러나 마이오글로빈의 산화는 낮은 pH에 의해 촉진된다. 낮은 pH는 산소화마이오글로빈의 양성자 첨가를 증가시켜 힘 철에 결합되어 있는 산소분자로 전자 한 개가 이동하면서 산화마이오글로빈과 superoxide 이온(O_2^-)을 형성하게 한다. 아울러 pH 5.0 이하에서는 마이오글로빈이 변성되어 힘 철이 산화제에 완전히 노출되게 되므로 쉽게 산화된다.

(3) 전기자극 및 온도체 발골

생산된 도체는 전통적으로 냉장하던 방법과는 달리 최근에는 전기자극을 거쳐 온도체 발골을 하는 경우가 있다. 이러한 전기자극은 도축 후 24시간에 등급 판정 시

등심의 색이 우수해지는 것으로 보고된다. 이것은 전기자극으로 사후 해당작용이 촉진되어 도축 후 짧은 시간 내에 최종 pH에 도달함으로써 낮은 pH로 인해 마이토콘드리아의 산소 소비가 억제되는 결과를 가져와 도체 냉각 시 마이오글로빈의 산소화가 증가하여 성취되는 결과이다.

아울러 도체를 전기자극 없이 냉각시킬 때에는 등심의 바깥쪽과 내부의 사후 해당작용 진행속도와 온도 감소속도가 다르기 때문에 색이 불균일해지는 문제점이 발생하곤 하지만, 전기자극으로 사후 해당작용 진행속도가 균일해지므로 등심근 단면의 색이 냉각 시 균일해지는 효과도 가져오기 때문이다. 따라서 도축 후 24시간의 색은 전기자극 된 도체의 등심에서 우수하게 나타난다. 그러나 48시간 후에는 전기자극 유무에 따른 큰 차이가 없게 되고, 반면 냉각이 늦은 우둔부위의 심부 근육(반막양근)의 경우에는 고온과 전기자극에 의한 낮은 pH의 영향으로 오히려 색이 창백해지는 부작용을 가져올 수 있다.

온도체 발골은 육색을 더욱 짙게 한다. 이것은 마이오글로빈이 온도체 발골육에서 더 안정하고 환원상태로 존재하기 때문이다. 온도체 발골육의 높은 pH에서 마이토콘드리아의 활력이 높으므로 산소 소비가 많아 표면의 마이오글로빈이 환원상태를 유지하기 때문이고, 일반적으로 온도체 발골육은 진공포장 후 냉각을 시키기 때문에 더욱 안정된 것으로 추측된다.

(4) 산소농도

신선육 표면이 공기 중에 노출되면 30분 이내에 마이오글로빈이 산소화 되어 선홍색을 보인다. 그러나 산소 농도가 매우 낮아지면 마이오글로빈은 산화된다. 산화마이오글로빈이 최대로 형성되는 산소압은 순수한 마이오글로빈에서는 1～1.4mm 수은주이며, 고기에서는 6～7mm 수은주(그림 2-4)인 것으로 보고된다. 이와 같이 고기에서 마이오글로빈 산화에 필요한 산소 농도가 더 높은 것은 표면에서 마이토콘드리아가 산소를 소비하고 있기 때문이다.

(5) 저장조건(온도, 공기 유통속도 및 상대습도)

그림 2-10에서 보는 바와 같이 저장온도(0～66℃)가 높을수록 마이오글로빈의 산화가 촉진되고, 낮을수록 산화마이오글로빈의 함량은 낮아지므로 육색은 오랫동안 적색을 유지할 수 있다. 이것은 산소의 물에 대한 용해도는 온도가 낮아질수록 높아지고, 산소 소비 효소 및 마이토콘드리아의 활력은 떨어져 상대적으로 고기 속에 산소의 침투가 많아져 산소화마이오글로빈의 층이 두꺼워지기 때문이다.

저장온도가 높으면 산소화마이오글로빈 층과 환원마이오글로빈 층 사이에 존재하

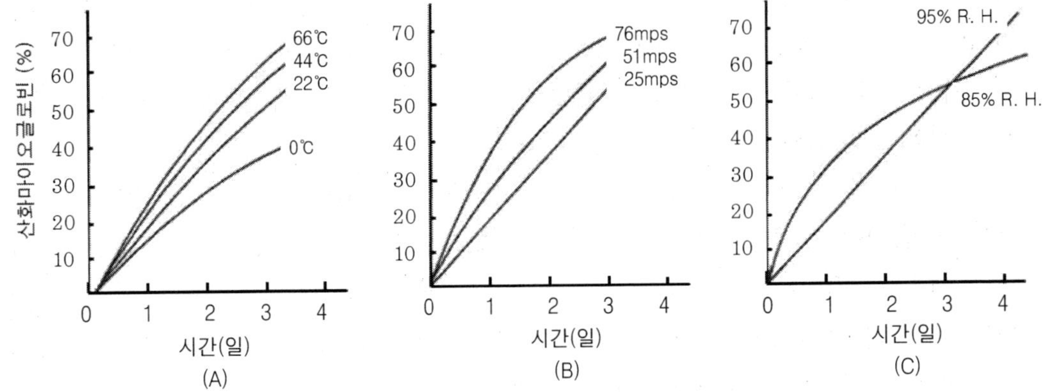

그림 2-10. 저장온도, 공기 유통속도 및 상대습도가 산화마이오글로빈 형성 속도에 미치는 영향

(A) 공기 유통속도 0.51 mps, 상대습도 90%

(B) 온도 3.3℃, 상대습도 90%

(C) 온도 3.3℃, 공기 유통속도 0.51 mps

는 산화마이오글로빈 층이 표면에 더욱 가깝게 이동하여 저장기간이 지남에 따라 더욱 쉽게 갈색이 눈에 띠게 한다. 또한 높은 온도는 글로빈의 변성을 야기하여 힘링에서의 글로빈의 산소화마이오글로빈 보호기능이 상실되어 마이오글로빈의 산화가 촉진된다. 냉동저장 중에는 온도가 낮을수록 육색이 안정된다. 그러나 냉동저장 온도가 영하 15℃ 이상일 때에는 고기 내의 수분이 부분적으로 얼게 되어, 결과적으로 용질의 양이 증가하여 힘 색소의 산화를 촉진시켜 갈색을 증가시킨다.

저장 시 공기유통 속도는 빠를수록 산화마이오글로빈의 형성을 촉진시킨다. 이것은 표면건조에 따른 용질의 농축으로 마이오글로빈의 산화가 촉진되는 데에 기인하는 것이다. 마찬가지로 낮은 상대습도는 단시간 저장 시(2일) 산화마이오글로빈을 증가시키지만, 높은 상대습도는 저장기간이 길어짐에 따라 산화마이오글로빈 형성을 증가시킨다. 이것은 장시간 저장 시 높은 상대습도로 표면 미생물의 번식이 촉진되어 육색소 산화를 촉진하기 때문인 것으로 추정된다.

(6) 포 장

산소 투과성 포장은 포장 안으로 산소가 충분히 투과하기 때문에 고기 표면의 마이오글로빈은 산소화 되어 선홍색을 유지하게 된다. 쇠고기에서 산소화마이오글로빈을 2일간 계속 유지하려면 온도가 24℃, 상대습도가 100%인 상태에서 필름의 산소 투과도는 최소 5,000 ml/m^2 · 24h은 되어야 한다.

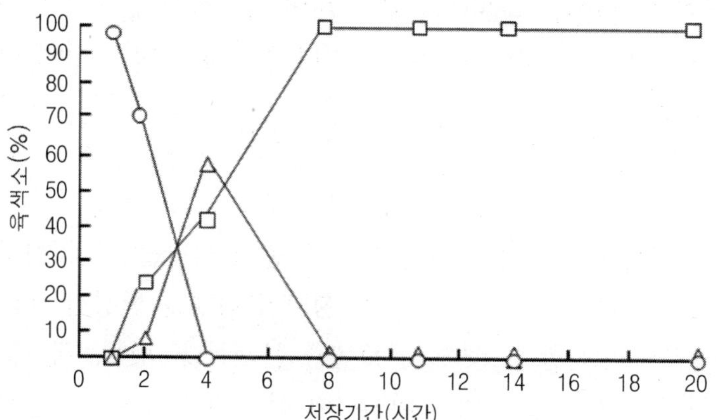

그림 2-11. 3℃에서 저장중 진공포장 쇠고기의 표면색 변화

○ 산소화마이오글로빈
□ 환원마이오글로빈
△ 산화마이오글로빈

반면에 진공포장을 하면 그림 2-11에서 보는 바와 같이 포장 후 2시간부터 산소화마이오글로빈이 산화마이오글로빈과 환원마이오글로빈으로 전환되다가 4시간 후에 산소화마이오글로빈은 완전히 없어지고, 그 이후부터 산화마이오글로빈이 환원마이오글로빈으로 전환되기 시작하여 8시간 후에는 모든 산화마이오글로빈이 환원상태로 존재하게 되어 자적색을 보인다. 진공포장 시 형성되는 산화마이오글로빈 함량은 진공포장 전 공기 중에 고기가 노출된 시간에 좌우된다. 예를 들면, 48시간 동안 통기성 포장을 한 고기는 진공포장 후 20시간에 산화마이오글로빈이 완전히 환원된다.

(7) 광선(조명)

근육색에 대한 햇빛(조명)의 여러 가지 파장들의 효과는 여전히 논의의 여지가 많다. 근육색에 대한 광선의 효과는 종합적으로 광화학적 효과, 근육 표면 온도에 대한 영향, 그리고 색의 연출 효과에 기인한다고 볼 수 있다. 광선은 산소화마이오글로빈의 힘에서 산소가 분리되게 하여 근육색의 안정에 영향을 미친다. 따라서 마이오글로빈은 푸른색과 초록색 파장을 강하게 흡수하여 산화가 촉진되고, 반면에 적색 파장은 마이오글로빈의 안정화를 가져오는 것으로 주장되지만, 실제로 가시광선 스펙트럼에서는 특정 파장이 마이오글로빈의 산화에 특별히 큰 영향을 미친다는 보고는 없다. 따라서 신선 근육색에 대한 가시광선의 광화학적 영향은 거의 없다고 보는 것이 타당하지만 자외선은 마이오글로빈의 산화를 촉진하여 변색을 가져온다.

조명의 근육색에 대한 영향은 주로 발생되는 열에 의한 근육 표면온도 상승효과에 기인한다. 조명등의 열 발생은 조도(lux)를 올리면 증가하여 근육 표면온도를 증가시키게 되므로 색의 안정성이 떨어지고, 형광등보다 백열등이 열 발생이 많으므로 온도 증가 효과가 더 크다.

(8) 미생물

세균을 포함한 미생물들은 다음의 4가지 경로 중의 하나를 거쳐 신선육의 변색을 가져온다. 첫째, 식육 내의 힘(heme) 색소의 생리적 환경을 변경시킨다. 둘째, 힘 색소와 반응하는 물질을 생산한다. 셋째, 글로빈을 분해한다. 넷째, 색소물질을 생산한다. 호기성 세균의 성장은 산소 소비를 야기하여 산소 농도가 마이오글로빈의 산화에 적합한 수준으로 낮춰지므로 변색이 촉진된다. 따라서 호기성 세균의 성장을 촉진하는 조건이 조성되면 산화마이오글로빈의 함량이 증가한다. 계산에 의하면 슈도모나스균이 cm^2의 면적당 백만 마리 이상이면 산소 농도가 30mm 수은주 이하로 내려가 마이오글로빈의 산화를 촉진시킬 수 있다.

그러나 세균수가 10억 마리 이상으로 증가하면 산화마이오글로빈의 함량이 감소하여 갈색이 적색으로 환원되는 경우가 발생한다. 이것은 세균의 대사산물로서 환원물질을 생산하거나 산화마이오글로빈과 반응하여 적색물질을 형성하는 대사물질을 생산하기 때문일 것으로 추정된다. 만약 공기를 완전히 배제하면 세균은 잔류 산소를 완전히 소비하여 고기의 색깔을 자적색으로 유지시킨다. 세균은 또한 pH를 높이거나 낮춤으로써 변색을 유발한다. 부패세균은 단백질을 분해하여 암모니아나 아민류를 생산하므로 pH를 상승시킨다. 세균 성장으로 pH가 증가할 때 6.0까지는 변색이 크지 않지만 그 이상으로 상승하면 심해진다. 이것은 pH 효과뿐만 아니라 세균에 의한 글로빈의 변성이 함께 발생하기 때문인 것으로 해석된다. 반면에 pH가 세균 활동에 의하여 낮아지면 역시 변색이 유발된다.

힘(heme) 색소와 반응하는 물질의 생산은 카탈라제 음성 세균에 의해 생산되는 과산화수소를 들 수 있다. 과산화수소는 마이오글로빈과 반응하여 녹색인 choleglobin을 형성하여 변색을 가져온다. 신선육에서는 catalase나 peroxidase가 생산되는 과산화수소의 양을 최소화 하여 일반적으로 크게 문제가 되지 않는다. 황화수소를 생산하는 *Pseudomonas mephitica*도 녹색 변색을 유발한다. 황화수소는 마이오글로빈과 반응하여 녹색인 sulfmyoglobin을 형성한다.

내장 적출이 되지 않은 닭 도체에서 장내 세균에 의해 황화수소가 생산되어 녹변을 가져오곤 한다. 그러나 이 세균은 pH가 6.0 이상에서만 황화수소를 생산하므로 pH가 낮은 고기에서는 녹색 변색을 관찰할 수 없다. 가끔 pH 6.0 이하에서 황화수소를 발생시키는 유산균 비슷한 세균들이 있어 정상육에서도 녹변이 관찰되는 경우가

표 2-6. 미생물들이 생산하는 색소와 변색 종류

색 소	변 색	원인 미생물
인	녹색, 청색, 은색	*Pseudomonas, Achromobacter, Micrococcus, Photobacterium, Bacterium, Bacillus, Vibrio, Microspire, Coccobacillus*
형 광	청록색	*Pseudomonas*
	크림색, 황색, 녹색	호염균
Pyrroles	적 색	*Serratia*
	청자색	*Streptomyces violascens*
	청흑색	*Chromobacterium*
Methoxydihydroxy-toluquinone (효모에 의한 산물)	적 색	*Rhodotorula, T. Rosea*
	자 색	*Chromotorula*
	자 색	*Penicillium spinulosum*

있다. 우둔부위의 심부 림프결절에서 발생되는 세균 번식에 의한 부패현상인 "Bone taint"는 산성조건을 조성하고 힘(heme) 색소 단백질의 변성을 야기하여 변색을 가져온다. 세균에 의한 색소물질 생산은 여러 종류가 있으며(표 2-6), 냉장이 잘된 곳에서는 발생이 적지만, 여전히 소량이나마 세균들에 의하여 생산되고 있다.

(9) 지방산화

지방산화물이나 산소 radical들 같은 중간 산화물질들이 마이오글로빈을 직접 산화시키거나 혹은 색소환원 시스템의 효과를 저하시킴으로써 지방산화는 마이오글로빈의 산화를 촉진하여 변색을 야기한다. 따라서 지방산화를 야기하는 여러 가지 조건들은 변색을 유발하고, 결과적으로 항산화제들은 일반적으로 변색을 억제하는 효과를 가진다. 그러나 신선육에는 항산화제를 비롯한 어떠한 첨가물도 사용할 수 없으므로 서양에서는 지용성 항산화제인 비타민 E를 사료를 통하여 일일 요구량의 약 20배 수준에서 가축에 공급함으로써 비타민 E가 세포막에 축적되어 지방과 인지질의 불포화지방산에서 hydroperoxide가 생산되는 것을 억제함으로써 저장 중 신선육의 지방산화와 변색방지에 효과를 보고 있다.

(10) 기 타

소금은 힘(heme) 색소의 산화를 촉진하여 근육색을 갈색으로 변화시키며, 근육단백질의 보수력을 증가시켜 조직이 짙게 보이게 하고, 사후 해당작용에 관여하는 효소를 변성시켜 해당 작용과 환원 물질들의 생산을 정지시킨다. 결국 소금은 근육색이 변색되게 한다. 금속이온 중에서 구리, 철, 아연 및 알루미늄 이온 산소화마이오글로빈의 산화를 촉진시켜 갈색의 산화마이오글로빈이 형성되게 한다. 통기성 포장을 한 신선근육은 방사선 조사를 받으면 급속히 갈색으로 변하지만 불활성가스로 충전된 가스포장 상태에서 처리하면 주황색이 형성된다. 산화마이오글로빈은 저수준 감마선 조사로 산소화마이오글로빈과 비슷한 적색색소를 형성한다고 보고된다.

아황산염은 항균효과와 변색방지를 위해 사용되는 식품첨가물이다. 그러나 선진국에서는 이를 첨가한 신선육이 부패되어도 여전히 적색을 유지하기 때문에 신선육에서의 사용이 금지되어 있고, 단지 영국에서는 신선 돈육 소시지에서 허용이 되고 있다. 항산화제로 쓰이는 아스코브산은 0.05~0.1% 수준에서는 신선 쇠고기의 변색을 방지해 주지만, 0.5% 이상의 높은 농도에서는 녹변을 야기한다.

1.3 조리 식육의 색

소비자들이 인식하고 있는 조리 식육의 색은 갈색이다. 이 갈색은 근육이 가열될 때 마이오글로빈이 변성되어 globin hemichrome(metmyochromogen이라고도 함)으로 되기 때문이다. 이 글로빈 헤미크롬의 구조는 힘 링 안의 산화된 철 원자(3가)의 다섯 번째 위치에 변성된 글로빈이 결합되어 있고, 여섯 번째 위치에는 물 분자가 결합되어 있는 것으로 알려진다. 가열은 또한 힘 링의 절단을 야기하여 철 원자가 유리되고, 나아가서는 힘(heme) 단백질 함량의 감소를 가져와 근육식품의 색상과 색도가 변한다.

마이오글로빈은 열에 비교적 안정된 근형질 단백질이다. 심부온도 60℃에 도달하도록 가열된 쇠고기는 여전히 선홍색을 보이고, 60~70℃에서는 내부만 핑크색을 보이며, 70~80℃에서는 회갈색이 된다. 이것은 마이오글로빈이 60℃ 이하에서는 거의 변성되지 않고, 65℃에서부터 빠른 속도로 변성되기 시작하여 70℃에 이르면 80%, 75℃에서는 거의 완전히 변성되기 때문이다(그림 2-12). 조리육의 갈색화는 마이오글로빈의 산화뿐만 아니라 고기 내에 존재하는 탄수화물의 캐러멜화와 고기 내의 환원당과 아미노산의 아미노기의 반응인 Maillard 반응이 함께 작용하기 때문에 야기되는 현상이다.

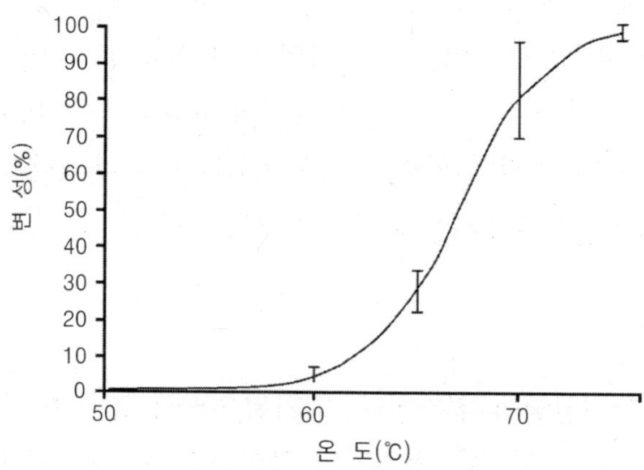

그림 2-12. 가열온도에 따른 육색소(마이오글로빈)의 변성

1) 조리 식육의 변색

적육은 힘(heme) 단백질이 주된 색소물질이기 때문에 가열처리 후 갈색이 된다. 그러나 종종 심부는 붉은색을 보이는 경우가 있다. 이것은 고온에서 산화마이오글로빈이 환원되거나 혹은 열처리된 힘 단백질이 여러 가지 이유로 인하여 환원형태로 존재하는 데에 기인한다.

마이오글로빈은 pH가 높으면 열 안정성이 증가된다. 따라서 pH가 높은 근육식품에서는 종종 가열 후 여전히 붉은 색을 유지하는 경우가 발생한다. 근육은 병이나 주머니 혹은 깡통 같은 공기가 없는 환원조건이 조성되는 상황하에서 가열되면 힘 색소는 강한 핑크빛을 띠는 변성된 globin hemochrome이 된다. 변성 globin hemochrome은 아미노산, nicotinamide 혹은 다른 변성 단백질의 질소기 같은 여러 가지 질소화합물과 열 변성된 마이오글로빈의 환원 철 원자 사이에서 형성된 화합물이다. 조리 전이나 조리 중에 근육이 주위 환경이나 첨가된 채소에서 아질산염에 오염되면 가열 후 적색을 보이게 된다. 이러한 현상은 스프나 스튜 혹은 김치찌개에서 종종 관찰된다. 비육 단백질이 혼합된 분쇄육에서는 종종 대두단백질이나 난백이 아질산염을 함유함으로써 유사한 문제를 일으킨다.

돼지고기나 칠면조 고기는 고온에서 가열 후에도 표면이 여전히 핑크색을 보이는 경우가 발생한다. 이러한 현상은 그 원인이 다양하여 사용된 물에서 오염된 아질산염, 새어나온 냉매가스, 가스 오븐에서 생성된 일산화탄소나 산화질소 혹은 공기 중에 존재하는 질소화합물이 근육 식품에 결합되기 때문에 일어난다. 아울러 근육 내에 존재하는 소량의 안정한 환원 싸이토크롬으로 인한 현상일 수도 있다고 보고된다. 이러한 현상은 생계가 도축 전 대기 중에 수송차량의 배기가스에 노출되어도 발생한다.

조리된 닭고기 제품에서 뼈 주위의 근육색이 검게 변해 있는 것은 냉동저장 중 뼈의 골수에서 혈색소가 뼈 밖으로 이동되어 가열로 변색이 된 것이므로 도체를 냉동 전에 오래 지체시키지 않거나 혹은 신속 냉동을 실시하면 변색현상은 개선될 수 있다. 또한 어린 닭고기는 뼈 조직이 약하므로 혈색소의 이동이 수월하여 유사한 변색 문제가 발생하지만, 가공 전 숙성시간을 단축시키면 개선할 수 있다.

1.4 염지 식육의 색

염지제품은 식육에 아질산염이 첨가된다. 첨가된 아질산염은 마이오글로빈을 산화시켜 갈색으로 변하게 하고, 자신은 환원되어 산화질소(NO)가 된다. 근육에 첨가된 아질산염이 산화질소로 전환되는 경로는 이것 이외에도 근육 내에 존재하는 환원물질이나 염지 시 첨가된 아스코브산 같은 환원물질 혹은 근육 내에 존재하는 효소에 의한 것이 있다. 이 산화질소는 산화마이오글로빈이나 환원마이오글로빈의 철원자의 여섯 번째 위치에 결합하여 nitrosylmetmyoglobin(NOMetMb)이나 nitrosylmyoglobin(NOMb)을 형성한다. NOMetMb은 다시 자동 환원되어 NOMb이 된다. 이 nitrosylmyoglobin은 산소화마이오글로빈과 빛 흡수스펙트럼이 비슷하다. Nitrosylmyoglobin은 열처리를 받으면 nitrosylhemochrome이라는 핑크색을 나타내는 물질로 변한다.

염지육색은 근본적으로 근육 내의 마이오글로빈 함량, 마이오글로빈이 nitrosylmyoglobin으로 전환되는 정도, 그리고 근육 내의 단백질의 상태에 의해 좌우된다. 육색소 함량이 높고 단백질이 변성되지 않았으면 빛이 조직 깊숙이 침투하므로 짙은 암

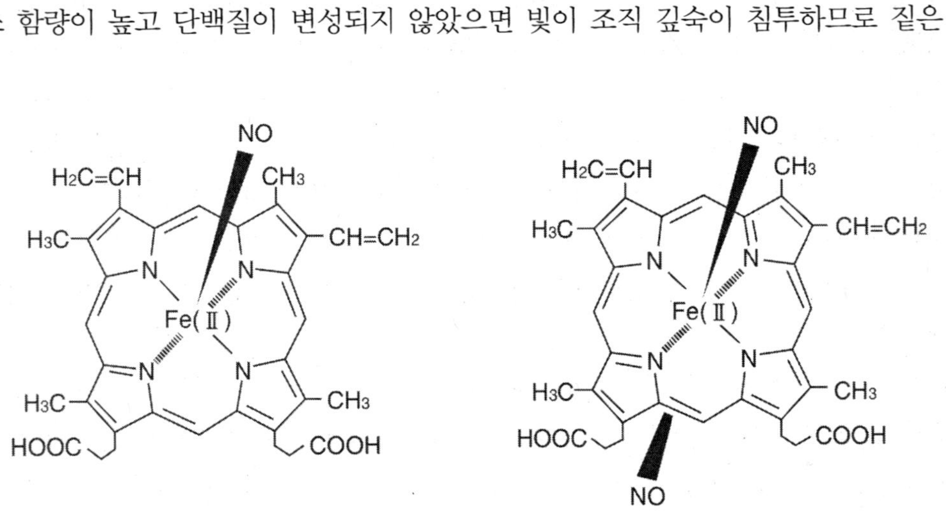

Mononitrosylprotohaem

Dinitrosylprotohaem

그림 2-13. 마이오글로빈에 산화질소 1분자와 2분자의 결합상태

적색을 보이고, 육색소 함량이 낮고 단백질이 변성되면 빛 반사에 의해 염지육색은 밝고 창백한 핑크색이 된다. 일반적으로 육색소의 60~80%가 nitrosylhemochrome으로 전환되면 정상이며, 50% 이하이면 갈색으로 느끼고, 80% 이상이면 청적색이 된다. 마이오글로빈 단백질의 상태가 정상이면 힘(heme)은 산화질소 한 분자와 결합한다. 그러나 가열에 의해 변성되면 힘은 글로빈이 떨어져 나가고, 철원자의 5번째와 6번째 위치에 각각 산화질소 한 분자, 총 두 분자가 결합되는 결과를 가져온다고 주장되었으나, 최근 연구결과는 가열변성 후 힘(heme)에는 산화질소 한분자만이 글로빈이 분리되어진 5번째 위치에 결합되어진 mononitrosylhemochrome인 것으로 증명되었다(그림 2-13).

1) 염지 식육의 변색

힘(heme)에 결합된 산화질소는 산소나 일산화탄소보다 더 강한 친화력을 가지므로 nitrosylhemochrome은 매우 안정하다. 그러나 이 결합이 광선의 존재 하에서 분리되면 산화질소와 힘 철은 쉽게 산화된다. 만약 이때 산소가 존재하지 않으면 핑크색 물질은 다시 형성된다. 또한 잔유 아질산염과 환원물질이 근육식품 내에 존재하면 핑크색은 지속적으로 재형성되어 염지육색은 유지된다. 따라서 진공포장과 포장 전에 환원제의 첨가가 변색이나 색이 바래는 것을 방지한다. 근육식품이 오래되어 환원이 발생하지 못하면 색은 갈색이 되며, 또한 세균이 염지 근육 색을 산화시킬 수 있다. 따라서 염지 근육식품의 색은 생화학적 및 미생물학적 품질저하의 지표가 된다.

염지 식육의 변색은 또한 너무 많거나 너무 적은 양의 아질산염을 사용함으로써 발생한다. 일반적으로 후랑크 소시지의 색을 정상적으로 유지하려면 20~50 ppm의 아질산나트륨이 첨가되어져야 하고, 충분한 환원물질이 존재하여야 한다. 300 ppm 이상을 첨가했을 때에는 녹색을 띠게 된다. 슬라이스 된 염지 햄에서 관찰되는 무지개색의 변색은 화학적이나 미생물적인 변색이 아니고 광선이 비추일 때 근섬유가 회절격자의 역할을 하여 관찰자 눈에 무지개색이 보이게 되는 것이다.

2. 연도(Tenderness)

식육의 연도는 서양 소비자들이 품질평가 시 가장 중요하게 고려하는 요인 중의 하나이다. 특히 쇠고기나 양고기에서는 다른 근육식품에서보다 연도가 강조되고 있다. 국내에서는 옛날부터 고기는 씹어야 맛이라는 말이 있듯이 조금 질긴 것 같은 소위 "쫄깃쫄깃" 한 조직감을 좋아하는 소비자들이 많아 지역에 따라 쇠고기의 경우 육회를 선호하는 경향이 있으나 최근에는 대부분의 소비자들이 익힌 후 연한 쇠고기를 선호하고 있다.

고기의 연도는 많은 경우 조직감과 동일하게 인식되고 있으나, 조직감은 연도와 다즙성이 함께 작용하는 감각이다. 소비자가 고기를 소비할 때 느끼는 연도는 일단 처음 씹을 때 치아가 고기를 관통하는 난이도, 그리고 나서 입속에서 고기를 계속 씹을 때 고기가 분쇄되는 난이도, 고기를 다 씹고 난 후 삼키기 전에 입속에 남아 있는 잔유물의 양 등이 종합적으로 인식되어 평가되는 관능적 품질이다.

근육은 결합조직으로 감싸인 근섬유들이 평행으로 배열된 구조를 가진다. 따라서 식육의 연도는 근섬유와 결합조직의 화학적 조성이나 구조의 변이로 인하여 다양한 차이를 보이게 된다. 결국 연도는 근섬유와 결합조직의 화학적 상태나 물리적 상태에 영향을 주는 다양한 요인들에 의하여 변하게 되므로 살아 있는 동물 자체의 요인들, 도축시의 요인들, 그리고 도축 후의 도체와 고기를 어떻게 처리 취급하느냐에 따라 연도가 크게 영향을 받게 된다.

2.1 생육의 연도

강직 전 근육은 5.0 kPa의 힘으로 당기면 휴식상태의 길이의 20%까지 신장이 가능하다. 그러나 일단 강직이 시작되면 근육은 신전성을 잃어 힘을 50 kPa로 증가시켜도 휴식상태 길이의 단지 2% 정도가 신장된다. 이것은 사후강직이 진행되면 근육의 길이가 줄어들어 근절의 길이가 짧아지므로 신전성을 잃게 되기 때문이다. 근절의 길이는 굵은 필라멘트가 양쪽 Z-disk와 접촉하게 될 때의 폭인 약 1.5마이크론(micron)에서 굵은 필라멘트와 가는 필라멘트가 거의 중복되지 않고 완전히 신장된 폭인 2.7마이크론까지 다양하다.

근절의 수축상태는 기본적으로 도축 후 지육이 현수되어 있는 상태에서 근육이 강직이 진행될 때 개별 근육들에게 가해진 물리적 억제력이나 신장력에 의해 결정된다. 예를 들면, 이두박근은 지육이 아킬레스건에 의해 현수되어 있을 때 뒷다리가 골반 뒤쪽으로 당겨지기 때문에 신장되지만, 등심근은 물리적 억제가 없이 압축되어진다. 따라서 등심근의 근절은 비교적 짧은 근절의 길이를 보인다. 근절의 길이 수축정도는 근육의 도체 내의 위치나 근육의 온도에 따라 변이가 크다. 따라서 근육이 사후강직에 들어갈 때 물리적 상태가 어떠한지, 각 근육 혹은 개별 근육 내에서의 위치에 따른 수축정도가 달라진다.

전통적인 아킬레스건에서 수직으로 도체가 걸려 있는 현수방법에서는 반막양근, 반건양근, 이두대퇴근, 배최장근(등심)은 비교적 자유롭게 수축되어 근절의 길이가

2.0μm 이하이다. 반면에 전사분체의 근육들, 어깨와 앞다리 부위에서는 중력에 의해 신장된 상태에서 강직에 들어가므로 근절의 길이가 2.3~3.1μm 사이이다. 안심은 완전히 신장된 상태에서 강직에 들어가므로 근절의 길이가 약 3.6μm이다. 근육의 단축이나 신장은 인장강도에 영향을 미친다.

일반적으로 신장된 근육은 단축된 것보다 연도가 높은 것으로 알려진다. 그러나 수축된 근육의 결합조직망은 신장된 근육의 결합조직망보다 신전성이 높으며, 조리육과는 달리 생육에서의 전단력은 근절의 길이에 비례한다고 보고된다(표 2-7). 안심에서는 근육 길이가 전단력과 무관한 것을 보여준다. 이러한 결과는 가열된 고기에서 단축된 고기의 전단력이 더 높은 상황과는 정반대이다. 소 근육에서 결합조직은 근원섬유보다 더 강하고 더 유연하므로 생육의 연도에 결정적인 역할을 하는 것은 결합조직이다. 따라서 이 결과는 단축된 근육은 단위 면적당 더 적은 양의 결합조직을 가지기 때문에 전단력이 그만큼 낮은 것으로 해석된다.

1) 숙성과 생육의 연도

사후강직이 완료된 후 근육은 다시 신전성이 회복된다. 그러나 이 신전성 회복은 단백질 분해효소가 근원섬유에 작용하여 야기됨으로 불가역적으로 일어난다. 숙성 중 근육의 길이는 다시 신장되어 일반적으로 20~40% 수준에서 회복되는데, 회복 수준은 결합조직망의 비신전성에 의해 제한을 받는 것으로 판단된다. 고기의 연도는 골격근 섬유들의 구조적 및 생화학적 특성과 근육 내 결합조직에 기인한다. 골격근 섬유는 특히 근원섬유와 중간 필라멘트 그리고 근육 내 결합조직은 콜라겐으로 되어 있는 근섬유내막 및 근주막을 포함한다.

내생 단백질 분해효소에 의해 분해되는 단백질의 대부분은 근절의 Z-disk에 혹은 근처에 존재하는 단백질들이다. 마이오신과 액틴을 Z-disk에 고정시켜 주는 단백질은

표 2-7. 근육 길이에 따른 강직 후 소 근육의 전단력(kPa)

처 리 (강직 전 휴식상태의 길이에 대한 상대적 길이)	심흉근 (가슴부위)	흉골하악근 (앞목부위)	반건양근 (후지부위)	대요근 (안 심)
단 축 구(0.5)	390	400	200	150
대 조 구(1.0)	540	650	410	140
신 장 구(1.5)	820	1,100	500	150

gap 단백질인 titin과 nebulin이다. 근원섬유를 근형질에 고정시켜 주는 것은 근원섬유 길이에 수직으로 배열되어 있는 중간(intermediate) 및 코스타미어(costamere) 필라멘트들이며, 이것들은 근원섬유를 서로 그리고 근형질에 고정시켜 준다. 따라서 이 필라멘트들이 붕괴되면 근원섬유의 조직에 치명적인 손상을 가해 결국 생산되는 고기는 연하게 된다(그림 2-14). 이 단백질들을 분해시키는 효소로서 염기성 단백질 분해효소인 카뎁신(cathepsin)과 칼페인(calpain)이 알려지고 있다.

카뎁신은 산성 환경인 라이소좀(lysosome)에 존재하며, 사후 라이소좀에서 배출되어 강직 후 고기의 pH가 5.5 부근까지 감소한 후에 활약을 하는 것으로 추측되었지만 사후에 라이소좀에서 배출될 가능성이 매우 낮고, 억제인자인 cystatin이 다양한 세포 구조물 속에서 발견되어 구조단백질을 분해할 가능성이 매우 희박한 것으로 알려져 카뎁신이 라이소좀에서 배출된다 하더라도 숙성 중 연화효과는 기대하기 힘들다고 보고된다. 칼페인(calpain)은 활력을 위해 μ-mole 수준의 칼슘이 필요한 μ-calpain과 m-mole 수준의 칼슘이 필요한 m-calpain의 두 종류가 있다. 내생 단백질 분해효소인 칼페인이 주로 작용하는 부분은 근원섬유 간 연결(desmin과 vinculin), 근원섬유 내 연결(titin, nebulin 및 troponin-T), 코스타미어에 의한 근원섬유와 근형질막의 연결(vinculin과 dystrophin), 근육섬유의 기저판에의 부착(laminin과 fibronectin) 같은 곳이다. 이러한 단백질들이 분해되면 근원섬유가 약해져 연화가 이루어진다.

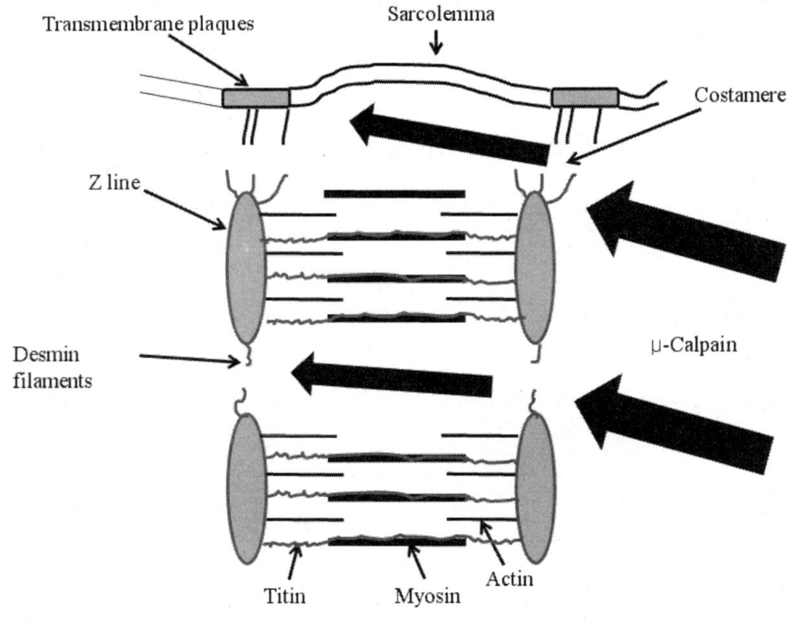

그림 2-14. 칼페인이 작용하는 근절의 코스타미어 부근 구조

칼슘 이온이 사후 연화에 작용하는 메커니즘은 3가지가 있다. 첫째는 염화칼슘에 의한 단백질 용해, 둘째는 Z-disk 단백질의 비효소적 약화, 셋째는 calpain의 활성화이다. Calpain은 적정 활력을 위한 pH 범위가 중성인 반면에 cathepsin은 고기의 최종 pH범위에서 적정 활력을 가진다. 따라서 정상적인 냉장 저장조건에서의 근육 숙성 중에는 Z-disk 지역만이 분해되고 myosin과 actin은 분해된다는 보고가 없으므로 단백질 분해에 calpain이 주로 작용하는 것으로 해석된다.

숙성은 생육의 인장강도나 신전성에 영향이 없다는 사실은 단백질 분해효소가 결합조직의 물리적 특성에는 아무런 영향을 주지 않았다는 것을 의미한다. 그러나 소근육의 근섬유 내막의 콜라겐이 숙성 중에 제한적으로 분해되고, 근주막이 1℃에서 14일간 숙성시켰을 때 인장강도가 감소되었다는 보고는 결합조직도 숙성 중에 약간은 분해되는 것으로 해석된다.

2.2 가열 시의 연도 변화

일반적으로 요리 시 고기의 열처리는 콜라겐을 젤라틴화하기 때문에 결합조직을 연하게 하고, 근원섬유 단백질을 응고시킴으로써 근육을 질겨지게 한다. 이것은 시간과 온도에 따라 영향을 받지만, 시간은 결합조직의 연화에 중요하고, 온도는 근섬유 단백질의 질겨짐에 중요한 역할을 한다. 따라서 결합조직이 많은 부위는 비교적 긴 시간과 습열처리 방법이 권장되고, 결합조직이 적은 살코기 부위는 짧은 시간과 건열처리가 적합하다.

그림 2-15에서 보면 40℃까지의 열처리는 고기의 연도에 전혀 영향이 없다. 가열온도를 40~50℃로 올리면 고기는 3~4배 질겨진다. 이것은 actin과 myosin 같은 근원섬유 단백질이 변성되어 응고되므로 더 단단한 젤이 되기 때문이다. actin과 myosin은 근섬유막 안에서 수축되지만 콜라겐으로 된 근섬유막은 이 온도 하에서는 영향을 받지 않는다. 60~70℃에서 두 번째로 고기가 약 2배 질겨진다. 이것은 근주막 콜라겐이 65℃에서 수축되어 길이가 1/4로 줄어들기 때문에 발생된다. 더욱이 일단 응고되었던 근원섬유 단백질이 수축되어 고기의 질김의 정도를 더해준다. 따라서 근원섬유 단백질의 수축으로 발생된 육즙이 근주막 수축으로 인하여 강제로 누출된다(그림 2-16).

고기를 70℃ 혹은 80℃ 이상으로 가열하면 질김이 감소된다. 이것은 콜라겐의 펩타이드 결합이 절단되어 가용성 젤라틴화하기 때문인 것으로 믿어진다. 신선육에서는 근원섬유 단백질보다 결합조직이 더 강하지만 가열 후에는 근원섬유는 변성되어 더 단단해지고, 반면에 콜라겐은 변성되어 약해진다. 따라서 고기를 익힌 후 근섬유와

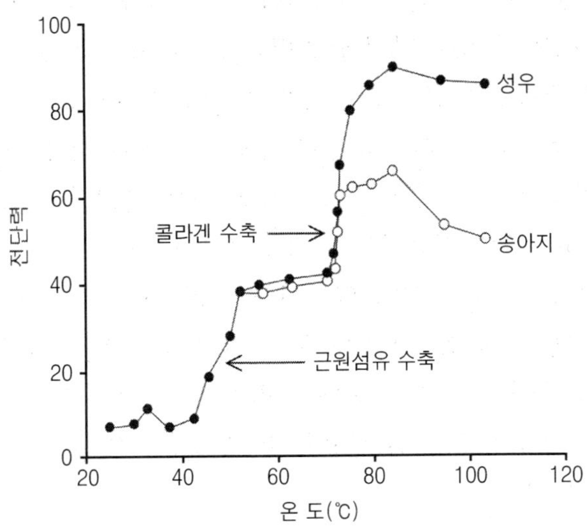

그림 2-15. 조리 중 온도 증가에 따른 전단력 변화

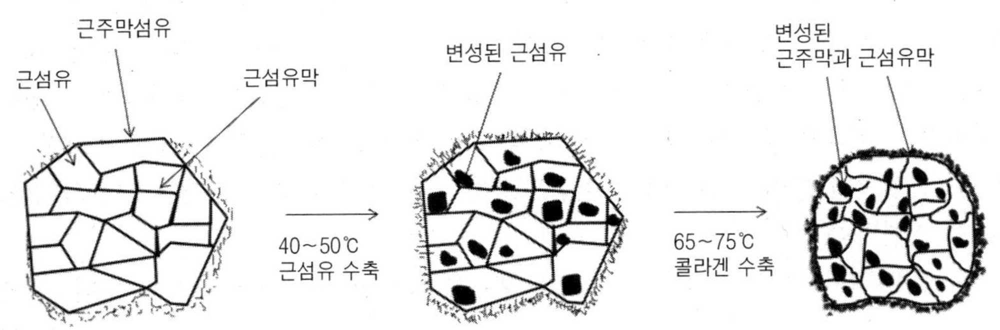

그림 2-16. 조리 가열중 근육성분의 수축 모식도

같은 방향으로의 인장강도는 섬유축과 직각방향으로의 인장강도의 약 10배에 이른다. 그리고 익힌 고기를 섬유축과 직각방향으로 양쪽에서 잡아당기면 근섬유막과 근주막 사이가 찢어진다.

2.3 결합조직에 의한 연도

1) 콜라겐의 구조

결합조직에 의해 만들어지는 근육섬유의 구조적 안정성은 주로 결합조직의 구성성분인 콜라겐 섬유의 성질에 의해 결정된다. 콜라겐은 유전적으로 현재까지 15종류가 밝혀졌으나 근육에 존재하는 섬유형 콜라겐들은 비슷한 구조를 가지는데 3개의 α-helix 사슬이 꼬여서 콜라겐 섬유(tropocollagen)를 만들고 있다. 이 tropocollagen의 안정성은 각 α-chain의 glycine 부분에서 발생되는 내부 수소결합에 의해 유지된다. Tropocollagen 분자들은 quater-stagger 말단 중복 형태로 결합되어 콜라겐 섬유를 형성한다. 콜라겐 섬유의 안정성은 tropocollagen 분자들의 amino- 및 carboxy-terminal 부분과 옆 분자의 quater-stagger 형태로 중복된 부분의 소수성 잔기가 결합하여 이룩된다. 그러나 이러한 형태로는 기계적 강도를 소유하지 못하고 섬유 내부의 분자들이 분자 간 교차 covalent 결합으로 분자들이 중합될 때에만 강도를 가지게 된다.

분자 간 교차결합은 lysine이나 hydroxylysine의 oxidative deamination에 의해 tropocollagen의 꼬리부분의 비 helix 부분(telopeptide)에서 이루어진다. Aldimine 교차결합은 열과 산에 불안정한 결합으로서 lysine의 ε-NH_2가 aldehyde로 전환된 후 triple helix 부분에 존재하는 hydroxylysine과 중합되어 형성된다(그림 2-17).

반면에 keto-imine 교차결합은 열과 산에 안정한 결합으로써 비 helix 부분의 hydroxylysine·aldehyde와 hydroxylysine이 중합되어 형성된다. Aldimine 교차결합이 옆쪽 분자의 histidine과 반응하면 histidino-hydroxylysinonorleucine이라는 3가 교차결합이 형성되고, keto-imine 교차결합이 다른 분자의 hydroxylysine-aldehyde와

(a)

H_2N–CH(COOH)–$(CH_2)_2$–CH_2–CHO + NH_2–CH_2–HC–OH–$(CH_2)_2$–CH(H_2N)(COOH) ⟶ H_2N–CH(COOH)–$(CH_2)_2$–CH_2–CH=N–CH_2–HC–OH–$(CH_2)_2$–CH(H_2N)(COOH)

Dehydro-hydroxylysinonorleucine (Aldimine)

(b)

H_2N–CH(COOH)–$(CH_2)_2$–HC–OH–CHO + NH_2–CH_2–HC–OH–$(CH_2)_2$–CH(H_2N)(COOH) ⟶ H_2N–CH(COOH)–$(CH_2)_2$–HC–OH–CH=N–CH_2–HC–OH–$(CH_2)_2$–CH(H_2N)(COOH) ⟶ (**Amadori rearrangement**) H_2N–CH(COOH)–$(CH_2)_2$–C=O–CH_2–NH–CH_2–HC–OH–$(CH_2)_2$–CH(H_2N)(COOH)

Hydroxylysino-5-oxo-norleucine (Keto-imine)

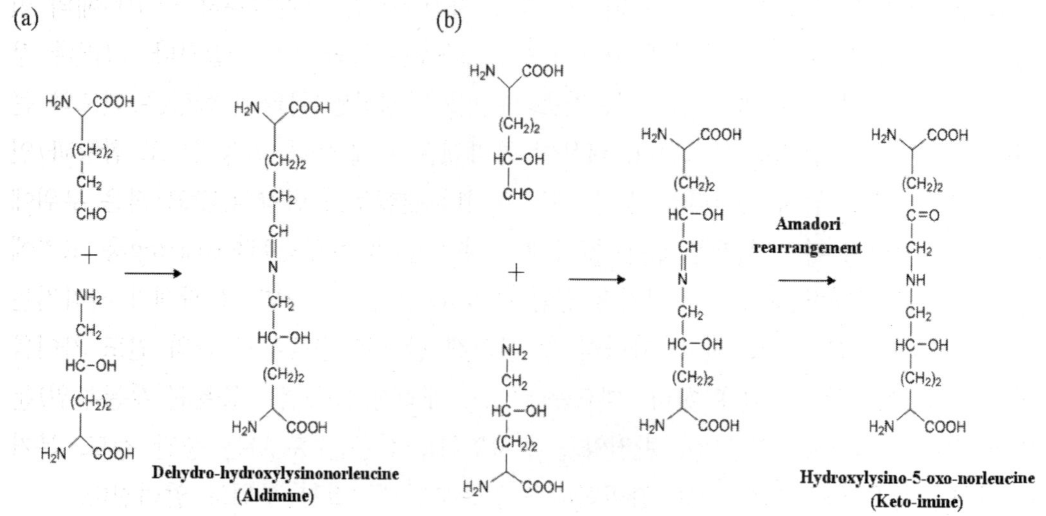

그림 2-17. Aldimine(lysine-aldehyde와 hydroxylysine의 결합)과 keto-imine(hydroxylysine-aldehyde와 hydroxylysine의 결합)의 형성

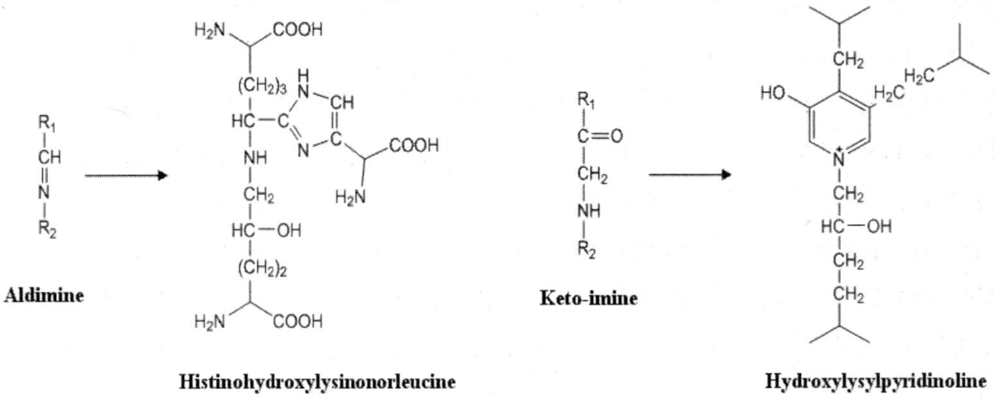

그림 2-18. Aldimine과 keto-imine으로부터 성숙된 콜라겐 교차결합의 형성

반응하면 hydroxylysylpyridinoline이라는 3가 교차결합의 환형물질이 형성된다(그림 2-18). 동물은 나이가 들어감에 따라 근육 내 콜라겐이 이러한 3가 교차결합을 형성함으로써 섬유 내의 교차결합 망을 형성하여 이에 따라 용해도가 감소하고, 열을 가하면 인장강도가 증가한다.

2) 콜라겐과 연도의 관계

콜라겐 함량은 일반적으로 고기의 약 2%를 차지하지만 근원섬유의 약 100배의 인장강도를 가진다. 따라서 콜라겐 함량이 높은 근육은 일반적으로 질기다. 그러나 강직 전 근육의 냉각 시 발생되는 저온단축 현상을 방지하면 콜라겐 함량은 연도와 큰 상관관계가 없는 것으로 보고된다. 더욱이 콜라겐은 열에 의해 변성되므로 함량과 연도는 상관관계가 높지 못하다(그림 2-19). 그러나 결합조직 함량의 많고 적은 부위에 따라 요리방법이 다르기 때문에 총 콜라겐 함량은 grilling(구움)과 roasting용 고기에서는 연도와 상당한 관계를 가지지만 일단 stewing(조림)을 하면 그 관계가 사라지는(그림 2-20) 것으로 보고된다. 따라서 총 콜라겐 함량은 근육부위 간의 연도 차이를 어느 정도 예견할 수 있게 한다. 대요근(안심), 배최장근(등심), 중둔근(우둔부위)는 연한 부위, 비복근(후지부위), 반건양근(후지부위), 심흉근(흉부)는 중간 정도, 복거근(흉부), 요완신근(전지부위), 흉골하악근(앞목부위)는 질긴 부위로 알려진다.

콜라겐 섬유의 직경과 섬유다발의 크기는 조직의 종류에 따라 다양하다. 연한 부위와 아주 질긴 부위의 콜라겐 섬유 직경을 조사하면 연한 부위의 섬유 직경이 더 가늘다. 그러나 고기 연도와 섬유 직경은 비례적인 관계를 보여주지 못하고 있다. Type

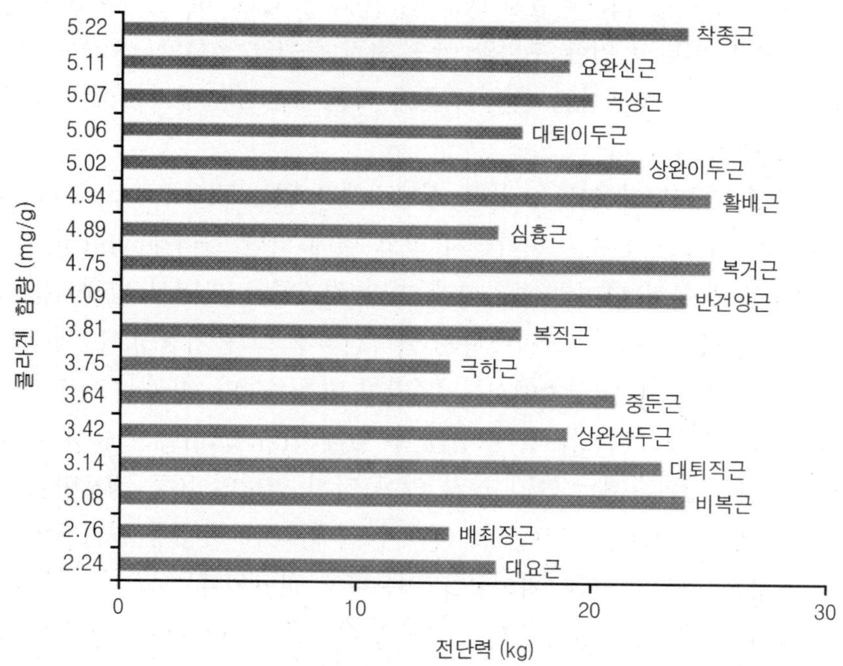

그림 2-19. 각 근육의 콜라겐 함량과 전단력과의 관계

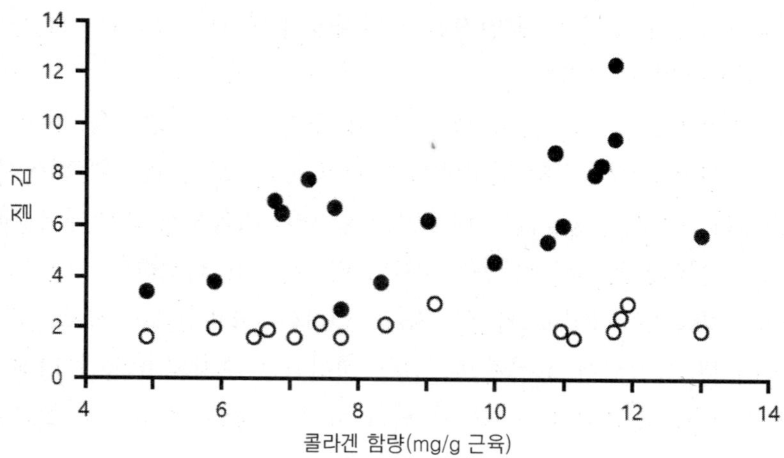

그림 2-20. 조리 후 소 근육의 총 콜라겐 함량과 질김의 관계

• 60℃에서 20분간 구움, o 90℃에서 3시간 조림

근육 종류(좌측에서 우측으로 : 대요근(안심), 배최장근(등심), 중둔근(둔부), 대퇴직근(후지), 비복근(후지), 극하근(전지), 상완삼두근(전지), 복직근(복부), 반막양근(후지), 복거근(흉부), 상완이두근(전지), 심흉근(흉부), 극상근(전지), 반건양근(전지), 활배근(등), 대퇴이두근(후지), 요완신근(전지), 착종근(등)

Ⅲ 콜라겐 섬유는 다른 섬유보다 열에 대해 안정하므로 type Ⅲ 콜라겐이 많은 근육 부위는 질길 것이다. 따라서 연한 부위와 아주 질긴 부위를 조사한 결과는 상당한 상관관계를 보여 주었으나 전체적인 연도 수준에 따른 type Ⅲ 콜라겐 함량은 비례적인 관계를 보여 주지 못한다.

반면에 콜라겐의 용해도와 연도는 높은 상관관계가 있는 것으로 보고된다. 동물은 성숙함에 따라 총 콜라겐 함량은 증가하지 않고 열에 약한 콜라겐 함량이 감소하여 콜라겐의 용해도는 동물의 나이가 증가함에 따라 감소하고 가열시 발생되는 인장강도는 상당히 증가한다. 9주령 송아지에서는 콜라겐의 22%가 가용성, 10개월령 거세우에서는 12%가 가용성, 늙은 암소에서는 4%만이 가용성이다. 따라서 어떤 조직에서는 콜라겐의 용해도가 동물의 나이를 추정할 수 있게 한다. 그러나 가용성 콜라겐 함량과 고기의 연도의 상관관계는 그리 크지 않아 단지 연도의 10% 정도만이 가용성 콜라겐에 영향을 받는 것으로 보고된다. 따라서 열에 약한 가용성 콜라겐의 함량은 연령이 다른 동물들 사이의 연도 차이를 가져온다고 판단된다.

콜라겐의 용해도는 분자 간 교차결합의 성질에 좌우된다. Aldimine 결합에 의한 교차결합을 가진 조직은 산이나 열에 의해 쉽게 용해되지만 keto-imine 결합에 의한 조직은 신생조직에서도 불용성이다. 더욱이 이 두 종류의 결합을 가진 조직들은 연령이 증가함에 따라 더욱 안정된 결합으로 전환되어 용해도가 감소된다. 근주막(perimysium)은 keto-imine 결합이 많고, 어린 동물에서도 상대적으로 불용성이다. 따라서 콜라겐의 총 교차결합 중의 열에 안정한 교차결합의 비율이 고기의 질김을 결정해 주는 주된 요인임을 알 수 있다.

성장률이 다른 동물, 예를 들면 황소, 거세 수소 또는 이중근육(double-muscled) 소들은 콜라겐 함량과 교차결합 함량에서 차이가 있다. 또한 급속히 비육시킨 동물은 연도가 증가한다. 이것은 성장률이 빠르거나 급속히 비육시킨 가축에서 새로이 합성되고, 미성숙한 콜라겐의 함량이 높기 때문이다. 아울러 섬세하고 덜 성숙된 콜라겐 섬유를 가진 double-muscled 소의 고기가 더 연하다. 거세소보다 성장속도가 빠른 황소는 콜라겐이 덜 성숙되어 고기가 더 연할 것이라고 주장되지만, 반면에 단백질 대사회전 속도가 느려 콜라겐이 성숙되게 되어 고기가 질길 것이라는 상반되는 주장도 있다. 성장촉진제는 고기의 연도를 향상시킬 것이지만, β-agonist는 단백질 분해속도를 감소시켜 야기되는 대사회전의 감소로 콜라겐의 성숙을 야기하므로 고기가 질겨진다.

콜라겐은 단백질 분해효소에 매우 안정하다. 그러나 콜라겐 섬유의 비 helix부분은 효소의 영향을 받을 수 있다. pH 5.5에서 숙성 시 cathepsin에 의한 비 helix부분의 절단이 발생한다. 그러나 숙성 후 근섬유의 세로 방향으로의 인장강도는 심히 저하되지만, 가로 방향으로의 인장강도는 거의 영향을 받지 않는 사실은 숙성 중 단백질 효소에 의한 연화효과는 주로 근원섬유 단백질의 분해에 기인한다는 것을 보여준다.

2.4 근원섬유 단백질에 의한 연도

고기의 연도는 익힌 후 기계적으로 측정하거나 관능적으로 평가한다. 이것은 생육의 연도와 익힌 후 고기의 연도가 밀접하게 상관된다는 가정 하에 이루어진다. 사후강직이 완료된 상태에서는 이것은 사실이지만, 강직 전 상태에서는 시료준비 방법에 따라 많은 차이를 가져온다. 강직 전 근육을 신속히 가열하면 해당작용(glycolysis)이 신속히 진행되지만 완료되지는 못하여 최종 pH는 높게 유지된다. 따라서 연한 고기가 생산된다. 반면에 서서히 가열하면 최종 pH는 강직 후 고기와 비슷해진다. 그러나 가열된 강직 전 고기는 심하게 수축되어 고기는 대단히 질겨진다.

강직 완료 후의 고기는 이러한 조건들의 영향이 없이 숙성시간이 진행되어감에 따라 연화가 진행된다. 쇠고기는 냉장상태에서 2~3주가 소요되는 숙성 시 효소에 의한 연화와 효소에 의해 영향을 받지 않는 '기본적으로 존재하는 질김(background toughness)'이 종합되어 최종 연도가 결정된다. 따라서 사후 근육의 연화는 단백질 분해효소의 활력에 좌우될 것이고, 그 활력은 효소농도와 근육에서 고기로 전환되는 과정에서 변화하는 국부적인 근육환경에 의해 영향을 받을 것이다.

사후 초기의 연화에 중요한 calpain의 불활성화는 낮은 온도에서는 pH에 좌우된다. 0℃에서는 pH가 7.0에서 5.5로 낮아질 때 불활성화가 5배 증가한다. 반면에 높은 온도에서는 불활성화가 감소된다. 소 도체를 정상적으로 냉각시키고 강직 진행이 정상적으로 이루어질 때 높은 pH와 낮은 calpain 농도에서는 억제효소인 calpastatin에 의해 calpain의 활력이 억제되어 초기의 calpain의 활력은 낮다. 그러나 사후강직이 진행됨에 따라 ATP가 분해되고, pH가 낮아지며, 근육 내 칼슘농도는 증가되고, calpastatin의 억제력도 감소되어 calpain의 활력은 증가한다.

이 초기단계에서는 calpastatin의 억제력 감소와 칼슘농도 증가 효과가 pH와 온도 감소에 따른 calpain 활력 감소를 능가함으로써 순 효과는 calpain에 의한 연화 속도가 비례적으로 증가하는 결과로 나타난다. 결국 칼슘농도가 최대에 도달할 때까지 calpain의 활력은 계속 높아지고, 연화 속도도 계속 증가한다. 이후 온도 감소와 calpain 농도의 감소에 따라 활력은 감소되고, 근육이 최종 pH와 냉각온도에 도달하면 주로 효소의 불활성화 때문에 calpain의 활력은 감소된다. 따라서 정상적인 소 도체 냉각상태에서 연화는 초기의 짧은 지체단계 후 신속히 증가되다가 나중에는 서서히 증가된다. 초기 24시간 전에 약 50%의 연화가 이루어지는 것으로 보고된다.

1) 도축 전 요인

동물이 가지고 있는 calpain의 양의 변이는 다른 조건이 동일하다면 근육에서 연화 정도, 숙성 그리고 연도의 변이를 가져온다. Calpain의 함량은 동물이 성장하는 동안 변하고, 최종 수준은 도축 시에 고정된다. 그러나 고기의 연도는 근육의 다른 성분들에 의해서도 영향을 받고, 또 그 다른 성분들도 동물성장 중 변하기 때문에 고기의 연도는 한 가지 원인에 의해서만 영향을 받는 것은 아니다.

(1) 품 종

사후 근육의 강직 진행속도는 동물마다 다르다. 강직 진행속도가 빠르면 단백질 분해효소의 활성화 속도가 증가하여 연화 속도도 증가한다. 따라서 동물 종류에 따라 사후 숙성 속도의 차이를 가지게 된다. 또한 소에서 *bos indicus*는 지방도를 제외하면 *bos taurus*와 비슷한 근육 조성을 가지지만 근육은 *bos taurus*보다 질기다. 이것은 *bos indicus*는 단백질 분해효소 억제효소가 오랫동안 활력을 가지므로 숙성 동안 연화가 이루어지지 않기 때문인 것으로 보고된다. 돼지에서도 품종 간에 연도의 차이가 있는 것으로 보고된다. 닭에서는 품종보다는 도계 중 스트레스나 도계방법의 영향이 더 큰 것으로 알려진다.

(2) 성장촉진제

가축의 성장을 촉진시키기 위하여 합성 스테로이드를 소에게 처리하였을 때 연도에는 거의 효과가 없었으나, 근육조직의 성장은 촉진시키고, 지방조직은 감소시키는 β-agonist를 소, 양 및 돼지에게 처리했을 때 고기의 연도가 감소되었다고 보고된다. 이것은 β-agonist가 μ-calpain의 수준은 감소시키고, m-calpain과 calpastatin 수준은 증가시키기 때문이다. Calpastatin과 m-calpain의 증가는 총 단백질 분해에 거의 영향을 미치지 않는다. 왜냐하면 calpastatin은 근육 pH에서는 그 억제효과가 떨어지며 활력이 소멸되고, m-calpain은 높은 칼슘 요구량 때문에 완전히 활성화되지 못하기 때문이다. 반면에 μ-calpain 수준의 감소는 주된 연화 정도의 감소 원인으로서 질긴 고기를 생산케 한다. 칼슘이온을 첨가하면 m-calpain의 활성화로 μ-calpain 수준 감소로 인한 연도의 감소를 보완할 수 있다.

(3) 근육 조성

근육은 부위별로 calpastatin과 calpain의 수준이 다양하다. 따라서 숙성육이 질긴 것은 calpain의 활력이 없기 때문이다. 더욱이 calpain의 수준이 동일한 근육일지라도 근육 속에 calpain에 의해 영향을 받지 않는 성분의 수준이 다르기 때문에 연도가 서로 다를 수 있다. 예를 들면, 콜라겐은 calpain에 의해 연화되지 않는 성분이다.

2) 도축 후 요인

(1) 도축방법

닭에서는 전기기절이 연도를 개선시킨다. 그러나 고압전기를 사용하거나 기절시간이 길어지면 결과는 나빠진다. 도계 전 스트레스는 고기연도를 감소시킨다. 닭이나 칠면조는 도축 중 날개짓을 하지 않으면 가슴육의 연도가 개선된다. 탈우를 위한 탕침온도가 높거나 탕침시간이 길거나 혹은 기계탈우를 하면 고기는 질겨진다. 이러한 사태는 모두 사후강직 진행속도를 변화시킴으로써 야기되는 것이다.

(2) 사후강직

도축 시 고정된 calpain과 calpastatin의 수준은 사후강직이 진행됨에 따라 그들의 활력에 변화가 온다. Calpain은 도체 pH가 6.3 이하로 떨어질 때 활성화 되며, 이 pH에 도달하는 시간은 동물과 근육에 따라 차이가 있다. 사후강직이 진행되는 동안의 근육온도는 근육의 단축 정도에 영향을 미친다(그림 2-21). 근육 온도가 25℃ 이상이 되면 단축의 정도가 커져 "고온단축" 현상이 일어난다. 고온단축은 지육의 온도가 여전히 높은 상황(섭씨 35℃ 이상)에서 pH가 너무 급속히 낮아지면(pH 6 이하) 발생한다(그림 2-22).

강직진행 중 고온에서는 calpain도 활성화 되어 단백질 분해속도가 증가하고, 연화속도도 높아진다. 그러나 고온에서 calpain은 활성화되지만 효소의 불활성화는 단백질 분해속도보다 더 빨리 진행된다. 따라서 연화는 짧고 신속하게 끝나며, 더 이상 숙성은 진행되지 않는 질긴 고기가 생산된다. 고온에서의 도체 전기자극을 수행하거나 PSE상태 같이 고온에서의 신속한 강직진행은 초기에는 연한 고기를 생산하지만, 저장 후에는 정상적인 조건에서 생산된 고기보다 질긴 고기가 얻어진다. 고온단축에 의한 질긴 고기생산은 도체를 완만하게 냉각시키면 더욱 악화될 것이지만, 신속한 냉각은 calpain의 신속한 불활성화를 지연시켜 고기의 연화를 향상시킬 것이다.

강직전 근육은 pH가 6 이상일 때 온도가 12℃ 이하이면 "저온단축" 현상이 일어나 근육의 수축이 증가한다(그림 2-22). 낮은 온도에서는 calpain의 단백질 분해력이 낮아 연화가 거의 이루어지지 않기 때문에 질긴 고기가 생산된다. 결국 숙성 정도는 냉각속도와 강직진행 속도에 좌우된다. 따라서 도축 후 도체는 15℃까지는 가능한 한 빠른 속도로 냉각시키고, 그 이후 강직이 완료될 때까지 15℃를 유지하는 것이 연

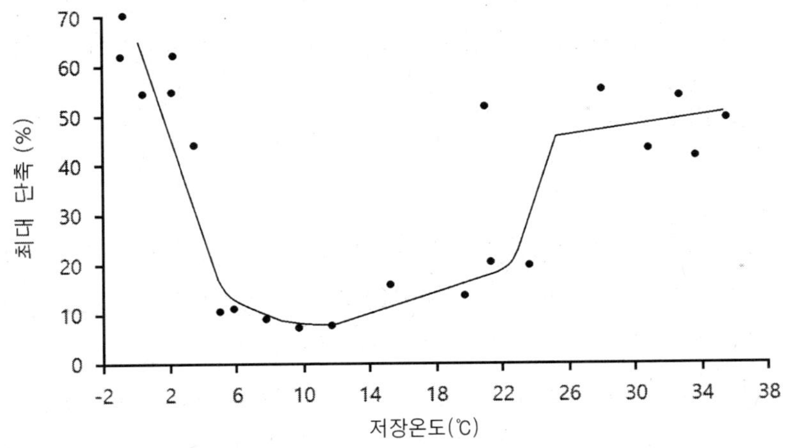

그림 2-21. 소 근육의 근절 단축에 대한 사후 저장온도의 영향
(사후 45분의 근절 길이 2μm)

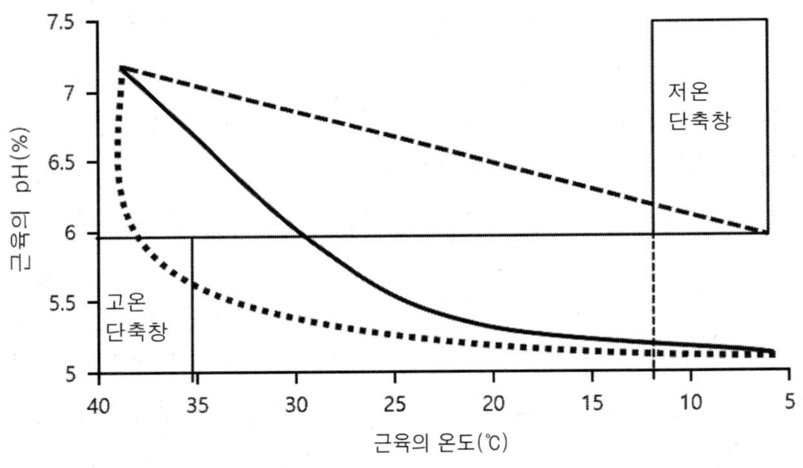

그림 2-22. 사후강직 진행 중 소 지육 온도와 pH에 따른 연도 변화

도를 위해서는 가장 바람직할 것이다. 그러나 근육이 수축 전 길이의 40% 이상으로 단축되면 오히려 고기는 연해진다. 이것은 근원섬유 조직이 과도한 수축으로 서로 충돌하여 파괴되기 때문에 발생되는 현상으로 해석된다.

Calpain의 활력은 pH가 중성에 가까울수록 높으므로 DFD육 같이 최종 pH가 높은 고기는 연화속도가 높을 것으로 예상되지만, 이러한 고기들은 숙성 중 전혀 연도가 개선되지 않는다. 이것은 생육에서는 pH 6.0에서 최대 연화가 일어나지만 냉각속도가 높으면 연화가 일어나는 최대 pH가 낮아지기 때문에 최종 pH가 높은 상태에서는 calpain의 불활성화가 신속히 일어나는 것으로 추측된다.

전기자극은 강직 진행을 촉진시킨다. 사후강직이 일찍 진행되면 calpain이 활성화되어 연화가 일찍 일어난다. 그러나 높은 온도에서의 calpain의 활성화는 고온단축에서 살펴본 바와 같이 비 전기자극 근육에서보다 질긴 고기를 생산한다. 이러한 것을 방지하기 위하여 신속한 냉각으로 강직이 진행되는 동안 온도를 15℃로 유지시키는 것이 바람직하다. 이것은 전기자극 된 도체는 가속된 강직 진행에 맞춰 비 전기자극 도체보다 신속히 냉각시켜야 함을 의미하고, 숙성시간도 단축되어 5일 정도면 충분히 숙성된다. 따라서 사후강직 진행속도가 빠른 닭, 칠면조, 혹은 돼지에서는 질긴 고기를 생산할 위험이 많아 전기자극을 사용하는 데에 어려움이 예상된다.

정상적으로 냉각되는 도체에서는 동물 종류에 따라 냉각온도에서의 숙성시간이 다양하다. 가슴 근육이 1℃에서 80%의 연화효과를 얻으려면 소는 10일, 양은 8일, 돼지는 4일, 그리고 닭은 7시간이 소요된다.

(3) 최종 pH

도축 전 근육 내 glycogen이 여러 가지 이유로 고갈되면 사후 근육의 최종 pH는 높아져 극단적인 경우에는 6.2 이상의 DFD육을 생산한다. 이러한 높은 pH는 소, 들소, 토끼, 양에서 연한 고기를 생산한다. 그러나 소와 돼지에서 연도와 pH의 관계는 직선적이 아니고 2차식으로, 돼지에서는 5.7~6.0에서, 양에서는 5.6~6.1, 소에서는 5.8~6.1에서 가장 질긴 고기가 생산되는 것으로 보고되어 고기의 연도는 단백질의 등전점과 관련된 보수력과 밀접한 관계가 있어 조리 중 수분 손실과 비례하는 것으로 해석된다. 따라서 고기를 marinating하여 pH를 4.0~4.5로 낮추어도 연도가 향상되는 것을 볼 수 있다.

2.5 고기연화 방법

1) 유체역학적(Hydrodynamic) 충격파 압력 기술(Hydrodyne 공정)

이 공정은 폭약을 사용하여 충격파를 생산하고, 고기를 생산된 충격파에 노출시켜 연화시키는 것이다. 이 초음파 유체 역학적 파장은 밀리초 동안에 68,948 kPa의 압력을 물속에 매달아 놓은 포장육에 가한다. 이 파장은 고기 속을 통과하면서 고기 속의 수분과 음향적으로 어울려 고기 단백질을 파괴한다. 근원섬유 단백질과 Z-disk 그리고 주변 조직이 파괴되어 근절이 사정없이 부서진다. 충격파를 생산하기 위해 사용되는 폭약은 액체인 nitromethane과 고체인 질산암모늄(ammonium nitrate)을 혼합하여 사용한다. 폭약의 양과 폭약과 시료와의 거리는 고기에 가해지는 충격의 양을 결정한다. 심하게 질긴 고기도 이 공정을 이용하면 매우 연한 고기로 전환된다.

2) 초음파(Ultrasound)

초음파는 cavitation을 일으켜 연화를 가져오는 것으로 보고된다. Cavitation에는 두 가지가 있다. 첫째는 안정한 cavitation이다. 여기에서는 초음파에 의해 야기되는 공동(cavity)이나 기포가 공명 크기로 커져 진동하게 된다. 기포는 유체 역학적 힘을 생성시켜 근육조직을 파괴한다. 두 번째는 붕괴 혹은 일시적 cavitation이다. 이 경우에는 붕괴되는 기포나 일시적 cavitation으로 인한 격렬한 유체 역학적 힘이 고기 조직을 파괴한다. 저주파 고강도에서는 연화효과가 별로 없었다는 보고와 저주파(26 kHz)에서 2～4분간의 처리는 사태고기의 연화효과가 있었다는 보고가 있다.

3) 고정수(Hydrostatic pressure) 압력

고기 연화를 위해 고압을 사용하는 것은 균일한 품질의 식육 생산을 위해 식육산업계에게 유익하다. 고압은 칼페인이나 파파인 같은 특정 단백질 분해효소의 활력을 높여 준다. 섭씨 30～35℃에서 정수압 1.05×10^7 kg/m^{2}을 2분간 적용하였을 때 연도가 개선될 수 있다.

4) 단백질 분해효소

고기는 숙성 중에 내생 단백질 분해효소들에 의해 근원섬유와 관련 조직들이 분해되어 연화된다. 주로 관련된 효소는 칼페인으로 알려진다. 칼페인은 활성을 위해 칼슘이 필요하다. 따라서 칼페인을 활성화시키기 위해 칼슘을 고기에 추가할 수 있다. 염화칼슘 2.2% 용액을 강직 전 혹은 강직 후의 지육에 첨가하면 사후 24시간 고기의 연도를 향상시킨다. 이 방법은 풍미, 육색 혹은 미생물수에 부정적인 영향을 전혀 주지 않고 고기의 연도를 개선시킨다.

5) 비타민 D_3 첨가

비타민 D_3의 보충은 소장에서의 칼슘 흡수를 증가시켜 혈중 칼슘 농도를 높여준다. 따라서 가축에게 비타민 D를 보충해 주면 혈중 칼슘 농도가 증가한다. 높아진 칼슘이 근육세포 내로 이동하여 도축 후 지육의 숙성 중에 μ-calpain에 의한 연화를 가속화시키는 것으로 알려진다. 도축 전 4～10일간 비타민 D_3를 3～7.5백만 IU 수준으로 보충해준 다음 도축하면 지육을 1～2주 숙성 후 연도가 개선되는 것으로 보고된다. 그러나 숙성육에서는 연화효과가 관찰되지만 숙성시키지 않은 닭고기에서는 비타민 D_3 첨가가 연한 고기를 생산하지 않았다.

6) 강직 전 이온물질 주입

소금과 인산염 용액을 지육에 주입하면 해당작용 속도, 근육수축 속도 및 단백질 분해속도에 변화를 가져온다. 소금용액이나 파이로인산염(sodium pyrophosphate) 용액을 온도체 발골육에 주입하면 이온강도와 pH를 올리고 저온단축을 감소시켜 고기를 연화시킨다.

3. 풍미(Flavor)

식품의 풍미는 소비자 개인이 어떤 식품을 선택하여 구입하고 소비할 것인가를 결정하는 데 필수적인 역할을 한다. 또한 식품의 풍미는 인간의 부교감신경계를 활성화시켜 음식물 분해관련 대사활동을 촉진함으로써 영양소 대사가 활발해지게 한다. 따라서 풍미를 개선하고 향상시키는 일은 근육식품 산업에서 매우 중요하다.

신선한 살코기는 일반적으로 냄새가 달고, 맛이 짜고, 금속성의 피맛을 가진다. 육류의 풍미는 가열과정을 거쳐서 발현되며, 가열 후 1,000개 이상의 휘발성 물질이 생성되지만 각 성분의 풍미에 대한 정확한 역할은 아직도 규명 중에 있다. 가열 중 비휘발성 전구체들이 서로 반응하여 근육식품의 종류에 따른 독특한 맛과 냄새가 형성된다. 식육의 풍미 발현을 위하여 가열은 필수적이지만 인간이 그 풍미를 감지하기 위해서는 고기를 저작하여야 한다, 저작은 근육 섬유조직을 파괴하여 풍미를 갖는 육즙과 휘발성 물질을 입안으로 방출시킨다.

3.1 인간의 풍미 감지

풍미라는 감각은 코와 입의 자극, 즉 맛, 냄새와 그리고 화학적 자극 및 온도가 결합되어 유발하는 것으로 "물리적 자극에 대한 생리적 반응의 심리적 해석"이라고 정의된다(그림 2-23). 따라서 풍미의 인식은 olfactory sensory system(후각), gustatory sensory system(미각) 및 trigeminal sensory system(3차 신경감각계)이 관여하는 냄새(aroma), 맛(taste), 그리고 조직감(texture)이 통합되어 이들의 상호반응에 의해 영향을 받는다.

풍미는 비강의 천장에서 감지되는 휘발성 성분, 혀에서 감지되는 비휘발성 성분, 그리고 눈, 코 및 입의 유리말단 신경이 자극되어 감지되는 화학적 자극이나 온도차이 등으로 구성된다. 일반적으로 전체적인 풍미를 결정하는 데에는 맛보다 냄새가 더 중요한 것으로 알려진다.

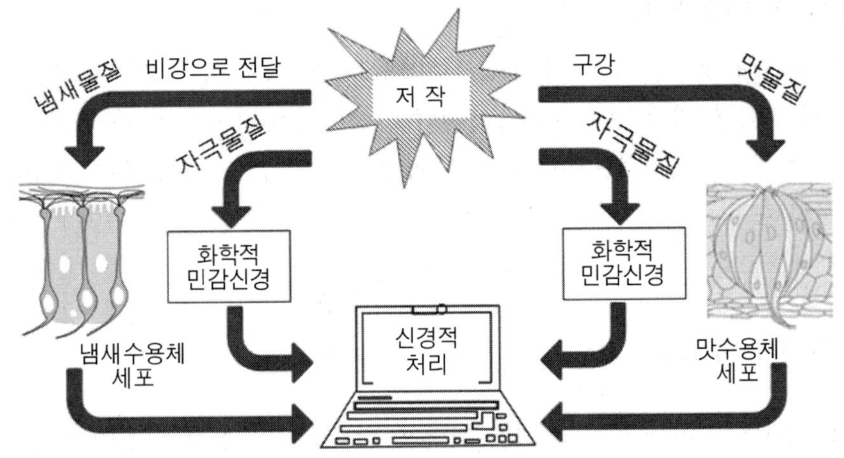

그림 2-23. 풍미의 "물리적 자극에 대한 생리적 반응의 심리적 해석" 모식도

1) 맛의 감지

맛에는 단맛, 신맛, 짠맛, 쓴맛 그리고 우마미(umami)의 다섯 가지 기본 맛이 있다. 이러한 기본 맛의 인식은 구강에 존재하는 미뢰(taste buds)에 있는 신경상피수용체 세포에 의해 시작된다. 미뢰는 입천장, 후두 및 인두의 점막, 그리고 혀의 균상(fungiform) 및 성곽형(vallate) 돌기(papillae)의 벽에 존재한다. 맛 수용체는 세 가지의 뇌신경에 의해 신경지배가 이루어진다. 혀의 안쪽 2/3에 존재하는 수용체는 뇌신경 Ⅶ에 의해, 바깥쪽 1/3의 수용체는 뇌신경 Ⅸ에 의해, 그리고 혀 이외의 지역에 있는 수용체는 미주신경(vagus nerve)에 의해 신경지배가 이루어진다. 맛 수용체는 타액에 용해되어진 물질에 반응하는 화학수용체이다. 맛의 인식은 맛의 종류에 따라 각기 다른 과정을 거쳐 진행되어진다.

혀의 모든 부분은 모든 맛을 감지할 수 있지만, 부위별로 특정 맛에 더욱 민감하여 혀의 바깥 부분은 짠맛과 단맛(혀 끝부분)에, 안쪽 부분은 쓴맛에, 옆 부분은 신맛에 더욱 민감한 것으로 알려진다. 사람은 태어날 때부터 단맛, 신맛, 쓴맛 그리고 우마미의 인식이 이미 발달되어 있으나 짠맛에는 관심이 없는 것으로 보고된다. 맛을 느끼는 감각은 일반적으로 나이에 상관없이 유지되는 것으로 알려진다. 인간이 선호하는 특정 맛의 강도는 개인의 경험에 의해 변한다. 다시 말하면 개인의 소비습관에 따라 적정 강도가 다르다는 것이다.

2) 냄새의 감지

맛과는 대조적으로 냄새는 종류별로 인정된 인식방법의 구별이 없다. 더욱이 맛 수용체와는 달리 냄새 인식을 위한 후각 수용체는 비강 점막의 특정 부분에 존재하는 쌍극성 뉴런(neuron)들이다. 냄새 자극을 수용하는 수용체 요소는 후각 수용체 뉴런의 말초부분에서 뻗어 나온 섬모에 위치한다. 이 섬모들은 비강 점막 속에 분포되어 있어 점막에 용해되는 냄새를 감지한다.

사람은 태어날 때 냄새를 구별할 수 있는 능력이 개발되어 있지만, 좋아하는 것인지 혹은 싫어하는 것인지를 구별할 수 있는 능력이 개발되어 있는지에 관해서는 아직도 결론이 나지 않고 있다. 냄새에 대한 선호도는 냄새 종류와 나이에 따라 변한다. 인간은 나이가 들어감에 따라 냄새를 감지하는 능력이 떨어진다. 이러한 감지 능력의 감소는 냄새 종류에 따라 다르다는 주장과 모든 냄새에서 동일하다는 주장이 있다.

3) 화학적 감각(Chemesthesis)

고추나 겨자의 매운 맛, 탄산수의 톡 쏘는 맛, 박하의 시원한 맛 등은 모두 화학적 감각이다. 피부와 점막의 화학적 민감도는 온도와 아픔을 인식하는 신경섬유에서 유래한다. 화학적으로 민감한 피부신경은 염증성 아픔을 일으키는 내생물질의 감지기로 작용하기 때문에 구강의 화학적 감각은 단순한 일과성 감각이 아니고 통증 수용체(nociceptor)를 자극하는 여러 가지 과정을 거쳐 인식되는 결과이다. 박하는 menthol, 계피는 cinnamic aldehyde, 레몬은 citric acid, 고추는 capsaicin, 그리고 무, 양파 및 마늘은 isothiocyanate가 자극을 유발하는 주된 성분이다. 따라서 비슷한 종류의 느낌이라도 자극제의 종류에 따라 질적으로 다른 감각, 예를 들면 고추, 후추, 생강, 계피 등은 각기 다른 느낌의 매운 맛을 가진다.

화학적 감각은 구강, 인두 및 비강의 점막에 존재하지만 부위에 따라 자극제에 대해 느끼는 상대적 민감도가 다르다. 어떤 자극제는 설인신경이나 미주신경에 의해 지배되는 인두지역에서 더 강하게 감지된다. 화학적 민감도는 모두 피부 신경의 특성이기 때문에 섭취된 자극물로부터 오는 감각적 자극은 3차신경계(trigeminal nerve system)에 의해서만 전달되는 것이 아니다. 따라서 강하게 양념이 된 음식을 먹을 때 느끼는 화학적 감각은 설인신경(glossopharyngeal nerve)과 미주신경에 의해 지배를 받는 연구개 및 인두지역에 걸쳐 전반적으로 일어난다.

화학적 감각은 냄새나 맛보다 발현되고 소멸되는 시간이 길다. 이것은 점막에 있는 아픔 수용체의 대부분이 구강조직에서 직접 접촉되지 않고 상피조직 아래나 속에 존재하기 때문이다. 어떤 자극제에 대한 민감도는 강한 수준에 노출시키면 완전히 소실되었다가 다시 자극이 계속됨에 따라 민감도가 서서히 회복된다.

온도는 맛에 영향하는 것보다 훨씬 강하게 자극에 대한 화학적 감각을 증가시키거나 감소시킨다. 일반적으로 매운 맛은 냉각시키면 자극도가 감소하고 가열하면 증가된다. 이것은 온도에 민감한 아픔 수용체를 자극하거나 가라앉히기 때문이다. 탄산가스의 톡 쏘는 맛은 정반대이다.

3.2 식육의 풍미

식육의 풍미는 가열과정을 통해 발현되므로 풍미의 전구물질에 대한 많은 연구가 진행되었다. 풍미 형성에 기여하는 전구물질은 근육의 다양한 성분들이다. 근육은 개략적으로 75% 수분, 19% 단백질, 2.5% 지방, 1.2% 탄수화물, 그리고 2.3%의 수용성 비단백질 물질들로 구성되어 있다. 이 중에서 풍미에 중요한 성분은 지방, 탄수화물, 그리고 수용성 비단백질 물질이다. 근육지방은 근내지방에 존재하는 중성 triacylglycerol과 세포막의 조직성분인 극성 인지질로 되어 있으며, 수용성 물질은 아미노산, 펩타이드, 환원당, 비타민, 그리고 뉴클레오타이드 등을 포함한다. 동물 근육의 사후 변화는 조리 중 상호 반응하여 다양한 풍미물질을 생산할 풍미 전구물질의 저장고를 만들어준다. 근육식품은 종류나 생산과정에 상관없이 glycolysis, proteolysis, lipolysis, oxidation, pyrolysis 같은 반응을 통하여 바람직하거나 바람직하지 않은 풍미들을 생산하게 된다.

식육풍미의 전구물질에 대한 많은 연구에서 수용성 물질을 투석 분획한 것이 식육풍미를 생산하는 것을 확인하였고, 분획성분 중 유리당, 당인산염, 당뉴클레오타이드, 유리아미노산, 펩타이드, nucleotides, glycopeptides, 유기산, 크레아틴 및 크레아티닌 등이 가열 시 상당량 소실되어 식육풍미의 전구체로 이용되었을 것으로 판단되었다. 이 중에서 가장 많이 사라진 것이 cysteine과 ribose이었다. 수용성 추출물을 가열하면 고기 종류에 상관없이 비슷한 식육풍미를 생산하지만, 지방조직을 가열하면 축종 특유의 휘발성 물질이 생산된다. 지방조직은 모든 세포조직을 함유하고 있어 그 속에 지방뿐만 아니라 단백질, 아미노산, 염류, 당류 등도 포함하고 있으므로 축종에 따라서는 순수한 지방만을 가열했을 때에는 축종 특유의 풍미를 감지할 수 없는 경우가 있다.

1) 맛

생육은 맛에 공헌하는 비휘발성의 여러 가지 성분을 가진다(표 2-8). 이러한 성분들은 가열 중 상당한 변화를 일으킨다. 생육의 단맛은 포도당, ribose, 과당에서 오며, 짠맛은 다양한 무기염, 글루타민산소다 및 아스파틴산소다에서 오고, 신맛은 젖산과 몇 가지 다른 산들에서 기인한다. 고기의 구수한 맛은 여러 가지 유리아미노산, mono-

표 2-8. 식육에 존재하는 맛 성분

맛	성 분
단 맛	glucose, fructose, ribose, glycine, alanine, serine, threonine, lysine, proline, hydorxyproline
짠 맛	무기염, sodium glutamate, sodium aspartate
신 맛	aspartic acid, glutamic acid, histidine, asparagine, succinic acid, lactic acid, pyrrolidone carboxylic acid, o-phosphoric acid
쓴 맛	creatine, creatinine, hypoxanthine, anserine, carnosine, 기타 펩타이드, histidine, arginine, methionine, valine, leucine, isoleucine, phenylalanine, tryptophan, tyrosine
우마미	MSG, GMP, IMP, 약간의 펩타이드들

sodium glutamate(MSG)와 핵산관련 물질에 관련되어 있다. MSG와 핵산관련 물질은 우마미 맛(감칠맛)을 가져오는 성분이다.

2) 냄 새

생육은 냄새가 없기 때문에 조리육의 냄새는 전적으로 가열 중 비휘발성 전구물질로부터 생성된다. 가장 중요한 풍미물질 형성과정은 maillard 반응, 지방반응, 그리고 thiamine분해이다. 이 중에서 전체 풍미물질의 90%는 지방반응에서 유래하고, 나머지 10%만이 maillard 반응과 thiamine분해에서 유래한다. 이 둘 중에서는 maillard 반응이 더 많은 종류의 휘발성 물질을 생산한다. 생산하는 휘발성 물질의 숫자가 적다고 이들 반응이 고기 풍미에 미치는 영향이 적은 것을 의미하지는 않는다. 왜냐하면 관능적인 유의성은 어떤 성분의 절대량에 있지 않고 그것의 감지역치(sensory threshold)에 대한 상대적인 양과 그에 따른 농도와 감지강도 사이의 관계에 좌우되기 때문이다.

식육 휘발성 물질을 종합해 보면 쇠고기 풍미에서는 유황물질이 주된 역할을 하고, 양고기는 carboxylic acids가 상대적으로 많고, 닭고기에는 지방에서 유래한 휘발성 물질이 많이 존재한다. 염지돈육은 알콜과 페놀류 물질이 다른 육류에 비해 많다.

(1) Maillard 반응

아미노산의 아미노기와 환원당의 카보닐기의 반응인 maillard 반응은 여러 가지 냄새물질을 생산한다. 이 냄새물질의 상당부분은 furans, furanones, pyrans, pyrazines, thiozoles, thiazolines, oxazolines 등과 같은 heterocyclic compounds이며, 이들의 조합 중에는 모든 육류에 공통적인 기본적인 고기 풍미를 가져다주는 것도 있다.

(2) 지방반응

가열 시 일어나는 지방반응은 일반적으로 축종에 고유한 식육풍미를 가져오는 것으로 알려지지만, 쇠고기나 돼지고기에서는 지방이 없어도 독특한 풍미가 발현된다. 그 외의 동물에서는 지방의 존재가 독특한 풍미발현에 필수적이다. 지방은 고온에서 유발된 산화반응을 통하여 풍미에 공헌한다. 불포화지방산이 고온에서 산화되어 생성되는 주된 물질은 2,4-decadienals이며, 이들은 풍미에 나쁜 영향을 주는 저온에서의 지방산화 물질과는 달리 바람직한 효과를 가져온다. 포화지방산도 고온에서 산화적 분해를 일으켜 풍미에 영향을 미친다. 또한 여러 가지 지방산화 물질 중 aldehyde류는 maillard 반응에 관여하여 새로운 풍미물질 생성에 기여한다. 인지질의 존재도 고기 특유의 풍미를 증가시키는 것으로 보고된다.

(3) Thiamine 분해

Thiamine이 분해되면 thiophenes, thiazoles, furans 등이 생성되며 황화수소(H_2S)가 발생되고, 이 황화수소는 furanones와 반응하여 강한 고기 풍미를 가져온다. 이 thiamine 분해는 특히 쇠고기 풍미에서 중요한 역할을 한다.

(4) 아질산염

염지육의 풍미는 아질산염의 항산화 작용에 의해 가열 중 풍미발현이 비염지육과 다르기 때문에 야기되는 결과라는 주장과 아질산염과 관련된 독특한 풍미물질에 기인한다는 주장이 있다.

3) 풍미에 영향하는 요인들

식육의 풍미에 영향하는 요인들은 도축 전에는 동물 종류, 품종, 성, 나이, 지방축적도 및 사료 등을 들 수 있고, 그 밖의 요인들로는 도축 시 스트레스, 사후숙성, 저장 및 조리방법 등을 생각할 수 있다.

(1) 동물 종류

초기 학자들은 고기 풍미는 근육의 수용성 물질에서 유래하고, 축종 특유의 풍미는 지방에서 유래한다고 주장했다. 그러나 근육은 항상 지방을 함유하고 있고, 지방조직은 수용성 물질을 포함하고 있으므로 축종 특유의 풍미가 지방에서만 유래할 가능성은 희박하다. 쇠고기는 비록 다른 종류의 고기와는 다른 독특한 풍미와 냄새를 가지지만, 축종 특유의 풍미나 냄새 물질이 분리 규명된 것은 없다. 단지 다른 고기에서는 발견되지 않는 냄새 전구물질로서 4-hydroxy-5-methyl-(2H)furan-3-one과 2,5-dimethyl-4-hydroxy-(2H) furan-3-one이 분리되어진다. 이들은 가열 시 ribose-5-phosphate와 pyrrolidone carboxylic acid의 반응이나 maillard 반응에서 생성되며, H_2S와 반응하여 다양한 냄새를 생산한다.

돼지고기는 지방조직이 다른 종류의 고기와 구별되는 독특한 풍미의 근원이지만 이 독특한 풍미를 가져다주는 성분은 아직 규명된 것이 없다. 닭이나 칠면조의 지방은 적육보다 단쇄지방산이 많기 때문에 이들이 산화되어 생성되는 불포화 aldehydes가 독특한 풍미를 보인다. 닭고기 휘발성 물질에서 카보닐을 제거하면 닭고기 특유의 풍미는 줄어든다. 카보닐 중에서 deca-trans-2, trans-4-dienal은 닭고기 국물에서 가장 강한 냄새를 가지는 것으로 보고된다.

양고기의 독특한 풍미는 4-methyloctanoic acid와 4-methylnonanoic acid와 같은 rumen에서 일어나는 대사과정에서 생산되는 branched-chain 지방산과 alkylphenols와 thiophenols의 존재에 기인한다. 이들의 감지 역치는 2℃의 물에서 0.6ppm, 2.4ppm이다. 염소고기는 octanoic acid와 4-methyloctanoic acid, 그리고 4-ethyl-octanoic acid의 존재가 독특한 풍미의 원인이다. 이들의 감지 역치는 2.2 ppm, 0.02 ppm, 4.1 ppm이다. 이러한 양이나 염소에서의 branched-chain 지방산은 근내지방이나 콩팥지방보다 피하지방에 많이 분포되어 있다.

(2) 품 종

쇠고기의 경우 *Bos taurus* 품종 간에는 풍미 차이가 없으나 *Bos taurus* 품종과 *Bos indicus* 품종 사이에는 풍미의 차이가 있다. 특히, 최근에는 한우나 일본의 와규의 경우, 서양의 육우 품종과는 달리 지방산 구성이 소비자들이 선호하는 쇠고기 풍미에 영향을 주는 oleic acid의 함량이 높은 것으로 보고된다. 반면에 돼지에서는 품종 간에 풍미의 차이가 있는 것으로 알려진다(표 2-9).

표 2-9. 돼지 품종별 풍미 비교

품 종	피어 트레인	글루 체스터 올드스팟	영국 랜드 레이스	버크셔	라지 화이트	라지 블랙	영국 새들백	햄프셔	듀 록	탬워스
척 도*	2.96	2.48	2.48	2.50	2.68	2.86	2.96	3.08	3.46	3.39

* -7에서 7까지의 척도로 숫자가 높으면 더 좋음(0.1% 수준에서 유의하게 품종 간에 차이가 있음)

표 2-10. 육계와 토종 닭 간의 고기 풍미 관련 물질 함량

	육계(브로일러)	토종닭(국산 재래종)
Inosine 5'-monophosphate (mg/100 g)	153.90~213.27	197.24~446.30
Glutamic acid (mg/100 g)	16.57~18.80	18.09~28.51
Reducing sugar (%)	0.05	0.11~0.13
Arachidonic acid (%)	2.70~3.40	4.26~14.34

이것은 동일한 등지방 두께에서 품종 간에 근내지방 함량에 차이가 있고, 지방산 조성에 차이가 있으므로 결국 소비자가 느끼는 풍미에 차이를 가져오기 때문이다. 닭에서는 육계 품종 간에는 풍미에 큰 차이가 없지만, 육계와 국산 재래종 닭 간에 고기 풍미에 차이가 있는 것으로 보고되며, 이것은 지방산 함량 등 풍미관련 물질의 함량 차이에 기인하는 것으로 알려져 있다(표 2-10).

(3) 성

비록 비거세 수소보다 거세 수소의 고기가 훨씬 풍미가 있고, 12~16개월령 수소 고기의 풍미는 거세 수소보다 약하다고 보고는 되지만, 일반적으로 소와 가금에서는 성에 따른 고기 풍미의 차이가 보고되지 않고 돼지와 양 및 염소에서는 수컷이 독특한 풍미/냄새를 가진다. 특히 야생동물인 사슴, 영양, 노루 등에서는 성과 관련된 독특한 풍미가 있다고 생각되어져 왔다.

6개월령 이상 된 비거세 수퇘지 고기는 땀내, 오줌내, 혹은 양파냄새 같은 것을 가진다고 기술된다. 이러한 역겨운 냄새는 웅취(boar taint)라고 하며, 그 원인물질은 오줌냄새를 야기하는 남성홀몬의 하나인 5α-androst-16-ene-3-one(androstenone)과 강한 돈분 냄새를 유발하는 아미노산 tryptophane이 소장 내에서 분해되어 생기는 skatole로 알려지며, 이들은 지방조직의 비검화물에 존재한다. 이들 이외에도 웅취에 관여하는 steroid는 더 있는 것으로 보고된다(그림 2-24). 그러나 이들 중에서 어느 것이 주된 원인물질인지는 아직 규명되지 못했다.

비거세 웅돈의 지방에는 androstenone이 0~5 ppm의 수준으로 존재하고, skatole은 0~0.8 ppm의 수준이 존재한다. 돼지에서 androstenone 함량은 나이, 체중, 그리고 품종에 영향을 받고, skatole은 비거세 수컷이 이 물질의 대사능력이 상대적으로 낮아 체내에 더 많이 축적되는 것으로 알려진다. Androstenone의 감지역치는 0.5~1 ppm이며, 서양 남성의 46%, 여성의 92%가 이 냄새를 감지할 수 있는 것으로 보고되

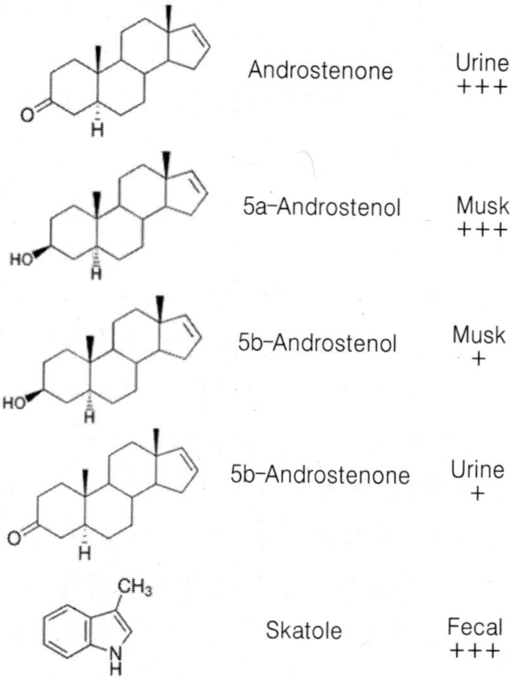

Androstenone Urine +++

5a-Androstenol Musk +++

5b-Androstenol Musk +

5b-Androstenone Urine +

Skatole Fecal +++

그림 2-24. 돈육의 웅취 원인물질

며, skatole의 감지역치는 0.2～0.25 ppm로 보고되지만 웅취를 가진 돈육의 수용정도는 전통과 식습관에 따라 차이가 있어 감지역치는 나라마다 다르다. 숫양은 돼지와 같이 철저히 연구되지는 않았지만 성숙한 숫양은 강한 풍미를 가지는 것으로 알려진다. 그러나 원인물질이 규명되지는 못하였고, 아마도 번식기에만 강하게 나타나는 것으로 추정하고 있다. 염소에서는 성숙한 수컷은 암컷을 유인하기 위하여 자신에게 배뇨를 한 결과로 독특한 냄새를 가지는 것으로 보고된다.

(4) 나 이

동물은 성장함에 따라 체내 대사에 변화가 오므로 고기의 풍미가 달라진다. 6개월령의 송아지는 전형적인 쇠고기 풍미가 없을 뿐만 아니라 풍미강도도 12개월령 이상된 쇠고기보다 약하다. 쇠고기는 18개월령 이상 되어야 완전히 발현되는 것으로 보고된다. 따라서 18개월에서 30개월령 사이에서는 풍미의 변화가 크지 않다.

(5) 지방 축적도

우리나라 사람들은 고기의 맛을 중요시하기 때문에 지방함량이 높은 부위를 특히 좋아한다. 한국인이 좋아하는 돼지고기의 삼겹살이나 목살 부위는 지방 축적이 많은 부위이다. 소고기도 근내지방도(마블링)가 높은 것을 좋아한다. 서양에서도 근내지방도가 우수하면 고기의 풍미는 향상되는 것으로 알려진다. 그러나 등지방 축적이 많은 것은 고기의 풍미와 상관이 별로 없는 것으로 보고된다. 따라서 우수한 풍미를 위해서 도체의 과다한 지방축적을 시도할 필요는 없다.

(6) 사 료

사료에 의한 식육의 풍미변화는 바람직한 풍미를 증가시키는 효과보다는 일반적으로 변취 생산의 경우가 빈번한 것으로 보고된다. 양을 방목시킬 때 백색 클로버는 Rye-grass보다 강한 풍미를 유발한다. 따라서 백색 클로버에서 방목된 양의 고기는 덜 바람직하다. 마찬가지로 여러 가지 목초는 양고기의 풍미에 심한 영향을 주어 귀리는 썩은 계란풍미, vetch는 강한 고기풍미, rape은 메스꺼운 냄새, lucerne은 변취를 야기하였다고 보고된다. 그러나 이러한 두과 목초의 건초는 생초와는 달리 양고기에서 변취를 야기하지 않는다. 섭취된 불포화지방산의 수소화가 이루어지는 반추위를 우회하는 보호 지방사료를 반추동물에게 급여함으로써 고기의 지방산 조성을 변경시켜 풍미의 변화를 유도할 수 있다. 또한 보호 지방사료를 만들 때 보호막을 형성하기 위하여 사용되는 단백질의 종류가 풍미에 영향하는 것으로 보고된다.

쇠고기와 송아지 고기는 풍미의 차이가 있다. 이것은 송아지가 우유를 먹고, 소는 곡류나 목초를 먹기 때문이라고 주장된다. 고에너지 사료(곡류)로 키운 소는 저에너지 사료(목초)로 비육된 것보다 풍미가 우수하다. 그러나 이것은 소비자들이 어느 방법으로 사육된 쇠고기에 익숙한가에 따라 평가는 달라질 수 있다. 목초를 급여한 쇠고기는 저분자 aldehydes의 수준이 높고, rumen에서 엽록소를 발효시켜 생산되는 terpenoid 형태의 물질이 존재한다. 또한 δ-tetradecalactone과 δ-hexadecalactone은 방목된 소에서의 풍미와 부의 상관관계를 보이는 성분으로서 곡류를 먹인 쇠고기의 지표성분으로 지목된다.

풍미가 우수한 고에너지 사료(곡류)를 급여한 쇠고기는 ω-6 지방산이 많고, ω-3 지방산은 적다. 따라서 쇠고기 풍미에서는 인지질 내에 ω-6 지방산과 ω-3 지방산의 균형이 매우 중요하다. 방목된 소에서는 양파과에 속하는 식물 특히 부추 같은 것을 먹이면 고기에서 냄새가 난다. 부추에서 methyl propyl disulphide와 dipropyl disulphide가 변취를 야기하는 주된 성분이다.

간유와 같은 고불포화지방산 사료를 칠면조에 급여하면 고기에서 비린내가 난다. 이러한 비린내는 비타민 E를 급여하면 제거된다. Rape seed 급여는 계란에서는 비린내를 유발하지만, 닭고기나 칠면조 고기에서는 문제를 야기하지 않았다. 닭에게 통밀을 많이 급여하고, 푸른 채소를 공급하면 고기풍미가 향상된다고 보고된다. 과다한 어분을 함유한 사료를 돼지나 닭에게 급여하면 고기에서 비린내가 난다.

(7) 스트레스와 pH

도축 전 스트레스는 근육내의 글리코겐을 고갈시켜 고기의 최종 pH를 높게 한다. 최종 pH가 높을수록 감지되는 풍미강도는 낮아진다. 정상 우육(pH≤5.8)은 DFD 우육(pH≥6.0)보다 강한 고기풍미를 가진다. 이러한 현상은 거세우 뿐만 아니라 비거세우에서도 관찰된다. DFD육의 풍미가 약한 이유는 첫째, 풍미형성에 필요한 유리당이 고갈되었기 때문이고, 둘째는 높은 pH가 풍미물질 형성에 직접 영향을 미치기 때문이다. 가열시 조건이 알칼리 상태이면 주로 암모니아가 생산되는 것으로 보고된다.

돼지고기에서는 상황이 약간 달라서 PSE 돈육은 높은 젖산 농도 때문에 풍미를 제대로 느낄 수 없고, DFD 돈육은 오히려 돈육 풍미를 강조시키는 것으로 보고된다. 사슴은 도축전 추적과 포획에 따른 스트레스를 받으면 생산된 고기에서 암모니아 혹은 오줌 같은 냄새가 난다고 보고된다.

(8) 숙 성

근육을 숙성시키면 숙성 중에는 글리코겐 분해와 단백질 분해효소의 작용으로 유리당과 아미노산이 증가하고 아울러 인지질의 가수분해로 유리지방산이 증가한다. 근육 내의 에너지 급원인 ATP는 분해되어 AMP를 형성하고 이것은 다시 IMP, inosinic acid, hypoxanthine 및 ribose 등의 풍미성분으로 분해된다. 특히 생성되는 유리아미노산 중에 glutamic acid는 핵산 분해로 인하여 생성된 물질들과 함께 근육식품의 우마미 풍미를 증진시켜 주는 것으로 알려진다. 지방과 단백질의 분해는 유화수소, 암모니아, acetaldehyde, acetone, diacetyl 등의 생성을 야기하여 풍미증진에 도움을 주지만, 지나친 숙성은 오히려 풍미저하를 가져올 수도 있다.

(9) 발 효

발효소시지는 사용된 원료와 발효 및 숙성기간 동안에 발생되는 화학적 변화에 기인하는 풍미를 가진다. 발효와 숙성기간 동안에 일어나는 변화는 크게 당 분해, 단백질 분해, 지방분해, 그리고 지방산화로 대별할 수 있다.

㉠ 당 분해

식육에는 일반적으로 최대 0.9%까지의 젖산이 존재하며, 0.1% 이하의 포도당과 인산화 중간대사물들이 존재한다. 포도당과 인산화 중간대사물 그리고 첨가된 탄수화물은 젖산균에 의해 에너지원으로 사용되어져 젖산의 축적이 이루어진다. 젖산은 아미노산 대사를 통해서도 생산된다. 초산은 발효소시지에서 발견되는 또 다른 유기산이다. 초산의 생성도 젖산에서와 마찬가지로 육탄당(hexose)과 아미노산 대사를 통해서 이루어진다. 그러나 젖산균은 ATP에서 유래하는 오탄당(pentose)에서 젖산과 함께 초산도 생산한다.

젖산과 초산은 근원이 무엇이든지 간에 발효소시지 풍미에 주된 역할을 한다. 아울러 이들로 인하여 낮아진 pH는 아미노산의 carboxyl기들의 이온화에 영향함으로써 풍미에 효과를 가진다. 이 두 가지 산 이외에도 많은 산들이 소량으로 존재함으로써 발효소시지 풍미에 영향을 주는 것으로 보고된다. 젖산균들이 발효과정에서 생산하는 전형적인 풍미물질들은 acetaldehyde와 ethanol이다. Diacetyl은 상대적으로 소량 생산된다. Actaldehyde는 발효소시지의 새큼한(Tangy) 풍미 발현에 큰 역할을 한다. 0.1% 포도당에서 11 μmole의 젖산이 생성되면 에틸알콜의 최대 생산량은 젖산의 10%, actaldehyde는 젖산의 0.3%에 이른다.

㉡ 단백질 분해

발효소시지 숙성 중 비단백태 질소, 펩타이드, 아미노산, 그리고 암모니아의 함량이 증가한다(그림 2-25). 이러한 단백질 분해는 단백질 분해효소와 발효 미생물의 작용에 기인한다. 단백질 분해에 의하여 생산되는 여러 가지 물질들은 풍미발현에 매우

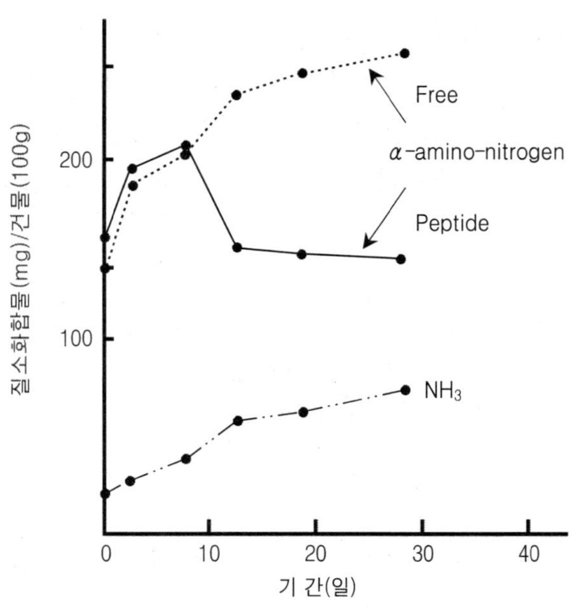

그림 2-25. 벨기에 훈연소시지의 숙성 중 질소화합물의 변화

중요하다고 주장되지만, 이것을 확인해 주는 연구결과는 그리 많지 않아 이러한 주장은 유리 아미노산과 펩타이드의 고기 풍미에서의 중요성에 근거하여 추론하고 있는 것으로 판단된다. 그러나 실제로 숙성 후반부에 암모니아의 증가는 pH의 증가를 가져와 풍미에 영향을 줄 것으로 생각된다.

㉢ 지방분해

발효소시지 숙성 중에는 중성지질 및 인지질, 그리고 콜레스테롤에서 장쇄지방산이 생산된다. 유리지방산 수준은 개략적으로 총 지방산의 5%까지 증가한다. 이러한 지방산도 단백질 분해에서와 마찬가지로 지방분해효소와 발효미생물의 역할에 기인한다. 또한 생산된 유리지방산들이 풍미에 직접 관여한다는 보고는 아직 없다.

㉣ 지방산화

숙성 중 발효소시지에서 장쇄지방산은 산화되어 여러 가지 aldehydes와 ketones가 생산된다. 이 중에서 C6～C12의 카보닐들은 발효소시지의 풍미에 큰 영향을 가진다. 농도의 변화가 큰 것으로는 octanal, 2-hexenal,그리고 2-heptanal 등이다.

(10) 훈 연

식육 가공에서 훈연은 거의 필수적인 단계인 것처럼 다양한 가공제품들이 훈연처리를 한다. 이에 따라 연기성분에 대한 연구는 상당히 심도 있게 이루어졌으나 아직도 전형적인 훈연제품의 풍미를 가져오는 성분을 규명하지 못하고 있다. 가공제품의 전체적인 훈연 풍미는 반응하지 않은 연기성분과 고기성분이 반응하여 생성된 물질이 복합적으로 만들어주는 결과이다. 여러 가지 연기성분 중에서 페놀류는 연기풍미에 공헌하는 반응하지 않은 연기성분의 주된 것이다.

페놀류는 물에서보다 지방에서 더 잘 용해되므로 지방부분이 살코기 부분보다 더 상큼한 훈연풍미를 가지게 된다. 페놀류의 물질 중에서 guaiacols, pyrocatechols, 그리고 syringols가 연기풍미를 야기하는 주된 성분이다. 비록 페놀류가 풍미에 중요한 역할을 하는 것은 사실이지만 이들만이 풍미에 관여하는 유일한 성분은 아니다. 훈연제품의 향기와 독특한 맛을 생산하기 위해서는 여러 성분이 함께 조화를 이루어야 할 것이다. 따라서 주된 페놀류가 가져오는 풍미는 소량으로 존재하는 고기성분과 반응하지 않은 유기산, esters, 카보닐, lactones 등에 의하여 변형되어 훈연제품의 독특한 풍미를 이루는 것으로 보인다. 소량으로 존재하는 성분 중에서 1,2-cyclopentadione과 2-butenolide는 캬라멜향을 가지며, furfural, 5-methylfurfural, 2-acetofuran 및 aceto-phenone은 또한 상큼하고 달콤한 꽃향기를 야기한다.

3.3 변취(Off-flavor)

소비자 불평의 상당부분은 식품의 변취에 기인한다. 식품의 변취는 환경(공기, 물 혹은 포장재료)에서의 우연한 오염에 의하거나 식품자체(지방산화, 부패)에서 발생한다.

1) 환경에서의 오염

공기를 통한 냄새의 오염은 가공된 식품에서 빈번히 발생한다. 농약제조 공장, 화공약품 공장, 연료, 페인트 등에서 역겨운 냄새를 남기는 휘발성 물질은 종종 공기를 통해 식품에 오염된다. 페놀류나 디젤, 석유, 산화된 기름 등으로 오염된 공기와 가공된 식품이 접촉함으로써 혹은 살아있는 동물이 이를 호흡함으로써 변취가 야기된다. Chloroanisole에 오염된 환경에서 사육된 닭은 계란과 고기에서 곰팡이 냄새가 난다. 조리오븐이나 운반차량의 불완전 연소된 배출가스가 변취의 오염원으로 작용하기도 한다.

물은 식품 가공에서 가장 많이 사용되는 재료이다. 따라서 물이 오염되면 변취가 발생할 가능성이 매우 높다. 건조시나 가열시 스팀을 사용하면 스팀에 오염된 소독제나 방청제 등이 식품에 오염된다. 반면에 가축은 사육시 유기 보존제를 처리한 담장이나 축사 등에서 오염물질이 체내에 흡수되어 변취가 나는 고기를 생산한다.

소독제, 농약, 세제 등은 종종 오염원으로 지적된다. 이것은 사용자들의 부주의로 식품에 혼입됨으로써 변취가 유발되며, 특히 도축장에서 사용되는 소독제나 가공공장 청소에 사용되는 살균소독제에 의한 식육 오염이 종종 변취의 문제가 되고 있다. 살충제인 tetrachlorophenol이나 1,4-dichlorobenzene을 처리한 나무에서 생산된 톱밥이나 대패밥을 닭이나 돼지의 깔짚으로 사용하면 고기에서 변취가 발생한다. 양계사료의 *Salmonella*를 박멸하기 위하여 methyl bromide로 소독을 하면 그 사료를 먹은 닭의 고기에서는 변취가 난다. 소독제 6-chloro-o-cresol은 쇠고기와 돼지고기에서, 3-chloro-2-hydroxytoluene은 닭고기에서 변취를 발생시켰다고 보고된다.

포장 재료로서 변취 문제가 없는 유일한 것은 유리병이다. 그러나 유리병도 뚜껑은 유리가 아니므로 변취 위험에서 안전한 것은 아니다. 포장 재료에서 오는 변취 오염은 포장재료 성분 자체에서 기인하기 보다는 주로 포장 재료에 남아있는 잔류 용매에서 기인한다. 포장지 제조 시 사용되고 남아있는 잔류 styrene monomer, 재생 종이에 남아있는 잔류 잉크나 플라스틱에 남아있는 ethyl benzene, 인쇄에 사용되는 잉크나 접착제에 사용된 용매 등이 오염과 관련되어진다.

2) 식품 자체의 원인

(1) 지방산화

지방산화는 고기의 변취의 가장 일반적인 원인이기 때문에 오랫동안 연구의 대상이 되어 왔다. 더욱이 지방산화는 변색, 단백질 기능성 저하 및 영양가치의 하락에도 관련이 깊은 것으로 보고된다. 식육의 지방산화 경향은 지방산 구성, 근육 내의 산화 촉진 물질 혹은 항산화제의 존재, 근육입자 크기의 감소 정도, 가열, 그리고 각종 첨가제의 존재 등에 의해 영향을 받는다. 근육에 불포화지방산이 많으면 쉽게 산화되며, 다가 불포화지방산 함량 수준은 가금육 > 돈육 > 우육 > 양육의 순서이다.

지방산화는 Fe^{2+}, Cu^{2+} 및 Co^{2+} 이온에 의해 촉진되지만, 비타민 E 같은 항산화제의 존재로 억제도 된다. 분쇄, 절단, 박편화 혹은 유화 등의 가공과정에 의해 근육입자의 크기를 작게 만들면 결국 세포막을 파손시켜 산소, 효소, 힘(heme) 색소, 금속 이온 등 산화촉진 물질에 지방을 더욱 노출시키고, 공기를 조직 내에 집어넣는 결과를 가져와 지방산화에 의한 산패취 형성을 촉진시킨다. 가열은 근육의 힘(heme) 색소에서 무기철을 배출시켜 이 유리철이 가열조리육의 지방산화를 촉진시킨다.

식육 조리시 자주 사용되는 소금은 지방산화를 촉진시켜 육색과 풍미에 나쁜 영향을 끼친다. 소금은 육색소의 철원자를 대체함으로써 유리된 철이 지방산화를 촉진시킨다는 주장과 소금의 염소이온이 지방산화를 촉진시킨다는 주장이 있으나 아직 확실한 기작이 규명되지 못하고 있다. 이러한 소금의 지방산화 촉진효과는 아질산염, 인산염, 그리고 아스코르브산을 적절히 사용하는 염지를 통하여 억제시킬 수 있다.

산화적 변취는 식육의 저장 중 심각한 문제로 인정되어져 왔고, 이 지방산화에 기인하는 변취 문제는 조리 후 발생하는 산화와 비조리육의 냉동 중 산화로 구분하여 고찰할 수 있다. 냉동저장 및 해동시의 심한 온도 굴곡과 공기로부터의 불충분한 차단으로 인하여 신선육의 변취 발생은 가속될 수 있으나 냉동 비조리육에서의 지방산화는 온도와 포장관리에 신경을 쓰면 충분히 방지할 수 있다. 따라서 식육의 지방산화에 기인하는 심각한 변취는 조리육의 저장시 발생하는 것이 주된 것이다. 이러한 현상은 조리 간편식품의 보급이 증가하면서 특별한 관심의 대상이 되어졌다.

동물지방에 들어있는 지질은 저장(지방조직)지질과 근내(조직)지질로 구분되며, 저장지질은 일반적으로 피하에 많고 흉강이나 복강 그리고 근간에 축적되어 있다. 저장지질은 중성지방이며, 지방산 조성은 축종, 성, 나이, 환경 등에 따라 다양하다. 반면에 조직지질은 변이가 적으며, 주로 세포에 관련된 인지질과 지단백질로 구성되어 있다. 인지질은 근육의 지질함량과 정반대로 변하지만 총 조직 중량에 대한 비율은 동일 종류의 동물에서는 0.5～1.0%로 상당히 일정하게 유지된다. 일반적으로 단위동물

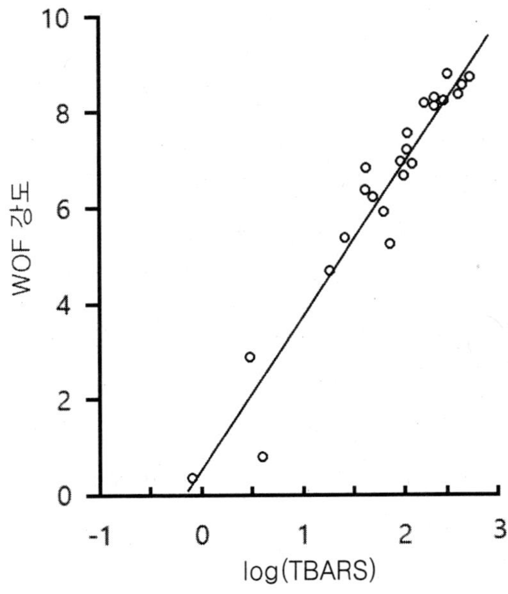

그림 2-26. WOF와 지방산화도의 상관관계

의 저장지방의 지방산 구성은 사료에 의해 영향을 받지만 근육의 인지질은 다가 불포화지방산의 비율이 높으며 사료에 의해 크게 영향을 받지 않는다.

고기를 조리하면 지방은 열에 의해 산화가 유발되어 여러 가지 휘발성 물질들이 생성되고, 이들은 다른 물질들과 반응하여 풍미를 형성한다. 그러나 신선육을 조리하여 저장하면 지방의 산화가 심하게 진행되어 변취가 유발된다. 이것은 생육을 분쇄하여 공기 중에 노출시킬 때 발생하는 지방 변패취와는 다르다. 조리된 근육식품의 지방산화 풍미를 "Warmed-Over Flavor(WOF)"라고 부른다. 이 WOF는 2-thiobarbituric acid reactive substances(TBARS)의 증가와 밀접한 관계가 있는 것으로 추정된다(그림 2-26).

이 WOF의 주된 원인은 인지질이며, 지방산패의 발현은 동물 종류에 따라 다르며, 그 차이는 인지질 함량과 지방산 구성의 차이에 기인하는 것으로 판단된다. 닭고기는 적육보다 인지질 함량이 높고, 다가 불포화지방산의 비율도 높다. 따라서 산패취의 발현이 상대적으로 더욱 빠르다. 특히 인지질은 세포막과 밀접하게 존재하므로 조직의 산화촉매에 의해 쉽게 산화된다. 지방산화의 일차 산물인 hydroperoxides는 냄새가 없으나 이것이 alkanes, alkenes, aldehydes, ketones, alcohols, esters, 그리고 acids 등의 저분자 물질로 분해되면 독특한 풍미를 갖게 된다. 이러한 물질들의 변패취에 대한 효과는 이들의 존재 하는 농도에 좌우된다.

4. 다즙성(Juiciness)

다즙성은 식육의 소비품질(eating quality)에서 매우 중요한 역할을 하며, 또한 조직감에서도 주된 공헌을 하는 요소이다. 조직감의 다른 측면에 비해 다즙성은 독특하게 주관적인 성질을 가지며 아직도 연구가 많이 이루어지지 못한 품질 요소이다. 다즙성은 소비자가 근육식품을 처음 몇 번 저작하는 동안 육즙의 신속한 누출에 의해 입안에서 느껴지는 촉촉함과 계속 씹을 때 혀, 치아, 그리고 구강의 여러 부분을 지방이 도포하면서 타액분비를 촉진하여 야기되는 지속적으로 느껴지는 다즙성이 종합되어 느껴지는 감각으로 파악된다.

결국 다즙성은 고기의 수분과 타액의 수분의 두 가지 근원에서 유래하므로 고기와 소비자의 생리적 요인에 의해 영향을 받는 감각이다. 따라서 주관적으로 다즙성을 평가할 때 실제 소비자가 입안에서 음식을 씹을 때의 상황을 고려하여 저작시간, 입속에서의 윤활정도, 그리고 삼킬 수 있는 정도의 조직상태가 되는 조건 등이 고려된다. 그러나 식육을 씹는 동안의 지속적인 다즙한 느낌이 초기의 육즙의 방출에 의한 촉촉함보다 입속에서 훨씬 많은 느낌을 남기기 때문에 지방함량이 높은 특히 근육내 지방함량이 높은 근육이 더 다즙한 느낌을 주게 된다.

4.1 신선육에서의 다즙성

동일한 동물에서 근육부위 간에는 동일한 조리방법을 사용하여도 다즙성의 차이가 있다. 그러나 동물의 나이는 다즙성의 차이를 야기한다는 보고와 그렇지 않다는 보고로 상반된 결과를 보여준다. 하지만 쇠고기와 송아지 고기를 비교할 때 처음에는 송아지 고기가 다즙한 느낌을 주지만, 결국에는 물기가 없는 느낌을 갖게 하는 것은 지방함량이 적기 때문이다. 방목한 소와 곡류로 사육된 소 사이에는 다즙성의 차이가 있어 축사에서 곡류로 사육된 소가 더 다즙한 것으로 보고된다. 더욱이 도체등급이 좋을수록 더 다즙한 것으로 보고되어 근내지방도가 우수한 것이 더 다즙한 것을 알 수 있다. 그러나 등지방 축적도는 다즙성에 큰 영향이 없는 것으로 알려진다.

도축 후 강직전 고기와 강직 후 고기를 조리하여 제공하였을 때에는 제공하는 형태에 따라 그 결과가 달라 쇠고기를 슬라이스 해서 제공하였을 때에는 다즙성에 차이가 없었으나, 고기덩어리로 제공하였을 때에는 강직전 고기가 훨씬 덜 다즙했다고 보고된다. 양이나 돼지에서는 전혀 다즙성의 차이가 없었다. 그러나 햄과 같은 가공육으로 제조하였을 때에는 강직전 고기가 훨씬 우수한 다즙성을 보여준다. 도축 후 도체의 전기자극은 연구자들에 따라 결과가 상이하여 소의 등심의 다즙성은 전기자극으로 향상되었으나, 반막양근(우둔) 부위는 영향이 없었다는 보고와 전혀 효과가 없었다는 보고가 있다. 이것은 전기자극 후 도체를 어떻게 취급하느냐에 따른 차이로 해석되고 있다.

DFD 돈육은 정상적인 것이나 PSE육보다 더 다즙한 것으로 보고된다. 그러나 소에서는 최종 pH가 다즙성과는 전혀 상관이 없는 것으로 보고된다. 강직 완료 후 숙성은 쇠고기의 다즙성을 제한적으로 향상시키지만, 닭고기에서는 오히려 상당한 감소를 가져온다. 이것은 숙성온도가 다즙성에 상당한 영향을 미치기 때문으로 판단된다. 냉장온도에서는 숙성이 다즙성을 향상시키지만 온도가 높아질수록 다즙성은 오히려 감소한다. 냉동저장 기간을 증가시키면 조리시 해동감량, 드립 손실 및 총 중량 손실이 증가하여 다즙성에 나쁜 영향을 준다.

식육은 대부분이 가열 조리하여 소비하므로 다즙성에 중요한 역할을 하는 것은 조리방법이다. 다양한 조리방법은 다즙성의 변이를 가져온다. 고기를 조리할 때 심부온도를 증가시킬수록 다즙성은 감소하여 "살짝 익힌(rare)" 것이 "아주 잘 익힌(well-done)" 것보다 훨씬 다즙하다. 다즙성의 감소는 60～65℃ 사이에서 1차로 발생하고, 80～85℃ 사이에서 2차로 발생하는 것으로 보고된다. 이러한 심부온도 증가에 따른 다즙성 감소는 양고기, 돼지고기 및 쇠고기에서 비슷한 경향을 보여준다. 반면에 심부온도는 동일하게 하고 가열속도를 달리하였을 때에는 완만한 가열이 다즙성을 향상시킨다. 따라서 동일 심부온도(70℃)를 성취하기 위하여 roasting, deep fat frying, pressure cooking 그리고 oven braising을 이용하였을 때 roasting이 가장 다즙했고, deep fat frying과 pressure cooking이 가장 다즙성이 낮다.

조리 중에는 수분증발을 막아주는 피하지방층이나 근내지방의 존재가 다즙성에 많은 영향을 끼친다. 지방은 고기 가열시 살코기 조직보다 열전달을 서서히 하기 때문에 고온에 의한 단백질 변성을 감소시켜 수분의 배출을 줄이는 효과가 있고, 또한 지방의 존재는 수분의 증발을 막아 줌으로써 지방함량이 많은 고기는 조리 후 지방이 적은 고기보다 다즙하게 된다.

4.2 재구성육의 다즙성

식탁용 신선육으로 유통되지 못하거나 가치가 떨어지는 부위를 이용한 재구성 육제품은 최근 외식산업과 즉석 식품업의 번창으로 서구사회에서는 그 활용도가 날로 증가하고 있고 국내에서도 냉동식품의 보급 확대로 이용이 증가일로에 있다. 재구성육 제조시 여러 가지 요인 중에서 대부분은 다즙성에 큰 영향이 없고, 단지 첨가되는 소금이나 인산염은 제품의 다즙성을 향상시켜 준다.

소금은 일반적으로 첨가되는 0.5% 수준에서보다 1~2% 첨가되는 것이 다즙성을 더욱 향상시킨다. 인산염은 일반적으로 소금에 상승작용을 가져온다. 아울러 지방함량도 다즙성에 영향을 미쳐 지방함량이 증가할수록 다즙성은 개선되는 것으로 보고된다. 요즈음 유행하는 저지방 제품에서는 다즙성이 떨어지므로 지방 대체물을 첨가하여 제품의 다즙성을 현저히 개선할 수 있다. 재구성육 제조 원료로 사전 가열된 원료육을 첨가하면 다즙성은 현저히 감소한다.

4.3 가공육의 다즙성

소시지 제품의 품질 중에서 소비자들에게 가장 중요한 품질요소 중의 하나가 다즙성이다. 가공육 제조에서는 원료육 혼합 시 추가로 수분을 첨가하기 때문에 보수성이 높은 제품이 다즙성이 우수하고 더 연하게 느껴진다, 소시지 제조 시 강직 전 고기를 사용하면 보수력과 유화력이 우수하여 생산되는 소시지의 다즙성은 개선된다. 반면에 부산물을 원료육으로 사용하면 가장 영향을 많이 받는 품질이 다즙성이다. 원료육으로 암소고기 100%, 양고기(mutton)/노계육(50/50), 그리고 양고기/노계육(67/33)를 비교했을 때 암소고기 100%에서 가장 건조했고, 양고기 67%에서 가장 다즙했다. 증량제로 탄수화물 식품원료들을 사용하면 다즙성은 감소한다.

소시지의 다즙성에 주된 영향을 미치는 성분은 지방으로서 후랑크 소시지에서는 20~27%의 지방함량이 적정 다즙성을 위해 필요하다고 보고되지만, 포크 소시지에서는 40~45%수준에서 다즙성이 우수하였다고 한다. 재구성육에서와 마찬가지로 소시지에서도 인산염과 소금은 보수력과 유화력을 증진시킴으로써 다즙성을 향상시킨다. 후랑크 소시지에서는 소금 2.5%가 적정 다즙성을 가져오고, 인산염이 첨가되면 더 낮은 소금수준(1.5~2.0%)에서도 다즙성이 우수하게 유지된다.

제 3 장

건전성(Wholesomeness)

석기시대에 시작된 우리 인류의 조상은 수백만 년 동안 고기를 먹어왔기 때문에 고기를 유서 깊은 식품으로 만들었다. 인간은 최소 3만 년 전부터 가축화를 할 때까지 야생동물의 고기를 먹어 왔다. 따라서 식육은 인간의 영양상태에 공헌하는 식품으로서 제일 먼저 소비되어져야 한다, 식육의 소비는 나이, 성, 소득수준, 교육, 그리고 건강에 대한 관점 등 여러 가지 요인들에 의하여 영향을 받는다. 특히 선진국에서는 지난 20여 년 동안 건강에 대한 관심의 지속적인 증가로 적육의 소비는 줄어들거나 정체되고 반면에 가금육의 소비는 계속 증가하여 왔다.

1. 영양가

고기의 일반성분은 표 3-1에서 보는 바와 같이 조리했을 때 약 58～64%의 수분을 함유한다. 수분은 맛과 저장성에 상당한 영향을 미친다. 단백질은 24～31%, 그리고 지방은 6～14%에 달한다. 조리하면 수분이 손실되기 때문에 단백질과 지방함량이 상대적으로 높아진다. 식육은 다른 식품과는 달리 탄수화물이 1% 이하로 존재한다. 이 탄수화물은 당과 글리코겐에서 유래하며 전분이나 섬유소는 존재하지 않는다. 이것은 동물이 식물과는 달리 에너지를 지방으로 저장하기 때문이다. 지방함량도 두류와 비슷하지만 지방산 구성은 두류가 단가 및 다가 불포화지방산 함량이 높다. 근육의 부위에 따라 단백질과 지방의 비율이 상이하다. 많이 사용되는 근육에는 지방함량이 적다. 지방조직의 종류와 양은 동물의 종류, 유전, 나이, 사료 및 사양방법에 따라 다양하다.

어떤 식품이 특정 영양소의 일일 섭취 권장량의 최소 10%를 공급하면 그 식품을 특정 영양소를 위해 영양적으로 좋은 식품이라고 취급한다. 한국인의 영양권장량은 표 3-2에서 보여준다. 조리된 쇠고기는 표 3-1에서 보는 바와 같이 100 g이 에너지 190 kcal와 단백질 27 g을 함유한다. 30～49세의 한국인 성인 남자는 하루에 에너지 2,400 kcal와 단백질 60 g의 섭취가 권장되므로 쇠고기 100 g은 에너지 권장량의 7.9%, 단백질 권장량의 45%를 공급하게 된다.

표 3-1. 조리되고 지방을 제거한 근육식품의 조성분(가식부 100g당)

식품 종류	열량 (Kcal)	수분 (%)	단백질 (%)	탄수화물 (%)	회분 (%)	총 지방 (%)
쇠고기(우둔, 브로일)	190	66	27	<1	1.4	6.2
돼지고기(다리, 브로일)	220	62	26	<1	1.1	11.0
어린양고기(앞다리, 로오스트)	180	64	28	<1	1.1	6.7
닭고기(가슴살, 로오스트, 껍질제거)	170	64	31	<1	1.0	4.3
닭고기(다리, 후라이, 껍질포함)	240	59	26	<1	1.0	14.0
칠면조(다리, 로오스트, 껍질포함)	200	58	29	<1	1.0	11.8
생선(연어, 브로일)	160	68	24	<1	1.5	6.2

에너지 일일 섭취 권장량을 공급하는 비율보다 특정 영양소 일일 권장량을 공급하는 비율이 높으면 "영양소 밀도(nutrient density)"가 높은 것으로 평가되므로 쇠고기는 영양소 밀도가 높은 식품임을 알 수 있다. 더욱이 근육의 단백질 함량은 두류식품과 비슷하지만, 필수아미노산 구성에 있어 훨씬 균형이 잡혀있기 때문에 영양적으로 두류식품보다 품질이 우수하다. 지방은 고기를 소비할 때 풍미를 제공하며 식욕을 돋고 포만감을 준다. 지방은 탄수화물과 단백질과는 달리 g당 9칼로리의 열량을 제공하므로 고열량의 공급원이다. 또한 필수지방산과 지용성 비타민 A, D, E, 그리고 K의 흡수를 도와준다.

근육식품은 단백질, 지방 이외에도 비타민 그리고 철, 아연을 포함한 광물질의 우수한 공급원이다. 그러나 비록 부산물인 간은 비타민 A, D, 그리고 K의 우수한 공급원이지만, 고기는 지용성 비타민의 좋은 공급원은 아니다. 반면에 수용성 비타민인 B_1(티아민), B_2(리보플라빈), B_6, B_{12}, 니아신 등 비타민 B군의 우수한 공급원이다. 특히 돼지고기는 티아민의 함량이 월등히 높다. 비타민 B_6은 체내에서 아미노기의 운반에 필요한 비타민이므로 단백질을 많이 섭취하면 더 많이 필요해지는 비타민이다. 따라서 식육을 소비하면 단백질과 비타민 B_6을 동시에 섭취할 수 있어 바람직하다. 비타민 B_{12}는 태아와 같이 급속히 성장하는 조직에서 요구량이 높은 비타민이며, 동물성 식품에만 존재한다.

뼈가 없는 고기는 적은 양의 칼슘과 나트륨을 함유하지만 마그네슘, 인 그리고 칼륨은 상당히 들어 있다. 더욱이 철, 구리, 아연, 그리고 망간 등 미량 광물질의 우수한 공급원이다. 이러한 미량 광물질은 식육이 아니면 일반 식사에서 매일 충분히 공

표 3-2. 한국인 1일 영양권장량(2015년 한국인 영양소 섭취기준 참조)

연 령		체중 (kg)	신장 (cm)	에너지 (kcal)	단백질 (g)	비타민 A (μg RE[2])	비타민 D (μg)	비타민 E (mg α-TE[3])	비타민 C (mg)	티아민 (mg)	리보플라빈 (mg)	니아신 (mg NE[4])	비타민 B (mg)	엽산 (μg DFE[5])	칼슘 (mg)	인 (mg)	철분 (mg)	아연 (mg)
영아	0~5 (개월)	6.2	60.3	550	10	350	5	3	35	0.2	0.3	2	0.1	65	210	100	0.3	2
	6~11	8.9	72.2	700	15	450	5	4	45	0.3	0.4	3	0.3	80	300	300	6	3
소아	1~2(세)	12.5	86.4	1,000	15	300	5	5	35	0.5	0.5	6	0.6	150	500	450	6	3
	3~5	17.4	105.4	1,400	20	350	5	6	40	0.5	0.6	7	0.7	180	600	550	6	4
남아	6~8(세)	26.5	126.4	1,700	30	450	5	7	55	0.7	0.9	9	0.9	220	700	600	9	6
	9~11	38.2	142.9	2,100	40	600	5	9	70	0.9	1.2	12	1.1	300	800	1,200	10	8
	12~14	52.9	163.5	2,500	55	750	10	10	90	1.1	1.5	15	1.5	400	1,00 0	1,200	14	8
	15~18	63.1	173.3	2,700	65	850	10	11	105	1.3	1.7	17	1.5	400	900	1,200	14	10
	19~29	68.7	174.8	2,600	65	800	10	12	100	1.2	1.5	16	1.5	400	800	700	10	10
	30~49	66.6	172.0	2,400	60	750	10	12	100	1.2	1.5	16	1.5	400	800	700	10	10
	50~64	63.8	168.4	2,200	60	750	10	12	100	1.2	1.5	16	1.5	400	750	700	10	9
	65~74	61.2	164.9	2,000	55	700	15	12	100	1.2	1.5	16	1.5	400	700	700	9	9
	75 이상	60.0	163.3	2,000	55	700	15	12	100	1.2	1.5	16	1.5	400	700	700	9	9

연 령		체중 (kg)	신장 (cm)	에너지 (kcal)	단백질 (g)	비타민 A (μg RE[2])	비타민 D (μg)	비타민 E (mg α-TE[3])	비타민 C (mg)	티아민 (mg)	리보플라빈 (mg)	니아신 (mg NE[4])	비타민 B (mg)	엽산 (μg DFE[5])	칼슘 (mg)	인 (mg)	철분 (mg)	아연 (mg)
여자	6~8(세)	25.0	125.0	1,500	25	400	5	7	60	0.7	0.8	7	0.9	220	700	550	8	5
	9~11	35.7	142.9	1,800	40	550	5	9	80	0.9	1.0	9	1.1	300	800	1,200	10	8
	12~14	48.5	158.1	2,000	50	650	10	10	100	1.1	1.2	11	1.4	320	900	1,200	16	8
	15~18	53.1	160.9	2,000	50	600	10	11	95	1.1	1.2	11	1.4	320	800	1,200	14	9
	19~29	56.1	161.5	2,100	55	650	10	12	100	1.1	1.2	11	1.4	320	700	700	14	8
	30~49	54.4	159.0	1,900	50	650	10	12	100	1.1	1.2	11	1.4	320	700	700	14	8
	50~64	51.9	155.4	1,800	50	600	10	12	100	1.1	1.2	11	1.4	320	800	700	8	7
	65~74	49.7	152.1	1,600	45	550	15	12	100	1.1	1.2	11	1.4	320	800	700	8	7
	75 이상	46.5	147.1	1,600	45	550	15	12	100	1.1	1.2	11	1.4	320	800	700	7	7
임신	1분기			+0	+0													
	2분기			+340	+15	+70	+0	+0	+10	+0.4	+0.4	+4	+0.8	+200	+0	+0	+10	+2.5
	3분기			+450	+30													
수유				+320	+25	+490	+0	+3	+40	+0.4	+0.5	+3	+0.8	+130	+0	+0	+0	+5.0

1) 필요 추정량, 2) Retinol equivalent, 3) α-tocopherol equivalent, 4) Niacin equivalent, 5) Dietary folate equivalent

급받기가 힘들다. 특히 철분은 식육이 양적으로 충분히 함유하고 있을 뿐만 아니라 힘(heme) 철은 비힘 철보다 체내에서 흡수율이 5~10배 더 우수하므로 철 영양상태가 비교적 좋지 않은 한국인에게 근육식품의 소비는 적극 권장되어져야 할 것이다. 힘 철 함량은 쇠고기, 양고기, 닭고기에서는 총 철 함량의 50~60% 정도, 돼지고기에서는 30~40% 수준인 것으로 보고된다. 또한 식육은 비힘 철의 흡수율을 향상시켜 준다.

아연은 성장, 치유, 면역체계, 번식 및 인지 발달에 필수적인 미량원소이다. 유소년기에 특히 부족하기 쉬운 아연은 고기섭취를 통해 해결할 수 있다. 사춘기에 특히 고기섭취를 권장해야 하는 것은 철분과 아연의 결핍이 미래의 국민 건강문제가 될 수 있기 때문이다. 고기는 아연의 우수한 공급원이다. 식물성 유래 아연은 흡수율이 낮은 단점이 있으나, 고기에서는 흡수율이 상대적으로 높아서 효과적이다. 셀레늄은 항산화제 역할을 하며, 관상동맥 심장질환과 전립선암을 예방해 준다고 보고된다.

고기는 비타민 B군의 우수한 공급원이다. 이 비타민은 수용성이므로 살코기에 더 많이 함유되어 있다. 돼지고기는 티아민(thiamin)의 풍부한 공급원으로서 소고기나 양고기보다 5~10배 더 함유하고 있다. 고기가 공급하는 니아신(niacin)은 트립토판에서 유래하기 때문에 포도당에 결합되어 있는 식물성 유래 니아신보다 흡수가 잘 된다.

비타민 B_{12}는 소, 양, 염소 같은 반추가축의 장에서 일어나는 박테리아 발효산물이기 때문에 동물성 식품에만 존재한다. 비타민 B_{12}의 결핍은 megaloblastic anaemia, neuropathy, 위장관 증상을 유발한다. 채식주의자들에게서 결핍증상이 많이 나타나기 때문에 별도로 섭취할 것을 권장한다. 호모시스틴의 수준이 높으면 cardiovascular disease 위험이 높아지는데 비타민 B_6와 B_{12}섭취를 잘 하면 호모시스틴의 혈중 농도를 낮출 수 있다. 비타민 D는 칼슘 흡수에 필수적인 호르몬 같은 역할을 하고, 골격 발달에 필수적이며, 결핍 시 골다공증의 위험이 있다. 면역시스템에 관여하여 폐결핵, 근무력증, 당뇨병, 암, 관상동맥 심장질환을 예방해 준다.

고기는 단백질 이외에도 철분, 아연, 셀레늄, 비타민 B군과 같이 인체에 필수적인 많은 영양소를 제공한다. 더욱이 최근에는 인체에서 질병을 예방하고, 생리적 기능을 개선하는 기능성 성분(nutraceuticals)에 소비자들의 관심이 높아지면서 식물성 생리활성 물질인 phytochemical들에 대한 연구가 많이 이뤄졌다. 고기에는 이러한 생리활성 물질(bioactive compounds)로서 공액리놀산(conjugated linoleic acid, CLA), 카노신(canorsine), 엔서린(anserine), 카르니틴(L-carnitine), 글루타치온(glutathione), 타우린(taurine), 코엔자임 큐(coenzyme Q), 크레아틴(creatine), 생리활성 펩타이드(bioactive peptides) 등이 함유되어 있는 것으로 보고되고 있다.

항암, 항동맥경화, 항산화 효과와 면역조절 효과도 있고, 비만, 당뇨 조절에도 역할을 한다는 지방산 공액리놀산(CLA)이 반추가축 고기에 많이 함유되어 있고, 그 함량은 가축의 품종, 나이 및 사료 성분에 영향을 받는 것으로 보고된다. 카노신과 엔서린은 항산화 효과를 갖는 히스티딘을 함유한 다이펩타이드이다. 고기에는 아주 풍부하게 들어 있어 카노신은 닭고기 다리살에 kg당 500mg, 돼지고기 어깨살에 kg당 2,700mg이 들어 있다. 카르니틴은 골격근에 존재하는데, 특히 소고기 다리살에 kg당 1,300mg이 들어 있다. 이것은 인체에서 콜레스테롤을 낮춰주고 에너지를 생산하는데 도움을 준다. 칼슘 흡수를 도와 골격의 힘을 개선시켜 주고 chromium picolinate의 흡수를 도와 근육 크기를 키워준다.

글루타치온은 항산화물질로서 세포의 독소방어 능력을 제공한다. 소고기 100 g에 12～26 mg 들어 있다. 돼지고기에도 풍부하게 들어 있다. 타우린은 산화스트레스로부터 몸을 보호해 준다. 고기는 좋은 급원이어서 소고기 100g에 77mg이 들어 있다. 코엔자임 큐도 항산화 효과를 가지며, 소고기 100g에 2mg 들어 있다. 크레아틴은 근육 에너지대사에 필수적인 역할을 한다.' 소고기 100g에 350mg 함유되어 있다. 이밖에도 콜린(choline), 발레닌(balenine), 크레아티닌(creatinine), 리포산(lipoic acid), 퓨트리신(putrescine), 스퍼마딘(spermidine), 스퍼민(spermine) 등도 생리활성 물질로 알려진다.

고기 단백질이 가수분해 되면서 생성되는 펩타이드들의 생리활성이 관심을 받으면서 다양한 생리활성 펩타이드들이 다양한 과정을 거쳐 생산되었다. 그 배경을 보면 모두 단백질 분해효소들에 의해 생산되는 것이다. 첫째, 위장에서의 단백질 분해는 소화효소들인 펩신(pepsin), 트립신(trypsin), 카이모트립신(chymotrypsin), 엘라스테이즈(elastase), 카르복실펩티데이즈(carboxypeptidase)들을 이용하여 생산된 것이다. 둘째, 고기의 숙성 중에 내생 단백질 분해효소인 칼페인이나 카뎁신에 의한 펩타이드 함량이 증가한다. 셋째, 발효 중에 단백질 분해가 일어나 펩타이드의 생성이 이루어진다.

이 모든 과정에서 ACE(Angiotensin I converting enzyme) 억제 펩타이드가 생성된다. 발효 육제품이 비발효 육제품에서보다 ACE 억제 펩타이드 함량이 높다고 보고된다. 그밖에도 고기 단백질을 의도적으로 thermolysin, proteinase A, papain, actinase E 등과 같은 여러 가지 단백질 분해효소를 이용하여 ACE 억제 효과뿐만 아니라 항산화 효과를 보이는 생리활성 펩타이드를 생산하였다.

2. 건강성

고지방/저탄수화물 식사는 만성적 질환의 주된 원인이라고 주장된다. 따라서 서양 선진국에서는 과일/채소의 소비가 증가하고, 적육의 소비가 감소한 반면에 가금육의 소비는 증가하고 있는 추세이다. 더욱이 적육 소비는 콜레스테롤과 지방 섭취를 증가시키고, 이것은 혈중 콜레스테롤을 증가시키며, 혈중 콜레스테롤 증가는 만성 심장질환과 밀접한 관계가 있다고 주장된다. 이러한 식이 콜레스테롤과 지방섭취는 혈중 콜레스테롤에 직접적으로 영향을 미친다는 주장으로 인하여 적육은 항상 관심의 대상이 되어 왔다. 그러나 식이 콜레스테롤, 혈중 콜레스테롤, 그리고 만성적 심장질환과의 관계는 서로 상반된 연구결과가 보고되고 있다.

식이 콜레스테롤은 포화지방산보다 혈중 콜레스테롤에 덜 영향을 미치는 것으로 보고된다. 대부분의 식육은 가식부위 100 g당 대략 90 mg 정도의 콜레스테롤을 함유하고 있으며(표 3-3), 일일 300 mg 이하의 콜레스테롤 섭취가 세계적으로 권장되고 있으므로 100 g의 식육은 대략 콜레스테롤 권장 섭취의 1/3을 공급한다고 할 수 있으나, 실제로 미국의 성인이 소비하는 약 120 g 정도의 식육이 단지 총 혈중 콜레스테롤 수준의 3～4 mg/dl를 공급하여 1.5～2% 정도의 공헌을 하는 것으로 추정하고 있다.

콜레스테롤 섭취보다는 총 지방 섭취량, 특히 탄소수가 16 이하인 포화지방산 섭취가 만성 순환기 질환에 더 나쁜 영향을 주는 것으로 보고된다. 근육식품의 지방함량은 쇠고기의 경우 8.8%(우둔 정육)에서 42.0%(갈비)까지, 돼지고기는 5.5%(햄 정육)에서 49%(베이컨)까지, 송아지 고기는 3.0%에서 9.7%까지, 가금육에서는 칠면조고기 3.2%에서 오리고기 28%까지, 닭가슴육(껍질 없음) 3%에서 튀긴 날개 22%까지 다양한 수준을 보여준다. 따라서 조리방법에 따라 식육의 지방함량에 차이가 많이 생기는 것을 알 수 있다.

식육소비는 영양학자들로부터 서양에서 점점 더 일반화 되고 있는 심혈관질환, 제 2형 당뇨병과 여러 가지 암을 유발한다고 비난을 받고 있다. 식육, 특히 적육의 지방산 조성은 이러한 질병 유발의 주된 원인으로 지목받고 있다. 포화지방산, 특히 탄소수가 12:0에서 16:0인 것들은 심혈관질환과 제2형 당뇨병 위험을 증가시키는 것으로 알려진다. 이러한 이유로 의사들은 포화지방산 섭취를 식이 에너지의 10% 수준으로 제한하는 것을 추천한다. 최근 연구는 포화지방산이 대형 저밀도 지단백질-콜레스테롤(LDL-cholesterol)의 양을 증가시키기 때문이라고 보고한다.

표 3-3. 근육식품 종류별 콜레스테롤 함량(가식부위 100g 당)

식품 종류	총 함량(mg)	섭취 권장량 300 mg에 대한 비율(%)
송아지 간	329.5	110
새우(찜)	195	65
송아지고기(정육)	118	39
닭고기(정육)	89.5	30
분쇄우육(80% 정육)	87	29
쇠고기(정육)	86	29
돼지고기(정육)	85	28
넙치(구운 것)	68	23
참치(백육, 물통조림)	41	14
양고기(등심)	94	31
후랑크 소시지(돈육+우육)	16.5	5.5
햄	20	7
베이컨	28	9

식육소비는 포화지방산 섭취를 늘리는 것으로 알려지고, 따라서 포화지방산과 트랜스 지방산 섭취를 줄이고 다가불포화지방산 섭취를 늘리는 것이 심혈관 질환의 위험을 줄이는 방법으로 권장되고 있다. 권장되는 것은 포화지방산을 다가불포화지방산으로 대체하는 것이므로 서양 사람들에게는 최선의 식생활이 고기 소비를 줄이는 것이다. 단가불포화지방산인 올레산(18:1 n-9)은 콜레스테롤을 낮춰 심혈관질환의 위험을 낮춰주는 것으로 보고된다.

반추위 가축의 고기는 다양한 트랜스 지방산을 함유하고 있다. 트랜스 지방산은 혈중 저밀도 지단백질-콜레스테롤(LDL-cholesterol) 수준을 높여 주고, 고밀도 지단백질-콜레스테롤 수준은 낮춰 주는 것으로 보고된다. 우유나 식육에 존재하는 천연 트랜스 지방산은 가공식품의 트랜스 지방산처럼 인체에 해로운 것이 아니라고 보고된다. 반추위 가축의 식육에 존재하는 공액 리놀레산(conjugated linoleic acid, CLA)은 대장암과 유방암에 항암효과가 있는 것으로 보고되지만, 고기 속에 들어 있는 수준으로 항암효과를 얻기에는 충분치 않다.

다가불포화 지방산인 리놀레산(18:2 n-6)과 알파 리놀렌산(18:3 n-3)은 저밀도 지

단백질-콜레스테롤 수준을 낮춰 주지만, 섭취되는 절대 함량보다 두 종류의 지방산의 비율이 영양적으로 더욱 중요한 것으로 보고된다. 다가불포화 지방산 중에서 오메가 3 지방산(n-3)이 혈압 강하, 혈중 콜레스테롤 저하 및 혈소판 응고를 감소시킨다고 보고되어 이 지방산의 섭취가 증가하고 있고, 등푸른 생선의 소비가 권장되어졌다. 그러나 과도한 n-3 지방산의 섭취는 생체 내에서 산화 스트레스를 증가시키며, 항산화 영양소의 고갈을 초래할 수 있는 부작용이 우려되므로 과잉섭취를 방지하고, 균형 잡힌 지방산 섭취를 강조하기 위하여 다가불포화 지방산의 비율도 n-6(linoleic acid)과 n-3(linolenic acid)의 비율로 4/1～10/1을 추천하고 있다. 식육의 지방산 구성을 보면(표 3-4) 포화지방산 함량이 전체 지방의 40%를 넘지 않는 것을 알 수 있다. 따라서 식육 소비 시 포화지방산 섭취를 걱정하기보다 균형 잡힌 식생활을 하는 것이 더 중요함을 알 수 있다.

권장되는 다가불포화 지방산 : 포화지방산 비율(P : S ratio)은 약 0.4이며, 다가불포화 지방산 중에서 n-6 : n-3 섭취 비율은 4 이하이다. 소고기, 양고기 및 돼지고기의 n-6 : n-3 지방산 비율은 2.2, 1.3, 그리고 7.5이다(표 3-5). 따라서 소고기와 양고기는 문제가 없지만, 돼지고기는 오메가 3 함량을 증가시켜야 한다. 돼지고기는 리놀레산(C18 : 2 n-6) 함량이 지방조직에 다량 함유되어 있기 때문이다.

표 3-4. 각종 근육식품의 지방산 구성 (단위: 총 지방의 %)

근육식품 종류	포화지방산	단일 불포화지방산	다중 불포화지방산	기타 지질
쇠고기(설도, 로오스트)	36	42	3	19
닭고기 가슴육(껍질제거)	28	35	21	16
어린 양고기(등심)	36	44	7	13
돼지고기(안심)	34	40	9	17
새우(찜)	27	18	41	14
참치(물통조림)	27	26	37	10
송아지고기(커트렐)	26	35	22	17
후랑크 소시지(돈육+우육)	37	47	9	7
햄	34	49	1	16
베이컨	35	48	12	5

표 3-5. 식육의 지방산 비율

고기 종류	조 직	P:S 비율	n-6 : n-3 비율
소고기	근 육	0.11	2.11
	지방조직	0.05	2.30
	스테이크	0.07	2.22
양고기	근 육	0.15	1.32
	지방조직	0.09	1.37
	챱	0.09	1.28
돼지고기	근 육	0.58	7.22
	지방조직	0.61	7.64
	챱	0.61	7.57

3. 안전성

식육이 저장, 가공 및 조리 될 때는 그 내부에서 상당한 화학적 변화가 발생하고, 다양한 물질들이 생성되어 풍미 및 저장성이 향상되는 등 바람직한 특성들이 생긴다. 그러나 특정한 조건에서 식육 내에 유해물질들이 발생할 수 있는 가능성도 존재한다. 물론 유해물질이 생성되기 위해서는 극한 조건이 필요하며, 생성되는 함량은 극미량이지만, 이에 대한 충분한 인식을 가져야 한다.

3.1 다환성 방향족 탄화수소(Polycyclic aromatic hydrocarbons, PAH)

PAH는 직접 암을 유발하는 물질이 아니고 섭취된 다음 체내 대사과정에서 생성되는 diol epoxide가 발암성을 가지는 것으로 보고된다. 식품에서 발견되는 PAH들은 그림 3-1에서 보여준다. 이 중에서 식육의 훈연에서 가장 문제가 되는 것은 benzo(a) pyrene(3,4-benzpyrene)이다. PAH는 유기물을 열 분해시켰을 때 생성되는 물질이다. 따라서 연기, 타르, 검댕, 석탄, 담배연기, 석유 혹은 연소배기에 존재한다. 결국 PAH는 식육을 불 위에서 굽거나, 훈연을 하거나 혹은 유기물이 열분해 되는 환경에 노출시킬 때 오염되거나 식육 자체가 부분적으로 열분해 될 때 직접 생성되기도 한다. 따라서 식육의 PAH 농도는 숯불구이나, 불로 구울 때 열원에서의 거리, 지방이 불에 떨어져 타는 정도에 따라 영향을 받는다(표 3-6). 또한 가열온도가 400℃ 이상으로 증가하면 PAH의 생성은 직선적으로 계속 증가한다.

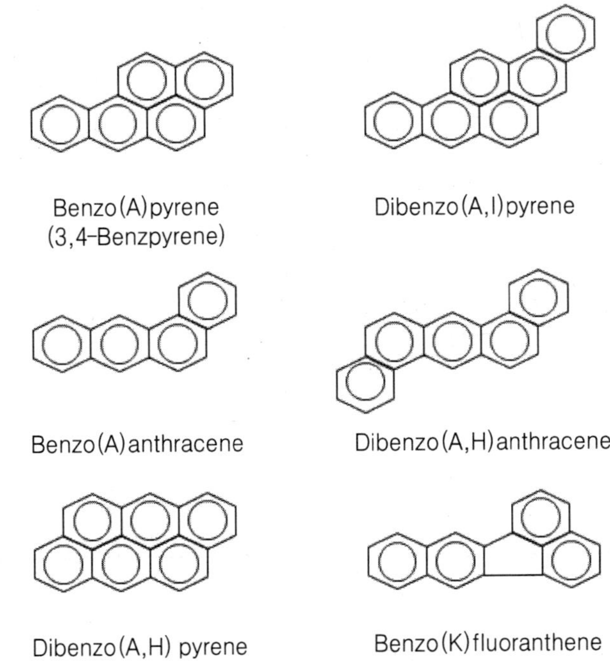

그림 3-1. 식품에서 발견되는 다환성 방향족 탄화수소(PAH)들의 구조

표 3-6. 조리육의 PAH 농도 (단위 : ppb)

종 류	BaA	BaP	F	BaF
목탄 구이				
햄버거(지방 21%), 열원에서 7cm	2.7	2.6	13.3	-
햄버거(지방 21%), 열원에서 25cm	-	-	6.4	-
햄버거(지방 7%), 열원에서 7cm	-	-	0.3	-
햄버거(지방 7%), 열원에서 25cm	-	-	1.3	-
햄버거(냉동), 열원에서 7cm	4.5	11.2	4.9	-
폭찹, 열원에서 7cm	8.2	7.9	22.5	-
닭고기, 열원에서 7cm	3.2	3.7	1.1	-
등심, 열원에서 7cm	10.3	11.1	12.6	4.3
T-bone 스테이크, 열원에서 7cm	31.0	50.4	19.8	5.7
불 구이				
T-bone 스테이크, 열원에서 7cm	3.9	4.4	19.0	-

BaA : benzo(a)anthracene, BaP : benzo(a)pyrene, F : fluorene, BaF : benzo(a)fluorene

식육제품에서 PAH를 줄이는 전략은 여러 가지이다. 연기 생산 시 나무 연소온도를 섭씨 400℃ 이하로 낮춰 연기 속의 절대함량을 낮추거나, 농도를 변경시키거나(옅은 연기에는 3.01～4.31 μg PAH/kg ; 짙은 연기에는 4.88～7.42 μg PAH/ kg 함유), 발연기와 제품 간의 거리를 조절하거나 장애물을 설치하거나, 훈연시간을 조절하거나, 조리방법이나 강도를 변경시키는 것 등이다.

소시지의 경우 사용하는 케이싱의 종류에 따라 영향을 받아 후랑크 소시지의 경우 셀룰로오즈 케이싱에서는 벤조피렌 함량이 0.08 μg/kg이었지만, 양 소장 케이싱의 경우는 0.81 μg/kg이었다. 소시지의 지방함량이 높으면 높고, 낮으면 낮았다(저지방 소시지 0.28 μg/kg ; 고지방 소시지 1.37 μg/kg). 또한 발효소시지 표면에 유산균(*Lactobacillus sakei* KTU 05-6, *Pediococcus acidilactici* KTU 05-7 또는 *Pediococcus pentosaceus* KTU 05-9) 처리를 하면 제품의 benzo[a]pyrene이나 chrysene 같은 PAH 함량이 낮아진다. 양파(30 g/100g)나 마늘(15 g/100g) 같은 양념들을 처리하면 고기에서 PAH가 45%와 60%가 줄어들었다고 보고된다.

3.2 아질산염

아질산염($NaNO_2$)은 고기를 염지시키기 위해 사용된다. 그 사용 역사는 수세기에 걸쳐 있다. 이미 공부한 대로 아질산염은 풍미, 지방산화 억제, 색깔, 식중독 예방 목적으로의 고기 염지에 사용된다(4편 3장 참조). 식육 가공에서 사용되는 아질산염은 산화되거나 환원될 수 있는 화학물질로서 산업적으로나 의학적으로 폭넓게 이용된다. 그 자체로서 독성을 가지는 아질산염은 다량 섭취 시 청색증(methemoglobinemia)라는 적혈구의 산소운반 능력 상실을 야기하며, 심하면 죽음에 이르게 된다.

체중 65kg인 사람이 아질산염 4.6g을 섭취하면 죽음에 이르게 된다. 따라서 염지육가공 제품의 소비로 인해 인체에 해를 가져올 수 있는 문제는 육가공 제품에 남아있는 잔류 아질산염의 섭취와 가공 중에 아질산염에 의해 생성되는 발암물질인 니트로소아민의 섭취이다. 잔류 아질산염의 문제는 섭취된 아질산염과 아민이 인체 내에서 나이트로소화반응(nitrosation)으로 니트로소아민을 생성하게 되면 위험해진다는 가정 하에 제기되는 문제이다.

1) 잔류 아질산염

인간이 섭취하는 아질산염(NO_2^-)은 일일 1.2～3.0mg 정도로 알려진다. 이 중의 대략 93%가 타액에서 유래한다. 나머지는 식품에서 유래하는데 4.8%가 염지육제품(미국인 섭취 기준), 2.2%가 채소 섭취에서 기인한다. 아질산염의 대부분이 타액에서 유래하는 것은 채소를 통해 섭취된 질산염(NO_3^-)이 구강 내 박테리아에 의해 아질산염으로 환원되어지기 때문이다. 섭취된 총 질산염의 단지 5%만이 아질산염으로 환원되는 것으로 보고된다. 과거에는 염지육제품에서 기인하는 아질산염 섭취 비율이 높았으나 가공기술의 발전으로 잔류 아질산염의 함량이 낮아졌기 때문에 비율이 5% 이하인 것으로 보고된다.

염지육제품에서의 질산염은 고기 염지를 위해 초기에 사용되다가 과학적으로 염지효과는 질산염이 아질산염으로 환원된 후에 성취되는 것이 밝혀짐으로써 고기 염지에서는 아질산염만이 사용된다. 질산염 첨가는 일부 발효제품의 경우에서만 사용됨으로써 질산염은 단지 아질산염의 급원으로 이용되는 것이다. 채소에는 아질산염이 소량 존재하지만 질산염은 다량 존재한다. 인체에 존재하는 아질산염은 산화질소(NO) 대사의 결과로 형성되는 것이지만 식품으로 섭취되는 아질산염은 염지육제품에 존재하는 잔류 아질산염이다.

아질산염 섭취의 긍정적인 효과는 체내에서 산화질소의 공급원으로 작용한다는 것이다. 산화질소는 항혈전성, 항동맥경화성 및 항증식성 특성을 발휘하여 혈관 항상성을 유지시키며, 포도당 흡수대사, 칼슘 항상성 및 근육수축 조절을 통해 근육 혈액순

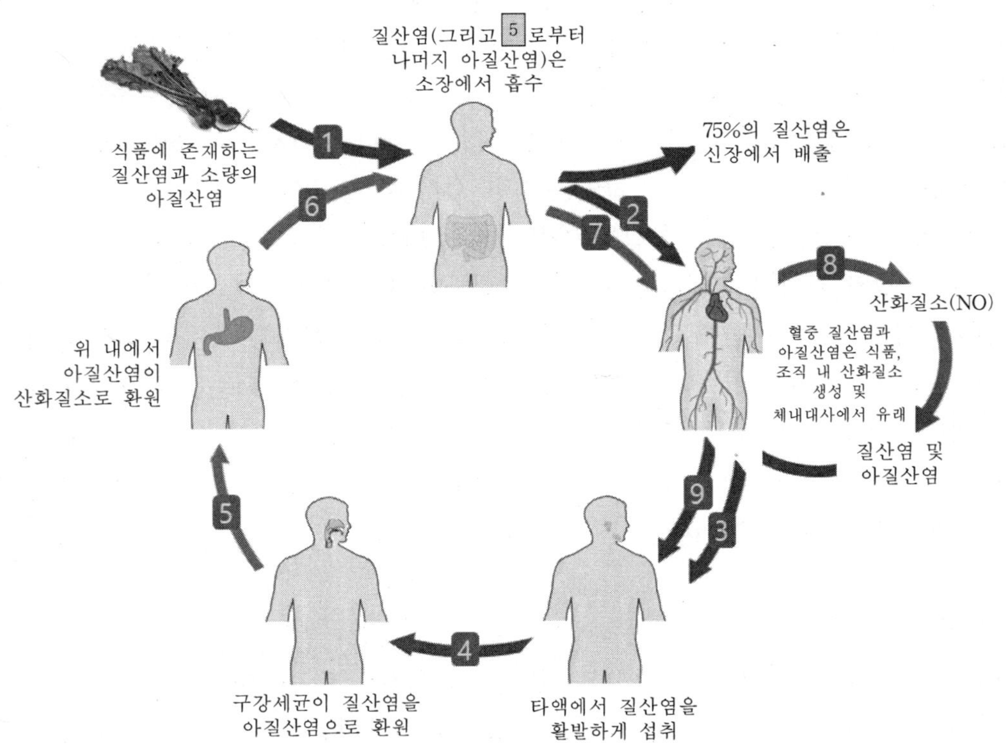

그림 3-2. 인체내 질산염, 아질산염 및 산화질소 대사경로

환을 향상시켜 인체가 운동에 생리적으로 적응하게 도와주고, 혈압, 내피부막 기능, 허혈-재관류 손상, 동맥경화, 혈소판 기능 등을 개선함으로써 심혈관계 질병으로부터 보호해주는 역할을 하는 것으로 보고된다. 따라서 체내에서 산화질소가 불충분하게 생산되면 고혈압, 동맥경화, 고지혈증 등과 같은 복합적 심혈관계 질환에 노출된다.

체내에서의 산화질소 생성은 산화질소 합성효소가 아미노산 L-arginine을 L-citrulline으로 전환시키는 과정에서 부산물로 생산되는 것이다. 인체 내에서 산화질소 공급은 산화질소 합성효소 경로를 통해서만 공급되는 것으로 생각해 왔으나 최근에는 질산염-아질산염-산화질소의 경로를 통해 생산, 공급되는 과정이 제시되었다. 따라서 질산염-아질산염-산화질소의 경로는 인체의 산화질소 공급원으로 산화질소 합성효소 경로를 보완해 주는 것이 분명해졌다. 더욱이 산소압이 낮아지면 산화질소 합성효소가 활동하지 않으므로 산소압과 무관한 질산염-아질산염-산화질소 경로는 지원 시스템으로 작용할 수 있다.

아질산염의 혈관확장 효과는 동맥과 정맥에서 무산소 상태에서 월등히 증강되며, 산소는 조직 아질산염 대사에서 생산량과 속도를 제어하는 강력한 인자이다. 이것은 체내의 저산소 상태에서는 아질산염에서 산화질소로의 환원이 우세하지만, 정상적인 고산소 수준에서는 아질산염에서 질산염으로의 산화가 우세하기 때문에 무산소 상태에서 산화질소 생산이 증가되기 때문이다. 체내의 질산염과 아질산염 주요 공급원은 식이와 아지닌-산화질소 합성효소 경로의 최종 산물이다(그림 3-2). 질산염은 주공급원이 식이이지만, 아질산염의 경우에는 내부 생화학적 대사경로가 주공급원이다. 인간이 섭취하는 일일 평균 식이 질산염은 세계보건기구(WHO) 보고에 의하면 43~141 mg의 범위이다. 나라에 따라 다르지만 대략 80% 정도는 채소 섭취에서 오고, 14% 정도는 식수에서 온다. 다량의 채소 섭취가 혈압을 낮춰주는 효과가 있는 것은 채소 중에 함유되어 있는 식이 질산염에 기인하는 것으로 알려진다.

2) 니트로소아민(Nitrosamines)

니트로소아민이 사람에게 암을 발생시킬지도 모른다는 의심은 1960년대 초 노르웨이에서 아질산염으로 염지된 어분을 먹인 후 가축들이 폐사된 원인이 N-nitroso-dimethylamine(NDMA)의 존재로 밝혀진 사실에서 유래한다. 니트로소아민은 아질산염과 2가 혹은 3가 아민이 반응하여 형성된다. 형성조건은 pH 2.5~3.5에서 아민과 아질산이 존재하거나, 중성이나 염기성 pH 조건에서 아민과 고온 연소에 의한 질소화합물이 존재할 때, 혹은 식육 가공에서처럼 transnitrosation에 의한 경로이다.

아질산염은 4편 3장에서 기술되고 있는 것처럼 식육 가공에서 필수적인 기능을 가진 첨가제로서 100년 이상을 사용되어져 왔다. 염지육제품에서 니트로소아민이 문제가 된 것은 베이컨이다. 베이컨에서는 N-nitrosopyrrolidine(NPYR), NDMA, 그리고 N-nitrosothiazolidine(NTHZ)의 세 종류 니트로소아민이 1~20 ppb 수준에서 검출된다. NPYR의 전구물질은 아미노산인 유리 proline이다. 이것은 프롤린이 먼저 nitroso화하여 생성되는 경로와 프롤린에서 생성된 pyrrolidine이 nitroso화하는 경로의 두 가지 경로가 주장되고 있다. NDMA는 N-nitrososarcosine을 거치는 경로, NTHZ는 훈연 시 연기 성분의 알데하이드와 아미노산 cysteine과 반응하여 형성되는 thiazolidine carboxylic acid의 nitroso화를 통하여 생성되는 경로가 있다.

베이컨에 이러한 니트로소아민들이 검출되는 농도는 베이컨을 조리하는 방법, 후라잉 하는 시간, 온도, 그리고 염지 시 첨가되는 아질산염의 양, nitroso화 억제 첨가물의 존재, 유리 아민의 양 등에 의해 영향을 받는다. 베이컨은 익히지 않으면 니트로소아민이 거의 없고 후라잉 할 때 가장 많은 휘발성 니트로소아민이 생성된다. 온도가 높을수록 더 많이 생성되어 낮은 온도에서 오래 가열하는 것이 높은 온도에서 짧은 시간 후라잉 하는 것보다 더 적은 니트로소아민을 생성한다.

니트로소아민은 주로 지방층에서 생성되므로 지방이 많은 베이컨이, 그리고 오래된 베이컨이 후라잉 시 더 많은 니트로소아민을 생산한다. 염지 시 첨가되는 아질산염이 증가하면 후라잉 후 생성되는 니트로소아민의 양은 증가하지만, 염지재료에 아스콜브산이나 에리솔브산 같은 항산화제를 첨가하면 생성이 줄어든다. 베이컨을 제외한 다른 염지육제품에서는 니트로소아민은 거의 검출되지 않는다. 그 이유로 가장 그럴듯한 것은 조리 중 수분이 수증기로 증발하면서 니트로소아민을 동반하여 제거하여 주기 때문이라는 것이다. 실제로 베이컨을 제외한 대부분의 제품들은 모든 수분이 수증기로 제거되기 전에 조리가 정지되지만, 베이컨만은 수분이 수증기로 되는 온도 이상으로 가열된다.

식육제품에서 니트로소 화합물 함량을 줄이는 방법은 첨가하는 아질산염/질산염 함량을 줄이거나 완전히 배제하고, 아니면 니트로소아민이 형성되는 환경을 배제하는 것이다. 생성조건을 억제하는 것은 제품 성분을 변경하거나(지방조직 감소), 적절한 가열조건, 적당한 숙성 조건을 조성하는 것이다. 아질산염의 사용을 완전히 배제하는 것은 식품안전과 관능적 품질(특히 색깔)상 쉬운 문제는 아니다. 아질산염 무첨가 제품은 염지육 색깔이 결여되어 있고, 가열 후 갈색의 제품이 된다. 산성 유청(acid whey) 1%와 고압처리된 겨자씨를 이용하여 생산된 아질산염 무첨가 가열 소시지는 만족할 만한 색깔을 보여줬다. 첨가물들의 항산화 효과가 마이오글로빈의 힘 링을 안정화시켜 주기 때문인 것으로 보고된다. 아울러 겨자씨의 니트로소 화합물도 색깔 형성에 일조를 한 것으로 보인다. 저아질산염 가열 소시지도 1% 적포도씨박을 30mg/kg 아질산염과 함께 첨가하여 성공적으로 생산하였다.

발효소시지 제조에서는 훨씬 수월하게 아질산염이나 질산염 첨가 없이 안정된 붉은 색깔을 가진 성공적인 제품을 생산한다. 발효소시지의 미생물들은 환원능력이 우수하여 환원마이오글로빈의 안정화를 도와주기 때문이다. *Lactobacillus fermentum*을 10^8 CFU/g 수준에서 아질산염 무첨가 발효소시지에 접종하면 아질산염 60 mg/kg을 첨가한 소시지와 비슷한 수준의 색깔을 보여준다. 또한 유산균 중에 *Lactobacillus sakei* KTU 05-6, *Pediococcus acidilactici* KTU 05-7와 *Pediococcus pentosaceus* KTU 05-9는 숙성 중에 아민 형성을 줄여주는 능력을 보였다. 따라서 니트로소아민 형성을 낮춰줬다. 항산화 및 항균 능력이 있는 육두구 정유는 20 mg/kg 수준에서 첨가되었을 때 가열소시지의 저장기간을 연장시켜 주어 아질산염의 대체 역할을 할 수 있을 것으로 보인다.

3.3 화학 잔류물

식육에서 발견되는 화학 잔류물들은 작물생산에 사용되는 화학약품, 동물생산에 사용되는 약품, 그리고 환경오염에서 유래하는 것들이다. 이러한 잔류물들은 법으로 그 허용 수준을 정해 놓고 있기 때문에 축산인들이 사료나 동물용 의약품 사용에 조심한다면 문제를 축소시킬 수 있지만 현대에 점증하는 물, 공기 및 토양의 오염은 그 속에서 생산 및 수확되는 식육에 여러 가지 화학물질의 오염 증가를 야기하고, 이러한 화학 잔류물은 일반적으로 보거나 냄새를 맡거나 맛을 보거나 함으로써 검색할 수가 없기 때문에 잔류물 문제는 방심할 수 없는 문제이다.

가축생산에서 사용되는 약품은 항생제, 성장촉진제, 체조성조절제(β-agonist), 살충제, 안정제가 있으며 작물생산에서 사용되는 약품은 살충제, 살진드기제, 제초제, 살곰팡이제가 있으며, 환경오염 물질로서는 PCB(polychlorinated biphenyls), dioxin, 중금속(납, 수은, 카드뮴), 방사능 물질, 목재 방부제, 마이코톡신 등이 있다. 따라서 축육에서 발견되는 동물용의 약품 종류로는 항생제 및 항균제로서 클로람페니콜, 테트라싸이클린, 썰파디미딘, 썰폰아마이드, 썰파마이드 등이 있고, 성장촉진제로서는 제라놀을 비롯한 여러 가지 스테로이드 및 펩타이드계 호르몬제 그리고 클렌부탄올을 포함한 11가지의 β-agonist가 있으며, 구충제로서 이버멕틴, 벤지미다졸 등이 있고, 안정제로서 아조페론, 캐라조롤, 프로피오닐프로마진, 클로프로마진 등이 있으며, 살충제로는 할로카본, 유기인, 카바메이트, 파이리스로이드 등이 있고, 제초제로는 염화트라이아진 등이 있다. 목재 방부제로는 할로페놀류가, 휘발성 산업 환경 오염물질로는 스타이린, 석유에텔, 에텔벤젠 등이 발견된다.

이러한 잔류물질들은 인간에게 급성독성, 만성독성, 돌연변이 유발, 기형아 출산,

발암, 알러지 유발, 과민성 등의 해를 가져온다. 항생제나 호르몬제 등의 잔류물은 소비자에게 약학적 효과를 유발할 수 있다고 보고된다. 그러나 대부분의 잔류물질들은 급성독성을 가져올 정도로 높은 수준으로 식육에 오염되어 있지 않기 때문에 장기적인 섭취에 따른 부작용 유발이 문제가 되며, 더욱이 식육에 잔류되어 있는 수준에서 이들의 해로운 효과를 확인하기가 매우 힘들기 때문에 더욱 조심해야 하는 부분이다.

3.4 병원성 미생물과 독소

식육이나 식육제품에 존재할 수 있는 미생물적 위험은 원생동물 기생충, 장내 기생충, 프리온, 세균 등을 포함한다. 많은 세균들은 가축 장내에 상존하는 것으로서 가축의 도축과정, 가공, 포장, 유통 및 조리과정 중에 식육에 병원균이 오염되었을 수 있다. 식육에서 야기되는 식품질환에는 주로 식육을 취급, 조리 및 소비하는 과정에서 온도관리를 잘못할 때 발생하는 병원성 미생물의 성장과 독소생성에 기인한다. 식품중독은 진정한 의미의 식중독으로서 소비자가 독소를 함유한 식품을 소비하여 발생되는 경우이다.

세균에서 유래하는 식중독은 세균이 식품에 존재해야 하고, 조건이 세균성장에 적합해야 하며, 성장은 세균을 대량으로 번식시킬 정도가 되어야 하고, 독소를 생산해야 하며, 그리고 그 식품을 민감한 소비자가 섭취해야 발생한다. 이 경우에 생존한 세균의 존재는 필수적인 조건이 아니고 사전에 생산된 독소의 존재가 필수적이다. 독소에 의한 질환이므로 일반적으로 증상은 식품소비 후 짧은 시간 내에 나타난다. 독소를 생산하는 세균으로는 *Staphylococcus aureus, Bacillus cereus, Clostridium botulinum*이 있다. *C. botulinum*만이 신경독소(neurotoxin)를 생산하고, 나머지는 장독소(enterotoxin)를 생산한다.

식품감염은 세균이 식품과 함께 섭취되어 위장 관에서 탈을 일으키므로 증상 발생이 12시간 이상에서 수주 후에 이르는 경우가 있다. 섭취되어 감염을 일으킬 수 있는 세균의 양은 세균 종류에 따라 작게는 10마리(*Shigella*의 경우)에서 많게는 10만 마리 이상(*C. perfringens*의 경우)인 경우도 있다. 감염을 일으키는 세균 종류로는 *Salmonella, Campylobacter, C. perfringens, Listeria monocytogenes, Yersinia enterocolitica, Escherchia. coli* O157 : H7, *Vibrio* 등이 있다.

기생충 감염은 대부분이 식육을 날로 먹기 때문에 발생한다. 선충류(nematodes)로는 돼지고기의 선모충(*Trichinella spiralis*), 촌충류(cestodes)로는 쇠고기의 무구조충(*Taenia saginata*), 돼지고기의 유구조충(*Taenia solium*), 원생동물(protozoa)로는 날것이거나 덜 익은 양고기나 돼지고기의 *Toxoplasma gondii*가 주된 것이다. 광우병

(BSE)은 영국에서 반추동물, 특히 양의 내장으로 사료나 골분을 제조할 때 불충분한 열처리로 전염요소가 완전히 파괴되지 않은 것을 소 사육 시 사료로 이용하여 발생된 것으로 알려지면서 소의 내장을 사료나 식용으로 일체 사용하지 못하게 금지하였다. BSE의 원인은 양의 Scrapie병의 원인과 비슷한 프리온 단백질인 것으로 보고되며, 사람에게 전이되어 인간광우병(Variant-Creutzfeldt-Jakob)병과 같은 증상을 나타낼 수 있다고 보고되었다.

3.5. 생원성 아민류(Biogenic amines)

생원성 아민은 생물활성을 가지는 저분자 유기물이다. 이들은 동물, 식물 및 미생물에서 정상적인 대사활동의 결과로 형성되고 분해되며, 알데하이드와 케톤의 아미노화 및 아미노기 전이 반응에 의해서 생성되거나 혹은 숙성이나 저장 중 아미노산 탈카복실화 효소(decarboxylase)에 의해 유리 아미노산에서 카복실기가 제거되어 생산된다. 과일과 채소 등에는 자연적으로 낮은 농도의 생원성 아민이 존재한다. 따라서 유리 생원성 아민은 숙성식품의 전형적인 풍미를 형성시키며 향미물질의 전구체가 된다.

멸균 식육에서는 생원성 아민의 생성이 없기 때문에 미생물의 존재가 아민 생성의 주요 원인 것으로 보고되고 있다. 식육과 식육제품에서는 *Enterobacteriaceae, Pseudomonadaceae, Micrococococaceae* 및 유산균이 탈카복실화 효소를 보유하고 있어, 신선육에서는 주로 *Enterobacteriaceae*, 발효제품에서는 주로 *Lactobacillus* 계통의 유산균이 생원성 아민 생성의 주 원인균이다.

생원성 아민은 두 가지 이유로 중요하다. 첫째, 생원성 아민을 많이 함유한 식품을 섭취하면 독성으로 인해 건강에 위해를 가져오거나, 복용한 다른 약물과 반응을 일으켜 인체에 독성을 가져오기 때문이다. 생원성 아민이 많이 들어있는 식품을 섭취하면 편두통, 두통, 위장장애, 그리고 가성 알러지 증상이 야기된다. 그밖에도 고혈압, 저혈압, 구역질, 홍조, 피부발진, 발한, 호흡장애, 심장 및 소장 장애 등이 나타난다. 아민 종류에 따라 혈관 수축이나 혈관 확장 효과 혹은 정신에 영향을 주는 효과가 있기 때문에 생원성 아민을 과다 섭취 시 나타나는 증상은 다양하다.

호흡기와 심혈관 문제가 있는 사람들이나 고혈압 혹은 비타민 B_{12}가 결핍된 사람들은 생원성 아민에 민감하다. 위장장애(위염, 과민성대장염, 위암, 대장암 등)를 가진 사람들은 소장의 아민 산화효소의 활력이 건강한 사람들보다 떨어지기 때문에 위험하다. 진통제, 정신약리학적 약물, 알즈하이머 치료제, 파킨슨병 치료제 등과 같은 아민 산화효소를 억제하는 효과를 가진 약물을 섭취하는 사람들은 생원성 아민 섭취가

표 3-7. 식육과 육제품의 생원성 아민류 함량

제 품	생원성 아민류(mg/kg)							
	히스타민	티라민	카다버린	퓨트리신	트립타민	페닐알라닌	스페르미딘	스페르민
생돈육	4.7	–	13.3	7.8	–	–	7.0	67.1
생우육	0～1.1	0	0	0～1.75	–	–	19～42	28.7～44.6
생분쇄우육 (4℃ 12일간 저장)	31.8	12.4	0	74.1	–	–	113.3	331.3
조리우육(4℃ 12일간 저장)	85.4	25.1	0	85.4	–	–	189.0	382.1
돈육(5℃ 15일간 저장)	9.9	–	43.0	18.9	–	–	3.1	31.2
진공포장우육(1℃ 7주 저장)	3	6	54	18	–	–	3	25
신선돈육(탄산가스 포장, 영하 1.5℃ 13주 저장)	16	60	68	20	–	40	9	600
햄버거	5.9～16.1	1.5～35.5	1.3～10.2	0.3～12.3	2.3～13.5	0～2.5	1.6～5.1	2.1～6.1
초리조	0～108.3	76.5～477.8	3.9～34.9	31.6～361.9	5.7～65.1	0～7.7	1.4～7.9	15.4～37.8
하몽 세라노	1.95～128.4	0.45～69.5	–	–	–	–	–	–
이집트건조소시지	7.5～40.5	9.5～52.8	5.6～38.5	12～102	2.5～33.2	1.5～80.7	5.3～11.7	1.5～5.2
건조소시지	<1～200	3～320	<1～790	<1～580	<10～91	<1～48	<1～14	19～48
모타델라	0～4.8	0～66	0.6～7.0	0～3.9	0～1.0	0～1.4	1.9～8.9	18.1～25.4
조리 햄	0	0～11.9	0～0.9	0～3.9	0	0	1.7～3.0	18.1～25.4

출처 : Ruiz－Capillas & Jimenez－Colmenero(2004)

문제를 야기할 수 있다. 알콜이나 아세트알데하이드 같은 물질들도 생원성 아민의 독성을 증가시킬 수 있다.

가장 일반적인 히스타민(histamine)의 경우 8~40mg은 가벼운 중독, 40~100mg이면 중증 중독, 그리고 100mg 이상이면 심한 중독을 야기하는 것으로 알려져 법적 한계를 100 mg/식품 kg 또는 L로 제한되었다. 다른 종류의 아민들은 독성 한계에 대한 정보가 별로 없고 다만 티라민(tyramine)은 100~800 mg/kg 또는 L, 페닐알라닌을 30 mg/kg 또는 L로 추천되었다. 생원성 아민의 독성 효과와는 별개로 열에 노출되면 이차 아민을 형성할 수 있어, 이들이 아질산염과 반응하면 니트로소아민이라는 발암물질을 생성될 수 있기 때문에 특히 주목을 받고 있다.

둘째로, 생원성 아민은 식품의 품질 지표로서 이것이 많다는 것은 해당 식품의 품질이 저하되어 인체에 해로울 수 있다는 것을 보여준다. 이는 발효육제품에서 보다는 신선육이나 조리육에서 더 효과적으로 사용된다. 퓨트리신(putrescine)과 카다버린(cadaverine)은 부패 전에 농도가 증가하기 때문에 이들을 함께 평가하면 신선육의 미생물 수준과 연계한 품질 지표로서 사용할 수 있다. 가공육에서는 퓨트리신, 카다버린, 히스타민 및 티라민을 합쳐서 BAI(biogenic amine index)로 사용할 것이 제안되기도 하였다. BAI는 신선한 품질의 신선육은 <5 mg/kg, 일반적 품질의 식육은 5~20 mg/kg, 초기 부패징조를 보이는 저품질 식육은 20~50 mg/kg, 부패 식육은 >50 mg/kg을 보인다.

따라서 소비자 안전을 위해 식육과 식육제품에서의 생원성 아민류 함량을 최소화하는 노력이 필요하다. 식육과 식육제품에 가장 많이 존재하는 생원성 아민는 티라민, 카다버린, 퓨트리신 그리고 히스타민이다. 그러나 식육과 육제품에는 생선과 같은 다른 식품에 비해 상대적으로 낮은 함량이 존재한다.

표 3-7은 식육과 식육제품에 다양한 농도로 존재하는 것을 보여준다. 일반적으로 발효육제품에 많이 존재하지만 신선육이나 조리육에도 존재한다. 발효공정을 이용하여 생산되는 제품들이나 가공저장 중에 미생물 오염에 노출되는 제품들은 생원성 아민을 함유할 수 있다. 따라서 원료는 생원성 아민이 없는 고품질의 것을 사용해야 하고, 가공과정 중에 원료 취급에 주의를 기울여야 하며, 저장기간 중에 온도관리나 오염방지에 최선을 다해야 한다. 또한 탈카복실화 효소를 가진 미생물의 성장과 활동을 억제해야 하며, 위생적인 생산 환경을 유지하여 이러한 미생물의 오염을 적극 방지해야 한다.

제 4 장

가공 기능성(Functionality)

1. 보수력(Water holding capacity)

살코기는 최대 76%의 물을 함유하고 있다. 따라서 살코기가 자기가 가지고 있는 수분이나 첨가된 수분을 얼마나 잘 유지하느냐가 식육과 식육제품의 품질을 위해서 매우 중요하다. 식육이 수분을 잘 유지할 수 있는 능력을 보수력이라고 부르며, 식육 가공과 저장을 위한 여러 가지 과정은 고기의 보수력에 의하여 영향을 받고, 또한 보수력에 영향을 끼친다. 식육 및 식육제품의 수송, 저장, 숙성, 냉동, 해동, 건조, 분쇄, 염지, 훈연, 조리 등의 여러 가지 과정 중에서 경제적으로 가장 중요한 문제는 중량 감소이며 이것은 고기의 보수력과 깊은 관련을 가지고 있다. 더욱이 수분함량과 분포 상태는 고기의 연도, 다즙성, 조직감 그리고 외관에도 지대한 영향을 미친다.

도축 시 근육의 수분함량은 주로 지방함량에 좌우된다. 소의 경우 수분함량은 62.5%에서 76%까지, 지방함량은 18.1%(늑간 근육)에서 1.1%(요완근 : 앞다리 근육)까지의 다양한 변이를 보인다. 가축은 자라면서 해당 부위의 지방함량이 증가되고 결합조직 함량은 감소되어 결과적으로 수분함량이 감소되는 것으로 알려진다.

고기 속의 수분함량은 고정된 것이 아니고 저장시간과 고기가 어떻게 취급되느냐에 따라 변한다. 수분손실은 증발이나 드립으로 혹은 조리 중에 감량으로 발생한다. 이러한 수분손실은 결국 고기의 수축을 가져오지만 조리 중에서처럼 그 양이 아주 큰 경우에만 육안으로 구분이 가능하다. 반대로 고기의 수분증가는 제품 제조 중 고기를 식염이나 인산염 혹은 산이나 알칼리로 절이는 경우에 발생한다.

1.1 근육 내의 수분상태

근육 내에 존재하는 물은 단백질과 밀접한 관계가 있다. 물 분자는 이것이 가지는 양전하 및 음전하의 불균일한 분포로 인하여 전기적으로 쌍극성으로 작용하므로 단백질 표면의 하전된 반응기에 유인되어진다. 이러한 하전된 반응기들의 쌍극성 반응

중 수소결합과 소수성 결합이 가장 중요한 역할을 한다. 근육 단백질의 주된 구조인 마이오신과 트로포 마이오신은 산성 및 염기성 아미노산의 함량이 높아 분자가 높은 전하를 띠고 있다. 따라서 이들 단백질에 물 분자가 결합하는 것은 하전된 반응기들의 쌍극성 반응에 기인한다. 하전된 반응기들의 주위에 조성된 전기장은 물 분자들을 극성화시키지만, 물은 전하의 절연체로 작용하여 물 분자 간의 쌍극성 반응은 전기적 인력보다 더욱 중요해진다.

이러한 반응력 때문에 물 분자는 단백질 분자 주위에 3지역으로 나뉘어 위치한다(그림 4-1). 즉 ① 물 분자 배열이 단백질 전하에 의해 좌우되는 지역으로 1차 수화층의 결합수. 이들은 단층 결합수로서 얼지 않고 화학적 반응에도 관여하지 않는다. 전체 수분의 10% 미만이 여기에 속한다. ② 2차 수화층(고정수)으로 물 분자 배열에 대한 단백질 전하의 효과는 약화되고 단층 물 분자에 수소결합 되어 있는 상태로서 화학적 및 생화학적 반응에 관여한다. ③ 단백질 전하의 영향력이 전혀 미치지 않는 지역으로 근육 단백질구조 내에 모세관 현상에 의해 지탱되어 있는 유리수.

단백질 분자의 수화 정도는 화학적 조성에 의해 결정되어 대략 아미노산 반응기의 수화의 총합으로 계산된다. 수화는 극성기의 이온화로 증가한다, 1차 및 2차 수화층의 수분은 총 수분의 약 20~27% 정도이다. 결과적으로 근육의 보수력은 여러 가지 처리 시 2차 수화층 수분과 유리수를 얼마나 잘 지탱하느냐에 따라 결정된다.

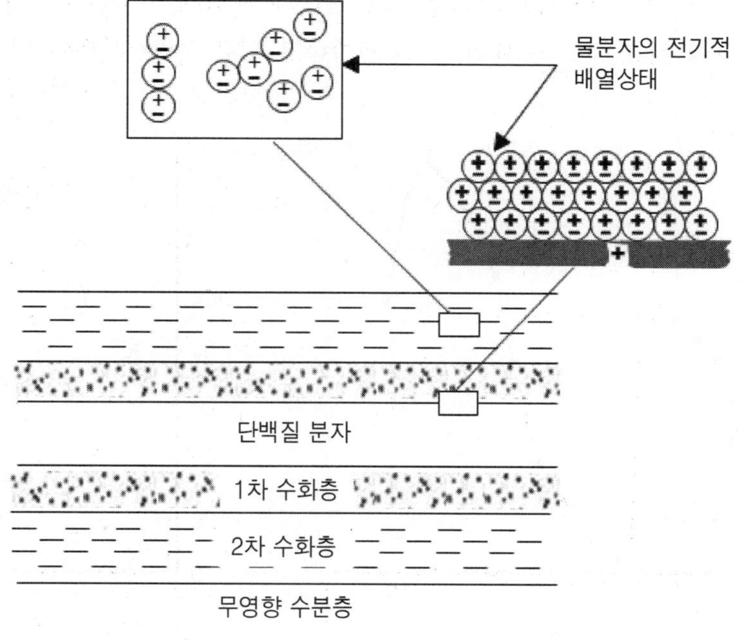

그림 4-1. 근육 단백질 주위의 수분상태

1.2 고기의 보수력에 영향을 미치는 요인들

근육의 수분은 주로 근원섬유의 구조 내에 존재한다. 근원섬유 단백질은 근육섬유의 총 단백질 함량의 50% 이상을 차지하며, 총 부피의 약 85%를 차지한다. 그리고 근육 속의 수분 중 약 10%는 근원섬유 조직 내에 고정되어 있다. 고기의 보수력에 영향을 미치는 요인으로서 주된 것은 도축 후 근육의 사후강직이 진행되는 속도와 고기의 pH이다.

1) pH 효과

근육의 pH는 사후 근육의 해당작용에 의하여 중성인 7.0 근처에서 감소되기 시작하여 사후강직이 완료되는 시점의 최종 pH는 5.5 부근으로 떨어진다. 이러한 고기의 최종 pH는 동물의 여러 가지 상태에 의하여 다양하게 되므로 고기들의 다양한 pH는 보수력이 서로 다른 고기를 생산하게 한다(그림 4-2).

이러한 pH 변화는 단백질의 양전하와 음전하의 양적 변화를 가져와 보수력에 영향을 미치게 되는 것이다. pH가 근원섬유 단백질의 등전점에 접근하면 양전하와 음전하의 숫자가 동일해지므로 이들이 서로 잡아당기는 힘 때문에 근원섬유 조직 내의 공간은 최소로 줄어드는 결과를 가져오고, 이에 따라 유리수를 지탱할 공간이 최소화되어 보수력은 최저가 된다. 반대로 pH가 등전점보다 높을 때에는 음전하의 수가 많고, 낮으면 양전하의 수가 많아 동일한 종류의 전하가 서로 반발하는 힘 때문에 공간이 넓어지는 결과를 가져온다. 아울러 서로 결합하고 남은 수의 하전된 반응기에는 물

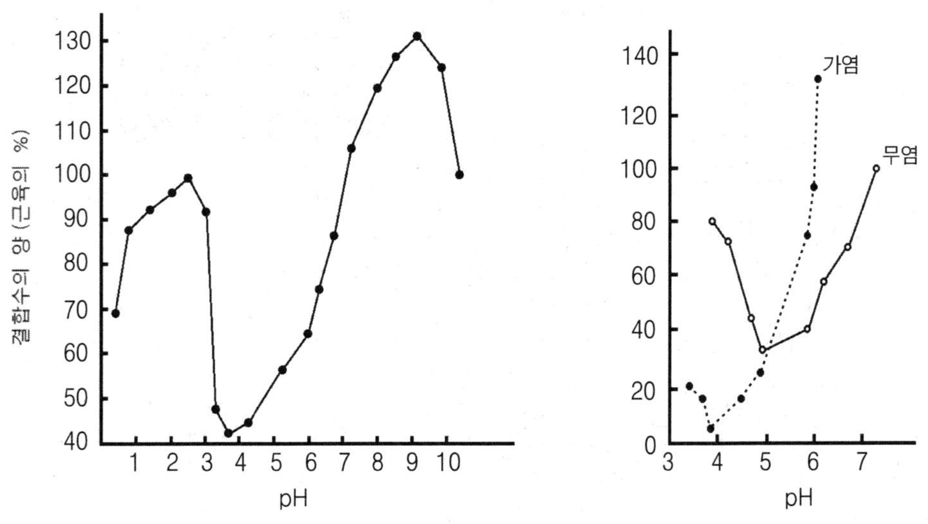

그림 4-2. 쇠고기의 pH와 보수력의 관계(좌) 및 소금첨가에 따른 효과(우)

분자가 결합된다. 더욱이 사후강직이 신속히 진행되면 pH가 너무 빨리 감소되므로 근육 단백질의 변성을 초래하여 물을 붙잡아 공간 내에 유지시키는 단백질의 능력이 저하되어 고기의 보수력이 낮아지게 된다.

pH와 보수력의 관계에서 단백질의 수화는 큰 역할을 하지 못하고 오히려 pH 변화에 따른 근원섬유 내 공간의 확장 효과가 더 큰 역할을 한다. 근육 조직이 분쇄에 의해 파손되지 않으면 근원섬유의 부피 증가는 근원섬유를 둘러싸고 있는 결합조직 세포와 막에 의해 제한된다. 따라서 pH 변화에 따른 보수력 증가 효과는 분쇄와 같은 가공과정을 거치면 더욱 향상된다.

2) 공간효과

사후 해당작용이 진행되면 pH 감소와 함께 사후강직이 진행되므로 고기 수분의 90%를 가지고 있는 근원섬유의 수분함량이 60%로 감소한다. 이러한 감소의 2/3는 사후강직에 의한 것이고, 나머지 1/3은 pH 변화에 기인한다. 사후강직이 진행되는 동안 1차 수화층 수분(결합수)은 일정하게 유지된다. 수축된 근육에서의 보수력은 가장 낮고 pH 효과는 신장된 근육에서보다 적다. 이것은 근원섬유 내 교차결합이 심하게 이루어져 pH 증가에 따른 섬유 간 정전기적 반발력 증가가 그 효과를 가지지 못하기 때문이다(그림 4-3).

3) 기 타

결합조직은 근원섬유 단백질과 비슷한 보수력을 가지지만 결합조직 단백질은 근원

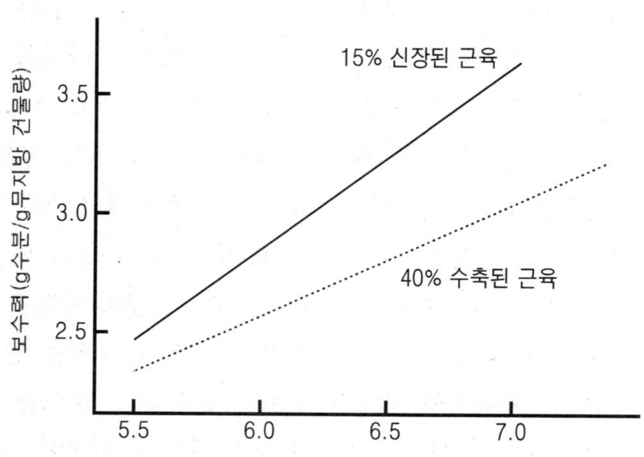

그림 4-3. 양의 흉근에서 신장과 단축이 pH와 보수력의 관계에 미치는 영향

섬유 단백질과는 달리 pH 5.6에서 7.0 사이에서 일정한 보수력을 보인다. 그러나 낮은 pH에서는 팽윤이 심하게 일어나므로 보수력이 현저히 증가한다. 이것은 낮은 pH에서 분자 간 수소결합이 감소됨으로써 야기되는 현상이다.

부위별 보수력의 차이는 pH, 근섬유의 종류 및 강직의 정도에 따른 차이에 기인한다. 동물 개체 간의 보수력 차이는 성, 영양상태, 그리고 도축 전 처리에 좌우된다. 근육은 부위별로 사후 생화학적 대사에 차이가 있으므로 pH가 상이하게 되고, 적색 근섬유가 많은 부위는 pH가 높기 때문에 보수력에 차이를 보이게 된다. 도체 내의 부위에 따른 냉각속도의 차이도 pH 감소속도의 차이를 가져와 비슷한 결과를 야기한다. 돼지고기가 쇠고기보다, 젊은 황소 고기가 거세 수소 고기보다 보수력이 우수한 것은 도축 전 쉽게 글리코겐이 고갈되어 근육의 최종 pH가 높게 되므로 생기는 결과이다.

1.3 손 실

고기에서의 수분손실은 수분증발과 드립, 그리고 조리감량을 통하여 발생한다. 도체 표면에서의 수분증발은 냉각 중에 발생한다. 이것은 도체 표면이 실내 공기보다 온도가 높기 때문이다. 일반적으로 도체는 냉각 중 2% 정도의 증발 손실이 발생하는데, 이것은 신속냉장으로 감소시킬 수 있으나 쇠고기는 신속냉장으로 저온단축이 야기되어 고기가 질겨지는 부작용을 조심하여야 한다. 증발 손실은 실내 공기가 포화되지 않으면 도체 냉장 저장 시나 대분할 혹은 소분할 육 저장 유통 시에도 지속적으로 발생한다. 이러한 수분증발은 고기의 중량 감소뿐만 아니라 외관에도 영향을 주어 소비자 인식이 나빠진다.

도체를 절단하면 절단면에서 적색 액체인 드립이 발생한다. 드립은 단백질 함량이 고기 단백질 함량의 약 2/3가 되므로 드립의 폐기는 중량뿐만 아니라 고기의 단백질 손실을 의미한다. 또한 드립은 고기 외관에도 나쁜 영향을 주어 소비자들이 구입을 꺼리게 한다. 대분할 후 냉장 2일 보관 후에 드립은 0.1～1% 정도 발생한다. 소 분할하여 스테이크나 폭찹을 만들면 냉장 4일 후에 살코기 중량의 2～6%의 드립이 발생한다. 냉동 후 해동하면 드립손실은 더욱 커지며, 특히 PSE 육은 드립손실이 크다.

고기는 조리할 때 조리방법에 따라 다양하지만 40%까지의 수분손실이 야기되어 크기가 줄어들 뿐만 아니라 질겨지게 된다. 가열은 고기 단백질을 변성시켜 조직을 수축시킴으로써 30～50℃ 사이에서 보수력 감소가 일어나고, 온도를 증가시켜 가열하면 60～90℃ 사이에서 또다시 보수력의 감소가 발생한다. 더욱이 동일한 용도에서는 가열시간이 증가할수록 조리감량이 증가한다. 건열 가열에서는 상대적으로 낮은 온도에서 오랜 시간 가열하는 것이 고온에서 단시간 가열하는 것보다 조리감량이 큰 것으로 알려진다.

1.4 보수력의 증진을 통한 수분흡수 및 유지

일단 지육상태에서 생산된 고기는 이미 살펴 본 바와 같이 고기 자체의 pH(산도)에 의하여 보수력이 결정된다. 그림 4-3에서 보는 바와 같이 pH가 아주 높거나(산도가 낮은) 아주 낮으면(산도가 높은) 고기의 보수력은 좋게 된다. 따라서 산이나 알칼리(염기)를 첨가하여 고기의 pH를 낮추거나 높이면 고기의 보수력은 높아져 수분을 많이 흡수할 수 있게 된다. 고기의 보수력은 pH 5.0부근에서 가장 낮으며 대부분의 고기는 이미 언급한 바와 같이 사후강직이 완료된 후의 최종 pH가 5.5 부근이다. 그러나 사후강직 진행 전의 고기는 pH가 여전히 높아 보수력이 상대적으로 높게 유지되므로 서양에서는 소시지 제조에서 강직 전 고기를 많이 활용한다.

고기 가공 시 소금은 여러 가지 이유로 첨가된다. 소금을 첨가한 고기는 첨가 수분양과 제품 종류에 따라 0～40%까지의 물을 흡수한다. 기술적으로는 이보다 더 많은 물을 첨가하여 유지시킬 수 있으나 현실적으로 법적규제를 받게 된다. 강직 전 고기에 소금의 첨가는 사후강직이 진행되기 전에 소금의 혼합이나 소금물의 주입 후 소금이 완전히 근육 속으로 침투되어야 효과가 있는 것으로 보고된다.

소금 첨가량은 강직 전 고기에서는 1.8%까지는 양이 증가할수록 보수력이 증가하지만 그 이상에서는 효과가 없으며, 강직 후 고기에서는 5% 수준에서 최대 보수력 향상이 성취되고, 물을 60% 첨가했을 때에는 8% 수준에서 최대 보수력 향상이 성취된다. 이러한 소금의 첨가는 고기의 pH가 5.0 이상일 때에만 보수력 증진효과가 있고, 5.0 이하일 때에는 오히려 보수력이 감소된다. 따라서 일반 소시지 제조에서는 소금이 보수력을 향상시키지만, 발효소시지 제조에서는 pH가 발효 중 내려가 소금의 존재가 보수력을 감소시킴으로써 건조를 촉진시키는 결과를 가져온다. 이러한 소금의 보수력 증진효과는 고기 조직 내의 공간을 확장시켜 더 많은 물이 유지될 수 있게 만들어 주기 때문이다.

복합 인산염은 소금과 함께 첨가되어 보수력을 향상시킨다. 일반적으로 0.5% 수준에서 첨가되므로 이 수준까지는 첨가량이 증가됨에 따라 보수력도 계속 증가하는 것으로 알려진다. 복합 인산염은 여러 종류가 있으나 첨가되어 고기의 pH를 증가시키는 인산염만이 보수력 증진효과를 가진다. 구연산 소다도 종종 보수력 향상을 위해 첨가되어진다. 그러나 칼슘이나 마그네슘이 들어있는 염류는 첨가되면 보수력을 감소시키므로 사용에 조심해야 한다.

pH를 낮추는 산의 공급원으로는 식초(3%초산), 포도주(주로 주석산, 능금산, 석신산 및 구연산 함유, pH 2.9~3.8) 혹은 감귤류 주스를 이용하고, 알칼리(염기)는 중탄산나트륨을 이용한다. 산이나 알칼리는 고기의 신속한 팽윤을 가져온다. 그림 4-3에서 보는 바와 같이 pH가 5에서 4로 떨어지면(산도가 높아지면) 약 2.7배로 고기가 팽윤되며 3.0에서 최대가 된다. 마찬가지로 알칼리 쪽에서는 pH가 올라갈수록(산도가 낮아질수록) 물을 많이 흡수하여 10.0에서 팽윤이 최대가 된다. 이러한 산성용액에서의 고기의 흡수 능력은 소금을 첨가하면 감소된다. 설탕의 존재는 흡수 능력에는 영향이 없으나 조리감량은 오히려 약간 줄어들게 한다.

2. 유화력(Emulsifying capacity)

유화물이란 물과 기름처럼 서로 섞일 수 없는 두 가지의 액체가 서로 섞여 있는 상태를 말한다. 이것은 한쪽(dispersed phase)이 다른 한쪽(continuous phase) 속에 분산되어 있는 형태를 취한다. 예를 들면, 마요네즈의 경우에는 물속에 기름이 분산되어 있는 형태이고, 버터는 기름에 물이 분산되어 있는 형태이다. 일반적으로 이렇게 서로 섞일 수 없는 두 가지의 액체는 다른 매개물질이 존재하여야 서로 섞일 수 있다. 따라서 이러한 매개물질을 유화제라고 부른다.

유화제는 친수성 부분과 친유성(소수성)부분을 동시에 가지고 있으므로 친유성 부분의 비율에 대한 친수성 부분의 비율을 HLB(Hydrophilic-lipophihc balance)라고 표현하여 그 성질을 분류하며 1에서 20까지의 척도를 가진다. 11이상은 친수성이 강한 유화제이고, 9이하는 친유성이 강한 유화제이다. 물속에 기름을 분산시키는 경우에는 친수성이 강한 유화제가 사용되고, 기름 속에 물을 분산시키는 경우에는 친유성이 강한 유화제가 사용된다. 근육식품 가공에서 어떤 유화제의 유화력은 유화물이 파괴되기 전까지 첨가될 수 있는 기름의 양으로 표현된다. 다시 말하면 유화제가 얼마나 많은 양의 기름을 결합할 수 있느냐를 의미한다.

소시지 제조 시 지방과 물과 고기를 섞어서 만들어지는 반죽을 일반적으로 고기유화물이라고 부른다. 이것은 서로 섞일 수 없는 물질인 물과 지방을 고기 단백질이 유화제로 작용하여 지방이 물속에 분산되게 함으로써 반죽으로 만들어 주기 때문이다. 고기 단백질은 물과도 결합할 수 있고 동시에 지방과도 결합할 수 있다. 따라서 고기 단백질은 물과 지방 사이에서 교량역할을 하고 있는 것이다. 결국 지방을 얼마나 많이 결합하느냐로 고기의 유화력을 평가한다.

2.1 근육 단백질의 유화력

그림 4-4에서 보는 바와 같이 유화형 소시지 제조에서 지방구를 골고루 분산시키는 유화제의 역할은 염용성 단백질과 근형질 단백질(수용성 단백질)이 수행한다. 근육의 구성 성분인 이들 단백질은 혼화과정에서 녹아 나와야 그 역할을 할 수 있기 때문에 이들이 용해될 수 있는 적절한 조건을 제공해 줘야 한다. 근형질 단백질은 낮은 이온강도(< 0.1 μ)에서 용해되고, 염용성 단백질은 높은 이온강도(> 0.5~0.6 μ)에서 용해된다.

근형질 단백질은 구상 단백질이고, 염용성 단백질은 섬유상 단백질이므로 유화과정에서 안정된 막 형성 능력은 염용성 단백질이 우월하다. 따라서 고기로 혼합반죽을 만들 때 근육 속에서 염용성 단백질이 많이 용출되어야 유화력이 높게 된다. 염용성 단백질의 용해도는 소금의 양을 5%까지 증가시킬 때 소금농도가 증가함에 따라 증가한다. 소금의 첨가는 이온강도를 증가시켜 근육단백질의 등전점을 감소시킨다. 염용성 단백질은 등전점과 자신의 pH와의 차이가 많을수록 용해도가 증가한다.

유화력은 가용성 단백질 함량에 직접적으로 관련되어진다. 따라서 염용액에서 용해될 수 있는 성질을 가진 유청 단백질이나 모든 종류의 근육의 근원섬유 단백질 등 다양한 종류의 단백질들이 유화력을 향상시킨다. 그러나 근육 단백질의 유화력은 종류

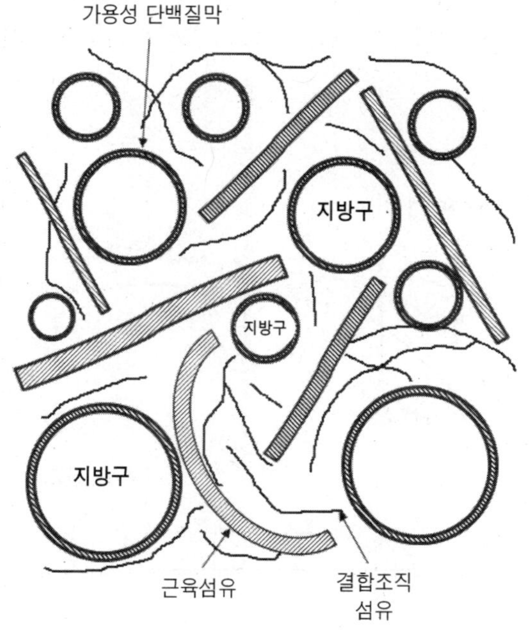

그림 4-4. 고기 유화물의 모식도

에 따라 차이가 나서 마이오신 > 액토마이오신 > 수용성 단백질 > 액틴의 순으로 유화력이 높다. 비록 염용성 단백질이 유화력이 높지만 그렇다고 무작정 많이 사용하는 것은 바람직하지 않다. 왜냐하면 단백질은 가장 비싼 원료이기 때문에 너무 많은 단백질이 지방구를 감싸게 하는 것은 비효율적이다.

반면에 염용성 단백질이 적고 불용성 단백질인 결합조직이 많은 원료육을 사용하면 가열시 결합조직의 주성분인 콜라겐이 젤라틴으로 변해 지방을 더 이상 유화시키지 못하므로 액체지방이 분리되어 이들이 소시지 양쪽 끝으로 모여 지방모를 형성하게 된다. 근육 단백질의 유화력은 혼합유화시에 첨가되는 소금이나 인산염에 의하여 향상될 수 있으나 그 효과는 근육의 pH에 의하여 영향을 받아 일반적인 고기의 최종 pH 범위 내에서는 소금농도가 증가할수록 증가한다(그림 4-5). 이것은 소금이 비록 유화제의 유화력에는 나쁜 영향을 주지만, 단백질의 용해도를 높여 단백질 분자간의 결합을 저해함으로써 종합적으로는 유화력을 증가시키는 결과를 가져온다. 반면에 중합 인산염은 단백질과 지방의 결합을 촉진시킴으로써 유화력을 향상시킨다.

2.2 고기 유화물의 안정성

고기 유화물은 혼합유화(세절) 과정에서 형성되어 가열과정을 거치는 동안 깨지지 않고 유지될 수 있어야 안정한 유화물이라고 평가된다. 고기 유화물 준비를 위해 혼화시키는 과정에서의 여러 가지 조건 중에서 온도가 중요한 역할을 한다. 이것은 고기에서 염용성 단백질 추출이 온도가 낮을수록 더 많이 이루어지지만 온도가 높아지

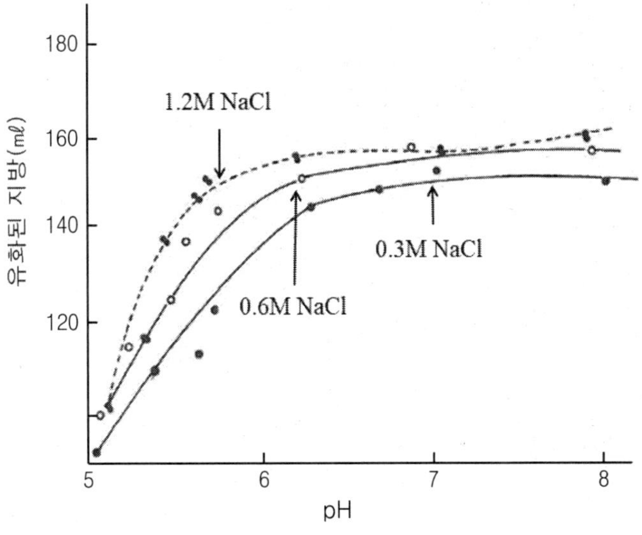

그림 4-5. 근육의 염용성 단백질의 유화력에 대한 소금의 영향

면 추출된 염용성 단백질이 그림 4-4에서처럼 지방구를 감싸 물속에 분산되게 하는 과정에서 단백질 막이 변성되므로 불안정하게 되어 가열도중 지방이 흘러나와 서로 엉겨 붙어 큰 지방 주머니(지방낭)를 조직 내에 형성케 한다.

또한 반죽의 점성은 온도가 높을수록 약해지고 단백질의 보수력도 떨어져 유화물의 안정성이 떨어지게 되고, 지방은 용해되어 지방구의 숫자가 많아지게 되므로 이들을 감싸줄 염용성 단백질의 양이 부족하게 되어 유화물은 더욱 불안정하게 된다. 따라서 일반적으로 고기 혼화시 반죽의 온도는 13～18℃를 유지하는 것이 추천된다. 고기 유화물의 안정은 근육의 pH가 증가할수록 향상된다. pH가 4.5～6.5까지 증가함에 따라 고기 단백질의 HLB는 11에서 13으로 증가한다. 이것은 단백질의 친수성이 증가하여 지방을 유화하기에 적절한 HLB 13～14로 증가하므로 유화물이 안정화된다는 것을 의미한다(그림 4-6).

또한 고기의 pH가 높을 때 유화물 안정화 효과는 마이오신이 가장 우수하였다는 것은 강직 전 근육이나 디에프디(DFD)육이 소시지 제조에서 우수한 원료임을 증명해 주는 것이다. 근형질 단백질은 pH 변화에 따른 유화물 안정화 효과에 큰 변화를 보이지 않는다(그림 4-7). 아울러 소금의 첨가는 액틴의 경우만을 제외하고는 4%까지 모든 단백질의 유화물 안정화 효과를 개선시켰다. 더욱이 염용성 단백질이 보수력이 높아서 수분을 많이 흡수할수록 점성이 높아져 지방구가 반죽 내에서 움직이지 못하게 되므로 유화물은 더욱 안정하게 된다.

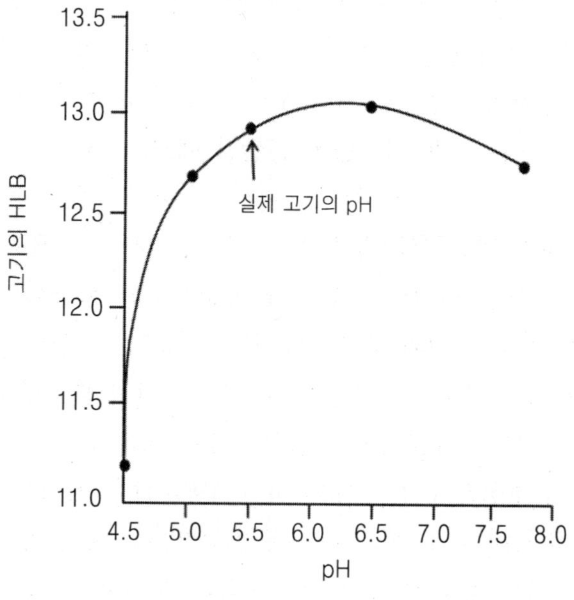

그림 4-6. 고기 단백질의 pH 변화에 따른 고기의 HLB의 변화

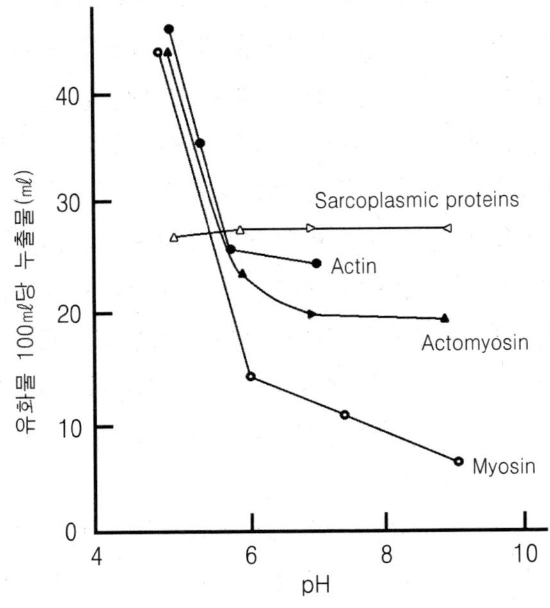

그림 4-7. 단백질 종류별 pH 변화에 따른 유화물 안정성

3. 결착력

결착력이란 고기 덩어리들이 서로 결합하여 떨어지지 않는 힘을 말하며, 햄이나 재구성 육제품에서 매우 중요한 기능성이다. 결착에는 서로 다른 물질들이 접착(adhesion)하는 경우와 같은 종류의 물질들이 응집(cohesion)하는 경우 그리고 이들 두 가지가 동시에 일어나는 경우가 있을 수 있다. 이것은 순수하게 고기만을 혼합할 때와 고기와 대두 단백질 같은 비육단백질을 함께 혼합할 때를 고려하면 이해가 쉬울 것이다.

고기 덩어리가 서로 혹은 다른 물질과 결합하려면 접착제가 필요하다. 이 접착제의 역할은 고기를 소금이나 복합 인산염과 함께 혼합함으로써 추출되는 염용성 단백질이 맡고 있다. 고기 덩어리를 소금과 함께 물리적으로 혼합을 하면 고기 조직이 파괴되면서 조직 내에 들어 있던 단백질이 추출되어 고기 표면에 끈적끈적하고 크림 같은 물질이 누적된다. 이 추출물이 크림 같아 보이는 것은 혼합 중 공기 흡입에 의한 거품의 존재 때문이므로 진공상태에서 혼합을 하면 크림 같은 성상은 보이지 않게 된다. 이 고기 표면의 추출물이 바로 고기의 염용성 단백질로서 고기 덩어리들이 서로 붙게 한 후 가열 후에 변성 응고되어 안정된 조직을 형성하게 해 준다.

결국 고기의 결착력은 가능하면 많은 양의 염용성 단백질을 추출시킴으로써 향상될 수 있다. 따라서 이 추출물의 양을 증가시켜 좋은 조직을 형성케 하기 위하여 혼합, 텀블링, 마사징 혹은 기계적 연화 등의 방법이 산업계에서 활용되고 있다. 근형질 단백질은 이온강도에 따라 능력에 차이가 있어 이온강도가 0.4 미만일 때에는 결착력에 상당한 공헌을 하지만 0.4 이상에서는 거의 긍정적인 효과가 없다.

효과적인 결착을 위하여 단백질 추출은 최소한 2%의 식염과 0.3%의 복합 인산염이 필요하다. 최대 염용성 단백질 추출은 10% 소금 수준에서 성취된다. 이렇게 추출된 염용성 단백질에 의하여 고기 덩어리들이 서로 접착된 후 열에 의해 고기 조직이 형성되는 것은 40～50℃에서 시작되어 80℃에서 최대에 이른다. 그러나 고기 단백질의 결착력에 대한 이러한 온도의 영향은 고기 종류와 pH와 염의 존재 등에 따라 다양하다고 보고된다.

4. 젤화 특성

젤이란 고체와 액체의 중간 상태로서 단백질 같은 거대분자에 많은 물이 결합되어 단백질이 자유롭게 움직이지 못하는 상태에 이른 것이다. 고기 단백질 젤은 염용성 단백질들이 염의 존재 하에 3차원적 망상조직을 형성하고 많은 양의 물을 흡수하여 비교적 점성과 탄성이 높은 상태를 유지하는 조직을 말한다. 고유의 근원섬유 단백질은 고도의 교차결합을 가진 구조로 인하여 물의 침투나 흡수에 의한 팽윤이 어렵지만, 일단 여러 가지 물리적 처리로 조직이 흐트러지면 쉽게 물을 흡수하여 팽윤되어 젤이 된다. 첨가되는 물의 양을 계속 증가시키면 팽윤은 계속 되다가 나중에는 단백질 분자가 물속에서 자유롭게 이동하게 되는 졸 상태의 현탁액 상태로 변화된다. 젤은 가열되어 단백질이 변성되어야 고정된다.

고기의 혼합과 열처리 과정에서 발생하는 불가역적 젤 형성은 제품의 점탄성, 다즙성, 조직감 그리고 유화물 안정을 위하여 재구성육이나 소시지 제품에서 필수적이다. 젤 강도를 위해서는 염용성 단백질 중에서 특히 마이오신이나 액토마이오신의 존재가 중요한 역할을 한다. 마이오신 젤의 3차원적 망상조직이 구조적으로 가장 안정되는 조건은 pH 6.0과 60℃ 부근이다. 염 농도는 0.6～1.2%가 적정수준이고, 농도가 증가하면 강도가 약해진다. 어류 액토마이오신은 포유동물의 것보다 열 안정성은 약하지만 훨씬 응집력이 강한 젤을 형성한다. 아울러 다른 포유동물 단백질은 50℃ 이하에서는 젤이 고정되지 않지만 어류 단백질은 40℃에서 고정된다.

제 5 장

변질과 품질의 유지

1. 변 질

고기의 변질이란 화학적, 물리적, 효소적 혹은 미생물적인 손상으로 품질이 저하되어 식품으로 섭취하기에 부적당하게 된 상태이다. 식육과 육제품의 품질 저하는 크게 세 가지 기전이 있다. 첫째, 미생물 부패 / 둘째, 지방 산화 / 셋째, 자기소화 효소적 변질이다. 부패란 미생물에 의한 변질만을 의미하는 것으로서 맛, 냄새, 외관, 조직 등이 변하게 된다. 일반적으로 유해하지 않으나 병원균 존재 가능성이 상존한다.

부패는 효소나 미생물에 의하여 지방과 단백질이 분해되어 각종 저급 지방산과 휘발성 물질들이 생성되고 불쾌한 냄새를 가져오며 식용에 부적합하게 되는 현상이며, 산패는 지방이 산화에 의하여 다양한 지방 산화물질들로 분해되어 심한 산패취를 가져오는 현상이다. 따라서 식육제품의 품질 저하를 막기 위해서는 부패와 산패를 동시에 방지하여야 한다. 부패는 위생수준 향상으로 지연시킬 수 있으나, 산패는 위생수준 향상뿐만 아니라 산소와의 접촉을 줄이는 포장에도 신경을 써야 하므로 품질 유지를 위해서는 여러 가지 저장 방법이 고려된다.

1.1 미생물학적 부패

식육과 식육제품은 다양한 미생물(세균・효모・곰팡이, 이 중에는 병원성도 있다)에게 아주 우수한 성장 배지를 제공한다. 동물의 장관과 피부는 미생물의 주된 공급원이다. 식육의 미생물 구성은 다양한 요인들에 의해 영향을 받는다(표 5-1). 도축 전 농장관리(방목 : 집약축산), 도축 시의 가축 연령, 도축 중 취급, 내장적출, 가공과정, 도축 및 가공과정 중의 온도관리, 저장방법, 포장방법, 소비자의 식육 취급 및 저장방법 등이 이에 속한다.

가축의 도축 전 취급과 식육의 도축 후 취급은 식육 품질의 저하에서 중요한 역할을 한다. 생축 근육의 글리코겐 함량은 생축이 도축 전 스트레스에 노출되면 감소되어 식육의 pH를 변화시킨다. 식육 pH는 생산되는 젖산의 수준에 따라 높거나 낮게 된다. 젖산은 글리코겐이 근육 내에서 혐기적 해당작용에 의해 분해되는 과정을 거쳐 생산된다. pH가 높으면 DFD(dark, firm, and dry) 식육이 생산되며, 이것은 스트레스로 인해 야기되며, 저장기간이 짧아지게 된다. 반면에 단기간의 심한 스트레스는 PSE (pale, soft, and exudative) 식육을 생산하며 최종 pH가 5.2 이하를 갖게 된다. 낮은 pH는 단백질 분해를 촉진하여 세균번식의 좋은 배지를 제공하게 된다.

1) 부패에 영향하는 요인들

고기의 부패(spoilage)는 고기에 관련되어 있는 미생물군을 구성하는 세균의 증식 과정에서 기질(저분자 물질)의 변화를 포함하는 생태적 현상이다. 따라서 고기에 관련되어 있는 특정 미생물의 우점은 가공, 수송, 저장 중에 지속되는 환경요인들에 의해 좌우된다. 가장 중요한 것은 온도와 산소의 존재 유무이다.

고기의 미생물적 품질은 도축 시 가축의 생리적 상태, 도축과 가공 중 오염의 확산, 저장과 수송 중의 온도 및 기타 조건에 좌우된다. 오염 미생물의 구성은 주로 동물

표 5-1. 식육의 저장성에 영향하는 요인들

형 태	요 인
내생적	가축 종류(소, 돼지, 닭 등)
	품종 및 사양방법
	도축시 가축 나이
	초기 미생물군
	화학적 성질(과산화물가, pH, 산도, 산화전위)
	산소 존재의 유무
	가공조건 및 관리
	위생(개인 수준 및 기구세척)
외생적	품질관리 시스템
	온도관리
	포장시스템(재질, 기구, 가스 종류)
	저장 형태

(Rahman, 1999)

표 5-2. 적육과 가금육에서 발견되는 세균 속명

미 생 물	그람 반응	신선육	가공품
Achromobacter	−	X[a]	
Acinetobacter	−	XX[a]	X
Aeromonas	−	XX	X
Alcaligenes	−	X	
Alteromonas	−	X	X
Arthrobacter	±	X	X
Bacillus	+	X	X
Brochothrix	+	X	X
Campylobacter	−	X	
Carnobacterium	+	X	
Chromobacterium	−	X	
Citrobacter	−	X	
Clostridium	+	X	
Corynebactenum	+	X	X
Enterobacter	−	X	X
Enterococcus	+	XX	X
Escherichia	−	X	
Flavobacterium	−	X	
Hafnia	−	X	X
Janthinobacterium	−		X
Klebsiella	−	X	
Kluyvera	−	X	
Kocuria	+	X	X
Kurthia	+	X	
Lactobacillus	+	X	XX
Lactococcus	+	X	
Leuconostoc	+	X	X
Listeria	+	X	X
Microbacterium	+	X	X
Micrococcus	+	X	X
Moraxella	−	XX	
Paenibacillus	+	X	X
Pantoea	−	X	
Proteus	−	X	
Providencia	−	X	X
Pseudomonas	−	XX	X
Shewanella	−	X	X
Staphylococcus	+	X	X
Streptococcus	+	X	X
Vibrio	−	X	
Weissella	+	X	X
Yersinia	−	X	

Nychas et al. (2007)에 근거. [a]X = 발생하는 것으로 알려짐, XX = 가장 빈번히 검출

의 장관과 도축 전후 가축이 접촉한 환경에서 유래한다(표 5-2). 부패는 이렇게 존재하는 미생물 중에서 초기 관련 미생물의 일부분이 우점함으로써 야기된다. 냉장 신선육의 경우 다양한 공기 조성에 따라 부패 우점균이 달라지지만, 일반적으로 공기 중에서는 섭씨 영하 1℃에서 25℃ 사이에서의 부패는 주로 *Pseudomonas* 종에 야기된다. *P. fragi, P. fluorescens, P. lundensis*가 가장 중요한 것들이다.

산소 존재하의 탄산가스가 50% 이상이면 *Brochothrix thermosphacta*, 탄산가스 50% 하에서는 *Enterobacteriaceae*, 젖산균, 산소 존재하의 탄산가스 50% 이하이면 *Brochothrix thermosphacta*, 젖산균, 100% 탄산가스 하에서는 젖산균, 진공포장에서는 *Pseudomonas* 종, *Brochothrix thermosphacta, Shewanella putrefaciens*이 부패의

표 5-3. 적육과 그 제품에서 나타나는 부패현상과 원인세균

결 함	적육 및 그 제품	원인세균
점액질	적 육	*Pseudomonas, Lactobacillus, Enterococcus, Weissella, Brochothrix*
과산화수소 녹변	적 육	*Weissella, Leuconostoc, Enterococcus, Lactobacillus*
황화수소 녹변	진공포장육	*Shewanella*
황화수소 생산	염지육	*Vibrio, Enterobacteriaceae*
황화물 냄새	진공포장육	*Clostridium, Hafnia*
양배추 냄새	베이컨	*Providencia*
Putrefaction	햄	*Enterobacteriaceae, Proteus*
Bone taint	지 육	*Clostridium, Enterococcus*
Souring	햄	*Lactobacillus, Enterococcus, Micrococcus, Bacillus, Clostridium*

(Nychas et al., 2008)

우점균이 된다. 부패가 진행되면 관찰되는 현상은 부패를 야기하는 세균의 종류에 따라 다르게 나타난다(표 5-3). 실제 상황에서의 부패의 진행은 슈도모나스가 고기에 존재하는 포도당과 젖산염을 다 소비하고 나서 질소화합물을 분해하기 시작하면서 뚜렷해진다(표 5-4). 따라서 부패의 결과로 고기의 변색, 이취, 점액질 등이 발생하게 된다. 일반적으로 고기 표면적 cm^2당 세균의 수가 백만 마리(10^6)가 되면 부패가 시작되며, 천만 마리(10^7)가 넘으면 이취가 나고, 일억 마리(10^8)가 넘게 되면 점액질이 형성된다.

1.2 지방산화

지방산화는 두 가지 종류가 있어 하나는 산화산패(oxidative rancidity)로서 지방에 존재하는 불포화지방산의 이중 결합이 공기 중 산소에 의해 절단되면서 발생하는 자

표 5-4. 주된 식육 부패균의 성장 과정에서의 기질별 소비 순서

기 질	호기성					혐기성[b]				
	A[a]	B	C	D	E	A	B	C	D	E
Glucose / G-6-P[c]	1	1	1	1	1	1	1	1	1	1
Lactate	2	2		2						
Pyruvate	3	3				2[d]				
Gluconate / G-6-P[c]	4	4				2[d]				
Proprionate		5								
Formate							1[d]			
Ethanol		6								
Acetate		7				2[d]				
Amino acids	5	8	2	3		2[d]	1[d]		2	2
Ribose			3							
Glycerol			4							

Nychas et al. (2007)에서 변형.

[a] A : *Pseudomonas* spp. ; B : *Shewanella putrefaciens* ; C : *Brochothrix thermosphacta* ; D : *Enterobacter* spp. ; E : Lactic acid bacteria.

[b] 산소 제한 및/혹은 탄산가스로 억제. [c] Glucose-6-phosphate.

[d] 특정 순서 없음.

동산화이다(그림 5-1). 다른 하나는 가수분해 산패(hydrolytic rancidity)로서 일반적으로 효소에 의해 트리글리세라이드(triglycerides)가 가수분해 되어 발생하는데, 단쇄 유리지방산(C_4-C_{10})으로 분해된다.

효소의 활력은 저온에서도 유지됨으로써 냉동육에서의 지방산패는 포장이나 미생물 성장 억제수단을 이용하여도 완전히 차단할 수 없는 것이 현실이다. 지방분해효소 중에는 영하 28℃에서도 활력을 갖는 것도 있다. 신선육 지방의 산화는 냉장이나 냉동 저장하는 중에 발생하는 자동산화(autoxidation)와 신선육을 조리한 후에 발생하는 산화이다. 후자를 서양에서는 warmed-over flavor(WOF)라고 부른다. 불포화지방산이 많으면 더욱 쉽게 산화되며 시간이 오래 걸린다.

자동산화는 지속되는 유리 라디칼 연쇄반응이다. '유리 라디칼'은 짝이 없는 전자를 가진 원자나 분자로서 불안정하고 매우 반응력이 높다. 이 유리 라디칼들이 안정된 화합물의 전자들을 끌어당기면 안정된 화합물들이 유리 라디칼이 된다. 이렇게 새로이 형성된 유리 라디칼들은 또 다른 화합물들과 반응하여 그들을 유리 라디칼로 만든다. 산소 유리 라디칼은 이러한 유리 라디칼 연쇄반응으로 지방, 핵산, 효소 및 단백질에 생물학적 손상을 유발한다. 특히 다가불포화지방산과 반응하여 세포막에 지방과산화물을 생산한다. 이 자동산화 공정은 시작(initiation), 확산(propagation), 그리고 종료(termination) 단계로 구성된다. 시작단계에서는 유리 알킬 라디칼들이 형성되고, 확산 단계에서는 유리 알킬 라디칼들과 퍼록시 라디칼들이 연쇄반응을 하며, 종료 단계에서는 비라디칼 물질들이 형성된다. 자동산화의 화학적 과정을 그림 5-2에서 보여준다.

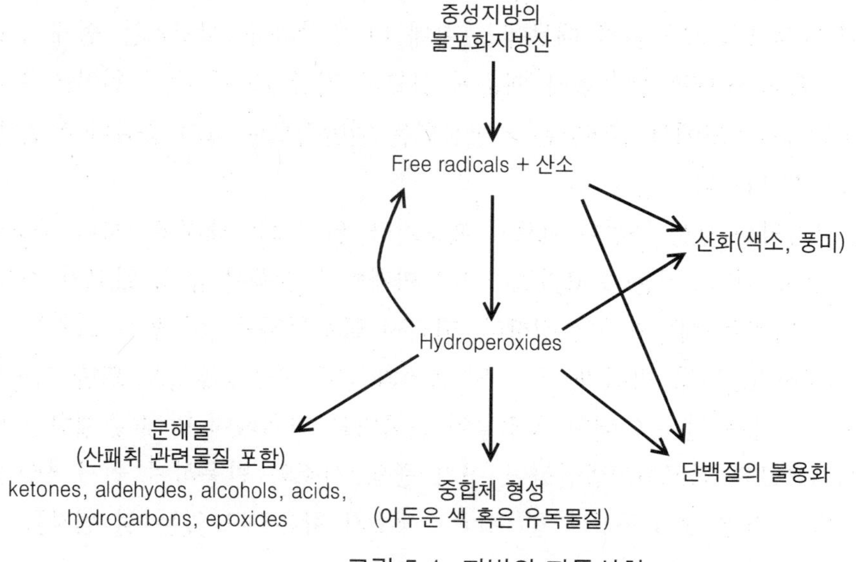

그림 5-1. 지방의 자동산화

개 시 :

$RH \longrightarrow R^{\bullet} + H^{\bullet}$

전개(확산) :

$R^{\bullet} + O_2 \longrightarrow ROO^{\bullet}$

$ROO^{\bullet} + RH \longrightarrow ROOH + R^{\bullet}$

종 료 :

$ROO^{\bullet} + R^{\bullet} \longrightarrow ROOR$

$R^{\bullet} + R^{\bullet} \longrightarrow R\text{-}R$

$ROO^{\bullet} + ROO^{\bullet} \longrightarrow ROOR + O_2$

$RO^{\bullet} + R^{\bullet} \longrightarrow ROR$

$2RO^{\bullet} + 2ROO^{\bullet} \longrightarrow 2ROOR + O_2$

RH = 불포화지방산 ; $R^{\bullet}$ = Alkyl radical ; $ROO^{\bullet}$ = Peroxy radical ;

$RO^{\bullet}$ = Alkoxy radical ; ROOH = Hydroperoxide

그림 5-2. 지방 자동산화 진행단계

고기에서의 지방산화는 다양한 요소들에 의해 영향을 받는다. 예를 들면 열이나 빛 및 기타 산화 촉진제, 산소 함량과 형태, 인지질, 불포화지방산, 도축 전 조건, 근육막을 파괴하는 가공방법들, 그리고 pH 이러한 요소들의 영향을 줄이는 방법이 비염지육인 신선육 가공에서는 매우 중요하다. 인지질은 세포막에 존재하며, 고기에서 다른 지방에 비해 불포화도가 높기 때문에 산화에 더 민감하다. 살코기는 쉽게 산화되는 인지질의 비율이 상대적으로 높기 때문에 살코기 지방산화의 주된 원인은 인지질이다. 트리글리세라이드에서 일어나는 지방산화는 일반적으로 고기 종류나 부위에 따라 발생 민감도가 다르다.

이것은 고기의 지방산 구성이 다르기 때문이다. 닭고기는 돼지고기보다 불포화지방산 함량이 높고 돼지고기는 소고기보다 불포화지방산 함량이 높다. 닭고기 가슴육 지방은 닭고기 다리육 지방보다 안정하다. 따라서 불포화지방산이 높은 고기는 지방산화에 더 민감하다. 분쇄, 박편화, 유화 및 조리와 같은 가공공정들도 또한 지방산화를 촉진시킨다. 주된 원인은 이러한 공정들이 근육막을 파괴하여 막에 존재하는 인지질을 배출시킴으로써 불포화지방산들이 공기 중의 산소와 반응하여 쉽게 산화되도록 하기 때문이다. 또한 효소들이나 힘(heme) 색소가 함유하고 있는 철 원자들을 노출시켜 접촉을 증가시킴으로써 지방산화가 촉진된다.

저장온도와 저장기간은 지방산화 속도에 영향을 미친다. 온도가 높으면 지방산화는 촉진되므로 저장온도를 가능한 한 낮게 유지하면 지방산화를 억제할 수 있다. 그러나 포장 없이 냉동저장 시에는 지방산화는 오히려 더욱 촉진된다. 따라서 고기의 품질이라는 관점에서 지방산화는 냉장저장 시에는 큰 문제가 되지 않고 오히려 냉동저장 시 문제가 된다. 결국 냉동저장 시에는 지방산화를 억제하기 위해 포장을 통해 공기와의 접촉을 얼마나 줄이느냐에 따라 저장기간이 결정된다.

결국 지방산화에 영향을 미치는 다양한 요소들을 관리하는 것이 지방산화를 지연시키고 변취 발생을 줄이는 최선의 방법이다. 재가열육의 변취(WOF)는 조리 후 냉장 혹은 사전 조리 후 냉동 식육 제품에서 품질 저하의 주된 원인 중의 하나로 오래전부터 인식되어 왔다. WOF는 48시간 동안 냉장 저장된 후에 재가열한 식육에서나 수일 혹은 수주동안 냉동 저장된 사전 조리된 식육에서 주로 발생한다. WOF는 일반적으로 오래된, 골판지 같은, 페인트 같은 혹은 찌든 냄새 등으로 표현되는 풍미이다.

가열은 재가열육의 풍미를 유발하는 지방산화의 주된 원인 중의 하나이다. 가열은 식육단백질을 응고시킴으로써 단백질은 그 기능성을 잃게 된다. 따라서 효소들은 더 이상 반응들을 지원하지 않고 섬유단백질은 수분을 보유하지 못하고 헤모글로빈과 마이오글로빈의 힘 단백질은 더 이상 철 원자를 결합하지 못하게 된다. 결과적으로 고온은 산소와 철 원자를 유리시키고, 유리 라디칼의 형성을 야기한다.

글로빈에 결합되어 있는 철 원자는 산화될 수 있는 성분들과의 접촉이 억제되지만, 가열에 의해 유리되어 다중불포화지방산(polyunsaturated fatty acid)들과 접촉하게 된다. 유리 철 원자는 환원상태에서(Fe^{2+}) 쉽게 산화상태로(Fe^{3+}) 전환됨으로써 유리 라디칼 생성을 유발한다. 따라서 아질산염을 처리하는 염지육에서는 힘 색소에 함유되어 있는 철 원자가 가열 후에도 고정되어 있지만, 신선육에서는 가열에 의해 철 원자가 유리되어 지방산화가 촉진됨으로써 냉장이나 냉동 저장 후에 데웠을 때 WOF가 생성되는 것이다.

1.3 자기소화 효소적 변질

가축이 도축된 후에 근육세포 내에서 일어나는 효소작용은 자연과정이다. 효소들은 유기성분들과 결합하여 화학반응에 촉매역할을 함으로써 궁극적으로 고기의 변질을 가져오는 능력을 지닌다. 자기소화 과정(autolysis)에서 단백질, 지방, 탄수화물 등과 같은 조직의 복합 물질들은 더 단순한 물질들로 분해됨으로써 조직이 연화되고 변색이 된다. 이러한 자기소화 과정에는 미생물 분해과정이 일어나기 위해 전제조건인 단백질 가수분해 및 지방 가수분해가 포함된다.

근육 단백질 분해효소는 사후 근육 조직의 폴리펩타이드를 분해하여 식육의 풍미와 조직감 변화에 기여한다. 이것이 소위 사후 식육의 숙성과정이다. 사후 식육의 저장기간에 따라 적정한 연도와 풍미를 가지는 숙성 정도가 지나면 그 이상의 숙성은 품질의 저하로 이어진다. 이러한 사후 자기소화 과정은 조직별로 그 속도와 정도가 다르기 때문에 저장온도에 따라 품질 저하의 속도가 다르다. 일반적으로 단백질 분해효소는 저온에서도 활성을 가지기 때문에 시간이 흐름에 따라 식육 품질 저하는 지속된다.

2. 품질의 유지

식육은 미생물이 잘 자라는 데에 필요한 영양소가 풍부하기 때문에 쉽게 부패되는 식품이다. 미생물들은 고기를 부패시킬 뿐만 아니라 인체에 해로운 독소를 생산할 수도 있어 이들의 성장을 억제하는 저장기술은 매우 중요하다. 또한 미생물들은 여러 가지 효소들을 생산하고, 이들이 생산한 효소들은 식육을 화학적 및 물리적으로 변화시켜 고기의 물리적 성질이나 관능적 품질의 저하를 가져온다. 따라서 식육저장은 식육의 품질저하를 가져올 수 있는 미생물적, 화학적, 및 물리적 변화를 방지하거나 지연시키는 여러 가지 방법으로 성취된다.

다시 말하면 미생물 부패를 방지하고 산화와 효소적 변질을 최소화하는 방법을 추구하게 된다. 전통적인 방법으로는 건조, 훈연, 염지, 발효, 냉장 그리고 통조림 등이 있었지만 이제는 화학첨가물, 보존제, 비가열 기술 등이 보급되고 있다. 현재의 품질유지 방법은 온도 관리, 수분활성도 관리, 화학첨가물이나 보존제, 포장 및 기타 비가열 방법 등이 단독 혹은 복합으로 이용되고 있다. 결국은 부패 미생물의 성장에 적합하지 않은 환경을 만들어 주어 이들을 죽이거나 잘 자라지 못하게 만들어 주는 것이다. 가장 일반적인 것이 온도를 낮춰주는 것이기 때문에 우리는 고기를 냉장하거나 냉동 저장하는 것이다.

2.1 온도 관리

온도 관리는 기본적으로 미생물 성장에 적합한 온도 이하로 유지하여 부패 속도를 늦추는 냉각기술이다. 저온저장에는 냉장(chilling), 냉동(freezing), 초냉장(super-chilling)의 세 가지 방법이 있다. 이 세 가지 방법 모두 미생물의 성장을 억제하거나 완전히 멈추게 하지만 내냉성(psychrophilic)의 세균, 효모 및 곰팡이의 성장은 냉장 수준에서는 억제되지 않는다.

1) 냉 장

도축 후 지육은 즉시 4시간 이내에 4℃까지 냉장을 해야 한다. 도축 후 수송, 및 저장기간 동안 냉장온도를 유지하는 것은 식육위생, 안전, 저장성, 외관 및 영양가 측면에서 매우 중요하다. 지육 냉장은 수침냉장이나 공기냉각 방법을 사용한다. 공기냉각을 이용하면 지육 표면온도가 더 빨리 내려가고, 표면이 건조되어 미생물 부패를 최소화된다. 공기냉각은 도축 후 지육 감량이 0.68% 정도로서 절단을 포함한 가공작업 시 감량이 최소화 된다. 수침은 냉각 시 11.7%를 흡수하였다가 지육저장 시 4.72%, 절단작업 시 0.98% 그리고 이후 저장 시 2.1%의 중량 손실이 발생하여 총 3.9%의 흡수 증량이 유발되는 것으로 보고된다. 미생물 숫자 측면에서 수침냉각보다 공기냉각이 유리하며, 저장온도는 섭씨 4℃나 7℃ 보다는 0℃가 부패를 억제하는 데에 유리하다.

2) 냉 동

냉동은 식육의 본래의 성질을 유지하는 데에 최선의 방법이다. 식육은 축종에 따라 50~75%의 수분을 함유하고 있고, 영하 5℃에서는 조직의 수분 75%가 얼며, 영하 20℃에서는 98%가 얼고, 영하 65℃에서 모든 물이 언다. 그러나 근육 내 결합수는 온도가 아무리 낮아도 얼지 않는다. 냉동육은 냉동저장 중에도 물리적, 화학적 및 생화학적 변화가 지속됨으로써 품질유지가 제한적이다.

세균 성장은 영하 12℃에서 정지되고, 영하 18℃ 이하에서는 동물 세포의 모든 세포대사가 정지된다. 영하 55℃ 이하에서 식육의 품질 변화는 완전히 멈춘다. 그러나 효소반응, 지방산화 및 빙결정화는 일반적인 냉동저장 중 변질의 중요한 원인이 된다. 냉동저장 중 미생물 군의 60% 정도는 사멸하지만 남아 있는 것들은 냉동저장 중 서서히 자란다. 표 5-5는 냉동육의 우점 부패 미생물을 보여준다. 표 5-6은 저장 온도별 식육의 저장기간을 보여준다. 영하 18℃ 이하에서는 저장기간이 현저히 증가함을 알 수 있다.

3) 초냉장(superchilling)

초냉장이란 얼음 결정이 형성되는 초기 냉동온도보다 낮은 온도(섭씨 영하 1~2℃)에서 빙결정 형성 없이 식육을 저장하는 것을 의미한다. 이 온도 범위에서는 호흡대사나 숙성과정이 정지되지만 세포활동은 유지된다. 원래 생선에서 이용되던 것을 가금육이나 돈육 저장에서 활용하는 것이다. 장점은 저장기간이 전통적인 방법에서보다 4배 정도 향상된다는 것이다. 식육의 냉동온도 근처의 온도로 냉각시키면 미생물

표 5-5. 냉동육의 우점 미생물

미 생 물	속
세 균	*Alcaligenes* *Alternomonas* *Antrax bacilli* *Arthobactor* *Brochothrix* *Citrobacter* *Cotynebacterium* *Cysticercus cellulosae* *Erwinia* *Escherichia* *Flavobacterium* *Klebsiella* *Kurthia* *Proteous* *Pseudomonas* *Salmonella* *Turbercle bacilli*
효 모	*Chrysosporium pannorum* *Cladosporium cladosporoides* *Cladosporium herbarim* *Cryptococcus spp.* *Debaryomyces hansenii* *Penicillium hirsutum* *Rhdotorula* spp. *Thamnidium elegans*

성장을 억제하며 품질을 유지할 수 있다.

2.2 수분활성도

수분활성도란 식품성분 분자에 결합되어 있지 않고 미생물이 성장하는 데에 이용될 수 있는 수분을 의미한다. 따라서 식품의 미생물적 안전은 수분활성도에 직접적으로 영향을 받는다. 수분활성도는 식품의 수증기압을 순수한 물의 증기압으로 나눈 값으로 표시한다.

표 5-6. 각종 식육제품의 저장온도별 저장기간

제 품	온 도(℃)	저장기간
냉 장		
소고기	-1	3～5주
돼지고기	-1	1～2주
냉 동		
소고기	-18 -30	12개월 24개월
분쇄고기(랩포장)	-18 -24	6개월 8개월
소고기 스테이크(진공포장)		18개월 24개월
양고기	-18 -24	16개월 18개월
돼지고기	-18 -30	6개월 15개월
간	-18 -24	12개월 18개월

표 5-7에서 보는 것과 같이 신선육, 과일 및 채소 등은 수분이 충분한 수분활성도 0.85 이상의 식품군에 속하여 안전을 위하여 냉장저장이 필요한 식품이다. 각종 미생물들은 생육할 수 있는 한계 수분활성도를 가지고 있고, 일반적으로 가장 잘 성장할 수 있는 수분활성도는 0.980～0.995이며, 0.900 이하가 되면 성장을 멈춘다. 효모와 곰팡이는 수분활성도 0.6에서도 자랄 수 있다. 병원균은 0.85 이하에서는 성장이 억제된다. 수분활성도는 건조나 첨가물을 첨가함으로써 낮출 수 있다. 표 5-8은 건조육에서 자랄 수 있는 미생물들의 최소 수분활성도를 보여준다.

소금은 삼투압에 의해 식품의 수분활성도를 낮춰준다. 소시지에 3%의 소금을 첨가하면 수분활성도가 0.97로 낮아지고, 추후 6일간 건조시키면 0.95로 낮아져 병원성 세균의 증식이 정지된다. 내염성 세균인 유산균 및 효모는 수분활성도 0.97에서 성장할 수 있으므로 소금 첨가로 성장이 억제되지 않는다. 더욱이 소금은 지방산화를 촉진시킴으로써 신선육에는 소금 첨가가 바람직하지 않다. 설탕은 수분을 결합하여 식품에 첨가되면 수분활성도를 낮춰준다. 따라서 식육가공 시에 과당, 설탕, 갈색설탕, 물엿, 유당, 꿀, 당밀, 말토덱스트린 및 전분 등이 풍미 증진과 수분활성도 저하를 위해 첨가된다.

표 5-7. 수분활성도와 식품의 관계

수분활성도	구 분	제어조건
0.85 이상	수분식품	냉장이나 병원성 세균 제어를 위한 수단 필요
0.60~0.85	중간 수분식품	병원성 세균 제어를 위한 냉장 불필요. 그러나 효모나 곰팡이에 의한 부패로 저장기간이 제한적
0.60 이하	저수분식품	냉장 없이도 장기간 저장 가능

표 5-8. 건조 육제품에서 자랄 수 있는 미생물들의 최소 수분활성도

미 생 물	수분활성도
Campylobacter	0.98
Pseudomonas	0.97
Clostridium botulinum (non-proteolytic)	0.96
Clostridium botulinum (proteolytic)	0.93
Salmonellae	0.94
Clostridium perfringens	0.93
Escherichia coli O157:H7	0.95
Listeria monocytogenes	0.92
Staphylococcus aureus (anaerobic)	0.90
Staphylococcus aureus	0.86
Aspergillus flavus	0.80

2.3 화학첨가물

각종 화학첨가물들이 미생물 부패방지, 지방산화 방지 및 효소 자기소화 방지를 위해 이용된다. 항미생물 보존제들은 도축, 수송, 가공, 저장 중에 미생물 확산을 감소시킴으로써 식육의 저장기간을 연장하기 위해 이용된다. 식육의 변질을 야기하는 각종 미생물들의 식육에서의 성장은 미생물의 종류, 영양소의 존재, pH, 온도, 수분, 그리고 산소의 유무 등에 좌우된다. 따라서 보존제의 사용은 불량한 위생상태나 가공환

경을 대체하는 방법이 아니고 우수한 온도관리와 병행하여 소비자 안전을 위한 최선의 방법으로 선택하여야 한다. 탄산가스나 오존 혹은 일산화탄소 등이 저온에서 식육을 저장할 때 미생물 성장 억제를 위해 사용된다. 오존은 지방산화를 촉진할 위험이 있고, 일산화탄소와 함께 일반적으로 사용하기에는 주의할 사항이 많다. 일반적으로 이용된 항미생물 보존제로서는 소금, 아질산염, 아황산염, 생물 보존제로서 라이소자임, 락토페린, 니신, 락티신 3147과 펜토신 31-1 같은 항미생물 단백질, 젖산, 아스코르브산, 초산, 안식향산과 소르브산 등의 유기산 제제들, 천연 향신료 오레가노 및 정유로서 갈릭유(garlic oil), 유지놀(eugenol)과 알릴 이소티오시안염(allyl isothiocyanate), 그리고 키토산 등이 있다.

냉동저장은 변취나 변색을 함께 유발하는 지방산패를 방지할 수 없으므로 산패 방지제를 사용한다. 항산화제는 1차 항산화제 및 2차 항산화제가 있는데, 1차 항산화제는 라디칼이나 전자 공여자의 제거 혹은 연쇄반응 차단자로서 역할을 하는 제제이고, 2차 항산화제는 과산화물 분해자로서 역할을 하는 항산화제이다. 식육에서 사용되는 항산화제로서는 1차 항산화제인 페놀계 항산화제와 2차 항산화제인 인산염이 이용된다. 페놀계는 BHA, BHT, TBHQ, PG 등의 합성 항산화제들과 토코페롤이 이용된다. 인산염으로는 삼중폴리인산염, 육중메타인산염, 파이로인산염 등이 있다.

자기소화는 가축이 살아있을 때에 대사과정에서 지방, 단백질, 및 탄수화물 분해에 관여하던 효소들이 가축의 사후 체내에서 스스로의 조직을 분해하여 발생하는 화학적 변화를 의미한다. 염지염들은 식육 속에 존재하는 m-calpain, μ-calpain, calpastatin, cathepsin, aminopeptidase 등의 단백질 분해효소를 불활성화 시키거나 활력을 감소시킨다. 효소들의 활력은 pH에 영향을 받기 때문에 각종 산들을 첨가하여 pH를 조절하면 효소들의 활력을 억제할 수 있다. 아스코르브산, 초산, 혹은 염산으로 pH를 낮추면 활성이 저하된다.

2.4 비가열 방법 및 포장

1) 비가열 방법

방사선 조사는 1940년대부터 식육 저장을 위한 미생물 억제 방법으로 인정되고 있다. 세계식량농업기구(FAO)와 세계보건기구(WHO)는 1981년에 10 kGy 이하의 방사선 조사를 식품 저장을 위한 수단으로 사용할 것을 제안하였다. 식품에 사용할 수 있는 방사선은 코발트(^{60}Co)나 세슘(^{137}Cs)에서 발생하는 감마선과 X선 및 전자선이다. 방사선 조사의 장점은 살균 능력이 뛰어나고 냉온살균기술이며, 용기에 포장된 상태에서도 살균이 가능하다는 것이다. 식육에서 방사선 조사의 이용상 문제는 독특한 조사취가 발생하고 변색이 발생한다는 것이다.

초고압(high hydrostatic pressure) 기술은 고압(100~1,000 MPa)을 이용하여 식육 안에 존재하는 미생물과 효소들을 불활성화 시키는 기술이다. 이것은 저온에서 영양가나 관능적 특성의 변화 없이 부패 미생물과 효소들을 불활성화 시키는 비가열 방법이다. 단점으로는 고압에 의해 마이오글로빈이 변성됨으로써 변색이 야기된다는 것이다. 따라서 돼지고기나 닭고기가 아닌 적색 강도가 강한 소고기에서 문제가 된다.

2) 포 장

포장은 식육에서 미생물 증식, 변색, 변취, 그리고 영양가 손실 등과 같은 변질을 지연시키기 위해 이용된다. 신선육 포장은 일반적으로 수분 투과율은 최소화 하여 표면 건조를 방지하고, 가스 투과율은 목적에 따라 다양한 투과성을 가지는 포장을 사용한다. 냉장과 함께 진공포장(VP)과 공기조성 변경 포장(MAP)을 사용하는 것은 식육과 식육제품의 저장기간 연장을 위해 인기가 점증하는 저장기술이다. 최근에는 활성 포장(active packaging), 지능형 포장(intelligent packaging) 등이 새롭게 대두된다.

(1) 진공포장

진공포장은 최종 밀봉하기 전에 포장용기 내의 공기를 제거한 형태의 포장이다. 식육이 산소와의 접촉을 최소화함으로써 저장기간을 연장시키는 기술로서 전통적으로 냉장 가공육 제품의 대부분은 진공포장을 한다. 진공포장은 공기조성 변경 포장의 변형으로 간주된다. 왜냐하면 포장용기 내의 정상적인 공기를 제거한 것도 용기내 공기의 변경이기 때문이다. 진공포장 신선육은 자적색을 보이므로 소매용 포장보다는 도매용 포장에서 널리 활용된다.

진공포장은 포장용기 내의 산소를 완전히 제거함으로써 호기성 미생물의 발육을 억제하여 저장기간을 연장시킨다. 종종 진공포장 후에 용기 내에 잔존 산소로 인하여 저장 중 육색이 갈색으로 변하는 경우가 발생한다. 진공포장육의 저장조건은 제품에 따라 약간의 차이는 있지만, 일반적으로 저온 및 저광선 상태가 좋다. 염지훈연제품은 덩어리 제품은 5~6℃, 슬라이스 제품은 0~2℃이고, 반면에 신선육 제품은 영하 1℃가 적절한 것으로 보고된다.

(2) 가스치환포장(MAP)

가스치환포장(modified atmosphere packaging, MAP)은 포장용기 내의 공기를 제거하여 부패 미생물의 성장을 억제하고, 품질을 유지하게 하는 다른 조성의 가스로 교환하는 것이다. 이 포장은 냉장온도에서 식육의 저장기간을 50~400% 연장시키는 것으로 보고되며, 스테이크의 경우 연도와 다즙성에서 전통적인 트레이 포장보다 우수한 것으로 보고된다. 포장용기 내의 초기 공기조성은 저장기간 동안 식육과 미생물의 반응에 의해 변해 간다. MAP와는 달리 CAP(controlled atmosphere packaging)는 공기조성과 습도를 지속적으로 점검하여 포장용기 내의 공기조성을 항상 일정하게 유지시키는 포장이다.

가장 널리 사용되는 가스는 산소, 탄산가스 및 질소이다. 일산화탄소도 적육 포장에서는 널리 적용되지만 고비용과 복잡한 배합기준과 안전에 대한 염려로 인해 그 이용이 제한적이다. 아르곤, 이산화황(SO_2), 아산화질소(N_2O), 산화질소(NO) 등도 식육 포장에서 검토되었지만 안전성 문제와 고비용으로 상업화 되지 못하고 있다. 탄산가스는 호기성 미생물 발육 억제를 통해 저장성을 향상시킨다. 10~20%의 적은 농도로도 대부분의 부패미생물의 발육을 억제시킨다. 반면에 산소는 지방산화, 육색소 산화 및 갈변색, 그리고 대부분의 부패 미생물의 성장을 촉진하기 때문에 식육포장용기 내에는 육색을 산소화마이오글로빈의 선홍색을 유지하기 위한 최소한 5%의 농도는 포함해야 한다.

산소의 존재는 혐기성 미생물의 성장과 독소 생산의 위험을 감소시켜 준다. 산소 주입의 문제점을 해결하고, 저장성 연장의 장점을 살리기 위해 1% 이하의 일산화탄소와 20~30%의 탄산가스를 주입하면 신선육색을 선홍색으로 유지하며, 탄산가스의 부패 미생물 발육 억제 효과를 얻을 수 있다. 유럽연합에서는 아르곤, 헬륨 및 아산화질소의 혼합가스를 식육포장에 허용하고 있다. 질소는 불활성 가스로서 미생물의 발육이나 성장억제와는 상관이 없고, 물에서의 용해도도 낮아 MAP 용기 내의 탄산가스가 용해되거나 산소가 소비되어 포장용기가 찌그러지는 것을 방지하기 위해 주입된다. 가스의 기능은 기본적으로 세균의 성장을 억제하거나, 호기성/혐기성 미생물의 성장을 억제하거나, 육색을 유지시키거나, 지방산화를 억제시키거나, 포장용기가 찌그러지는 것을 방지하는 것이다. 그 밖의 다양한 가스들의 이용 가능성이 검토되어 왔지만 지금까지 이용되어 오는 가스들에 비해 기능적으로나 비용 측면에서 유리한 점이 없어 보인다.

(3) 혁신적 포장

향상된 기능의 혁신적 포장은 최소 가공, 최소 첨가물, 강화된 규제, 세계화된 시장, 식품안전 그리고 식품 테러 등에 대한 소비자 요구에 부응하기 위하여 지속적으로 개발되고 있다. 활성 포장, 지능형 포장, 가식성 포장재, 생분해성 포장재, 그리고 나노기술 등이 식품포장 업계에게 저장기간 연장, 안전성 향상, 품질개선 그리고 자연환경 보호라는 선진화된 개념을 제공하고 있다.

㉠ 활성 포장(Active packaging)

활성 포장이란 미국에서는 일반적으로 식품이 포장용기 내에서 공기를 통제하기 위해 내부 환경과 상호 반응하고, 바깥 환경에는 장벽을 만들어 오염이나 변질을 막는 포장 시스템을 일컫는다. 유럽연합에서는 외부 영향에 대한 보호장벽을 제공하는 것에 덧붙여 추가적인 기능을 가진 식품포장을 의미한다. 포장이 식품을 둘러싸고 있는 환경으로부터 혹은 식품으로부터 식품관련 성분을 흡수하거나 보존제, 항산화제 혹은 풍미물질 등 같은 물질을 식품이나 식품의 환경에 배출하는 것이다. 예를 들면, 항미생물제 및 항산화제 배출, 탄산가스 배출, 수분흡수, 산소 및 에틸렌 소거 등이다. 방법은 패드 형태에 성분을 삽입시킨 후 포장에 주입하여 저장 도중 포장용기 내에 휘발성 생물활성 물질이 배출되도록 하는 형태, 포장필름에 항미생물제 성분을 직접 혼입시키는 형태, 그리고 포장지를 항미생물제의 운반체 역할을 하는 물질로 도포하여 식품 표면으로 배출하게(휘발성 혹은 비휘발성 형태로) 만드는 형태가 있다.

㉡ 지능형 포장(Intelligent packaging)

지능형 포장은 저장기간을 연장하고, 안전성을 향상시키고, 품질을 개선하고, 정보를 제공하고, 발생할 수 있는 문제들에 대해 경고를 하기 위한 판단을 가능하게 해주는 발견, 감지, 기록, 추적, 의사소통 그리고 과학적 논리의 적용 등과 같은 지적인 기능을 수행할 능력이 있는 포장 시스템이다. 따라서 지능형 포장은 식품의 품질/안전성 상황을 점검하여 소비자나 식품 제조업자에게 조기 경고를 제공할 수 있는 시스템이다. 지능형 포장에 사용되는 스마트 기기들로는 바코드, RFID, 시간-온도 지시기, 가스 지시기, 신선도 지시기, 병원성 미생물 지시기 등이 있다. 바코드나 RFID는 상품정보 제공의 기능이 우선이고, 시간-온도 지시기는 색깔 변화로 상품의 누적 노출온도 및 시간의 기록을 보여주어 식품의 품질상태나 안전성을 소비자가 예측할 수 있게 해준다.

가스 지시기는 포장용기 내의 산소나 탄산가스 농도에 따라 색깔이 변하는 형태로 품질이나 안전성을 예측하게 한다. 신선도 지시기는 식육의 저장기간 동안 생성되는 품질 관련 대사산물의 양에 의해 색깔이 변하는 형태이다. 포도당, 젖산, 에탄올, 휘발성 질소화합물, 생합성 아민류, 탄산가스, 핵산물질, 그리고 황화합물 등이 식육의 신선도와 관련된 대사산물들이다. 병원성 미생물 지시기는 바이오센서로서 대상 물질을 감지하는 생체 감지기와 그 생화학적 신호를 정량적으로 인식할 수 있게 만들어 주는 변환기로 구성되어 있다.

㉢ 가식성 물질도포 혹은 필름 및 생분해성 포장

가식성 물질도포나 필름은 단백질, 다당류 및 지질로 구성된 가식성 물질로 만든 기질이다. 가식성 물질도포는 직접 식품에 적용되어 식품의 일부분이 되지만, 필름은 식품과는 별도의 조직이다. 이들은 수분, 가스 및 용질의 이동을 막아줄 장막으로 역할을 하여 품질개선과 저장기간 연장의 효과를 가져온다. 여기에는 식품의 안전성, 안정성, 관능적 및 영양적 특성을 향상시키기 위한 식품첨가물들을 혼입시켜 사용할 수 있다. 생분해성 포장지는 재생자원에서 유래한 물질로서 탄산가스, 물 그리고 양질의 유기질 비료와 같은 환경 친화적 산물로 분해될 수 있는 것을 말한다. 점점 증가하는 환경에 대한 염려와 석유화학 제품의 문제점으로 생분해성 포장지에 대한 관심이 고조되고 있다.

활용될 수 있는 생물고분자 물질로서는 셀룰로오스, 전분, 폴리락타이드(PLA), PHB(poly-beta-hydroxybutyrate), PCL(polycaprolactone), PHBV[poly(3-hydroxy-butyrate-co-3-hydroxyvalerate)], 젤라틴, 키토산 등이 있다. 이 생분해성 포장지에도 저장성 향상을 위해 항산화제나 항미생물제 등의 첨가물을 혼입시킬 수 있다.

㉣ 나노기술(Nanotechnology)

나노기술은 100nm 이하의 물질을 적용하는 기술을 의미하며, 식육 포장지에 나노물질을 적용하는 것은 물리적 특성, 차단 특성 등을 개선하면서 항미생물 및 항산화 효과, 생분해성 및 지능형 역할을 활용할 수 있게 한다. 사용되는 나노물질로서는 은 나노 입자, 이산화티타늄, 산화아연, 산화마그네슘 등과 같은 금속 산화물, 나노점토, 키토산 나노입자, 셀룰로오스 나노입자 등이 있다.

식육 포장에서 나노물질을 적용하는 것은 포장 무게가 작아지면서 동일하거나 더 나은 차단성질을 얻을 수 있다. 따라서 포장비용을 절감할 수 있고, 포장지 쓰레기를 줄일 수 있는 이점이 있다. 더욱이 혁신적이고 튼튼하고 경량의 활성 및 지능형 포장과 관련한 식육 산업계의 요구에 부응할 수 있을 것이다. 반면에 안전성 측면에서는 포장지에 적용된 나노 물질이 식품으로 이전되어 소비되었을 경우에 위장관 내에서나 체내 다른 기관에서의 나노물질의 동태에 관하여 알려진 바가 없다는 문제가 있다. 다른 하나는 나노 물질의 생산과 폐기 시에 환경에 대한 영향이 부정적일 수 있다는 것이다. 나노물질은 환경에 다른 물질과 반응하여 다른 물질로 변환되어 상이한 화학적, 물리적 혹은 독성적 특성을 보일 수 있는 가능성이다. 지금까지 나노점토는 환경에 유익한 것으로 나타났지만, 다른 물질들에 대해서는 보고된 바가 없다.

제4편 식육 가공

"하늘은 우리에게 좋은 고기를 보내주지만 악마는 요리사를 보낸다."

- 데이비드 개릭 -

제 1 장

신선육 가공

적육에서는 도체를 생산하는 과정인 도축공정을 가공이라 하지 않고 오로지 생산된 도체를 절단 및 발골하여 소비자들이 구입할 수 있는 상품으로 만드는 과정을 가공이라 하는 반면에 가금육에서는 생산된 도체가 직접 소비자에게 판매될 수 있는 상품이 되므로 도계공정을 가공과정에 포함시킨다.

1. 도체 가공

1.1 온도체 가공

전통적인 식육가공 과정은 도축 후 도체를 24~48시간 동안 냉장시킨 후 절단 발골한다. 냉장기간 동안 도체의 사후강직이 완료되고 낮은 온도와 더불어 근육과 지방을 단단하게 하므로 절단이나 발골작업이 수월하게 된다. 그러나 도체 냉각에 상당한 에너지가 필요하므로 온도체 가공은 생산비 절감 차원에서 도체를 냉각시키기 전 도체온도가 아직 높은 상태인 온도체를 발골하여 뼈와 지방을 분리하여 정육을 수확하고 냉각시키는 가공방법이다.

온도체 가공의 이점은 ① 효율적 냉장 공간의 이용 : 소도체를 냉각시키는 것보다 발골 후 정육만 냉장시킨다면 80%의 냉장실 공간을 절약할 수 있다. ② 냉장비용의 절약 : 소도체를 냉각시키는 것보다 정육만을 냉각시키면 약 50%의 에너지 비용을 절감할 수 있다. ③ 냉각시간 및 가공시간의 단축 : 돼지의 경우, 신선육으로 가공될 때까지는 21시간이 절약되고, 염지육 제품으로 가공될 때에는 117시간이 절약된다.

반면에 문제점은 ① 고기의 연도저하 : 강직 전 상태에서 발골 된 신선육을 급속냉각을 시킬 경우 저온단축 현상으로 연도 저하가 문제점으로 대두된다. 특히 소나 양고기는 저온단축 현상의 피해가 돼지고기보다 더 클 것이다. 이러한 연도저하 문제는 전기자극이나 고온숙성 방법을 이용하면 해결할 수 있다. ② 미생물 오염의 위험 증가 : 재래식 처리방법에 비해 고기의 온도가 높고, pH가 높은 상태이므로 일단 미생물이 오염되면 증식이 빠를 수 있기 때문에 작업장 위생상태에 대하여 세심한 배려가 요구된다.

따라서 서양에서는 현수한 상태로 발골작업이 이루어지고 있고, 발골 즉시 진공포장을 하여 냉각시킴으로써 주위 환경으로부터의 오염을 최소화한다. 국내 일부 소규모 도축장이나 지방 도축장에서는 과학적인 근거에서보다 냉장비용 절약의 차원에서 관행적으로 온도체 발골이 이루어져 오고 있어 위생적 고려가 전혀 이루어지지 않은 상태이므로 소비자 안전 측면에서 심각한 문제가 될 수 있다.

1.2 전기자극

도체의 전기자극은 도축 후 저온 단축의 발생을 피하며, 단시간 내에 도체를 냉장 및 냉동시키기 위해서 또는 도축 후 고기의 연도 증진의 방법으로 사용되고 있다. 전기자극의 원리는 외부의 자극이 신경섬유를 통하여 전달되어 근육의 수축이완이 이루어지는 사실에 근거한다. 전기자극시 전류가 도체의 신경조직 체계를 통해 근육섬유에 전달되어 전기파동이 지속되는 동안에는 근육이 수축하고, 지속되지 않는 동안에는 근육이 이완되는 식으로 전기자극을 받는 동안에 근육의 수축이완이 계속되어 극심한 에너지(ATP)의 소비가 이루어진다.

그러므로 이에 필요한 ATP를 충당하기 위하여 사후 해당작용이 급속히 진행되어 pH는 신속히 감소되고, 사후강직은 일찍 시작되므로 급속냉장을 시켜도 저온단축 현상이 발생하지 않게 된다. 그러나 동물의 신경조직은 도축 후 서서히 죽어가기 때문에 방혈 후 30분이면 근육의 신경조직은 전기자극에 대한 반응이 약해져 저전압 전기로는 충분한 효과를 기대할 수 없게 되어 고전압을 이용하여 자극을 하여야 소기의 목적을 달성할 수 있다.

1) 저전압 전기자극

일반적으로 110볼트 이하의 전압으로 도축 후 8분 이내에 자극을 실시하는 방법으로 전압이 낮아 특별히 안전장치를 설치할 필요가 없고, 전기자극을 실시하는 동안에도 작업을 계속할 수 있다는 장점이 있으나 사후강직의 진행속도가 느려 도체를 냉동시키려면 대기시간이 길어진다는 단점이 있다.

2) 고전압 전기자극

수백에서 수천 볼트의 전압을 이용하므로 방혈 후 60분 이내에만 실시하면 어느 때에나 적용이 가능하지만 안전을 위한 특별한 조치가 필수적으로 요구되는 방법이다.

3) 전기자극의 효과

전기자극은 저온단축 현상이 일어나는 가축인 소나 양의 도체에서만 그 사용이 보편화되어 있으며, 그렇지 않은 돼지나 닭에서는 오히려 높은 체온과 낮은 pH로 인하여 PSE육이나 질긴 고기를 생산할 위험이 존재한다. 전기자극을 받은 고기의 연도는 냉장 후 전기자극을 받지 않은 도체에 비해 우수한 것으로 보고되는데, 그 이유로는 우선 저온단축이 적게 발생되고, 전기자극에 의한 근육의 극심한 수축 이완시 미세조직이 파괴되어 연도가 향상되며, 나아가서는 근육의 pH가 급속히 감소되어 단백질 분해 효소의 활력이 증진되므로 연도가 증가하는 것이 제시되고 있다.

2. 부분육 생산(Fabrication)

도축 후 냉각이 끝난 냉도체는 유통단계의 용도에 따라 부위별로 분할, 발골 및 정형을 하게 된다. 도매유통을 위해서는 대분할육으로 절단하고, 소매유통을 위해서는 소분할육으로 절단 및 발골을 하여 상품으로 만든다. 대분할과 소분할 방법은 정부의 규정으로 고시되어 있다. 생산된 부분육들은 정육점에서 소비자에게 대면판매를 하거나 축산물위생관리법의 "축산물 가공기준 및 성분규격"에 기재되어 있는 포장육 형태로 판매된다. 포장육이란 식육을 절단하여 용기에 담아 포장하고 냉장 또는 냉동한 것으로, 소비자에게 직접 판매를 목적으로 포장한 식육을 말한다.

3. 숙성(Aging)

사후 숙성(postmortem aging)은 조절시킴(conditioning) 혹은 익힘(ripening)이라고 부르는 도축 후 지육이나 대분할육 혹은 부분육을 설정된 냉장 조건 하에 보관하여 기호성을 향상시키는 과정이다. 이미 공부한 대로 사후강직이 완료된 후 고기는 사후 숙성단계에서 연도와 풍미가 개선된다. 이것은 근육 내에 존재하는 단백질 분해효소에 의해 근육섬유에 존재하는 특정 단백질들이 분해됨으로써 연도가 증진되는 것이다. 이러한 연화는 냉장상태에서 사후 3~7일 동안 비교적 빠른 속도로 진행되고, 그 이후부터는 완만하게 진행된다. 사람들은 고기의 연도 증진을 위해 오래 전부터 이러한 사후 숙성과정을 의도적으로 활용해 왔다.

3.1 숙성의 종류

상업적으로 이용되는 사후 숙성에는 두 가지 종류, 즉 건식숙성(dry aging)과 습식숙성(wet aging)이 있다.

1) 건식숙성

건식숙성은 지육 전체나 혹은 대분할육을 공기순환 속도 0.5~2.5m/sec, 상대습도 80~85%, 온도 0~2℃에서 21~28일간 저장하여 달성하는 전통적 숙성과정이다(그림 1-1). 과도한 습도는 미생물 성장을 촉진하고 너무 낮은 습도는 과도한 감량을 야기한다. 온도가 높으면 숙성은 촉진되지만 미생물 성장이 또한 촉진되므로 유의해야 한다. 공기순환 속도는 냉장고에서 수분 제거에 필수적이므로 불충분한 순환은 지육 표면에 응축수를 유발하여 변취와 부패를 야기할 위험이 있다. 과도한 순환은 표면 건조를 야기하고 과다한 감량이 발생하게 된다. 건식숙성의 단점은 절제감량(trimming loss, 건조해서 딱딱해진 표면을 잘라내는데 발생하는 감량)이 많이 발생하여 경제적으로 부담을 가져온다는 것이다.

2) 습식숙성

습식숙성은 대분할육이나 부분육을 진공포장하여 0~2℃에 저장하여 숙성시키는 방법이다. 습도나 공기순환 속도 같은 조건은 별로 중요치 않다. 도매분할육이나 대분할육 진공포장육은 지육가공 처리 후 소매점에 도착할 즈음에는 7~10일이 경과하여 자연스럽게 습식숙성이 이루어지게 된다. 습식숙성은 중량 감소나 표면 변색의 위험이 없으나 풍미가 전통적으로 건식숙성을 실시한 고기와 달라 피맛(bloody)과 금

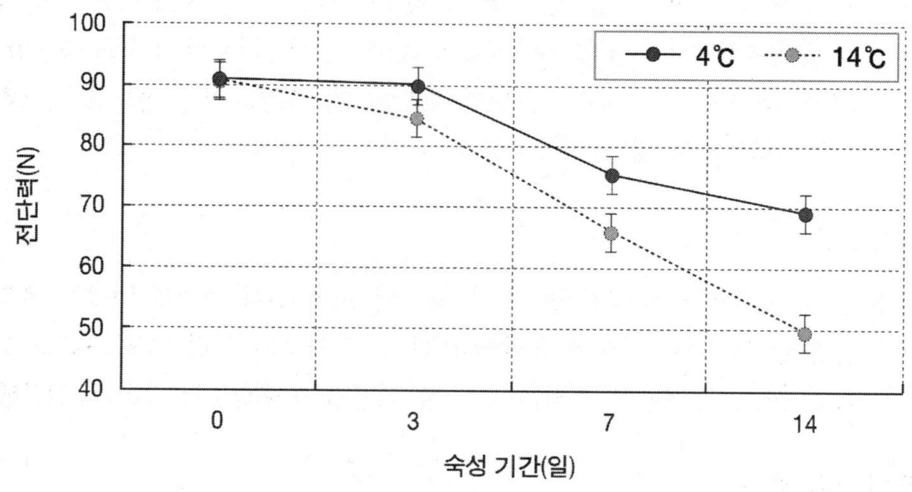

그림 1-1. 숙성기간에 따른 고기의 전단력 변화(전단력이 낮으면 연함)

속 같은 풍미(metalic)를 가진다. 따라서 풍미를 개선하기 위해 습식숙성 말기에 포장을 개봉하여 며칠간 건식숙성으로 처리하기도 한다.

3) 속성 숙성

건식숙성은 소요되는 시간(14~35일)을 포함한 경제적 관점에서 불리한 점을 가지고 있고, 습식숙성은 시간적으로는 유리하나(7~21일) 관능적 품질에서의 한계를 지니고 있기 때문에 건식숙성의 온도를 올려 숙성시간을 단축시키는 방법을 활용한다. 숙성온도가 높아지면 표면 세균의 발육이 증가되므로 UV램프를 이용하거나 공기 필터를 이용하여 표면 미생물 발육을 억제시키면서 숙성기간을 단축시키는 기술이 시도된다. 반면에 새로운 고수분 투과성의 플라스틱 백(dry aging bag)을 개발하여 고기를 포장, 건식숙성하면 중량 감소, 절제감량, 미생물 오염 등의 문제들을 해결하면서 수율을 높이고 관능적 품질을 건식 숙성육과 동일하게 만들 수 있다. 이것은 진공포장 습식 숙성육보다 관능적 품질이 우수하였다고 보고된다. 전통적 건식숙성과 비교했을 때 14~21일 숙성육에서 플라스틱 백 건식숙성이 다른 면에서는 차이가 없고 수율이 우수하였다.

3.2 숙성에 영향을 미치는 요인들

1) 온 도

일반적으로 적정온도는 0~4℃로 보고된다. 온도를 올리면 효소작용은 가속화되지만 세균번식을 촉진하여 변취를 유발한다. 따라서 숙성은 냉동 이상의 조건하에서 가능한 한 낮은 온도에서 실행하는 것이 좋다. 연도는 숙성 14일 이상이면 향상되며, 건식숙성이나 습식숙성이나 비슷한 것으로 보고된다. 영하 0.5℃에서 4주 숙성한 것과 5℃에서 2주 숙성한 것의 연도가 동일한 것으로 보고되며, 어느 온도를 선택하든지 숙성 초기에 연화가 더 많이 이루어진다.

2) 상대습도

상대습도는 61~85%가 권장되지만, 너무 높으면 표면 부패 미생물 발육을 촉진시켜 변취를 발생시키고, 너무 낮으면 증발에 의한 중량 감소와 표면 변색 그리고 고기의 다즙성이 떨어지는 부작용을 가져온다. 가장 적절한 상대습도는 85%가 권장된다.

3) 공기순환 속도

냉장실 내에서 충분한 공기순환이 이루어지지 않으면 고기는 필요한 만큼의 수분

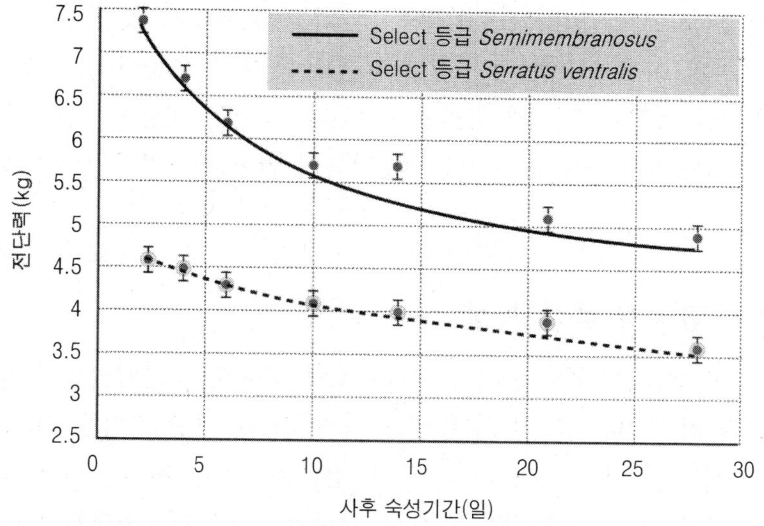

그림 1-2. 동일 등급의 부위에 따른 숙성 연화정도 차이

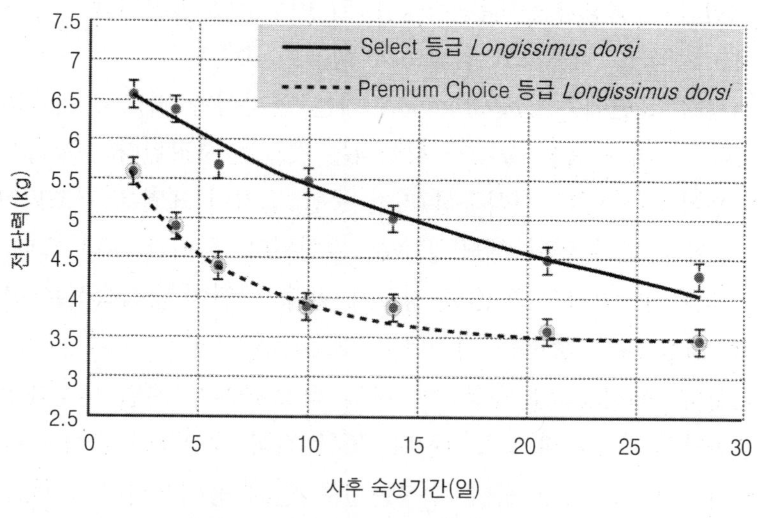

그림 1-3. 동일 부위에서 등급에 따른 숙성 연화 정도 차이

이 제거되지 못하여 표면 건조과정이 적절히 이루어질 수 없다. 반면에 너무 과도하게 공기가 순환되면 표면 증발이 과도하게 발생하여 건조되거나 변색된 부분을 많이 절제해야 하므로 최종 상품의 손실이 커진다. 따라서 숙성실의 지육이나 대분할육 사이의 좌우 및 상하의 공간이 충분하여 공기순환이 원활하게 해줘야 한다. 만약 부분육을 선반에 진열하여 숙성시킬 경우에는 지방면이 위로 올라가도록 배치해야 한다.

4) 기 타

결합조직 함량이 높은 고기는 숙성시간에 관계없이 연화가 잘 안 된다. 부위나 등급에 따라 숙성정도가 다르다(그림 1-2와 1-3). 숙성 속도와 시간은 연도에 영향을 준다. 숙성을 28일 이상 시키는 것은 기호성 향상에 별로 도움이 안 되고 오히려 풍미 변화나 미생물 성장으로 인해 악화될 수 있다. 숙성을 이용할 소고기의 최종 pH는 5.4～5.7가 적절하며, 저온단축이나 고온단축이 일어난 고기는 정상육처럼 숙성이 성취되지 못한다.

3.3 숙성육의 관능적 품질 특성

건식 숙성육의 연도는 내생 단백질 분해효소의 작용으로 근원섬유 조직이 약화되는 정도에 따라 좌우된다. 효소들의 활성은 숙성 7일에 가장 강하고 연도는 숙성 14일에 가장 크게 개선된다. 풍미는 소고기 같은(beefy), 버터맛(buttery), 견과향(nutty), 혹은 흙냄새(earthy) 같은 것으로 묘사된다. 이것은 숙성기간 동안 육즙이 고기에 흡수되고, 단백질과 지방이 분해되어 강한 견과향과 소고기 풍미를 형성하기 때문이다. 이러한 건식숙성의 풍미는 숙성 14일 이후부터 형성되는 것으로 보고된다. 건식숙성은 세균 성장을 억제하고 곰팡이의 성장을 촉진한다.

건식숙성 소고기 표면에는 *Thamnidium*이라는 곰팡이가 자라서 근육과 결합조직 단백질을 분해함으로써 독특한 풍미가 형성되는 것으로 보고된다. *Thamnidium*의 발육은 숙성 3주부터 시작된다. 건식숙성 기간 동안 고기의 표면은 건조되어 수분활성도가 낮고, 숙성실 온도가 낮아 세균 발육은 지연된다. 하지만 일단 스테이크 등 소매육으로 가공하면 저장기간은 2～3일 정도가 된다. 반면에 습식숙성은 신맛, 금속맛 특징을 가지며, 혈청 같은 풍미를 가진다고 보고된다.

다즙성은 건식숙성에서 21일 숙성육이 14일 숙성육보다, 14일 숙성육이 7일 숙성육이나 비숙성육보다 우수하다고 보고된다. 또한 건식 숙성육이 습식 숙성육보다 다즙성이 우수하다. 이것은 숙성 중에 수분손실로 인해 풍미물질이 농축되고, 지방의 비율이 증가하여 입안에서 농축된 맛을 느끼게 되기 때문이다. 또한 근육섬유가 보수력이 떨어져 저작 시 입안에서 육즙을 쉽게 방출하기 때문이다.

3.4 건식숙성과 습식숙성의 비교

판매 가능한 총 식육량은 35일 숙성처리 기간 동안 비교했을 때 건식숙성의 냉장감량이 크기 때문에 숙성시기에 상관없이 습식숙성보다 적었다. 습식숙성은 진공포장을 하였기 때문에 냉장 감량이 없다. 14일 숙성 시 건식숙성에서는 감량이 5% 정도 발생한다. 감량에 덧붙여 등심(top sirloin) 스테이크 같은 소매 상품으로 가공했을 때의 수율은 더욱 저하된다. 28일 숙성 시 수율은 건식숙성 50.4%, 습식숙성 67.9%이었으며, 건식숙성이 가공시간도 더 오래 걸린다. 왜냐하면 건식 숙성육에는 건조되고, 변색된 부분이 많아 다듬는 시간이 더 많이 소요되기 때문이다. 또한 건식숙성은 습식숙성보다 숙성기간이 더 오래 소요되고, 지육이나 대분할육 등의 제품을 보관하기 위해 필요한 공간이 더 많기 때문에 전체적으로 생산비가 많이 든다. 따라서 판매가격이 서양에서는 약 25% 높게 책정된다. 건식 숙성육으로 이용되는 원료는 고가의 근내지방도(마블링)가 우수한 고급육과 낮은 저등급육 모두 부가가치를 높이는 데 활용이 가능하다.

제 2 장

가공육제품

식육 가공은 원래 저장을 위하여 시작하였다. 기원전 서양에서는 이집트, 동양에서는 중국에서 소금 첨가나 건조가 고기저장을 위하여 사용되었음이 알려지고 있다. 고기는 미생물의 발육을 위한 최적조건을 구비하고 있으므로 실온에서 오래 보관할 수 없다. 따라서 냉장시설이 없던 시절에 고기를 오랫동안 보관하기 위해서는 소금을 첨가하거나 연기를 쐬거나 혹은 건조시켜 부패를 방지하는 것이 최선이었을 것이다. 그러나 현대에는 냉장기술의 발달과 더불어 다양한 저장기술이 개발되어 저장은 식육의 안전성 확보와 수급조절의 측면에서도 중요한 의미를 갖게 되었다. 그러나 신속한 운송수단과 효과적인 저장기술의 발달로 식육가공의 저장 목적은 상대적으로 비중이 약해지고, 현대 소비자들이 추구하는 다양성과 간편성을 만족시키고자 하는 산업계의 주된 목적으로서 가공이 활용되고 있다. 이에 따라 자연스럽게 야기되는 결과는 부가가치 상승이다.

신선육을 있는 그대로 판매하는 것보다 여러 가지 가공방법으로 간편하고 다양한 제품을 제조하여 판매하면 소비자들은 신선육을 구매할 때보다 추가적인 부담을 당연하게 생각하게 되므로 제조업자는 자기가 판매하는 상품에 부가가치를 증대시켜 이윤추구의 목적을 달성할 수 있게 된다. 시장에서 지속적으로 성공하려면 혁신적이고 일관된 양질의 제품을 소비자에게 공급하여야 한다. 소비자들은 매력적인 맛과 조직감 혹은 색깔을 가진 새롭고 간편한 식품을 선호한다. 따라서 생산자들은 소비자의 요구에 부응하기 위하여 다양한 제품을 개발하여 공급하려고 노력한다. 그러나 이러한 다양한 제품은 소비자에게만 유리한 것이 아니고 생산자의 입장에서도 이익이 되어야 하기 때문에 생산하고자 하는 제품의 부가가치를 향상시키는 기술의 원리를 이해하는 것이 중요하다.

1. 부가가치 제품의 종류

식육 가공 제품을 분류하는 방법은 원료육의 형태를 기준으로 하거나(표 2-1) 가공방법으로 분류(표 2-2)할 수도 있다. 혹은 이 두 가지를 혼합하여 분류를 할 수도 있을 것이다. 어느 방법을 택하든 결국은 소비자들이 제품을 선택하는 데에 쉽게 결정을 할 수 있게 도와주고자 하는 데에 목적을 두어야 한다.

서양에서는 우선 육가공제품을 큰 덩어리 고기나 특정 부위를 그대로 사용하는 비분쇄 제품과 고기 입자의 크기를 줄여서 가공하는 분쇄 제품으로 크게 구분하거나(표 2-3) 가공육제품과 신선육제품으로 구분한 후 다시 가공육 제품은 염지육과 소시지 등으로 구분한다. 여기에서는 고기 입자를 기준으로 분류하여 비분쇄 제품은 비건조 제품과 건조 제품으로 다시 세분하고, 분쇄 제품은 소시지와 비소시지 제품으로 세분한 방법을 설명한다.

표 2-1. 원료육 형태를 기준으로 한 제품 분류

형 태	제품의 예
전체 혹은 덩어리 고기	훈연통닭, 파스트라미, 햄, 베이컨
재구성육	치킨롤, 칠면조햄,
조분쇄	브랙퍼스트소시지, 반건조/건조 소시지, 햄버거
미세분쇄	유화형 소시지, 핫도그,
도포	너겟, 꼬르동 블루, 바비큐, 돈까스

표 2-2. 가공방법에 의한 제품 분류

가공방법	제품의 예
신선(비가열)	신선 브랙퍼스트소시지, 돈육소시지
비가열 훈연	이태리소시지, 베이컨
훈연 가열	후랑크, 볼로니, 모타델라, 햄
가열	간소시지, 파떼
건조, 반건조 혹은 발효	서머소시지, 건조살라미, 페퍼로니
가열 특수	런천미트, 미트로오프, 헤드치즈

표 2-3. 가공육제품의 종류

비분쇄 제품	분쇄 제품
1. 비건조 제품 – 베이컨(bacon), 소고기베이컨(beef bacon), 햄(ham), 파스트라미(pastrami), 콘드비프(corned beef)	1. 소시지 제품 (1) 유화형(emulsion) 소시지 ① 생소시지(fresh sausage) : 박불스트 ② 가열 소시지(cooked sausage) : 리버(liver) 소시지, 비엔나(vienna), 브라운슈바이거 ③ 가열 훈연소시지(cooked, smoked sausage) : 볼로니(bologna), 위너(wiener), 후랑크후르트(frankfurter)
2. 건조 제품 – 프로슈티(proscutti), 캐포콜로(capocollo)	(2) 조분쇄 소시지(coarse-ground sausage) ① 생소시지 : 브라트부르스트(bratwurst), 생돈육소시지 ② 비가열 훈연소시지(smoked sausage) : 킬바사(kielbasa) ③ 건조 및 반건조 소시지(dry & semi-dry sausage) – 건조 소시지 : 살라미(salami), 페퍼로니(peperoni), 초리조(chorizo) – 반건조 소시지 : 레바논볼로니(lebanon bologna), 투링거(thuringian), 서머소시지(summer) 2. 비소시지 특수제품 – 미트로오프(meat loaf), 햄버거 패티, 미트파이(meat pie), 헤드치즈(head cheese), 스크래플(scraple), 프레스햄, 재구성육

1.1 비분쇄 제품

식육제품의 구성 성분은 기본적으로 단백질, 지방, 탄수화물 및 소금이다. 제조에서 가장 중요한 요소 중의 하나는 단백질의 젤화다. 가공조건은 0～300℃의 넓은 온도 범위와 pH 1～10까지의 다양한 pH 범위를 가지기 때문에 우수한 제품을 생산하기 위해서는 원료의 단백질 특성에 따라 가공조건을 조절하여야 한다. 부위육 전체나 덩어리 고기를 사용하는 제품들은 특정 부위를 선택해서 염지액을 주입한 후 훈연이나 가열단계를 거친다. 염지액 주입은 제품의 크기에 따라 직접 주입하거나 텀블링(tumbling)이나 마사징(massaging)을 통해 이루어진다. 비분쇄 제품은 다시 비건조와 건조 제품으로 구분할 수 있다.

1) 비건조 제품

돼지 뒷다리를 염지 가공한 제품인 햄, 돼지 삼겹살을 염지, 훈연한 제품인 베이컨, 소의 옆구리 부위를 염지한 소고기 베이컨, 소 어깨 부위를 염지한 제품인 콘드비프, 파스트라미 등이 있다.

2) 건조 제품

돼지 뒷다리를 이용한 푸로슈티, 생햄, 돼지 어깨살을 이용한 캐포콜로 등이 있다.

1.2 분쇄 제품

분쇄제품은 소시지와 비소시지 제품으로 다시 세분할 수 있다.

1) 소시지

소시지는 약 3,500~4,000년 전에 처음 만들어졌다고 알려지며 2,800년 전에 이미 그리스에서 기록에 나오고, 중국에서도 기원전 589~420년의 남북조시대에 이미 알려져 있었다고 한다. 소시지(sausage)라는 단어의 유래는 소금(salt)를 의미하는 'salsus'라는 라틴어에서, 독일어의 'wurst'는 '비튼다'는 라틴어에서, 슬라브어의 'kolbasa'는 '모든 종류의 고기'라는 히브리어에서 스칸디나비아의 'pØlse'는 '원통형 베개'라는 라틴어에서 유래하였다고 한다.

소시지는 여러 가지 가공방법을 기준으로 구분될 수 있기 때문에 어떤 특정한 분류방법이 있는 것은 아니다. 분쇄 정도에 따라서 조분쇄 제품과 유화 제품, 가열 여부에 따라서 가열 제품과 비가열 제품, 훈연 여부에 따라 훈연 제품 혹은 비훈연 제품, 가수량에 따라서 가수 제품 혹은 비가수 제품, 염지 여부에 따라 염지 제품과 비염지(생) 제품, 발효 여부에 따라 발효 제품과 비발효 제품, 최종 제품의 수분 함량에 따라서 생제품, 비가열 훈연제품, 가열 제품, 염지 제품, 건조 및 반건조 제품 그리고 특수 제품으로 분류하는 방법 등이 있다. 비소시지 특수 제품은 식육 함량보다 비육원료의 함량이 높거나 혹은 부산물을 이용한 제품으로 소시지와 비분쇄 제품의 중간 형태인 것을 총칭한다.

(1) 유화형 소시지

미세분쇄 제품은 원료육을 매우 미세하게 분쇄하면서 지방을 첨가하여 유화물을 형성시켜 조직이 아주 균일한 반죽을 만든 후 가열하여 조직을 고정시킨 제품이다. 제품 직경의 종류에 따라 다양한 크기의 가식성 혹은 불가식성 케이싱에 충전하여 훈연 혹은 가열하여 제조한다. 유화형 소시지는 고기를 잘게 분쇄한 다음 지방과 물 그리고 여러 가지 조미료, 향신료 및 염지재료들을 함께 넣고 사일런트 커터(silent cutter)에서 세절하여 유화물 반죽을 만드는 과정을 거쳐 제조된 소시지로서 가공방법에 따라 몇 가지로 구분된다.

신선 소시지는 아질산염을 제외한 여러 가지 양념이나 향신료를 첨가하고 훈연이나 가열처리를 받지 않은 것으로 꼭 익혀 먹어야 한다. 아질산염을 첨가하지 않은 관계로 가열 후 백색이나 갈색을 보이는 제품의 종류에는 신선 박불스트가 있다. 가열소시지는 염지는 하였으나 훈연을 하지 않고 단지 가열만 한 소시지로서 간을 사용한 리버소시지, 브라운슈바이거 혹은 비엔나 소시지가 이에 속한다. 가열 훈연소시지는 염지를 하고 훈연과 가열도 한 소시지로서 국내에서 가장 많이 유통되는 종류이며, 프랑크후르트, 볼로니 등이 있다.

(2) 조분쇄 소시지

조분쇄 제품은 고기 원료를 입자 크기가 0.5～2.5cm 정도로 거칠게 분쇄하여 여러 가지 양념 및 첨가물들과 혼합한 후 용기에 넣어 훈연, 가열 혹은 건조 등의 가공과정을 거친다. 용기는 케이싱이 이용되는데 가식성이나 불가식성이 사용될 수 있다. 불가식성의 경우에는 소비 전에 제거하여야 한다. 원료 고기를 거칠게 분쇄한 후 유화형에서 보다 적은 양의 물을 첨가하며, 지방이나 향신료, 조미료, 염지 재료 및 여러 가지 비육 원료들을 혼합한 후 케이싱에 충전하는 과정을 거침으로써 유화물 반죽이 아닌 단순한 혼합공정을 거치는 소시지이다. 유화형 소시지에서와 마찬가지로 가공방법에 따라 몇 가지로 구분된다.

신선 소시지는 아질산염을 첨가하지 않은 채 훈연이나 가열공정도 전혀 거치지 않아 꼭 익혀 먹어야 하는 소시지로서, 종류로는 브라트부르스트가 있다. 훈연소시지는 염지를 한 후 가열처리를 하지 않고 단지 훈연 공정만을 거친 익혀 먹어야 하는 소시지로서 킬바사가 이에 속한다. 가열소시지는 염지를 한 후 훈연은 하지 않은 채 단지 가열공정만을 거친 소시지로서 혈액을 넣고 만든 블러드 소시지가 이에 속하며, 국내의 순대와 유사하다. 건조 및 반건조 소시지는 제조과정 중 발효가 이루어져 총칭하여 발효소시지라고도 부르며, 수분 함량에 따라 건조 소시지와 반건조 소시지로 구분된다. 건조 소시지로는 살라미, 페퍼로니, 초리조 혹은 세르빌라트 등이 있고, 반건조 소시지로는 투링거, 서머소시지, 레바논볼로니 등이 있다.

2) 비소시지 특수제품

이 제품에는 식육함량보다 비육원료의 함량이 높거나 형태상으로 비분쇄 제품도 아니고 소시지도 아닌 것들을 포함한다. 캐네디언 베이컨 같은 재구성육 제품, 국내에서 생산되는 프레스햄, 햄버거 패티, 런천미트나 미트로오프, 미트파이, 스크래플(머리고기 부산물에 옥수수 가루를 넣고 만듦), 헤드치즈(돼지머리고기와 젤라틴으로 만듦) 등이 있다. 이들은 염지를 하거나 하지 않은 것, 가열하거나 하지 않은 것, 훈연하거나 하지 않은 것 등 제품에 따라 제조법이 다양하다.

재구성 육제품은 부위육이나 잔육 등 조각육들을 서로 결합시켜 크기가 큰 제품으로 만든 것이다. 이때 결합을 위해 이용되는 것이 추출된 염용성 단백질이다. 혼합과정에서 염용성 단백질이 추출되어 고기 덩어리 표면에 끈적끈적한 막을 형성하여 이들이 접착제 역할을 하여 가열 시 고정이 된다. 이 염용성 단백질은 물과 지방을 유지할 수 있어 제품의 종류에 따라 보수력과 유화력에 중요한 역할을 한다. 도포제품은 뼈를 함유하거나 뼈를 제거한 원료육에 반죽이나 빵가루를 입혀 가열하거나 기름에 튀겨서 만든다. 원료육은 제품 종류에 따라 사전에 염지를 하기도 한다.

제 3 장

가공육제품 제조기술

육가공 제품의 종류는 매우 다양하고 각 제품마다 그 제조공정이 다르지만, 제품의 종류를 크게 비분쇄 제품과 분쇄 제품으로 나누어 볼 때 공통적인 공정을 볼 수 있다. 비분쇄 제품은 일반적으로 원료육 정선 과정을 거치고 난 후 염지공정을 거쳐 훈연이나 가열공정을 지나 냉각 및 포장의 순서로 진행되는 반면에, 분쇄 제품에서는 원료육을 분쇄, 혼합하여 결착시키거나 혹은 혼합 유화공정을 거쳐 충전을 하여 훈연 가열공정을 거친다. 염지는 혼합, 유화과정에서 이루어지게 되므로 두 가지 제품의 제조공정에서 근본적인 차이는 원료육의 분쇄 여부 및 혼합, 유화 여부라고 할 수 있다. 염지는 제품의 종류에 상관없이 원리는 동일하지만 원료육 상태에 따라 진행되는 방법이 다르게 된다.

1. 원료육 처리

식육 가공에서 최종 제품의 품질은 사용된 원료육의 품질보다 더 좋아질 수 없다. 따라서 모든 가공제품의 제조에 사용되는 원료육의 선택은 신중히 이루어져야 한다. 원료육의 선택은 우선 어떠한 제품을 제조할 것인가에 따라 고기의 종류, 적절한 부위, 원료육을 준비하는 데에 드는 비용, 살코기와 지방의 비율, 위생 상태 그리고 기능적 성질을 고려하여 이루어져야 한다. 비분쇄 제품인 햄이나 생햄 혹은 푸로슈토는 돼지의 뒷다리 부위, 베이컨은 돼지의 삼겹살 부위, 캐포콜로는 돼지의 목심, 그리고 콘드비프는 소의 앞다리 부위 등을 지육에서 절단하여 그대로 혹은 발골한 후 지방층을 적당히 벗겨내고 정형을 하여 사용한다. 이때 생긴 잔육은 소시지나 프레스햄 제조용으로 이용한다.

분쇄 육제품을 제조하기 위해서는 우선 다양한 종류의 원료육을 분쇄기(민서, 초퍼, 그라인더 혹은 세절기라고도 불린다)를 통해 균일한 국수가락처럼 갈아낸다. 분쇄되는 고기 입자의 크기는 분쇄기 플레이트의 구멍 크기에 의하여 결정되며, 목적하는 제품의 종류에 따라 크기를 결정한다.

소시지 반죽의 안정성을 결정해 주는 것은 유화력에서 살펴본 것처럼 고기 속에 들어있는 염용성 단백질이다. 고기 단백질은 소금 농도 0.5% 이하의 물에서 용해되는 수용성 단백질, 소금 농도 3.5% 이상에서만 용해되는 염용성 단백질 그리고 용해되지 않는 불용성 단백질로 구분된다. 따라서 유화물의 안정에 가장 중요한 염용성 단백질이 많이 들어있는 골격근 살코기가 가장 바람직한 원료가 될 것이다. 따라서 원료육으로 양고기, 송아지고기, 닭고기, 칠면조고기, 토끼고기 등이 사용되며, 부위에 따라 염용성 단백질 함량이 다르다. 지방 원료는 주로 돼지 등지방을 이용하지만 지방이 많은 잔육을 지방원료로 쓰기도 한다.

원료육의 선택은 우선 제품제조를 위하여 원료육을 준비하는 데 드는 비용(예 : 인건비), 둘째, 살코기와 지방의 비율, 셋째, 원료육의 일반 품질 상태(예 : 위생수준 및 신선도) 그리고 끝으로 기능성(예 : 유화력)을 고려하여 결정한다. 내장육은 결합조직 단백질이 많기 때문에 기능성이 불량하고, 냉동육은 일반적으로 20% 이상을 쓰지 않는 것을 권장하지만 최근에는 우수한 비육단백질 원료들과 함께 사용하므로 더 많은 양을 사용할 수 있다. 기계발골 가금육은 피부가 포함되어 있는지 여부와 미생물 수준 그리고 지방산화 정도가 원료로서의 적합성을 결정하는 요인이다. 지방은 분쇄제품의 연도와 다즙성에 관련된 기호성에 영향을 주지만 과다한 지방은 건강상이나 소시지 조직에서 지방 분리의 문제를 야기할 수 있다.

2. 염 지

염지는 원래 고기를 저장할 목적으로 소금을 첨가하는 것이었으나 지금은 소금, 설탕, 아질산염 혹은 질산염, 아스코르브산, 인산염, 각종 양념 등을 첨가하는 것을 의미한다. 특히 현대에서는 아질산염의 첨가가 염지의 필수적인 사항으로 여기고 있어 이것의 첨가 여부가 염지육과 비염지육의 구별 기준이 되고 있다. 이러한 염지의 효과는 식중독 예방, 저장성 증진, 보수력 및 결착력 향상, 생산수율 개선, 독특한 풍미 부여, 염지 육색 고정 등이 있다.

염지에 사용되는 비육원료들은 다양한 목적을 위하여 제품 특성에 맞게 배합된다. 이들은 제품에 첨가되어 염용성 단백질 추출, 풍미 증진, 보수력 증진, 다즙성 증진, 냉해동 안정성 향상, 조직감 개선, 색깔 향상, 배합비용 절감, 증량, 슬라이드의 용이성, 저장성 증진 등의 목적을 달성시켜 준다.

2.1 염지 재료

1) 보존료

저장 중 제품의 품질이 저하되는 것을 막아 주는 물질들로서 아질산염, 질산염, 솔빈산 등이 있다. 아질산염은 국내에서 발색제로 분류를 하고 있는 염지에서 필수적인 물질이다. 첨가효과는 염지육색의 고정, 염지육 풍미 조성, 항산화효과, 그리고 클로스트리디움 보툴리늄(*Clostridium botulinum*)에 의한 식중독(보툴리즘) 방지이다. 그러나 제품 내에 니트로소아민(nitrosoamine)이라는 발암물질을 생성한다고 하여 소비자 단체들이 문제를 제기하기도 하였다. 실제로는 염지재료를 사용하기 전에 양념과 아질산염을 미리 혼합해 놓고 사용하지 않는 한 소시지 제품이나 햄 제품에서는 니트로소아민은 전혀 문제가 되지 않고 다만 베이컨에서만 문제가 되고 있어 미국의 경우에 아질산염 첨가량을 120ppm(아질산 소다로서)으로 낮춰 아스콜빈산 500ppm과 함께 첨가하도록 법으로 규제하고 있어 더 이상 안전성에 큰 문제가 없는 것으로 일단락되었다.

질산염은 물이나 채소에 다량 존재하는 물질로서 미생물에 의하여 아질산염으로 환원되기 전에는 염지에 효과가 없는 물질이다. 아질산염의 법적 사용 허용량은 국내에서는 최종 제품에 아질산 이온으로 70ppm이며, 서양에서는 첨가량으로 규제하며, 아질산소다로 120ppm에서 200ppm이다. 국내는 최종 제품 기준이고 서양은 첨가량 기준이므로 법적 사용 허용량은 바로 비교하기는 어려우니 주의해야 한다.

솔빈산은 국내에서 일부 소비자들이 방부제라고 부르는 물질로서 아질산염과 함께 사용될 때 보툴리즘 식중독을 예방하는 효과가 있다. 이것은 일반적으로 곰팡이 발육억제제로 널리 쓰이며 0.2%를 아질산염과 함께 쓰도록 되어 있다. 서양에서는 건조나 반건조 제품의 표면 곰팡이 발육억제를 위해서만 허용이 되어 있을 뿐 다른 육가공 제품에의 사용은 허용되어 있지 않다.

2) 염지 촉진제

염지 촉진제는 아질산염이 신속하게 염지효과를 낼 수 있게 도와주는 물질이다. 여기에는 아스콜빈산, 에리솔빈산, 글루코노델타락톤(GDL), 파이로인산염, 후말산 등이 있다. 특히 이 중에서 아스콜빈산이나 에리솔빈산이 가장 많이 사용되며, 가격적인 면에서 에리솔빈산이 주로 사용되고 있다.

에리솔빈산의 효과는 항산화 효과, 염지육색 보존, 니트로소아민 생성억제, 그리고 보툴리즘 예방 등이다. 법적으로 500ppm을 첨가할 수 있게 되어 있으나 염지촉진 효과가 있다 하여 과다하게 첨가하면 마이오글로빈을 녹변시키고, 지방산화를 오히려 촉진시키는 부작용을 가져오며, 아질산염을 신속히 고갈시켜 제품의 안전성이나 품질의 안정성을 훼손시킬 위험이 있다.

3) 품질 개선제

일반적으로 소금과 인산염을 품질 개선제로 분류한다. 소금의 효과는 제품의 저장성 향상, 맛 증진, 보수력 향상, 염용성 단백질 추출을 통한 결착력, 유화력, 젤화 능력 개선 등을 들 수 있다. 그러나 과다한 소금을 첨가하면 고기 지방의 산화를 촉진하여 오히려 품질이 저하되고, 그 제품을 소비한 소비자가 과다한 소금 섭취로 고혈압 유발의 위험을 갖게 된다. 소금은 박편, 과립형, 나무가지형, 혹은 분말로 유통되며 고급염을 사용해야 하므로 물 한 잔에 식탁용 스푼 1～2 술 양의 소금을 녹여 물이 투명하면 고급염이고, 탁하면 저급염임을 판단한다. 또한 요오드가 첨가된 식염은 사용하지 말아야 한다.

복합인산염은 일반적으로 첨가된 후에 고기의 pH를 상승시켜 염용성 단백질 추출률을 높여 주므로 소금과 항상 함께 사용하여 상승효과를 가져온다. 따라서 인산염은 보수력 증진, 염용성 단백질 추출 증진을 통한 결착력 증가와 더불어 육색 안정, 항산화효과 등을 가져온다. 염지액 준비 시 인산염은 소금물에 잘 용해되지 않으므로 인산염을 가장 먼저 용해시켜야 한다. 법적 허용량은 서양에서는 최종 제품에 0.5%이지만 국내에서는 제한이 없다.

4) 풍미 증진제

제품의 풍미를 증진시키기 위하여 여러 가지 양념들과 아울러 설탕 및 풍미 물질 등이 사용된다. 설탕은 염지에서 두 번째로 많이 사용되는 재료로서 소금의 거친 맛을 부드럽게 하며, 고기 내에 환원환경을 제공하고, 가열 후 갈변현상을 가져와 육색의 향상도 성취시킨다. 또한 종종 염지액 내에서 유산균의 발육을 촉진시켜 pH를 낮춰준다. 최근에는 설탕 대신 다른 당, 즉 물엿, 물엿 분말, 꿀 분말, 솔비톨 등이 사용되는 경우가 많아지고 있다. 풍미물질로서는 조미료뿐만 아니라 식물성 단백질 가수분해물이나 효모 가수분해물 등이 제품의 고기 풍미를 증진시키기 위하여 첨가된다.

향신료나 양념은 정확한 양을 첨가하고, 향신료의 배합이 다른 원료들과 잘 어우러지도록 해야 한다. 쉽게 향기와 풍미를 잃는 향료는 다량으로 구입하지 않는 것이 좋다. 특히 건조되거나 이미 가루로 판매되고 있는 제품을 구입했을 때는 밀폐된 용기에 넣어 신선하고 건조하며, 어두운 곳에 저장하는 것이 좋다. 가장 이상적인 방법으로는 향신료와 양념을 통째로 구입하여 필요할 때마다 갈거나 부셔서 사용하는 것이 좋다.

(1) 향신료

표 3-1. 육제품 제조 시 사용되는 향신료

품 명	사용 형태	용 도
딜(dill)	말린 잎이나 씨앗 생잎 : 파슬리와 같이 이용	• 생선 마리네이팅, 스튜, 염지된 식품
아니스 (anise)	통이나 분쇄된 말린 씨앗	• 단맛, 감초 풍미와 비슷; 페퍼로니 및 기타 소시지, 생선 스프, 고기, 야생동물 고기
바 질 (basil)	신선한 또는 말린 잎, 줄기	• 잎 : 샐러드, 소스 • 줄기 : 식초용 향료 • 건조 상태 : 스튜와 스프용 향료
캐러웨이 (caraway)	뿌리와 씨앗	• 감초와 풍미 비슷 : 각종 소시지 • 뿌리 : 야채로서 제공 • 씨앗 : 스프, 생선요리용 향료
샐러리 (celery)	줄기, 씨앗가루	• 전체 : 생으로 또는 가열해서, 샐러드와 스프용 • 가지 : 국물의 향료용, 볶음, 스튜 조리 시 • 가루 : 대개 소금과 혼합. 위너 및 기타 소시지
처 빌 (chervil)	생잎 또는 씨앗	• 약초의 한 종류로 생 소스, 샐러드, 생선 테린의 향료용
고수풀 (coriander)	씨앗 혹은 가루	• 달고 톡 쏘는 맛 • 가루 : 화이트 소시지와 순한 고기 테린용 양념 배합에 사용 • 씨앗 : 모타델라 소시지, 케익의 풍미용
올스파이스 (allspice)	통 혹은 분쇄 열매	• 톡 쏘는 맛 • 페퍼로니, 혈액소시지, 브라운 슈바이거에 사용
커 민 (cumin)	씨앗 혹은 가루	• 톡 쏘는 맛 • 캐러웨이와 비슷한 향미 • 카레 양념 중 한 가지
사철쑥	생 잎 또는 말린 잎	• 아니스 풍미와 유사 • 마리네이드, 소시지, 식초에 이용(일부의 경우, 톡 쏘는 향미 때문에 소금과 후추를 대신할 수 있다) • 생 소스, 생선 테린의 원료
노간주 (juniper)	통 혹은 분쇄 열매	• 약간 쓰고 오래 남는 맛 • 쉉켄스펙 소시지 • 야생동물 고기용 양념배합에 이용 • 이탈리아 음식의 풍미용

월계수 잎	말린 잎 또는 가루	• 다량 사용 시 쓴맛 • 적은 양으로도 강한 맛을 내는 약초로, 양고기와 잘 어울림
꽃 박하 또는 오리가노 (origanum) 마조람 (marjoram)	말린 잎 혹은 가루	• 약한 단맛, 복합적이고 매력적인 풍미, 약간 쓴맛 • 킬바사, 돈육, 우육의 마리네이드에 이용 • 납작하거나 또는 곱슬한 것은 장식용 • 곱슬한 파슬리(줄기)는 국물과 요리의 향미용
박 하	생잎 또는 말린 잎	• 조리된 잎은 시금치를 대신
파슬리 (parsley)	생 파슬리 혹은 말린 잎과 줄기	• 토끼고기와 야생동물 고기의 풍미용
쇠비름	생잎	• 야생 동물고기, 스튜, 샐러드의 풍미용
로즈마리 (rosemary)	생잎	• 돼지고기와 양고기의 향료
세이보리 (savory)	줄기	• 스튜, 소스용 향료
세이지 (sage)	생잎 혹은 말린 잎 분쇄	• 독특한 향미 • 토끼와 양고기용 향료, 염지액
야생 백리향	줄기	• 약간 첨가하는 향신료의 기본 원료
백리향(thyme)	생잎 혹은 말린 잎	• 토끼고기, 사슴고기, 스튜용 향료
바닐라 (vanilla)	콩, 분말, 혹은 추출물	• 후식용 향료 • 우유에 주입하여 화이트 소시지에 사용

(2) 양 념

표 3-2. 육제품 제조시 사용되는 양념류

품 명	사용 형태	용 도
계 피	말린 껍질	• 후식용 향료, 과일 설탕 절임, 즉석제조 제품 중 담백한 고기 요리에 사용
카다멈 (cardamom)	생, 볶은 꼬투리, 통 씨앗 혹은 가루	• 톡 쏘는 맛 • 카레 배합의 주원료, 생선과 고기용 향료
강 황 (turmeric)	씨앗과 그 가루	• 밝은 노란색의 카레 원료 • 생강과 비슷한 맛

카 레	인도의 많은 양념 (약 20가지)의 혼합물	• 아주 톡 쏘는 맛 • 소시지, 파테, 테린, 가금육과 생선요리
생 강	껍질을 벗기고 잘게 잘라서 또는 가루	• 향기롭고 매운 맛 • 브라트부르스트, 간소시지, 살라미 • 생것 : 오리지날 샐러드, 소스용 향료 • 가루 : 고기요리용 향료
정 향 (clove)	분쇄 꽃 눈, 씨앗	• 강하고 매운 맛 : 각종 소시지 • 네 가지 양념 분말의 원료 • 통 정향은 양파 내에 넣어 국물의 풍미에 이용
육두구 (nutmeg)	가루, 말린 씨앗	• 향기롭고 단맛, 약간 쓴맛 • 다양한 소시지 • 생으로 갈아서 화이트소스에 이용 • 네 가지 양념가루의 원료 • 고 열량 고기요리의 소화를 돕기 위해 이용
메이스 (mace)	말린 육두구의 외피 분쇄	• 진하고 부드러운 풍미 • 위너 및 다양한 소시지 • 여러 종류의 양념 배합의 원료 • 육두구와 비슷한 맛
붉은 고추	전체, 가루, 식초 절임	• 매운 맛(목구멍 감각) : 각종 소시지 • 전체 : 생으로나 말려서 사용 • 가루 : 맵거나 순한 칠리 가루, 샐러드, 스튜, 가재 크림스프, 맵게 양념한 미트볼 • 생 고추 : 샐러드 • 절임 : 식초용 향료 • 건조 상태 : 사용에 주의를 요할 만큼 강한 풍미
네 가지 양념가루	네 가지 양념가루를 동량으로 혼합(육두구, 정향, 흑 후추, 생강 또는 계피)	• 아주 매운 맛을 피함 • 거칠게 분쇄 : 특정 고기요리용 향료 • 곱게 분쇄 : 모든 맛좋은 요리용
사프란 (saffron)	전체 또는 가루로 만들어 사용 그리스 크로커스의 말린 줄기	• 밥, 생선 테린
후 추	건조된 후추나무의 열매 흑 후추 열매 : 익은 열 매를 껍질을 떼지 않은	• 톡 쏘는 매운 맛(입속 감각) • 위너, 볼로니, 브라트부르스트 • 거의 모든 요리의 기본 양념으로 갓 분쇄했을 때가 가장 좋음

	상태로 말린 형태 흰 후추 열매 : 염수에 담가 껍질을 제거한 열매로, 흑 후추 열매보다 덜 매움	• 흰 후추는 검은 점들이 나타나지 않음으로 옅은 색의 요리에 적합 • 통후추는 국물에 첨가
겨 자	통, 분쇄 씨	• 톡 쏘는 맛, 얼얼하고 매운 맛 • 소시지에서 가장 널리 쓰이는 양념
양 파	잘게 썰어 건조한 구근	• 달고 진한 것부터 강하고 매운 맛까지 다양 • 섬세한 조직이 요구되지 않는 소시지
파프리카 (피망)	분쇄 열매	• 달고 향기로운 풍미 • 칠리나 붉은 고추보다 순함 • 풍미와 색깔을 위해 사용 • 다양한 소시지
펜 넬 (fennel)	통, 분쇄 혹은 가루 씨	• 감초 풍미 • 이태리 소시지
마 늘	생, 건조 입자화 구근	• 다양한 소시지

5) 증량 결착제

다양한 비육 단백질들이 조리감량 감소, 유화력 개선, 유화 안정성 증진, 보수력 증진, 절단성 개선, 원가절감을 위하여 비분쇄 제품이나 분쇄제품 제조에서 사용된다. 사용되는 물질들은 주로 단백질 제품으로서 식물성 단백질로는 대두 단백질(soy protein), 밀 단백질(wheat protein) 등이 있으며, 동물성으로는 유단백질(milk protein)이나 혈장 단백질(plasma protein)이 이용되고 있다. 이러한 비육 단백질들은 종류에 따라 가지는 효과가 다양하므로 원하는 목적을 위하여 증량 결착제를 잘 선택하여야 한다. 또한 원가 절감 측면만을 강조한 나머지 과다하게 첨가하면 제품의 품질 저하를 가져와 오히려 소비자들에게서 외면당하는 부작용을 감수해야 할 것이다.

2.2 염지 방법

비분쇄 제품 제조 시에는 건염지나 액염지 방법을 이용하지만 분쇄 제품에서는 혼합이나 유화시에 마른 염지 재료를 식육 원료와 혼합하는 과정에서 염지가 이루어진다. 건염지에서는 마른 염지 재료를 혼합하여 원료육 표면에 비벼 발라 고기를 쌓아 놓고 일정시간을 지체시켜 염지가 이루어지게 하는 방법이다. 이 방법의 원리는 육 표면의 소금이 삼투압을 증가시켜 고기 내부의 수분이 밖으로 흘러나와 소금을 녹여 소금물을 만들고, 이 소금물이 시간이 지남에 따라 다시 고기 속으로 침투해 들어가 평형을 이루는 과정을 거쳐 염지가 이루어지게 되는 것이다.

일반적으로 고기 중량에 대해 소금 4～8%, 설탕 1～3% 및 아질산염 0.0156%를 여러 가지 양념과 혼합하여 육 표면에 발라 주므로 제품의 풍미가 일반적으로 거칠고 짠맛이 강하다. 염지 기간은 삼겹살의 경우 두께 2.5cm당 1주일, 뒷다리의 경우는 12.5cm당 1개월 정도 소요된다. 따라서 이 건염지 방법은 근래에는 거의 사용되지 않는다.

액염지는 염지 재료를 물에 녹인 염지액에 원료육을 담가 놓아 염지가 이루어지게 하는 액침 염지방법과 염지액을 여러 가지 방법을 이용하여 직접 원료육에 주입하는 주사식 염지방법이 있다. 액침 염지는 건염지와 소요시간이 비슷하지만 염지액 농도와 온도에 따라 다소간의 차이를 보여준다. 그러나 온도가 높으면 염지액에 세균이 번식하여 액이 변질되어 염지시키는 고기를 부패시킬 위험이 뒤따른다. 일반적으로 염분계 75～85℃, 온도 1.5～4.5℃가 추천된다. 이 방법은 건염지와 마찬가지로 공간이 많이 필요하고 제품회전이 느린 단점이 있는 반면에 건염지로 제조된 제품보다 풍미가 부드럽고 노동력의 소모가 적다는 장점이 있다.

주사식에는 햄 염지에만 사용되는 동맥 주사식, 햄이나 베이컨에 같이 사용되는 분사 주사식과 다침 주사식 염지가 있다(그림 3-1). 이 방법은 액침 염지의 단점을 보완하고자 염지시간의 단축과 대량생산 공정에 적합한 자동화를 기할 수 있는 염지방법이다. 이것은 수율개선, 생산비 절감, 생산시간 절약 등의 장점이 있지만, 재래식 염지제품보다 풍미가 떨어지고 조리감량이 크다는 것이 단점으로 지적된다. 액염지에서는 사용된 염지액의 재사용은 결코 바람직하지 않으므로 한번 사용된 염지액은 폐기하는 것이 바람직하다. 이것은 재사용된 염지액은 농도가 희석되고, 세균오염으로 인하여 부패의 위험이 존재하기 때문이다.

2.3 염지 촉진

염지액이 일단 원료육에 주입되고 나면 고기 조직 내에 신속히 확산 흡수되어 제품의 품질을 향상시키고, 제조공정도 단축하고자 마사징이나 텀블링 등의 염지촉진 과정을 거친다(그림 3-2). 이 과정을 거치면 기계적인 작용으로 표면 근육세포가 파괴되어 염용성 단백질이 쉽게 추출되어 끈적끈적한 단백질 추출물이 육괴 표면에 형성되고, 내부적으로 염지액의 침투와 분포를 촉진시키며 연도도 개선된다. 결과적으로 제품의 결착력이 향상되어 제조 후 제품의 절단이 수월해지고, 염지액의 침투 촉진으로 염지액 낭비가 적어지고 염지시간이 단축되며, 제품의 보수력 증진으로 수율이 증가된다. 또한 제품의 색깔과 외관이 향상되며, 비육 단백질들을 포함한 각종 첨가물들을 효과적으로 사용할 수 있어 생산비가 절감된다.

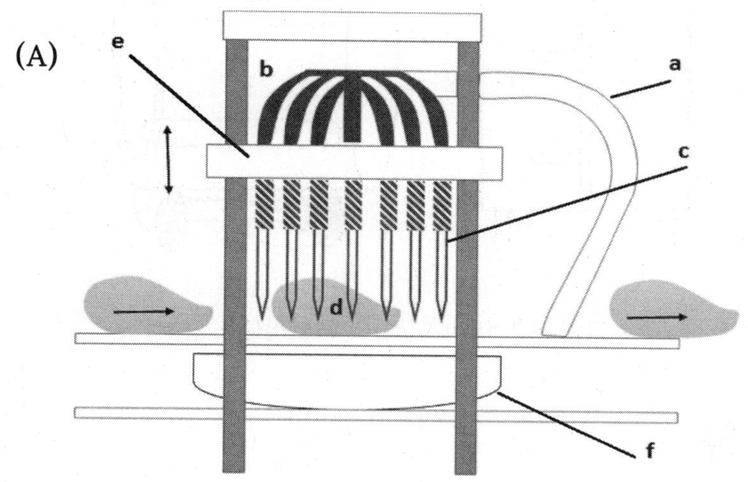

a : 염지액 공급 파이프
b : 염지액 주입 파이프
c : 주사바늘
d : 주사 할 고기
e : 상하 운동
f : 잉여 염지액

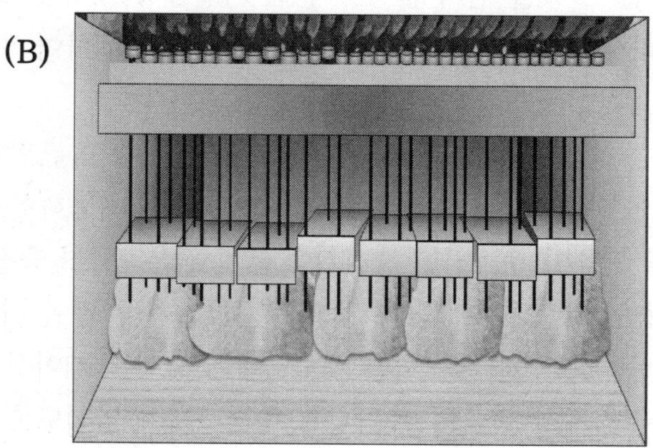

그림 3-1. 자동 다침 염지기

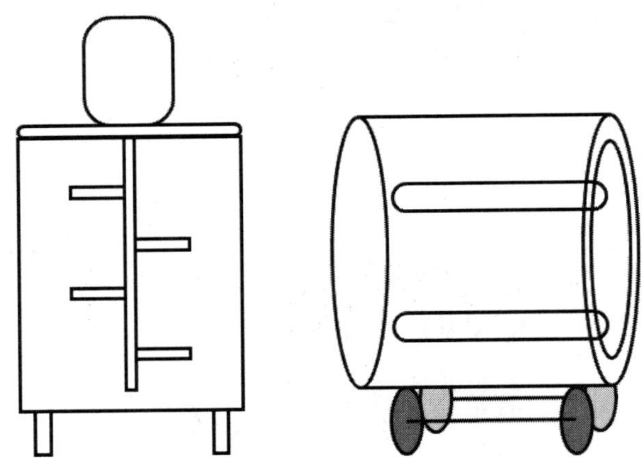

그림 3-2. 마싸저(좌)와 텀블러(우)

3. 혼합유화

이 과정은 분쇄육제품, 특히 소시지 제조에만 국한된 단계로서 다양한 종류의 원료육을 분쇄기를 통해 균일한 국수가락처럼 갈아낸다. 고기 입자의 크기는 분쇄기 플레이트의 구멍 크기에 의하여 결정된다(그림 3-3). 유화형 소시지 제조에서는 분쇄된 원료육과 지방, 그리고 다양한 염지 재료를 사일런트 커터(보울 초퍼, 그림 3-4)에서 적당량의 물과 함께 혼합하거나 유화물 반죽을 만든다. 사일런트 커터는 그릇이 좌우로 회전하는 동안 칼날이 상하로 회전하면서 고기와 지방을 잘게 썰어주어 모든 원료들이 상당량의 물과 함께 골고루 섞이며, 미세하게 절단되므로 유화물을 형성하게 된다. 이때 반죽의 온도는 15℃를 넘지 않아야 훈연 가열공정을 거친 후에도 소시지의 조직이 안정하다. 따라서 혼합 과정 중 온도의 상승을 막기 위하여 얼음물을 첨가한다.

조분쇄 소시지에서는 소량의 물을 넣고 단순히 적정시간 동안 혼합기(그림 3-5)에서 분쇄된 원료육을 비롯한 각종 원료들을 혼합하는 방법을 사용하여 반죽을 만든다. 혼합 반죽이나 유화물 반죽이 준비되면 충전기에 옮겨 담은 후 이 충전기를 이용하여 케이싱에 충전한다. 충전기는 일반적으로 피스톤 형태를 가장 많이 사용한다. 피스톤이 배럴 속에서 반죽을 배출구로 밀어내면 배출구에는 소시지 케이싱의 직경에 따라 적절한 충전 나팔을 부착시켜 반죽이 케이싱에 수월하게 주입되도록 한다.

그림 3-3. 식육분쇄기

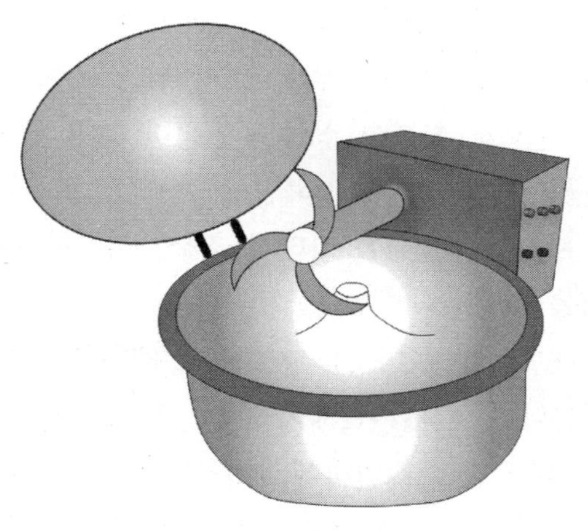

그림 3-4. 보울 초퍼 혹은 사일런트 커터

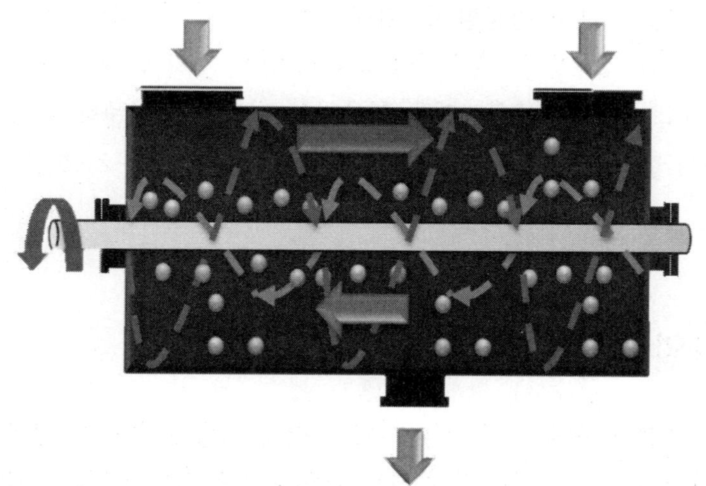

그림 3-5. 리본 믹서

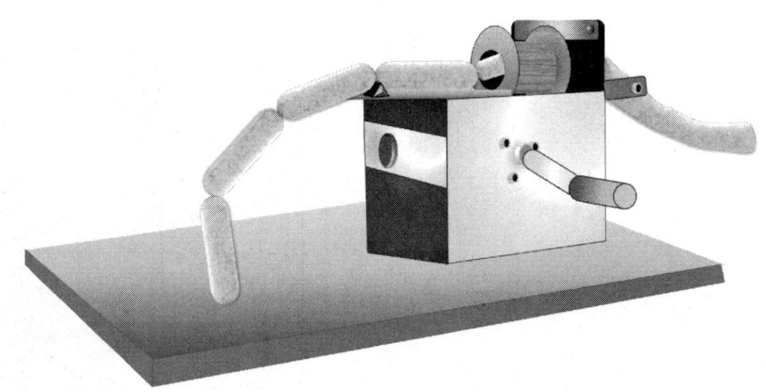

그림 3-6. 소시지 링커

소시지 반죽이 케이싱에 충전되면 이것을 적당한 크기로 잡아매어 소시지 링크를 만든다. 소시지 링크는 자동으로 금속 클립을 쓰는 경우도 있고, 천연 케이싱을 사용하는 직경이 작은 소시지의 경우에는 손으로 비틀어 링크를 만든다(그림 3-6). 이러한 각종 제품들을 제조하는 데에는 균일한 품질을 유지하면서 경제적으로 비용을 절감하여 시장에서 경쟁력을 보유하는 것이 중요하다. 따라서 최소가격배합(least cost formulation)이라는 컴퓨터 프로그램을 활용한다.

이 컴퓨터 프로그램의 장점은, ① 배합비에 들어가는 원료들의 제한조건들을 만족시키면서 가장 경제적인 조합을 제공한다. ② 복잡한 계산을 가능하게 한다. ③ 전통적인 배합비 작성을 위해 투입되는 많은 시간을 절약하게 해준다. ④ 사전 배합을 통해 원료들의 분석치를 근거로 배합비를 수시로 조정할 수 있게 해준다. ⑤ 가용할 수 있는 모든 원료들을 최대로 활용할 수 있게 한다. ⑥ 재고를 줄여준다. ⑦ 정확한 구매 정보를 제공한다. ⑧ 생산, 가격책정 및 인원활용 계획 등에 대해 현장관리가 가능하게 한다. 최소가격배합 프로그램을 활용하기 위해서는 원료육의 일반 성분, 유화력, 결착력, 색깔지수 등을 분석하여 회사 자체적으로 제품별 기준을 보유하고 있어야 한다.

4. 훈연 가열 준비/충전

염지가 끝난 비분쇄 제품은 훈연을 시키기 전에 적당한 용기에 넣거나 걸어 놓을 수 있게 조치해야 한다. 따라서 햄 종류는 케이싱이나 스타키넷트에 담아 고리를 끼고, 베이컨은 빗으로 꿰어 훈연실 막대에 걸어 훈연가열 공정을 진행시킨다(그림 3-7).

그림 3-7. 베이컨 빗에 걸어 훈연 중인 베이컨

그림 3-8. 훈연 중인 소시지와 컨츄리 햄

반면에 분쇄제품인 소시지에서는 혼합 및 유화가 끝난 후 반죽은 형태를 유지하기가 곤란하므로 충전기를 이용하여 케이싱에 충전한다. 케이싱에 충전된 소시지 반죽은 훈연실 막대에 걸어(그림 3-8) 비분쇄 제품과 마찬가지로 훈연 가열공정을 거치게 된다. 따라서 소시지의 크기와 모양은 케이싱의 크기와 형태에 따라 결정된다. 충전 시에 사용되는 케이싱에는 천연 케이싱과 인공 케이싱의 두 종류가 있다.

4.1 케이싱

이러한 소시지는 원래 고기를 잘게 썰어 각종 양념과 함께 혼합한 후 동물의 내장에 충전하여 만들었다. 이 소시지 반죽을 담은 용기를 케이싱이라고 부른다. 초기의 소시지 제조자는 소시지 제조시 신축성이 있고, 고기반죽의 갑작스런 수분 손실을 방지하며, 수분이 줄어들 때 고기와 함께 수축되어지고, 소시지와 함께 먹을 수 있는 튼튼한 용기로서 고기를 수확한 동물의 내장을 이용하였다. 그러나 소시지 소비가 일반화되고, 대량 생산과 기계화 체제로 변하면서 케이싱으로 사용되는 동물 내장이 더 이상 생산 조건을 충족시킬 수가 없게 되었다. 따라서 현대 케이싱 제조기술의 발달과 소비자들의 취향의 변화는 인공 케이싱의 필요를 불러왔다.

1) 천연 케이싱(Natural casing, animal casing)

천연 케이싱은 동물의 내장을 이용하는 것으로 수분과 공기가 통과되므로 훈연 시 연기 성분이 침투될 수 있고, 소시지와 함께 먹을 수 있는 장점이 있으나 크기가 균일하지 않고 튼튼하지 못하여 기계적 자동 충전이 곤란하며, 가격이 비싸다는 단점을 가지고 있다. 더욱이 천연 케이싱은 비싼 가격과 느린 충전 속도 때문에 소시지 생산비가 높아지는 문제로 인하여 고가의 고급제품을 생산할 때에만 사용하는 것이 바람직하다. 천연 케이싱은 다양한 가축의 여러 가지 내장 기관을 이용하며, 제품 종류에 따라 적절한 형태의 내장기관을 사용하여 소시지 반죽을 충전시켰을 때와 같은 정도로 팽창시켜 직경을 측정한다.

일반적으로 염장시켜 유통되며, 저장기간은 6개월 정도이다. 천연 케이싱은 동물의 내장기관을 이용하는 것이다. 소나 돼지 혹은 양의 위, 소장, 방광, 대장 등이 이에 속한다. 동물의 위장관은 바깥 장간막 지방층과 맨 안쪽의 점막층을 제거한 후 깨끗이 세척된 케이싱을 냉장 소금물에 담가 잔류 혈액을 제거한다. 이렇게 처리된 케이싱은 이제 염장을 하여 공장에 보내면 그곳에서 크기와 품질에 따라 등급을 매겨 묶음으로 포장하여 수송한다. 천연 케이싱은 결국 잘 정리된 콜라겐 조직만을 이용하는 것이다. 이러한 콜라겐은 소금을 처리함으로써 굳어지고, 용해도가 감소하기 때문에 도축장에서 내장 적출 후 어떻게 취급하느냐에 따라 생산되는 케이싱의 품질이 결정된다. 따라서 도축장에서의 적절한 염장은 천연 케이싱의 품질에 매우 중요하다.

(1) 특 징

천연 케이싱은 훈연시 연기가 깊숙이 침투되며, 소시지의 섬세한 천연 풍미를 잘 유지시켜 준다. 아울러 소시지를 먹을 때 연하고 다즙한 식감을 주면서 수율을 최대로 높여줄 수 있는 강도를 가진다. 천연 케이싱은 외관이 매력적이며, 다양한 모양으로 소비자의 관심을 끌 수 있는 우수한 전시효과를 가져다준다.

천연 케이싱은 열에 노출되거나 건조되면 수분투과율이 떨어지고, 아울러 건조는 훈연시 연기침투에 큰 영향을 준다. 따라서 소시지 생산 시 훈연 초기과정에서 건조는 적당한 연기성분 침투를 위해 필수적이다. 연기를 주입하기 전에 케이싱은 표면이 끈적끈적해질 때까지 건조를 시킨다. 그렇지 않으면 연기가 케이싱을 침투해 들어가 고기 표면에 축적되면 케이싱과 고기가 분리되어 외관이 창백하고 어둡게 된다. 너무 과다하게 건조되면 연기는 표면에만 축적되고 침투되는 것이 매우 적게 되어 소시지가 훈연 취를 거의 가지지 못한다.

일단 연기성분이 침투되어 원하는 훈연효과가 성취되면 추가적으로 이루어지는 건조는 케이싱이 수분을 전혀 통과시키지 못하게 만든다. 반면에 습열은 케이싱의 통기성을 증가시키면서 연화시켜 강도가 약화된다. 따라서 훈연 가열 시 훈연실 습도는 훈연효과와 케이싱 강도유지를 위해 매우 조심스럽게 조절되어야 한다.

천연 케이싱은 선선한 곳에 보관하여야 하며, 열에 노출시키면 안 된다. 소 케이싱의 건조 방광이나 건조 식도는 즉시 냉장하여야 한다. 이들이 수분을 흡수하면 부패되어 쓸모가 없게 된다. 적당한 보관온도는 4.4℃이며, 절대로 냉동은 금물이다. 천연 케이싱은 일반적으로 염장이나 건조 상태로 유통이 되므로 사용 전 미리 물로 잘 세척하여 소금을 제거한 후에 사용해야 한다. 돼지 맹장이나 소 소장 케이싱은 붙어 있는 지방이 없어야 하며, 소 소장, 대장, 맹장 및 방광과 돼지 맹장, 대장 및 위는 사용 전 뒤집어 지방 쪽을 검사하여 산패 여부를 확인한 후 다시 원래대로 만들어 물로 충분히 세척한 다음 소시지를 충전하는 것이 좋다. 일단 세척된 천연 케이싱은 당일 모두 사용하여야 하며, 만약 남은 경우 재염장하여 보관하였다가 나중에 사용하는 것이 바람직하다.

㉠ 돼지 케이싱

가장 가격이 싼 천연 케이싱으로 돈장, 맹장, 위, 곱창 등이 다양한 소시지 제품의 케이싱으로 사용된다(그림 3-9). 소장을 이용한 케이싱은 직경에 따라 소(28mm 이하), 중(32~35mm) 및 대(38~44mm)로 구분된다. 판매 단위는 91m(100yard)를 bundle이나 hank로 한다. 미국에서는 소장만을 돼지 케이싱이라고 부른다. 바깥에 혈관들이 존재하는 것들은 'whisker'라 하며, 신선제품에서는 외관상 사용이 기피되지만 훈연 가열제품에서는 큰 문제가 없는 것으로 알려진다. 맹장은 개별로 유통되며 sow, export, large prime, medium prime 등으로 등급을 매긴다. 대장은 꾸불꾸불한 모양이 특징적이며, 1yard, 9~10개를 한 묶음으로 유통되며, 크기는 넓은 것, 중간, 좁은 것으로 구분하고, 색깔이 하얀 중간 부분만을 이용한다.

㉡ 양 케이싱

천연 케이싱 중에서 가장 잘 활용되는 케이싱은 양 케이싱이며, 가장 연하다. 양의

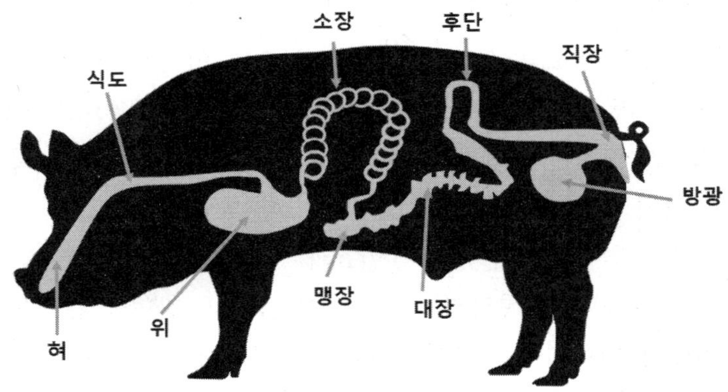

그림 3-9. 돼지 내장

표 3-3. 돼지 내장을 이용한 천연 케이싱

내장 기관	사용에 적합한 제품
소 장	Large frankfurter, pepperoni, chorizo, kishka, kielbasa, bratwurst, country style sausage, polish sausage, fresh pork sausage, rope sausage
맹 장	Liver sausage, braunschweiger, milano sausage, cervelat
대 장	Frizze(Italian salami), braunschweiger, liver sausage
위	Head cheese

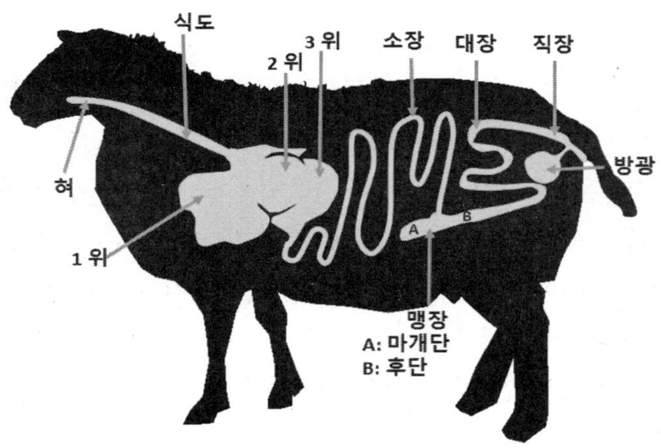

그림 3-10. 양 내장

표 3-4. 양 내장을 이용한 천연 케이싱

내장기관	사용에 적합한 제품
소 장	Frankfurter, cocktail sausage, beer stix, pork sausage, bockwurst, landjaeger

소장이 주된 것이고(그림 3-10), 직경을 기준으로 구별하여 유통된다. 양 케이싱은 천연 케이싱 중에서 가장 직경이 작지만(16~30mm) 충전이나 가열 및 훈연과정을 견딜 정도로 견고하고, 먹기에는 매우 연하다. A급은 어떤 구멍도 없는 것이고, 품질이 떨어지는 것은 약간의 바늘구멍들이 존재하는 것으로 조분쇄 제품에 사용이 가능하다. 케이싱 색깔은 생산국에 따라 백색에서 회색까지 다양하지만 이것이 품질을 반영하는 것은 아니다. 아메리카에서는 직경으로 구분하고, 뉴질랜드에서는 길이를 기준으로 유통시킨다.

㉢ 소 케이싱

소에서는 다양한 내장기관이 케이싱으로 사용된다(그림 3-11). 소장 및 대장은 직경을 기준으로, 식도는 목에서 제1위 입구까지의 관으로서 공기를 넣어 부풀린 후 말린 상태로 유통하며, 길이와 넓이로 구분한다. 맹장은 직경으로 구분하며, 방광은 염장과 건조 상태로 유통되며, 납작하게 만든 폭과 부풀린 직경을 기준으로 구별한다. 가장 널리 이용되는 것은 소장(round), 대장(middle) 그리고 맹장(bung)이다. 소장은 독특한 링모양으로 ring 혹은 round라고 불려진다.

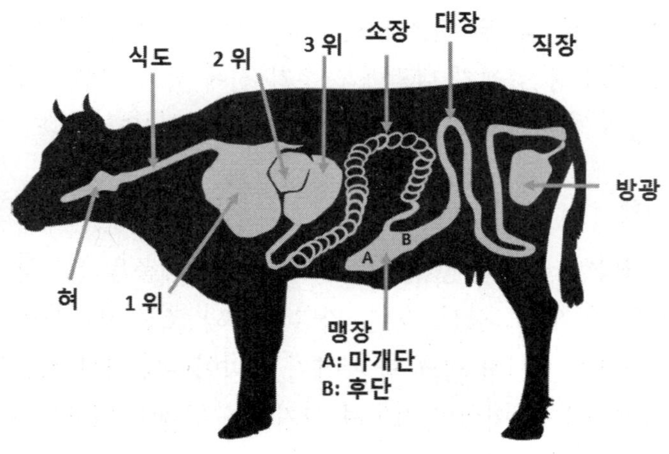

그림 3-11. 소 내장

표 3-5. 소 내장을 이용한 천연 케이싱

내장 기관	사용에 적합한 제품
소 장	ring bologna, ring liver sausage, ring blood sausage, ring liver sausage, polish sausage, kishka, knoblauch, holsteiner, mettwurst
대 장	cervelat, farmer style sausage, salami, long Bologna, göteborg, leona style sausage
맹 장	large bologna, capicola, minced sausage, cooked salami, berliner, blood and tongue sausage, leona, veal sausage
식 도	long bologna
방 광	mortadella, minced sausage, luncheon meat

(2) 유통 형태 및 사용 전 처리

천연 케이싱은 건염장된 상태, 염장액에 침지된 상태, 묶음으로 염장액에 침지된 상태 혹은 튜브에 끼운 상태로 유통된다. 건염장 케이싱은 우선 깨끗한 물로 케이싱에서 소금을 씻어내고 21℃ 물에서 45분~1시간 정도 담가놓는 것이 좋다. 충전 시에는 43℃ 정도의 따뜻한 물에 케이싱을 담아 놓고 사용하면 케이싱 지방이 약간 녹아 나와 충전기 나팔에 케이싱을 끼우기가 수월해진다. 아울러 충전 전에 케이싱에다 물을 주입하여 통과시키면 충전작업 시 케이싱이 순조롭게 취급되어질 수 있다. 염장액에 침지된 것은 즉시 사용이 가능하지만 충전 전에 일단 물로 세척하는 것이 권장된다. 묶음으로 염장액에 침지된 것은 일반적으로 사용된 소금의 양이 적으므로 건염장 케이싱을 위한 처리 중 충전기 나팔에 끼우기 전에 하는 작업만 진행한다. 튜브에 낀 상태는 충전 전에 미지근한 물에 침지시켜 충분히 적셔야 한다.

(3) 케이싱의 선택

천연 케이싱은 다양한 품질의 종류가 있으므로 어떤 제품을 생산할 것이냐에 따라 적절한 것을 선택할 수 있다. 신선, 훈연, 가열 여부와 조분쇄냐 유화형 소시지냐 그리고 마지막으로 생산할 소시지 링크 당 무게가 얼마이냐에 따라 사용할 케이싱이 결정될 것이다. 구입 시에는 케이싱의 강도와 크기의 균일성과 일관성 여부가 납품업자를 선택하는 데에 도움이 된다.

2) 인공 케이싱

인공 케이싱에는 재생 콜라겐 케이싱, 셀룰로오스 케이싱, 화이브로스 케이싱 그리고 플라스틱 케이싱이 있다. 재생 콜라겐 케이싱은 소의 진피를 이용하여 크기가 균일하게 사출시킨 케이싱으로 수분과 공기가 통과되고 가식성이며, 천연 케이싱보다 강도가 좋아 자동 충전 및 결찰을 할 수 있어 생산속도를 향상시킬 수 있다. 이것은 천연 케이싱과 비슷한 물리적 성질을 가지므로 10℃ 이하에서 보관하는 것이 좋다. 셀룰로오스 케이싱은 면화 솜으로 만든 케이싱으로서 물에 젖으면 수분과 공기는 투과시키지만 불가식성이며, 강도가 우수하여 현대 모든 육가공 공장에서 자동충전 및 결찰 공정에서 널리 사용된다.

크기의 균일성, 청결성, 그리고 취급의 간편성이 장점이며, 표면에 프린트를 하거나 색깔을 입힐 수 있어 소매 진열시 매력적으로 보일 수 있다. 최근에는 훈연액을 발라 훈연하지 않고도 훈연효과를 내기도 한다. 화이브로스 케이싱은 특수 종이에 셀룰로오스를 흡수시켜 만든 케이싱으로 성질은 셀룰로오스 케이싱과 비슷하지만 강도는 가장 강하다. 건조 및 반건조 소시지용 화이브로스 케이싱은 케이싱 안쪽에 단백질이 도포되어 있어 건조될 때 소시지와 케이싱이 함께 수축되게 하여 건조 중 소시지와 케이싱이 분리되어 건조되므로 외관이 쭈글쭈글해지는 것을 방지해 준다. 플라스틱 케이싱은 불가식성이며, 수분이나 공기를 거의 통과시키지 않으므로 훈연 제품 제조에는 사용할 수 없고, 주로 상업적 멸균공정을 거친 실온 유통제품 제조에 이용된다.

5. 훈연 및 가열

훈연이란 식물성 재료를 태워 발생하는 연기를 제품에 적용하는 것으로 예전에는 연기 발생 공정이 발열과정이므로 가열공정과 함께 고려되었으나 현대에는 기술의 발달로 훈연과 가열은 별도로 수행되어질 수 있다. 훈연은 저장의 효과가 있기 때문에 아주 오래 전부터 사용되어져 온 가공방법이다. 이제는 냉장기술의 발달로 저장의 중요성은 상대적으로 감소되었지만 훈연이 여전히 사용되는 것은 풍미와 색깔을 향상시켜 주고, 소비자 선호도가 높은 새로운 제품 개발이라는 측면에서 큰 의미를 가지기 때문이다.

5.1 훈 연

훈연은 연기생산과 훈연의 두 가지 공정으로 구성되어진다. 연기 생산 기구는 기본적으로 식물성 재료를 태울 수 있는 난로와 굴뚝으로 구성되어진다. 난로에서 사용되는 열원은 가스나 전기를 이용하고 생산된 연기가 빠져 나갈 수 있는 굴뚝은 일반적으로 훈연실에 연결되어진다(그림 3-12). 연기 생산을 위하여 식물성 재료를 태울 때 발생하는 연기의 성분은 고기의 보존성과 풍미에 큰 영향을 주며, 이 유효 성분들의 양과 종류는 태우는 재료와 연소 방법에 따라 다양하다. 일반적으로 경질의 나무가 가장 많이 사용되며 톱밥이나 쇄편으로 만들어 수분 함량을 20~40% 수준으로 조절하여 연소시킨다. 연소 온도와 산소의 양에 따라 연기 성분에는 차이가 생긴다.

중요한 연기 성분으로 페놀류는 항산화성, 방부성, 색깔 생성 및 풍미에 영향을 주고, 유기산은 풍미, 방부성 그리고 표면 피막 형성에 공헌을 하며, 카보닐은 갈변현상으로 인한 제품 색깔과 풍미, 그리고 미생물 발육 억제 효과를 제공하며, 알코올은 다른 성분들을 운반하여 제품 내부에 침투시켜 주는 역할을 한다. 연소 온도가 400℃ 이상이 되면 벤조피렌이라는 다환방향족 탄화수소인 유해 성분이 증가하는 것으로 보고되어 발연 온도는 400℃ 이하를 유지하는 것이 일반적이다. 심하게 훈연된 제품이나 과다하게 구운 고기에서 주로 검출되는 다환방향족 탄화수소는 유럽 국가 중에는 법적으로 함량을 제한하는 나라가 많다.

훈연은 일반적으로 여러 가지 발연장치를 이용하여 생산된 연기를 훈연실에 주입하는 형태로 진행되지만, 최근에는 훈연액을 이용하는 액훈도 많이 실시된다. 훈연실 온도에 따라 냉훈, 열훈 등이 있으며, 열훈은 주로 제품의 가열공정과 함께 진행된다.

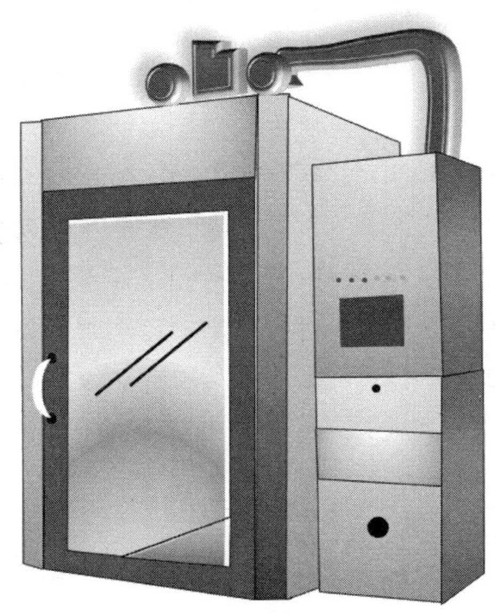

그림 3-12. 훈연기

액훈에는 연기의 주된 성분을 농축시켜 만든 훈연액에 담갔다 꺼내는 방법, 훈연액을 훈연실 속에 걸려 있는 제품에 산포하는 방법, 케이싱에 흡착시켜 충전하는 방법, 혹은 소시지 배합시 원료들과 함께 혼합하는 방법 등 여러 가지 방법이 있다. 액훈은 연기를 생산할 필요도 없고, 연기 성분 중에서 발암성 성분이 제거되어 안전하며, 대기오염의 위험도 없고, 훈연결과도 재현성이 훨씬 우수하며, 재래식 훈연보다 간편하고 신속하다는 장점을 가진다.

훈연과정은 연기 성분이 제품 표면에 흡착되면서 시작되는 공정이므로 훈연 초기에 제품 표면이 적당히 건조되지 않아 물기가 많으면 제대로 성취되지 않으므로 초기 표면 건조 단계가 선행되어진다. 연기 침착의 속도와 정도는 연기의 밀도, 훈연실 내부의 공기이동 속도, 상대습도 등에 영향을 받으며, 최근의 발연기나 훈연실 내부의 온도와 습도는 자동으로 조절되므로 제품 제조공정에서 지시하는 내용에 따라 적절히 맞춰 놓으면 훈연과 가열이 동시에 수행되어진다. 흡착된 연기 성분은 시간이 지나면서 강하게 접착되어지고, 지속적으로 접착이 이루어지면 표면에 연기 성분이 농축되고 서서히 내부로 침투, 흡수되어 점차 골고루 확산되어 훈연이 성취된다.

훈연하는 방법에는 훈연실 내의 온도를 28℃가 넘지 않게 낮게 유지하는 냉훈과 30～35℃에서 시작하여 50～55℃에서 끝내는 온훈, 혹은 70～80℃에서 끝내는 열훈이 있다. 열훈에서는 제품이 익기 시작하거나 혹은 완전히 조리된다. 냉훈은 주로 건조 제품이나 반건조 제품 혹은 비가열 훈연제품에서 사용되고, 온훈은 가열공정을 별도로 거치는 제품이나 베이컨 같이 소비자들이 추가로 가열하여 소비하는 제품을 위해 사용되며, 열훈은 가열제품이나 훈연 가열제품을 위해 사용된다. 훈연시간은 제품에 따라 수시간에서 수일까지 다양하다.

5.2 가 열

가열은 일반적으로 훈연공정과 함께 수행되어지며, 훈연 초기에는 저온부터 시작하여 서서히 목적온도까지 올리며, 그 이후에는 그 온도를 유지하여 급변하지 않도록 한다. 가열 온도는 제품의 종류에 따라 다르기 때문에 소비자가 구입하여 그냥 먹을 수 있게 하려면 68℃ 정도까지 가열해야 한다. 가열 중 일어나는 변화는 표면 건조와 단백질 변성, 풍미의 향상, 저장성 향상, 그리고 육색의 발현을 들 수 있다. 가열 시 표면에서 일어나는 단백질 변성과 표면건조 반응은 나중에 케이싱을 벗기는 데에 중요한 제품의 표피 형성과 유화물 안정에 중요하다. 아울러 표면 수분 함량도 줄어들기 때문에 미생물 억제 효과를 가져오며, 가열에 의하여 미생물이 살균되므로 저장성은 더욱 향상된다.

가열은 또한 미생물을 사멸시킴으로써 저장성을 향상시켜 주지만 추가 오염이 발생하면 저장기간이 단축된다. 육색 발현은 염지시 첨가된 아질산염으로 인하여 형성된 니트로소마이오글로빈(nitrosomyoglobin)은 가열로 안정된 분홍색의 니트로실히모크롬(Nitrosylhemochrome)으로 전환되므로 야기되고, 비염지육에서는 가열에 의한 갈변화 현상으로 색깔이 소비자들이 선호하는 황금색으로 변한다.

6. 발효제품 제조공정

고기는 영양적으로 우수한 고단백질 식품이며, 쉽게 부패하기 때문에 동물에서 생산된 직후 빠른 시간 내에 소비되지 않으면 식용에 적합하지 않게 된다. 따라서 사람들은 고기의 저장 방법으로 건조와 발효를 활용하여 왔다. 특히 발효는 건조과정에서 이루어지는 경우가 많아 전통적으로 서로 잘 어울리는 기술이다. 따라서 발효 육제품은 전 세계적으로 널리 생산되고 있지만, 우리나라에서는 육포와 같은 건조제품을 제외하고는 발효제품을 보기가 힘들고, 가장 다양한 발효 육제품이 생산되는 지역은 역시 유럽이라고 말할 수 있다. 이러한 발효와 건조가 함께 이용되어지는 발효 육제품 제조는 우리나라 같이 위생시설이나 냉장시설이 미비한 환경에서는 축산 농가의 경쟁력 강화를 위해 활성화시킬 필요가 있는 육가공 기술이라고 하겠다.

관능적으로 새큼한 풍미와 씹히는 조직감을 가지며, 실온에서도 저장이 가능한 발효 육제품의 제조는 섬세한 풍미의 조화와 식도락의 구미를 위한 일종의 예술(art)과 고기의 저장을 위한 과학(science)이 조화를 이루는 가운데서 성취된다. 따라서 발효 육제품의 제조기술은 사랑하는 기술에 빗대어 표현된다. 동일한 원료(대상)와 방법을 이용한다 해도 최종 제품(결과)이 항상 동일하지 않다는 것이다. 이러한 발효 육제품의 종류는 크게 두 가지로 구분할 수 있다. 동물의 특정 부위나 큰 고기 덩어리를 이용하여 발효되는 비분쇄 제품과 고기를 잘게 썰어 만드는 소시지류의 분쇄 발효제품이다. 가장 널리 이용되는 원료육은 소고기와 돼지고기이며, 지역에 따라서는 양고기, 닭고기, 오리고기, 토끼고기, 물소고기, 가젤 영양고기, 고슴도치고기 및 고래고기 등 다양한 고기들이 이용된다.

6.1 비분쇄 발효 육제품

주된 것은 돼지고기를 이용하는 컨츄리 햄이나 이와 유사한 제품이다. 이러한 햄들은 주로 유럽과 북미, 그리고 적게는 남미, 아시아, 오세아니아, 아프리카 등지에서도 생산된다(표 3-6). 비분쇄 발효 육제품 제조에 이용되는 돼지고기는 일반적으로 가열되지 않으므로 선모충(*Trichinella spiralis*)이 없는 것을 사용하여야 한다. 뒷다리 부위를 발골한 후 소금, 질산염, 설탕 그리고 후추, 올스파이스(allspice), 고수풀(coriander), 겨자 등과 같은 양념을 섞어 표면에 바른다. 염지는 수주에서 수개월에 걸쳐 진행되며, 낮은 온도에서 저장된다. 염지 후 훈연을 하고 건조 및 숙성을 거치면서 발효가 진행되어 실온저장이 가능한 건조제품이 생산된다.

그 밖의 소고기, 양고기, 염소고기 등을 이용하여 반건조 제품이 생산되는데, 이들의 제조가 수주에서 수개월에 걸쳐 훈연, 건조 및 숙성기간을 거치지만 발효는 크게 진행되지 않는다. 종류로는 이태리의 bresaola(소고기), 스위스의 bundnerfleisch(소고기), 루마니아의 pastrami(소고기, 염소고기, 혹은 양고기), 노르웨이의 fenelar(양고기), 브라질의 carne de sol(소고기), 멕시코의 carne seca(소고기), 태국의 nuak-hem(소고기), 인도네시아의 bebontot(돼지고기)와 dendeng, 말레시아의 serunding daging(소고기)와 serunding ayam(닭고기), 리비아의 giddeed(양고기), 남아프리카의

표 3-6. 각국의 비분쇄 발효제품

국 가	제 품 명
벨기에	Ardennes
스페인	Bayonne, Iberico, Jamon Serrano
북아일랜드	Belfast
잉글랜드	Bradenham, Suffolk, Cumberland, York
이탈리아	Coppa(Capocollo), Prosciutto, San Daniele
프랑스	Bayonne, Jambon Blanc, Jambon de Paris
독 일	Kasseler, Kastenspeck, Lachsschinken, Schwarzwalder, Westphalian
네델란드, 스칸디나비아	Kasseler
오스트리아, 스위스	Kastenspeck
유고슬라비아	Kraski Prsut
아일랜드	Limerick
스코트랜드	Scotch
노르웨이	Spekeskinke
미 국	Kentucky, Salt pork, Scotch, Smithfield
중 국	Ching Hua, Yunnan
태 국	Mu-uan

biltong(소고기, 영양고기), 수단의 shermute(소고기), 가나의 mpu nam (영양고기), 나이제리아의 kundi, bunda, kilishi 소고기, 양고기, 염소고기), 브라질의 charqui(소고기, 양고기), 페루의 charqui(야마고기, 알파파 고기), 카리브 지방의 jerky(소고기, 돼지고기), 그린랜드 및 북카나다의 iqunaq(물오리고기) 등이 있다.

6.2 발효소시지

옛날 사람들은 고기를 절단하거나 분쇄하여 소금과 양념을 비롯한 여러 가지 향신료와 혼합한 다음 건조시켜 저장하였다. 이것이 지금 서양의 서머 소시지나 살라미 소시지 같은 건조 소시지의 원조이다. 고기의 건조는 지중해 연안 지방에서는 일반적인 방법이었고, 아메리카 인디언이나 중국에서도 오래 전부터 고기를 약초나 과일과 혼합하여 건조시켜 저장하였다. 시저의 군대가 갈리아(Gaul) 지방을 정복할 수 있었던 것이나 콜럼버스가 아메리카 대륙을 발견할 수 있었던 것도 모두 이러한 건조 소시지로 건강을 유지할 수 있었기 때문이라고 주장된다. 로마시대의 정육점은 소고기와 돼지고기를 잘게 썰어 소금과 양념을 넣고 동물 내장에 충전한 후 특수한 방에 보관하여 건조시켰다. 이 과정에서 젖산균이 자라 바람직하지 않은 균들의 성장을 억제하고 새큼한 풍미를 갖게 하였다.

남부 유럽은 겨울이 춥지 않아 고기 저장에 어려움이 많기 때문에 냉장이 필요 없는 건조제품이 많이 제조된다. 건조 소시지 제품은 우리나라 김치처럼 지역에 따라 사용되는 고기 종류, 특정 케이싱, 양념의 조합 등으로 특징을 가지게 되어 독특한 제품들이 존재하게 되었다. 따라서 BC 449년에 망한 키프러스의 도시 살라미에서 유래한 살라미, 이태리 제노아 지방의 제노아, 밀라노 지방의 밀라노, 칼라브리아 지방의 칼라브레세, 독일의 투링이아 지방의 투링어, 스웨덴의 괴텐브리의 괴테보리 소시지 등은 마치 유럽의 지도를 보는 것 같다. 반면에 북유럽은 겨울이 춥기 때문에 소시지 저장이 다른 지역에 비해 어려움이 적어 여름에 소비할 서머 소시지 같은 반건조 소시지를 훈연과 가열과정을 거쳐 겨울철에 제조한다. 이러한 다양한 유럽의 발효소시지는 1800년대와 1900년대 유럽인들의 아메리카 대륙으로의 이민을 통해 널리 퍼지게 되었다.

1) 종 류

발효소시지는 제조 과정의 기간과 제품의 저장성은 제품의 수분함량이 얼마인가에 따라 좌우된다. 제품의 수분함량을 고기의 수분함량 75%에서 얼마나 감소시키는가에 따라 제조기간이 결정되고, 이에 따른 수분활성도 변화에 따라 저장성이 영향을 받게 된다. 따라서 발효소시지의 종류는 비건조, 반건조 그리고 건조 소시지의 세 가지가 있다(표 3-7). 비건조 발효소시지는 수분함량이 높아 쉽게 부패하므로 냉장저장을 해야 하며 2~3일 내에 소비하여야 한다.

비건조 발효소시지는 거칠게 간 고기와 염지재료, 양념 등을 잘 혼합한 후 제품의 종류에 따라 30~45℃에서 단시간 발효를 시킨 후 훈연이나 건조과정을 거친 후 65~70℃에서 가열하여 생산한다. 반건조 소시지는 발효과정이 비건조 제품보다 낮은 25~35℃에서 진행되고, 훈연은 35~50℃ 정도에서 실시하고, 낮은 습도의 조건하에서 건조와 숙성을 10~25일에 걸쳐 실시한다. 건조 소시지의 발효는 15~25℃에서 진행되고, 훈연과 건조는 낮은 온도에서 장기간에 걸쳐 실시된다.

표 3-7. 발효소시지의 종류

제품 형태	특 징	종 류
비건조	수분 50~60% 냉장용	독일 : Mettwurst, Teewurst, Kochsalami 남프랑스, 알제리아, 튜니지아, 모로코 : Mergues 미국 : Lebanon Bologna, Mortadella, Kochsalami 이탈리아, 프랑스 : Mortadella
반건조	수분 35~50%	미국 : Summer sausage, farmer sausage 스웨덴 : Isterband 스위스 : Landjaeger 독일 : Katenrauchwurst, Cervelat, Thuringer 프랑스 : Longaniza, Figatelli 포르투갈 : Longaniza 중 국 : Leap cheung, Xun chang 태 국 : Naam(Naem), Musom, Sai-krok-pries
건 조	수분 20~35%	이탈리아 : Salami, Milano 프랑스 : Saucission 스웨덴 : Göteborg 노르웨이 : Fjellmorr gilde, Toppen, Trondermorr, Sognekorr, Stabbur 핀란드 : Kotimainenmeetwurst, Poromeetwurst 아이슬란드 : Lambaspaeipylsa 스페인 : Chorizo 유럽/미국 : Pepperoni 멕시코 : Chorizo pamplona, Cacciaturi, Varzi 호 주 : Veneto salami 인 도 : Chourisam

2) 제 조

유럽에서의 발효소시지 제조방법은 전통적으로 가업을 통해 전수되어져 왔다. 기본적으로 모든 소시지는 원료육을 분쇄하여 여기에 양념과 염지재료를 혼합한 후 케이싱에 충전하여 건조 및 숙성과정을 거쳐 제조된다. 따라서 우리나라의 김치가 지역적으로나 가정마다 독특한 특징을 가지는 것처럼 다양한 발효소시지 제품들이 선보이고 있다. 이러한 다양성은 다음의 6가지 사항을 달리하거나 이들의 다양한 조합을 이용함으로써 성취가 가능하다.

(1) 원료육 배합

사용되는 고기의 종류에 따라 다양한 제품이 생산된다. 원료육은 정육도(지방이 적은 정도), 연도 및 외관 등을 고려하여 선택한다. 가장 많이 사용되는 원료육은 소고기와 돼지고기 정육이지만, 지역과 제품의 종류에 따라 그 밖의 여러 종류의 고기가 이용되고 있다.

(2) 분쇄 정도

원료육의 분쇄는 아주 섬세하게 아니면 아주 거칠게 이루어져 최종 제품의 조직감에 다양성을 가져다준다.

(3) 양념 배합

모든 양념은 기본적으로 소금이 포함되어지며, 각종 양념의 특징을 고려하여 독특한 풍미를 창출하기 위한 자기만의 양념 배합비를 개발하여 사용할 수 있다. 전통적인 제품에서는 질산염을 혼합하여 숙성 중에 미생물 *Micrococci*에 의해 아질산염으로 환원시켜 염지효과를 내었지만, 현대에서는 아질산염을 직접 혼합한다.

(4) 케이싱

사용되는 케이싱 종류와 크기에 따라 건조과정에서 수분 손실 정도가 다르기 때문에 생산되는 소시지의 특징은 어떤 케이싱을 사용하느냐에 따라 다양하게 된다.

(5) 가열 정도

충전 후 숙성이 시작되기 전에 소시지는 훈연을 강하게, 적당히, 약하게 하거나 혹은 전혀 하지 않을 수도 있다. 또한 가열처리는 시간과 온도에서 다양한 차이를 보인다. 고온 단시간 혹은 저온 장시간의 열처리처럼 다양한 가열 정도가 양념과 함께 풍미를 결정해 주는 요인이 된다.

(6) 건조 정도

건조는 수분/단백질 비율에 변화를 유발하여 냉장을 요하는 혹은 실온 저장이 가능한 제품을 만들어 준다. 또한 건조 정도는 소시지의 조직감에도 차이를 가져와 최종 제품의 특징을 결정해 주고, 건조과정에서 발생되는 풍미 변화와 함께 소비자들이 기대하는 독특한 맛을 갖게 한다.

3) 스타터 배양균(Starter culture)

원료 식육은 상당량의 아미노산과 펩타이드를 함유하고 있지만 우유와는 달리 포도당(탄수화물)이 별로 없다. 더욱이 고기는 사후 해당작용으로 젖산이 축적되어 pH가 낮아져 있어야 함에도 그렇지 못한 경우에는 안전한 발효를 위해 pH가 5.9 이상인 원료육은 다른 용도로 사용해야 한다. 따라서 고기에는 유산균이 발효할 당이 적어 일반적으로 안전한 제품 제조를 위해 배합비에 당을 첨가해 준다. 발효소시지 배

표 3-8. 발효소시지에 이용되는 스타터배양균

미생물 종류	스타터로 이용되는 균종	유용한 대사활동	유익한 점
유산균	*Lactobacillus plantarum, L. pentosus, L. sake, L. curvatus, Pediococcus pentosaceus, P. acidilactici*	• 유산 생성	• 병원성 및 부패 세균 억제 • 색깔형성 및 건조 촉진
캐탈레이스 양성 구균	*Staphylococcus carnosus, S. xylosus, Micrococcus varians*	• 질산염 환원 및 산소 소비 • 과산화수소 파괴 • 지방분해	• 색깔형성 및 안정화 • 지방산패 지연 • 향 형성 • 과도한 질산염 제거
효 모	*Debaryomyces hansenii*	• 산소 소비 • 지방분해	• 지방산패 지연 • 향 형성
곰팡이	*Penicillium nalgiovense* biotype 2, 3, 6	• 산소 소비 • 과산화수소 파괴 • 유산염 산화 • 단백질 분해 • 지방 분해	• 색깔 안정 • 지방산패 지연형 형성

합은 유산균 성장에 유리한 조건이다. 하지만 훈연과 아질산염의 존재 그리고 pH가 충분히 낮아지지 않으면 식중독 세균의 위험성이 커질 수 있기 때문에 제조공정을 낮은 온도에서 수행하는 것이 매우 중요하다. 과거에는 자연발효나 기존 제품의 일부를 배합에 섞는 역접종(backslopping : back inoculation)에 의존하여 제품을 제조하다 보니 종종 발효에 실패하는 경우가 발생하였으나, 현대에 와서는 확실한 발효를 보증하기 위해 스타터 배양균을 배합비에 함께 접종한다. 사용되는 스타터 미생물은 정상발효(homofermentative) *Lactobacilli*와 *Pediococci* 그리고 그람 양성, 캐탈레이스 양성 구균인 비병원성 응고효소 음성 *Staphylococci*와 *Kocuria* 등이 품질과 안전성을 개선하기 위해 사용된다. 초기에는 유산균 위주였지만, 지금은 다양하게 타 세균, 효모, 곰팡이 등도 이용되고 있다(표3-8).

스타터 미생물은 단독으로 의도하는 제품의 품질을 달성하기 어렵기 때문에 2종 이상의 미생물을 혼합하여 사용한다. 소시지 발효와 숙성은 pH, 수분 활성도, 중량감소 및 단단함을 측정하여 관리한다. 요사이에는 이러한 매개변수들을 on-line으로 측정 제어한다.

그림 3-13. 각종 발효 육가공 제품

7. 가공공정 중 측정과 제어

가공육 제품의 생산 과정 중에 가장 중요한 것은 가공조건의 제어이다. 가공조건을 레시피(recipe)대로 유지해야 목적하는 품질의 제품을 생산할 수 있다. 제조공정 중에 가장 중요한 가공조건을 제어하려면 우선 조건들을 측정할 수 있어야 한다. 따라서 조건을 감지하는 센서(sensor)가 중요하다. 가공공정을 단계별로 살펴보면 원료육의 pH와 온도를 측정하여 관리하여야 하며, 염지 및 유화공정에서는 온도와 압력, 훈연 가열공정에서는 온도와 습도 관리가 중요할 것이다.

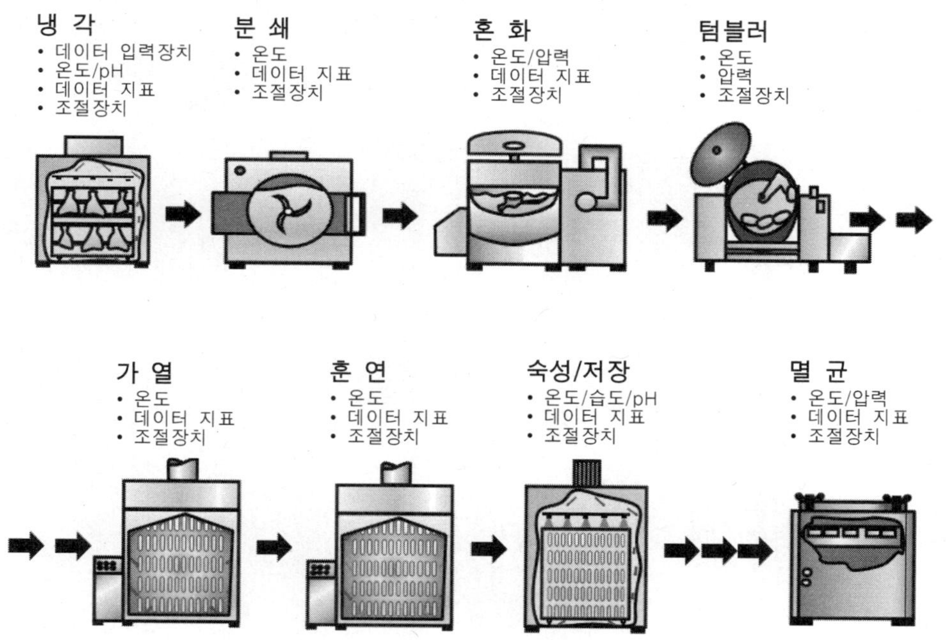

그림 3-14. 가공단계별 요구되는 센서

제5편 식육과 육제품의 품질 제어

"문제가 되는 것은 양이 아니고 품질이다."

-동생 세네카-

제 1 장

식육 품질에 영향을 미치는 요인

생육 품질의 균일성과 소비품질에 대한 이해는 식육생산 시스템의 중요한 부분이다. 왜냐하면 식육 생산은 소비자가 시각적으로 매력을 느끼고 소비 경험을 통해 지속적으로 구입할 수 있는 상품을 생산하는 방법과 연결되어야 하기 때문이다. 식육생산에서 중요한 품질 요인들은 식육 자원인 가축의 사전 및 사후 요인들에 의해 영향을 받는다(그림 1-1). 이 장에서는 유전적 및 사양적 요인들과 같은 사전 요인들에 대해 살펴본다.

고기의 품질은 그것을 소비하는 개인의 목적과 취향에 따라 자신의 기준에 기초하여 좋고 나쁨이 평가되는 것이 정상이다. 하지만 가공원료로 사용되는 경우를 제외하고 개인이 소비하는 경우에도 나라나 지역 혹은 지방에 따라 선호하는 품질의 기준이 다를 것이다. 개인별로는 과거의 경험이 없는 경우에는 나름대로의 판단 기준이 없기 때문에 타인, 특히 전문가의 의견을 기준으로 삼게 된다. 문화적으로는 서양인들처럼 나름대로 과학적인 사고에 근거하여 주관이 뚜렷한 품질 평가를 하는 경우도 있지만 한국인처럼 남의 의견에 민감하게 반응하는 경우에는 전문가나 유명인의 의견을 따라가는 경향이 크다.

고기의 품질 요소들은 다양하지만 소비자들이 일반적으로 중요시 하는 것은 관능

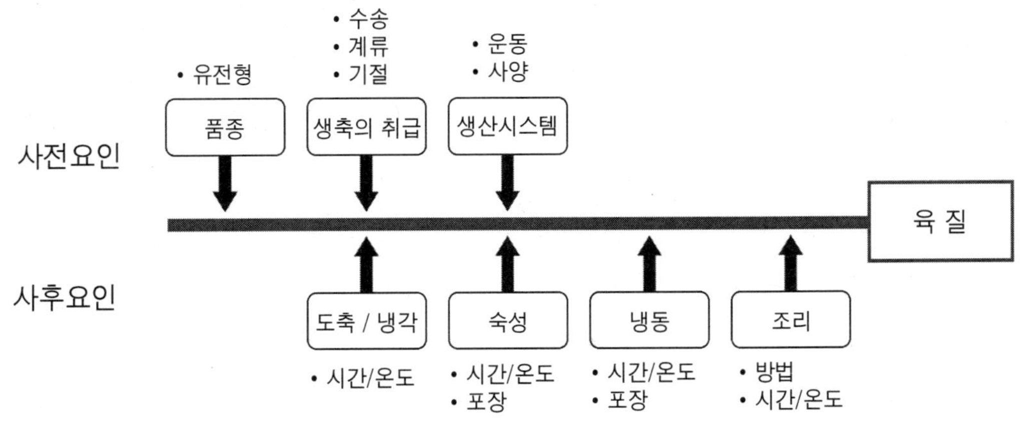

그림 1-1. 식육 품질에 영향을 미치는 단계별 요인들

적 요소 즉, 연도, 다즙성, 풍미가 가장 중요한 것으로 인식된다. 이미 살펴본 바와 같이 식육 품질은 다양한 속성으로 구성되어 있지만, 여기에서는 관능적 품질 속성에 관해서만 취급하기로 한다. 관능적 품질 속성인 연도, 풍미, 다즙성, 색 등은 생축에서부터 도축 후까지 다양한 요인에 의해 영향을 받기 때문에 간단하게 설명하기에는 너무 복잡한 주제이다.

고기의 근내지방 함량은 식육의 풍미, 다즙성, 연도 및 시각특성에 영향을 준다. 지방함량이 증가하면 기호성이 증가하지만, 기호성 개선 효과는 지방함량 증가와 비례하지는 않는다. 소고기 지방함량이 3% 이하일 때에는 기호성은 지방함량이 감소할수록 감소한다. 지방함량이 3%에서 6%까지 증가할 때 지방함량이 증가할수록 기호성도 증가한다. 지방함량이 7.3% 이상으로 증가하면 겉으로 보이는 지방이 많아져 소비자들이 기피하는 경향을 보인다. 근내지방이 다즙성, 풍미 및 연도에 영향을 주는 과정은 6장을 참조하기를 바란다.

근섬유로 구성된 살코기는 근섬유의 구성성분인 단백질이 수분과 결합하고 반응한다. 따라서 근육 단백질의 수분 결합 능력으로 인해 고기의 연도 및 다즙성이 영향을 받는다. 근섬유 성분이 연도에 영향을 미치는 기작은 제3편 2장을 참조하기를 바란다. 육색은 근섬유의 구성성분으로서 빛을 반사하거나 흡수할 수 있는 마이오글로빈에 의해 좌우된다. 육색에 대한 마이오글로빈의 영향도 제3편 2장을 참조하기를 바란다. 근육을 둘러싸고 있는 결합조직은 근육에 구조적으로 지지한다. 따라서 일을 많이 하거나 움직임이 많은 근육은 결합조직 함량이 높고 강하다. 따라서 이러한 근육은 고기로 전환되었을 때 질긴 고기가 생산된다. 고기연도에 대한 결합조직의 영향은 제3편 2장을 참조하기를 바란다.

고기의 성분인 지방, 살코기 및 결합조직은 고기의 다즙성, 연도 및 풍미에 각각 독특하게 공헌을 한다. 이들은 근육에서 서로 상호 연결되어 있고 생물학적으로 상호 반응하기 때문에 독립적인 성분이 아님을 인식해야 한다. 따라서 고기 품질에 영향을 미치는 가축의 사전 및 사후 요인들은 이 세 가지 성분 중의 어느 것에 영향을 미쳐 고기 품질을 결정하게 되는지를 이해하는 것이 중요할 것이다.

이러한 고기의 관능적 품질 요소들은 가축의 종류, 생축의 품종, 사육 시 급여하는 사료 종류, 도축을 위해 농장에서 생축을 수송차량에 옮겨 싣는 과정에서의 생축 취급 방법, 차량 이동시의 조건, 도축장에 도착하여 계류시의 환경조건, 도축을 위해 기절시키는 공정의 방법과 조건, 지육의 취급조건, 저장환경, 가공방법 등 여러 가지 요인들에 의하여 영향을 받는다. 따라서 고기품질을 제어하는 방법도 다양하며, 살아있는 가축단계에서는 유전적으로 혹은 사양방법 등으로 품질을 제어하고 도축 후에는 가공단계에서 여러 가지 처리로 품질을 조절할 수 있을 것이다. 이러한 품질 제어 기술은 비용이라는 측면에서 보면 유전적 방법이 가장 비용이 많이 요구되고, 기술적으로도 고난도이다. 다음으로는 사양단계에서 사료를 이용하는 방법이다. 그리고 가장 비용이 적게 소요되고 기술적으로도 쉬운 것은 가공단계에서의 품질 제어일 것이다.

1. 가축의 품종

가축은 품종에 따라 성장률, 사료효율, 질병 저항성 등이 다양하여 이러한 성질들은 식육품질에 긍정적으로 혹은 부정적으로 작용하게 된다. 돼지의 랜드레이스 품종의 경우 정육량, 도체량 및 사료효율을 향상시키는 방향으로 육종이 이루어졌으나 이것은 스트레스에 민감한 결과를 가져와 PSE육 생산 빈도를 높게 만들었다. 조숙종은 일찍 성숙 체중에 도달하므로 만숙종에 비해 상대적으로 지방 축적이 많아 돼지의 경우 소비자들이 기피하지만, 소의 경우는 앵거스 품종처럼 선호되기도 한다. 풍미는 품종에 따라 지방산 구성이 달라 한우나 와규가 육우보다 우수한 풍미를 가진 고기를 생산한다.

축종에 따라 특정 품종에 국한되는 비정상적인 증상(예 : 닭의 녹색 근육병, 소의 근육비대증, 돼지의 지방 황변/녹변증, 소, 돼지, 양 근육의 지방 침착증)을 보이는 경우가 있어 이들은 고기 품질에 직접적인 차이를 가져온다.

2. 연 령

동물은 나이가 들수록 근육, 지방, 뼈의 구성이 변한다(표 1-1). 일반적으로 근육은 감소하고 지방은 증가한다. 뼈와 결합조직 함량은 약간 감소한다. 나이가 들수록 결합조직이 화학적으로 안정되어 고기는 질겨지고 육색은 짙어진다.

표 1-1. 소의 나이에 따른 체조성의 변화(단위 : %)

	나이(월령)			
	6	12	18	24
근 육	62	60	55	52
지 방	14	18	27	31
뼈	15	14	11	12
부산물	9	8	7	5

고기의 풍미는 연령과 함께 강해진다. 이러한 풍미 변화는 근육 중의 뉴클레오타이드의 농도가 연령에 따라 증가하기 때문이지만, 양이나 야생동물에서는 연령에 따른 강한 풍미가 불쾌감을 줄 수 있다. 동물이 연령이 증가하면 근육의 지방산 조성도 변화하여 고기 지방이 경화되며, 조리 후 냉장 보관 시 지방이 쉽게 굳는다. 또한 지방색도 나이가 들면 황색으로 변하고, 뼈는 경화되며 색도 변한다.

3. 성 별

일반적으로 암컷은 수컷보다 일찍 성숙하며, 도체중은 작고, 근내지방이 많다. 수컷은 사료효율도 좋고 체중이 무겁고, 살코기가 많은 도체를 생산하지만 성질이 난폭하고 DFD육 생산율이 높다. 수컷은 일반적으로 마이오글로빈 함량이 높아 육색이 약간 짙다. 거세 수컷은 성장이 지연되고 사료효율도 떨어지며, 도체 지방이 증가한다. 돼지의 경우 수컷은 웅취 문제로 거세를 하지 않으면 소비자들이 소비를 기피하는 경향이 있다.

4. 생산시스템

4.1 사 료

고기 품질에 영향을 미치는 사료의 효과는 일반적으로 반추위 동물보다 단위동물에서 더욱 뚜렷하다. 사료는 고기의 색, 조직 및 풍미에 영향을 미친다. 그러나 소나 양에서는 방목 시 섭취하는 조사료가 고기의 풍미에 영향을 미치는 경우가 많아 도축 전 방목 시에 초지의 종류에 신경을 써야 한다. 돼지나 닭에서는 어분을 과다히 급여할 경우 풍미에 문제를 야기하고 불포화지방산이 많은 사료는 돼지에서 연지방을 생산하므로 가공유통시 취급에 문제를 가져온다.

4.2 수의학적 조치

가축은 사양관리상의 문제를 해결하고 질병을 예방하며 치료하기 위해 여러 가지 수의학적 조치를 받는다. 예를 들면, 거세나 꼬리 절단, 혹은 항생제 주사 등이 있다. 그러나 이러한 조치가 부적절하게 수행되면 감염, 종기, 주사바늘 잔류, 동물용 의약품(항생제 등) 잔류 등으로 인해 식육품질 저하를 가져온다. 따라서 수의사의 지시에 따른 올바른 치료나 처리를 수행하여야 할 것이다.

5. 도축 환경

식육의 관능적 품질 상에 존재하는 다양한 차이는 고기가 생산된 가축 자체의 원인에서 유래되기도 하지만, 주된 품질 차이는 환경적 요인이 고기 품질에 지대한 영향을 줄 수 있다. 불량한 환경조건은 가축에게 스트레스를 야기하여 질병, 부상 등을 가져올 위험을 증가시켜 결국 품질의 저하 내지는 죽음을 유발한다. 일반적으로 스트레스를 주는 환경조건은 농장에서 도축장까지의 수송 시와 도축장의 계류 중에 발생한다.

비위생적인 축사 조건으로 인해 오물이 많이 붙어 있는 경우 도축 중 세균오염의 주된 원인이 되므로 가능한 가축을 위생적으로 사육해서 출하시켜야 한다. 가축의 부상은 주로 농장에서 도축장으로 수송 중에 발생하여 지육의 품질저하를 가져온다. 종종 농장에서의 주사기 사용의 잘못이나 거세를 잘못하여 종창이 발생하게 되면 도축 후 이 부위는 세균 오염의 근원이 되기도 한다. 돼지나 닭은 높은 온도에서 많은 스트레스를 받으므로 수송 시 날씨와 수송차량의 구조에 신경을 써야 한다.

낯선 가축을 함께 두면 서로 싸워 부상이 발생하거나 죽기까지 한다. 수송차량의 구조가 가축의 부상을 야기하기도 하므로 더욱 조심해야 한다. 계류장에 가축을 하차시키는 것은 이들에게 상당한 스트레스를 준다. 따라서 계류장의 종사자들은 가축에게 전기 봉이나 막대 같은 것을 사용하지 않도록 해야 한다. 한 차의 가축은 계류장에서도 같은 방에 넣고 다른 차의 가축과 섞이지 않도록 하는 것이 좋다. 돼지의 경우, 돈 방 사이의 벽을 콘크리트로 만들어 옆방의 돼지들을 볼 수 없도록 하여 스트레스를 줄여 주어야 한다.

제 2 장

가축에서의 제어

식육의 품질이 지방과 살코기 및 결합조직 성분에 의해 영향을 받기 때문에 가축의 유전적 특성이 식육 품질에서 주된 역할을 한다는 것은 놀라운 일이 아니다. 각 가축이 가지는 독특한 유전적 코드가 단백질 생산을 제어하고, 식육 품질 속성에 대해서는 특정 가축 종류 내에 유전적 변이가 존재한다는 것은 오래 전부터 이해되어져 왔다.

예를 들면, 육우에서는 품종 간에 변이가 존재한다. *Bos taurus* 소에서는 영국계 육우, 대륙계 육우, 유우 내에서 변이를 보여주는데 주로 성장률, 도축체중, 도축 시 지방도 등에서 차이를 보여줌으로써 야기된다. 따라서 도체 지방도나 체중을 비슷하게 유지하면 품질 변화를 최소화 할 수 있다. 그러나 근내지방은 피하지방도가 동일하여도 유우에서 높은 경향을 보임으로 높은 근내지방도를 위한 선발에 유우가 선호된다. 주된 품종 효과는 *Bos indicus*와 *Bos taurus* 사이에서 나타난다. 소 선발 시 *Bos indicus* 품종의 비율이 증가할수록 소고기의 연도는 감소하는 것으로 보고된다.

돈육 품질에서는 최종 근육 pH, 육색, 보수력 그리고 근내지방도가 주된 요소들이다. 돼지고기는 저온단축에 덜 민감하고, 사후 숙성시간도 소고기보다 짧아 원래 소고기보다 연하다. 또한 소보다 생리적으로 어린 나이에 도축하므로 돼지고기의 결합조직이 고기 품질에 큰 영향을 미치지 못한다. 반면에 사전 스트레스에 민감하여 색과 보수력에서 품질 결함을 야기한다. 돼지고기는 가공육 원료로 많이 사용됨으로 보수력이 품질에서 매우 중요하다. 근내지방은 소고기에서처럼 중요하지는 않지만 나라에 따라서는 관심의 정도가 다르기 때문에 수출국에서는 경제적 측면에서 중요성을 가진다. 품종 간에 스트레스에 민감하거나 둔감한 정도가 다르기 때문에 선발에서 품종별 특성을 고려한다.

1. 생명공학적 제어

기존의 육종 프로그램은 주로 가축의 성장속도, 성숙체중, 사료효율 등과 같은 양적 가축 생산 관련 유전형질 개선에 초점이 맞춰져 왔다. 최근에는 고도의 유전모델이 통계적 방법을 이용하여 개발됨으로써 각각 가축의 유전적 능력을 예측할 수 있게 되었다. 몇 가지 유전형질들의 능력을 예측함으로써 각각 가축의 전체적인 유전능력을 측정할 수 있는 지수, 추정 육종가(estimated breeding value, EBV)를 만들어 성공적으로 특정 형질들이 개선된 가축을 육종하여 왔다. 그러나 이러한 육종 기술에서의 부작용은 전혀 예상하지 못했던 동물복지 차원에서 개체의 신체적 결함을 가져오는 것이다.

최근 소비자들의 관심은 저렴한 가격과 더불어 양보다는 품질에 집중되기 시작했다. 더욱이 소비자들은 자신들의 건강뿐만 아니라 동물 복지에도 관심이 높다. 여기에 덧붙여 광우병(BSE)이나 구제역 등으로 인하여 소비자들의 관심이 식품 생산과 관련된 안전에 집중되었다. 이러한 경향은 가축 생산 관행이 변화하도록 압박을 가해왔다. 소비자들의 식품 안전에 대한 관심은 건강한 식품성분에도 관심을 갖게 만들었다. 따라서 식육산업은 소비자의 요구를 만족시키기 위해 생산뿐만 아니라 품질에도 관심을 갖게 되었다. 그러나 문제는 품질 개선은 측정 가능한 유전형질의 개선에서만 이루어질 수 있다는 것이다.

문제를 더욱 어렵게 만드는 것은 품질 관련 데이터는 수집이 힘들고 비용이 많이 든다는 것이다. 고기의 조직감, 성분, 풍미 등과 같은 데이터는 가축을 도축한 후에 측정, 수집이 가능하다. 또한 품질 관련 형질은 환경의 영향을 특히 많이 받아 변이가 심하다는 것이다. 긍정적인 면은 품질 관련 형질의 유전력(heritability)이 비교적 높다는 것이다(0.15～0.35). 특정 유전형질에서 변이를 제어하는 유전자에 대한 지식은 선발 프로그램에서 게놈 정보를 이용하는 기회를 가져왔다. 중요한 유전자에서 가장 유력한 대립형질(allele)을 가진 가축을 선택함으로써 가축개량을 월등하게 향상시킬 수 있다.

더욱이 특정 형질을 제어하는 유전자에서 다형성(polymorphism)에 대한 정보와 이들의 생물학적 효과에 대한 이해는 유전자정보를 효과적으로 가축 개량에 사용할 수 있게 한다. 특정 형질 유전자에 가까운 DNA 서열의 다형성은 형질(trait loci)에 존재하는 대립형질(allele)을 예측하는 데에 이용될 수 있다. 따라서 게놈지도 작성을 통해 형질에 유전적으로 연계되어 있는 지표(marker)를 규명하여 표지 지원선발(marker-assisted selection, MAS) 방법을 사용할 수 있게 되었다. 가축 생산에 중요한 대부분의 형질은 여러 개의 유전자의 제어를 받는 복잡한 상태이다. 따라서 이것을 양적형질, 그리고 이것들을 제어하는 유전자를 양적형질 유전자(quantitative trait loci, QTL)라고 부른다. QTL에 대한 지표(marker)들이 MAS에 사용될 수 있다.

고기의 품질, 특히 지방산 조성, 지방 분포, 근섬유 종류 등은 유전적으로 영향을 받는다. 근육 성분 변이의 35%는 유전적 제어를 받는다고 보고된다. 관능적 품질, 성분에서 발견되는 유의한 차이는 소나 돼지의 품종에서 오는 차이이므로 유전적 제어를 받는 것이다.

지육 품질 형질은 유전적 제어가 가능하며 매우 유전력이 높다. 따라서 소고기 연도 개선을 위한 적절한 육종 프로그램을 설계하기 위해서는 유전정보가 필요하다(표 2-1). 유전력은 유전자의 누적 유전효과에 의한 형질의 변이 비율을 측정해 준다.

표 2-1. 소 도체 특질의 유전력

형 질*	h^{2}**	범 위
정육수율(A)	0.47	0.26～0.76
정육수율(W)	0.48	-
정육수율(F)	-	-
등심근 면적(A)	0.42	0.06～0.65
등심근 면적(W)		-
등심근 면적(F)		0.38～0.52
Marbling score(A)	0.38	0.19～0.79
Marbling score(W)	0.65	0.18～0.52
Marbling score(F)	0.36	
기술적 품질 형질		
근내지방 %	0.26	0.26～0.93
전단력	0.30	0.02～0.53
칼파스타틴 활성		0.15～0.65
근원섬유 절편지수		0.17～0.58
최종 pH	0.26	0.10～0.19
수분손실	0.24	
관능 평가 형질		
연 도	0.22	0.03～0.50
풍미 강도	0.10	0.00～0.43
풍미 기호도	0.01	
다즙성	0.14	0.00～0.26

*괄호 안의 형질들은 동일한 연령 또는 비육장(A), 동일한 도체중(W), 동일한 등지방 두께(F)에서 측정되었다.

**Heritability, 유전력

유전적 상관관계는 다형질 선발과 육종 프로그램 설계를 고려함에 있어 매우 중요하다. 왜냐하면 한 가지 형질을 위해 선발하는 것이 다른 형질에 대한 반응도 유발하기 때문이다. 유전적 길항작용은 개선 속도를 늦추는 경향이 있고 ,심지어는 어떤 형질에서는 바람직하지 않은 변화를 야기하기도 한다.

2000년대 초부터 가축의 유전체 서열(genome sequence) 분석이 활발하게 진행되어 유전자 은행에서는 각종 동물의 유전체 서열을 제공하고 있다. 경제적 중요성을 가진 대부분의 형질은 양적 형질(많은 형질에 의해 제어되는)이다. 그러나 어떤 형질에서는 큰 변이가 개별 유전자의 변이일 뿐이다. 유전자 표지와 연결지도의 개발은 양적형질 유전자(quantitative trait loci, QTL)가 경제적으로 중요한 형질에 영향을 미치는 유전자 위치를 규명할 수 있게 만들었다. 유전자 표지들로는 restriction fragment length polymorphism(RFLP), randomly amplified polymorphism DNA (RAPD), mini-satellites, micro-satellites 그리고 single nucleotide polymorphism (SNP) 등이 있다.

각 표지들은 유전물질 내에 특정 위치를 가지고 있다. 표지 지원 선발(marker assisted selection, MAS)은 이러한 지역에 대한 정보를 사용하여 QTL의 유리한 조합을 찾아내는 것이다. 연도 QTL은 아직 보고된 바는 없지만 소고기 연도 유전형질에 영향을 주는 calpastatin 유전자 CAST는 BTA7에 위치하는 것으로 보고되었다. 근내지방도(마블링) QTL은 BTA2, BTA3, BTA27에 위치하는 것으로 보고된다. 유전표지 형질(genetic marker)은 유전자 서열에서 우리가 관심을 갖는 유전적 특질과 관련된 부분이다. 표지 유전자는 단일 염기쌍(base-pair)에서 아주 큰 microsatellite까지 다양하다. 따라서 이러한 고기 품질에 관련된 유전표지 형질, 즉 표지 유전자를 찾아서 유전체와 생산 형질과의 관계를 밝혀냄으로써 가축에서 경제적으로 이익이 되는 유전 형질을 강화시킬 수 있다(표 2-2).

소고기 연도에 관여하는 단일염기다형성(single nucleotide polymorphism, SNP) 표지는 단백질 분해효소 calpain I 유전자와 그 억제제 calpastatin 유전자에서 개발되었다. 근내지방에 관련된 SNP는 leptin 유전자, thyroglobulin 유전자 및 DGAT1 유전자에서 발견되었다. 돼지에서는 스트레스에 약하고, 살코기가 많은 할로테인 유전자(halothane gene), 햄프셔 종에 특정된 Rendement Napole(RN^-) 유전자가 육종에서 이용되고 있다. 이들은 모두 살코기가 많은 대신 스트레스에 민감한 약점을 갖는다.

지금까지 상업적으로 이용되는 SNP 표지들은 주로 소고기에서는 연도 및 근내지방도, 돼지에서는 스트레스 민감 및 정육도, 양에서는 후구비대 등에 관련한 것들이다. 소위 표지이용 선발(marker-assisted selection)을 활용하여 생축 차원에서 고기

표 2-2. 소고기 품질 특질에 영향하는 SNP 표지

유전자	유전자 기능	품질 특질
Thyroglobulin	지질 대사에 영향	근내지방도
Diacylglycerol O-acetyltransferase	중성지질 생합성	근내지방도
Leptin	성장 및 지방축적에 관련	근내지방도
Retinoic acid 수용체 관련 희귀 수용체 C	스테로이드 및 thyroid 호르몬 수용체	지방도 특질
소성장 호르몬 유전자	성장 관련	연도 및 산유량
성장 호르몬 수용체	성장호르몬과 상호작용	성장특징 및 근내지방
지방산 합성 호르몬	장쇄지방산 신규생합성 제어	지방산 축적
Stearoyl-coA 불포화화 효소	포화지방산을 단가불포화지 방산으로 전환	지방산 축적
Calpain I	단백질 분해	연도, 다즙성, 풍미
Myostatin	Double muscling을 야기	근육 성장
Calpastatin	Calpain억제	연도, 전단력
지질 지방산 결합 단백질	지방산 운송	근내지방

품질을 개선하는 것이다. 최근에는 유전체 정보로부터 각 유전자의 관련 및 기능을 밝히는 기능 유전체학(functional genomics)이 발달하여 가축에서 표현되는 고기품질과 관련된 유전 형질을 전사하는 유전체의 근거를 밝히는 미세 배열기술(microarray technology)이 활용되고 있다. 가축 근육 관련 cDNA 은행이 설립되어 미세배열 자료를 제공한다.

돼지에서는 유전자 지도 만들기(gene mapping)를 통해 웅취, 연도, 근내지방도에 관련된 QTL을 확인하여 육종에 활용한다. 웅취 물질인 androstenone 관련 QTL은 돼지 염색체 SSC3, SSC6, SSC7, SSC14 등에서 발견되었고, skatole 관련 QTL은 SSC1, 2, 3, 6, 7, 14, 15 등에서 검색되었다. 또 다른 품질 제어방법은 주된 대사경로를 조절하는 주요 유전자를 활용하는 방법이다. 골격근에서 에너지 평형, 글리코겐 대사, 해당작용을 조절하는 유전자를 찾아서 이용한다. 예를 들면, RN 위치(loci)에서 PRKAG3, T30N 및 G52S 다형성 위치(polymorphic site)는 육색과 연관되어 있고, PGAM2와 PKM2는 육즙 손실량과 관련되어 있음이 발견되었다.

2. 사양적 제어

축산에서 살아있는 가축의 유전적 능력을 고려하여 특정 품질 속성을 개량시키더라도 결국 사양을 통해 그 능력이 최대한으로 표현되도록 도와주지 않는다면 고기의 품질은 유전적 능력이 100% 표현되지 못하여 우리가 의도한 목표치를 달성하는 데에는 한계가 발생할 것이다. 그래서 우리가 얻는 결과는 유전형질과 표현형질의 종합적인 결과이다. 대사변경을 통해 지육의 품질을 변경시키는 기술은 여러 가지가 있으나 기본적으로 영양공급을 통해서 이루어진다.

가축 생산 단계에서의 전략은 살코기 함량을 늘리거나 지방함량을 낮추거나, 지방산 조성을 변경시키거나, 지방의 안정성을 증가시키거나 비타민 E 함량을 높여주는 방법이 있을 것이다. 식육 품질에서 가축 영양을 통해 제어가 가능한 것은 연도와 풍미, 나아가서는 건강(영양가)일 것이다. 왜냐하면 이러한 품질 속성은 주로 지방 축적과 지방산 조성에 좌우되기 때문이다. 대사변경은 또한 다양한 물질들을 사료에 첨가하거나 성장호르몬을 주입하거나 β-agonist와 somatotropin을 급여함으로써 가능하다.

2.1 사 료

1) 연도 및 풍미

일반적으로 사료의 에너지 밀도가 증가하면 즉, 농후사료를 급여하면 소의 성장속도가 빨라지고, 도축연령이 낮아지고, 도축시 체중이 무겁고 지방도와 근내지방도가 높아진다. 따라서 도축 후 지육 냉장 시 저온단축에 덜 민감하다. 또한 증가된 근내지방이 근주막 결합조직 내에 축적되면 지방에 의해 섬유단백질이 희석되고, 근섬유다발이 개방되는 결과를 가져와 저작 시 힘이 적게 든다. 성장속도가 빠르면 결합조직의 화학구조가 불안정하여 연도가 개선된다.

결과적으로 생산되는 고기는 연도가 개선되고 다즙성이 좋아지며, 축종 특유의 풍미는 약해지고 지방 풍미가 증가한다. 농후사료로 사육된 가축의 고기는 밝은 선홍색을 가지고 지방색은 더 흰 것으로 보고된다. 가축에게 조사료를 급여하면 성장속도는 느려지고, 도축연령은 높아지고, 도체는 지방이 적고 살코기 비율이 높으며 색도 짙어지고, 축종 특유의 풍미가 강화된다. 조사료로 사육된 가축은 지방에 베타-카로틴을 많이 축적하여 지방색이 황색이 된다. 어떤 풀 사료는 급여 시 특정 성분이 지방에 축적되어 변취를 유발하기도 한다.

농후사료와 조사료를 급여한 소고기의 풍미를 비교하면 조사료를 급여한 고기의 선호도가 감소하였다. 따라서 도축 전 90~100일 전에 농후사료를 급여하여 조사료 급여에 따른 부정적 풍미효과를 희석시킨다. 고기 색을 개선하기 위해 비타민 E를 보조 사료로 급여하면 육색의 안정과 저장기간을 연장시킬 수 있다. 비타민 E는 강한 항산화 능력을 가진 지용성 비타민이므로 지방 산화를 억제시켜 변색을 제어한다.

돼지에서 사료에 라이신 수준이 낮으면 도체 지방도가 증가하고, 근내지방 함량이 증가한다. 그러나 근내지방도를 향상시키기 위해 사료의 라이신 함량을 줄이면 지육의 살코기 함량(정육도)이 줄어드는 부작용이 야기된다. 돼지에서는 적색 근섬유가 많고 근내지방도가 높으면 고기가 연한 것으로 보고된다. 따라서 품종에서 지방도가 높은 돼지의 고기가 더 연한 것으로 보고된다. 돼지에 있어 근내지방 축적은 성장의 후반부에 주로 일어난다. 따라서 근육 축적을 위해 필요한 것보다 과다한 에너지를 공급하여 근내지방을 높이면 고기가 연해진다. 저단백질, 고에너지 사료를 급여하면 연한 돼지고기가 생산된다고 보고된다.

2) 지방산 조성

고기(적육)는 포화지방산 함량이 높아 건강 측면에서 심혈관계 질환의 원인으로 지목되어 왔다. 반면에 다가불포화지방산, 특히 오메가-3 지방산은 혈중 콜레스테롤 함량을 낮춰주어 건강에 유익하다고 인식되어져 왔다. 따라서 많은 학자들이 고기의 지방산 조성을 변경시키는 연구를 수행해 왔다.

닭이나 돼지 같은 단위가축에서는 사료의 지방산 조성을 변경함으로써 고기의 지방산 조성이 쉽게 조정이 된다. 따라서 사료에 불포화지방산이 많이 들어있는 아마씨를 급여하면 등지방과 등심에 불포화지방산 함량이 높아진다(표 2-3). 이와 같이 어유나 아마씨 혹은 조류(algae) 등을 불포화지방산 함량을 높이기 위해 단위동물에게 사료를 통해 급여할 때에도 비타민 E같은 항산화 물질이 항상 함께 급여된다. 돼지고기에서는 추가적으로 가공 시 연성지방이 문제로 제기된다. 풍미 변화도 불포화지방산 함량 증가 시 야기되는 또 다른 문제인데, 고기를 익힌 후 저장했다가 재가열했을 때 축종 고유의 풍미는 사라지고 골판지 풍미가 심해지며, 그 정도는 소고기, 돼지고기, 닭고기 순으로 심하게 나타난다고 보고된다.

소고기의 지방산 조성에 영향을 미치는 요인은 세 가지로 알려져 있으며, 세 가지는 가축의 연령, 품종 그리고 사료이다. 가축의 연령과 품종은 포화지방산을 단가불포화지방산으로 전환시키는 staeroyl-CoA desaturase(SCD) 유전자에 의해 표현되는 △9 desaturase라는 효소에 의해 좌우된다. 따라서 나이와 품종에 따른 소고기의 단가불포화 지방산 농도 차이는 SCD 유전자의 표현과 활력에 의해 영향을 받는다. 그러나 사료는 오로지 사료 내의 지방산 조성에 의해 영향을 받지만 사료에 첨가된 다가불포화지방산은 반추위에서 미생물에 의해 수소화(bio-hydrogenation)되기 때문에 소와 같은 반추가축 사료에 첨가하여도 소장에서 흡수되지 못한다. 하지만 조사료를 급여하면 농후사료 급여시보다 다가불포화지방산이 고기와 지방조직에 축적된다.

표 2-4는 농후사료와 풀 사료를 급여한 14개월령 앵거스 거세수소의 등심근 인지질의 다가불포화지방산 조성을 보여준다. 조사료는 C18:3 n-3, C20:4 n-3, C20:5 n-3 (EPA), C22:5 n-3 그리고 C22:6 n-3(DHA)와 같은 장쇄지방산의 축적을 증가시킨다. 반면에 보호사료를 만들어 반추위에서 수소화가 안되도록 하면 단위가축에서처럼 소장에서 흡수되어 반추가축의 고기는 다가불포화지방산 함량이 높아진다. 가장 효과적인 방법은 포름알데히드를 처리한 단백질로 지방산을 캡슐화하는 것이다. n-6 다가불포화지방산 대 n-3 다가불포화지방산 비율을 낮추고 장쇄 n-3 다가불포화지방산 함량을 높이기 위해 아마씨를 급여하면 근육의 알파 리놀렌산 수준은 높아지고 EPA의 합성이 증가하지만, 오메가-3 지방산 고기라고 이름을 붙일 정도로 EPA와 DHA 함량(40mg/100g)이 높아지지는 않는다고 보고된다.

표 2-3. 분쇄 아마씨1.5% 함유 사료를 급여한 암퇘지의 등지방과 등심지방의 지방산 조성

지방산	등지방		총 지질		중성 지질		인지질	
	대조구	처리구	대조구	처리구	대조구	처리구	대조구	처리구
14:0	1.3	1.4	1.0	1.1	1.5	1.5	0.3	0.3
16:0	22.4	23.5	21.7	22.0	24.0	24.4	17.6	17.6
18:1 n-9	33.3	34.6	29.6	32.2	40.1[a]	42.2[b]	12.1[a]	13.6[b]
18:2 n-6	18.4[a]	13.8[b]	17.5[a]	14.1[b]	10.1[a]	7.2[b]	30.2[a]	27.0[b]
20:4 n-6	0.23[a]	0.16[b]	4.1[a]	3.1[b]	0.76[a]	0.46[b]	9.7[a]	8.1[b]
18:3 n-3	1.7[a]	2.4[b]	0.84[a]	1.3[b]	0.81[a]	1.0[b]	0.90[a]	1.8[b]
20:5 n-3	0.05	0.05	0.42[a]	0.73[b]	0.05	0.07	1.0[a]	2.0[b]
22:5 n-3	0.19[a]	0.24[b]	0.95	1.06	0.31	0.29	2.0[a]	2.5[b]
22:6 n-3	0.08[a]	0.12[b]	0.43	0.47	0.10[a]	0.07[b]	1.0[a]	1.2[b]
P:S	0.54	0.41	0.51	0.42	0.27	0.21	1.1	1.0
n-6:n-3	8.9	4.9	8.6	5.1	8.9	5.3	8.5	4.9

a, b: 동일 항목 내의 유의한 차이. (Enser et al., 2000)

표 2-4. 14개월령 거세수소의 등심근 인지질의 지방산의 농도(mg/100g 근육)

다중불포화지방산	농후사료	풀 사일리지	차이 유의성
C18:2 n-6	119.0	46.6	***
C20:3 n-6	14.3	6.1	***
C20:4 n-6	54.2	33.2	***
C22:4 n-6	6.3	2.2	***
C18:3 n-3	4.0	20.6	***
C20:4 n-3	0.8	4.4	***
C20:5 n-3(EPA)	4.8	18.6	***
C22:5 n-3	11.2	25.7	***
C22:6 n-3(DHA)	1.2	4.7	***

다른 보고에서는 megalac(palmitic acid ; 16:0이 풍부한)과 보호사료 PLS(대두, 아마씨 그리고 해바라기씨 기름을 혼합하여 18:2 n-6 : 18:3 n-3 비율이 2.4:1 되게 한 사료)를 조합하여 megalac 100g(Mega), megalac 54g + PLS 500g(PLS1) 혹은 PLS 1,000g(PLS2)을 3 처리구로 하여 소에게 급여했을 때 근육의 총 지방함량이 낮고, 포화지방산 함량도 낮아졌으며, 18:2 n-6과 18:3 n-3은 매우 높아졌다. 결과적으로 보호사료를 급여하여 다가불포화지방산은 높아졌고, 포화지방산은 낮아지는(0.28 vs. 0.08) 고기를 생산할 수 있었다(표 2-5). 이러한 목적을 위해서는 EPA나 DHA 함량이 높은 어유나 조류(algae)를 보호사료 형태로 급여하여야 한다. 소고기나 양고기에서 다가불포화지방산 함량을 높였을 때의 문제는 고기의 인지질의 산화가 증가하여 변취를 유발한다는 것이다. 이러한 지방산화 문제를 해결하기 위해 사료를 통해 고농도 비타민 E(300~500mg/kg 사료)를 급여하는 방법이 제시되었다.

3) 웅 취

성숙한 비거세 수퇘지는 독특한 냄새로 인하여 그 고기의 소비를 기피하게 만든다. 냄새 문제는 주로 돼지고기에 androstenone과 skatole의 함량이 높기 때문이라고 보고되었다. 그리고 4-phenyl-3-buten-2-one, 알데하이드, 단쇄지방산, 알코올 그리고 케톤 등이 이들에 대한 민감도를 증가시켜 주는 것으로 보고된다. 따라서 양돈 산업계에서는 어린 수퇘지의 거세가 일반적이었다. 그러나 유럽에서는 동물 복지 차원에서 2018년부터 마취 없이 하는 거세를 금지하였다. 따라서 웅취를 줄이는 한 가지

방법으로 사료를 이용하는 것이다. Androstenone은 남성 호르몬으로 영양을 통해 없애는 것은 매우 제한적일 수 있지만, skatole은 위장관에서 분해되는 아미노산 트립토판의 산물이므로 줄일 수 있을 것으로 보인다.

표 2-5. 지방산 보호사료를 급여한 샤롤레 거세수소 등심의 지방산 조성

	처 리			SEM	P
	Mega	PLS1	PLS2		
지방산 함량(mg/100g 근육)					
14:0 (Myristic acid)	1.91	2.04	1.61	0.335	NS
16:0 (Palmitic acid)	81.2	73.3	69.0	4.09	0.021
16:1 *cis*	9.60	5.00	4.26	0.688	0.001
18:0 (Stearic acid)	51.00	50.50	53.00	1.99	NS
18:1 *trans*	2.85	1.42	1.89	0.306	0.001
CLA (*cis*-9, *trans*-11)	0.88	0.58	0.57	0.106	0.012
18:1 n-9 (Oleic acid)	103.6	50.1	36.3	7.08	0.001
18:1 n-7	9.83	8.16	7.56	0.552	0.001
18:2 n-6 (Linoleic acid)	76.3	132.9	156.1	8.01	0.001
18:3 n-3 (α-Linolenic acid)	12.67	16.05	15.56	1.725	NS
20:3 n-6	9.64	9.32	8.21	0.614	0.072
20:4 n-6 (Arachidonic acid)	31.25	29.24	31.58	2.257	NS
20:5 n-3 (Eicosapentaenoic acid)	11.16	9.71	9.78	1.146	NS
22:4 n-6	2.62	1.84	1.70	0.292	0.010
22:5 n-3 (Docosapentaenoic acid)	18.59	15.30	14.39	0.816	0.001
22:6 n-3 (Docosahexaenoic acid)	2.52	1.91	2.04	0.338	NS
총 지방산	506	473	488	18.8	NS
총 인지질 지방산의 비율(×100)					
14:0 (Myristic acid)	0.38	0.43	0.33	0.066	NS
16:0 (Palmitic acid)	16.07	15.49	14.12	0.552	0.006
16:1 *cis*	1.89	1.06	0.87	0.120	0.001
18:0 (Stearic acid)	10.08	10.69	10.88	0.175	0.001
18:1 *trans*	0.56	0.30	0.39	0.061	0.001
CLA (*cis*-9, *trans*-11)	0.17	0.12	0.12	0.019	0.010
18:1 n-9 (Oleic acid)	20.42	10.62	7.40	1.271	0.001
18:1 n-7	1.95	1.73	1.55	0.097	0.002
18:2 n-6 (Linoleic acid)	15.12	28.04	32.10	1.294	0.001
18:3 n-3 (α-Linolenic acid)	2.49	3.39	3.20	0.282	0.010
20:3 n-6	1.91	1.98	1.69	0.128	0.082
20:4 n-6 (Arachidonic acid)	6.22	6.22	6.47	0.492	NS
20:5 n-3 (Eicosapentaenoic acid)	2.20	2.05	2.01	0.205	NS
22:4 n-6	0.52	0.39	0.35	0.063	0.036
22:5 n-3 (Docosapentaenoic acid)	3.68	3.25	2.95	0.16	0.001
22:6 n-3 (Docosahexaenoic acid)	0.50	0.40	0.42	0.073	NS

NS : Not significant.

여러 가지 항생제를 투여하여 실험한 결과, bacitracin이 통계적으로 유의하게 혈중 및 지방조직의 skatole 함량을 감소시켰다. 그러나 선진국에서는 사료에 항생제 사용을 금하고 있다. 장내 pH를 낮추는 유기산을 사료에 첨가하여 급여한 시험에서는 장관내의 미생물군에는 영향을 미치지만 웅취를 감소시킬 정도의 효과는 없다는 결론이었다. 다당류 급여는 질소대사에 영향을 주어 웅취 유발물질 생합성에 영향을 줄 수 있다. 따라서 fructooligosaccharides가 많이 포함되어 있는 곡물이나 근채류를 활용하는 연구들이 수행되었다.

귀리나 보리처럼 난소화성 β-glucan 함량이 높은 곡물은 prebiotic으로 작용하여 장내 유산균이나 bifidobacterium의 발육을 촉진하여 웅취를 감소시킬 수 있다. Chicory, blue lupin, 혹은 이눌린 함량이 높은 돼지감자도 skatole 함량을 낮추는 효과를 보인다. 돼지 체내에서의 skatole 대사과정에서 분해를 촉진시키는 cytochrome P450 단백질의 활력을 촉진시켜 주는 물질을 급여하면 웅취를 줄일 수 있다는 과학적 배경에 의해 섬유소, 이눌린, 생 감자전분 그리고 chicory 이차 대사산물 등이 연구되었고 사양을 통해 웅취를 줄일 수 있는 긍정적인 효과를 보였다.

4) 지방산화

사료를 통해 항산화제인 비타민 E를 보충해 주면 지방조직, 근육 및 근원섬유 부분에 비타민 E가 축적된다. 따라서 고기의 지방산화가 억제되고 저장기간 동안 관능적 품질이 유지된다(그림 2-1). 표 2-6은 돼지고기를 4℃에서 10일간 저장하는 동안의 지방산화가 증가하는 경향을 보여준다. 사료에 비타민 E를 보충하여 줄 때 보충량이 증가할수록 지방산화가 유의하게 억제되었다. 세포막에 비타민 E가 축적됨으로써 고기품질이 안정화된다. 따라서 사후 고기에 항산화 비타민을 첨가하는 것보다 사료에 보충하는 것이 더 효과적이다.

2.2 베타 작용제(β-agonists)

살코기 축적을 증가시키고 생산효율을 개선시키기 위해 양돈 사료 첨가제로 시도된 것들은 salbutamol, cimaterol, clenbuterol, ractopamine, zilpaterol, 그리고 L644,969 등이다. 이것은 일당 증체량, 사료효율, 지육 정육량의 개선을 가져온다. 이것은 단백질 축적은 증가시키지만 지방 축적에는 변화를 가져오지 않는다고 한다. 베타 작용제는 지방세포에 있는 베타-아드레날린성 수용체(β-adrenergic receptor)를 통해 직접 작용하여 세포대사에 영향을 준다. 간접적으로 지방 생합성을 줄이고 지방분해를 촉진시킨다. 따라서 반추가축에서는 지방세포에서 지방축적 속도나 지방조직

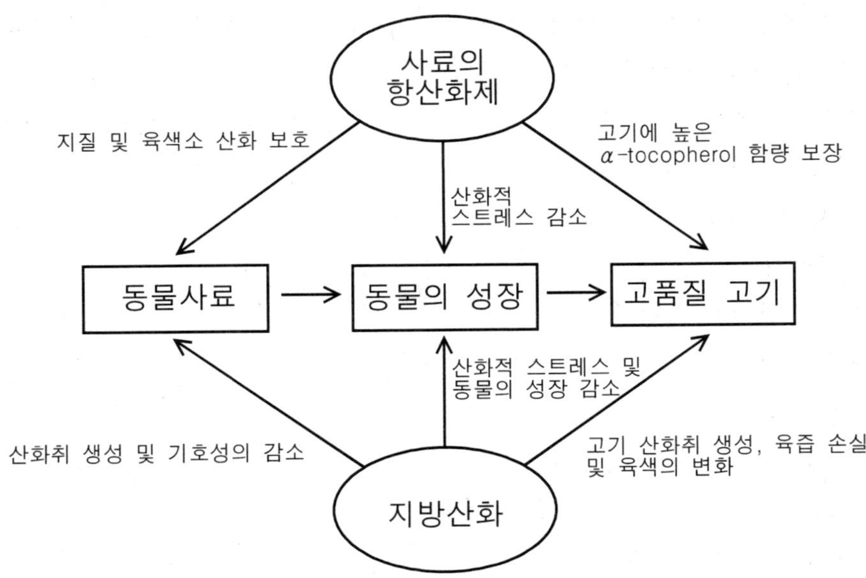

그림 2-1. 고기품질, 지방산화 및 사료의 항산화제의 관계

표 2-6. 돼지고기 냉장저장 중 비타민 E 보충 수준에 따른 지방산화 경향

(단위 : TBA가 : mg malondialdehyde/kg 시료)

저장기간 (일)	비타민 E 보충(IU/kg 사료)		
	10	100	200
0	0.28±0.03	0.27±0.10	0.27±0.05
3	1.54±0.09	0.56±0.06	0.35±0.04
6	2.96±0.19	0.94±0.05	0.58±0.04
10	5.17±0.07	2.96±0.17	1.33±0.08

크기의 성장을 늦춰 살코기가 많은 가축을 생산하게 한다. 단위 가축인 돼지에서는 지방축적을 감소시키지 않는 것으로 보고된다. 부수적인 효과로는 근내지방 함량 감소, 고기연도 감소, 드립 감소, 최종 pH 증가 등이 있다.

2.3 소마토트로핀(Somatotropin)

소마토트로핀은 뇌하수체 전엽에서 생산되는 단백질계 호르몬이다. 이것은 동물에서 골격근, 뼈, 지방조직 및 간의 성장발달을 통제한다. 포유동물에서 지방, 단백질 및 광물질 대사를 총괄한다. 따라서 혈중 소마토트로핀 수준을 증가시키면 근육과 뼈의 성장을 증가시키고 지방조직 성장을 늦춰준다. 가축에게 주기적으로 소마토트로핀을 주사하면 일당 증체량 및 사료효율 개선, 단백질 축적 증가, 지방축적 감소를 가져온다. 그러나 뼈 성장도 촉진되기 때문에 정육수율의 감소를 가져온다. 아울러 고기의 연도도 감소되는 것으로 보고된다.

2.4 성장호르몬 이식

에스트로겐이나 안드로겐 같은 성장 촉진 호르몬제는 서양의 육우산업계에서 오래 전부터 사용해 왔다. 사용이 허가된 종류들은 17-oestradiol, progensterone, testosterone, zeranol, melengestrol acetate, trenbolone acetate 등이다. 이것들은 성호르몬으로서 수컷(steer)에게는 여성호르몬 제제인 에스트로겐 계를, 암컷(heifer)에게는 남성호르몬 제제인 안드로겐 계가 사용된다. 이러한 단백동화제제(anabolic agents)는 생축에서 근육 단백질 합성과 축적을 증가시키고, 단백질 분해를 줄이며, 지방의 양을 줄여준다. 또한 이식은 사료 섭취량을 증가시키며, 기초대사 에너지를 감소시켜 성장을 위한 에너지로 사용함으로써 사료효율도 개선시키는 결과를 가져온다.

이러한 호르몬제제는 반추가축에서 효과적이고, 단위가축에서는 별로 효과가 없는 것으로 보고된다. 그러나 단백동화제제 이식은 소고기 연도에 부정적인 결과를 가져오는 것으로 보고된다. 이것은 생축에서 칼파스타틴(calpastatin) 활력을 증가시켜 단백질 분해를 감소시키므로 살코기 축적이 증가되며, 이 과정이 결국 숙성 속도를 낮추고, 사후 고기의 연도를 낮게 만드는 것이다.

2.5 사육환경

가축을 공장식 축사에 집어넣지 않고 방목하면 스트레스 수준을 낮춰 고기 품질에 영향을 미친다. 축사에 사는 가축은 증체율도 떨어지고, 지방도도 낮아진다. 방목 가축은 다양한 종류의 사료를 섭취함으로써 고기 풍미에 영향을 미친다.

제 3 장

식육제품에서의 품질 제어

식육제품의 품질을 제어하는 방법은 최근 고기와 건강에 대한 관심의 증가와 기능성 식품에 대한 관심 고조로 인해 여러 가지를 고려해야 된다. 우선 건강에 부정적 영향을 주는 성분의 감소, 대체 혹은 제거하는 방법이 있을 것이다. 예를 들면, 고지방 육제품에서 지방함량을 낮추거나 다른 물질로 대체하거나 혹은 무지방 제품을 만드는 방법이다. 또 다른 방향은 건강에 좋다는 생리활성 물질이나 성분을 첨가하거나 강화시키는 방법이다. 지방산 조성을 변경 내지 강화하거나, 특정 광물질을 첨가하거나, 섬유소를 추가하거나 항산화제를 추가한 제품을 제조하는 것이다.

1. 비발효 육제품

최근에 기능성 식품이 유행하면서 소비자 건강에 좋다는 다양한 물질, 예를 들면 probiotic bacteria, prebiotics, 식이섬유, synbiotics, 항산화물질, 다가불포화지방산(omega-3), 식물 스테롤, 생리활성 펩타이드, 무기질, 비타민 등을 식품에 첨가하는 경우가 늘고 있다. 식육제품에 다양한 기능성 물질을 첨가하는 것은 소비자들에게 건강에 유익한 효과를 제공하면서 제품의 물리화학적 특성을 변경하지 않는 것이 매우 중요하다. 또한 다양한 기능성 성분들로 식육제품 내의 원하지 않는 성분을 대체할 수 있을 것이다. 예를 들면, 지방조직을 prebiotics, 식이섬유 혹은 식물유 유화물로 대체할 수 있을 것이다. 유사하게 KCl, $MgCl_2$ 혹은 $CaCl_2$로 소금을 대체함으로써 K, Mg, 혹은 Ca 강화 육제품을 생산하는 것이다.

1.1 지방의 제어

지방 감소는 두 가지 방향에서 접근할 수 있다. 하나는 무지방 저칼로리 첨가물을 사용하는 것이고, 다른 하나는 다가불포화지방산(PUFA)이 풍부한 바다생선 기름이나 식물성 기름으로 제품의 지방산 조성을 개선하는 것이다. 첨가물로서는 지방 대체물(replacer), 지방 모방물(mimetic), 지방 대용물(substitute와 analog), 그리고 지방

차단물(barrier)이 있다.

① 대체물은 풍미나 입안 느낌, 점도 혹은 관능적 특성을 변경함이 없이 제품에 거의 혹은 무칼로리를 부여하는 첨가물이다. 단백질 기반 지방 대체물로서 밀가루, 카제인 분말, 대두분, 농축 유청단백질, 카제인나트륨, 분유, 유청분말, 유단백질, 우유공침전물 등은 분쇄 육제품에서 성공적으로 지방을 대체하여 용해도, 점도 및 보수력 같은 기능성을 담당한다. 실질적으로는 이들은 모방물이다.

② 모방물은 제품에서 지방의 모든 기능이 아닌 특정한 기능만을 모방하여 지방을 부분적으로 대체하는 첨가물이다. 미세미립자화 단백질(micro-particulated protein)은 지방의 특정 성질을 모방한 것이다. 이것은 입안과 미뢰를 도포하여 지방의 효과를 모방한다.

③ 대용물은 물리적 및 열 특성이 지방과 유사한 입자로서 지방보다 칼로리가 적거나 전혀 없는 첨가물이다. 탄수화물 기반 지방 대용물은 고지방 제품과 유사하게 겔 매트릭스에 첨가된 수분을 안정화시켜 매끄러움과 수분배출 능력을 보여주는 첨가물이다. 곤약 분말, maltodextrin이나 dextrin, 변성전분 등은 지방을 일부 대체하여 제품에서 점도, 입안 느낌에 공헌을 한다.

④ 차단물은 튀기는 도중에 제품에 지방 흡수를 지연시켜 제품의 지방함량을 낮춰주는 상이한 시스템이다. 수용성 셀룰로오스인 carboxy methyl cellulose는 높은 보수력으로 인해 증량제로 사용된다. 메틸화 셀룰로오스 유도체는 가역적 열 젤화(reversible thermal gelation) 성질을 가지고 있으므로 튀김제품에서 지방흡수를 방지해 주기 때문에 지방 차단물로 이용된다.

Inulin은 prebiotic으로서 가장 적합한 비지방 대체물이다. 왜냐하면 inulin은 향이 중립적이고 백색이며, 물에 용해시켰을 때 지방과 유사한 안정한 겔을 형성하기 때문이다. Inulin 겔(inulin/물 비율 1:1)을 냉동시킨 후 사일런트 커터에서 분쇄하여 발효소시지에 사용되는 지방조직과 유사한 입자를 만들어 첨가 지방량의 1/3을 대체하면 제품의 관능적 품질에 전혀 부정적 영향이 없이 사용이 가능하다. 가열 소시지의 경우에는 inulin 분말은 5%까지 겔(inulin/물 비율 1:3)로서는 8%까지 첨가가 가능하다. 분말보다는 겔이 소시지 반죽에 잘 융합된다. 카라기난(carrageenan)과 검류(gums)도 우수한 젤화 능력으로 인해 지방 대체물로 가능성을 보여준다. 잔탄검(xanthan gum)과 로커스트 빈(locust bean)도 시스템 안정을 위해 저지방 제품에 사용되며 알긴산(alginate)과 펙틴(pectin)도 지방 대체물로 이용된다.

지방산 조성 개선을 위해 식물성 기름이 가장 널리 사용된다. 열대 식물성 기름은 실온에서 단단하고 사용하기가 수월하여 많이 채택되었으나 포화지방산 함량이 높아 부정적이다. 수소화된 식물성 기름은 트랜스지방산 함량이 높아 적절치 않다. 수소화 기름보다 에스터 교환 팜유가 우지보다 우수하여 소고기 발효소시지에 대체물로 이용되었다. 오메가-3 지방산(α-linoleic acid, ALA)이 풍부한 아마씨, 아마인씨, 옥수수, 카놀라, 목화씨, 대두, 올리브유 등과 같은 액체 식물성 기름을 3∼6% 수준에서 단백질이나 이눌린으로 사전 유화물을 만들어 지방 25∼35%와 함께 발효소시지에 첨가하여 좋은 결과를 얻었다.

올리브유는 사전 유화물로 만들어 소시지에서 돈지의 25%까지 대체하여도 관능적으로 문제없이 사용이 가능하였고, 제품의 콜레스테롤 함량은 낮아졌으며, 올레산과 리놀산 함량은 증가하였다. 오메가-3 지방산인 eicosapentaenoic acid(EPA)와 docosahexaenoic acid(DHA)의 주된 공급원인 생선유 사용의 문제점은 비린내이다. 이 문제는 탈취를 하거나 캡슐에 넣은 생선유 형태로 사용하여 극복할 수 있다. 가열 소시지의 5∼10% 수준에서 지방 10∼20%와 함께 사용이 가능하였다. 기름으로 강화된 소시지의 문제는 지방 산화에 민감하다는 것이다.

향신료들은 항산화력이 있는 phenolic acid와 terpenoids 함유하고 있고, 과일과 잎사귀에는 flavonoids와 soluble vitamins, 견과와 씨앗은 tocopherols와 tocotrienols, 정유는 polyphenols, terpenoids을, bioactive peptides와 protein hydrolysates는 carnosine, Tyr-Phe-Glu 혹은 Tyr-Ser-Thr-Ala와 같은 항산화 능력을 가진 성분을 포함하는 등 다양한 천연 항산화제를 제공하여 지방산화 문제를 극복하도록 도와준다.

1.2 소금의 제어

건조제품이나 발효건조 소시지는 고염제품으로 알려진다. 식육제품의 소금 함량은 가열 소시지에서 1.6∼2.4%, 발효소시지에서 3.5∼5.0%, 건조 육제품에서는 4∼7%이다. 소금에 관련하여 건강 문제의 핵심은 과다 섭취 시 인체에 고혈압과 기타 심혈관 문제를 야기하는 나트륨 함량이다. 소금은 식육 가공에서 관능적 특성(풍미, 조직감)과 기술적 특성(보수력, 단백질 용해도, 소시지 반죽의 안정)을 가지며, 안전 측면에서 수분활성도를 낮춰주어 미생물 발육억제의 기능을 제공한다. 따라서 식육제품 제조에서 소금 함량을 낮추는 것에는 한계가 있어 최고 5∼10% 정도는 낮출 수 있다고 보고된다. 그 이상으로 낮추면 제품 성질이 불량해진다.

나트륨을 함유하지 않은 염을 사용할 경우에는 관능적 품질의 한계로 인해 사용량에 한계가 있다. Potassium chloride나 potassium lactate는 소금의 40% 이하, glycine은 30% 이하만 대체할 수 있다. Potassium, calcium 혹은 magnesium chloride나 lactate의 혼합으로는 소금의 약 30∼53%를 대체할 수 있다. 항균효과에 있어서는 다른 금속염들(potassium 및 calcium chloride, 그리고 lactates)도 소금과 비슷한 효과가 있다. KCl은 소금보다 지방산화를 덜 시켰지만, $CaCl_2$는 더 심하게 산화를 촉진시켰다. $CaCl_2$와 lactates를 함유한 발효소시지는 전통적인 제품보다 더 낮은 pH를 보였지만, KCl은 pH에 영향을 주지 않았다.

2. 발효 육제품

비발효 식육제품에서는 원료육과 비육 원료의 조합으로 다양한 맛과 성분을 만들어 낼 수 있다. 따라서 품질의 제어는 이미 살펴본 바와 같이 다양한 비육원료를 이용하여 원하는 맛이나 건강성을 확보함으로써 달성한다(표 3-1). 그러나 발효 육제품은 비발효 육제품의 구성성분에 추가하여 발효 미생물들의 대사작용으로 인하여 생산되는 다양한 풍미성분과 건강 기능성을 부여할 수 있다(표 3-2). 따라서 발효육 제품의 품질은 발효를 주도하는 미생물들의 구성을 변경하거나 대사능력을 조절함으로써 제어가 가능하다.

2.1 전통적 발효 미생물 활용을 통한 품질 제어

독일에서만 300종 이상이 생산, 소비되는 발효소시지는 원료육 종류, 향신료 종류, 제조공법, 발효기술에 따라 관능적 특성과 물리화학적 특징이 상이한 제품이 생산된다(표 3-1). 따라서 소시지 발효 연구는 초기에는 산 생성을 주도하는 젖산균과 응고효소 음성 구균에 집중되었고, 일부 지역의 발효소시지 표면은 곰팡이와 효모의 활동으로 형성되는 것이다(표 3-2).

소시지의 낮은 pH는 탄수화물로부터 유산균이 유산을 생산하기 때문이며, 이들은 소량의 초산, 에탄올, acetoin, 피루브산, 탄산가스 등을 생산하여 관능적 특징을 가져다준다. 응고효소 양성 구균들과 효모도 휘발성 성분들을 생산하고, 단백질과 지방 분해로 저분자 물질들을 생산하며, 질산염 환원력도 발휘하여 염지육색을 형성하는 등 발효소시지의 독특한 품질을 형성시킨다(표 3-3).

이러한 스타터 배양균은 크게 두 가지로 구분할 수 있다. 하나는 주로 pH 저하를 목적으로 제품의 산성화 특성을 위주로 한 *Lactobacillus*와 *Pediococci* 류이고, 다른 하나는 기술적인 측면을 강조한 *Lacobacillus*와 응고효소 음성(coagulase negative) *Staphylococcus*, 카탈레이스 양성 *Micrococci*이다.

최근에는 comparative genomics, microarray 분석, transcriptomics, proteomics, metabolomics 등을 이용하여 다양한 균종들을 분석하여 특정 기능을 가진 스타터 배

양균을 분리한다. 스타터 배양균으로 사용되는 유산균을 개량하는 방법은 전체 대사 활동을 증가시키기 위해 단일 균주가 가지고 있는 수준 이상으로 발휘하도록 2개 이상의 균주를 혼합하여 사용하는 것이다. 그러나 전통적 스타터 미생물들이 가지고 있는 단점으로는 발효가 느리거나 발효 정도가 낮은 제품들에서 발생하는 병원성 미생

표 3-1. 발효소시지 품질에 영향하는 매개변수들

매개변수	변 이	품질유지 지침
원 료	고기종류(소고기/돼지고기/닭고기) 도축 연령 지방조직의 종류(등지방/복지방) 배합비(지방함량)	pH≤5.8 : 우수한 미생물적 품질 무항생제 연질 혹은 산화 지방 무사용
첨가물	소금 염지제(아질산염/질산염) 설탕량 설탕 종류(포도당/설탕/유당/덱스트린) 유산균 산미제 Micrococcaceae 아스코브산 향신료	초기 수분활성도 : 0.955~0.965 아질산염 : 7 ppm 첨가, 0.2~0.7% 신속 발효가능한 당 : 0.2~0.5% 발효 중 pH ≤5.3로 감소
분 쇄	방법(분쇄기/절단기) 정도(조분쇄/미세분쇄)	저온(지방 녹는 현상 방지)
충 전	충전기 케이싱 재질(천연/콜라겐 기반/셀룰로오스 기반) 케이싱 직경	공기 무 함입 고 수분 및 연기 투과성, 저산소 투과성 : 수축성, 탈피성
숙 성	발효조건 온도 ; 시간 ; 습도(% 평형습도 ERH)	온도 : ≤25℃ pH : ≤5.3 응축수 발생무; 제품의 ERH보다 5~10 단위 낮은 실내 ERH 균일한 건조
표면처리	훈연 곰팡이 스타터	바람직하지 않은 곰팡이 무발육

ERH : Equilibrium Relative Humidity.

물 등의 발육을 억제하지 못한다는 것이다. *Staphylococcus aureus, Escherichia coli, Salmonella, Listeria monocytogenes* 등이 단기 발효나 반건조 소시지에서 주로 문제를 일으키는 것으로 보고된다. 따라서 좀 더 건강하고 안전한 제품을 생산하기 위해서 새로운 스타터 미생물을 개발하여 사용하는 방법, 소위 기능성 스타터 배양균(functional starter culture)이 시도된다. 이들은 기존의 스타터 배양균에 비해 추가적인 미생물적 안전성, 관능적, 기술적 및 영양적 이점을 제공한다.

표 3-2. 발효소시지 제조에 사용되는 스타터 배양균들의 기능

균 종	품질에 대한 기술적 성격	품질 특성
Lactobacillus sakei	pH 저하, catalase 활성, 풍미발현, 아미노산 대사작용, 항산화력, bacteriocin 생산	저장성 단단한 조직 향
L. curvatus	pH 저하, 단백질분해 활성, 항산화력, bacteriocin 생산	저장성 단단한 조직 향
L. plantarum	pH 저하, 항산화력, bacteriocin 생산	저장성 단단한 조직
L. rhamnosus	Probiotic	
Pediococcus acidilactici	산성화, bacteriocin 생산	저장성 단단한 조직
P. pentosaceus	산성화, bacteriocin 생산	저장성 단단한 조직
Staphylococcus xylosus	단백질분해, 아미노산 이화작용, 지방분해, 항산화력, 질산염 환원	색 향 저장성
S. carnosus	단백질분해, 아미노산 이화작용, 지방분해, 항산화력, 질산염 환원	색 향 저장성
S. equorum	풍미 발현, 질산염 환원	색 향 저장성
Kocuria varians	질산염 환원	색 저장성

표 3-3. 발효소시지의 풍미 물질 형성

구 분	풍미물질
첨가물	소금, 향신료, 연기 성분
미생물의 탄수화물 분해산물	유산, 초산
미생물 혹은 효소의 단백질 분해산물	아미노산, 펩타이드, 휘발성 지방산, 카보닐 화합물
지방분해 산물	중장쇄 지방산(미생물 혹은 효소에 의한), 카보닐 화합물, 휘발성 지방산, 탄화수소

소시지의 풍미를 향상시키기 위해서 *Staphylococcus xylosus, S. carnosus* 등을 스타터로 활용한다. 이들은 아미노산과 지방산을 풍미 물질로 전환시키는 능력이 뛰어나기 때문에 과일향 에스테르, 유기산 및 알코올 등 생성하고 항산화력과 질산염 환원력을 보유하고 있기 때문에 불포화 지방산의 산화를 제어한다. 지중해 지역의 발효소시지에 흔한 곰팡이는 비독성인 *Penicillium*이나 *Mucor* 종으로서 풍미에 공헌을 한다. 이들은 유산염 산화, 단백질 분해, 아미노산 분해, 지방분해, 지방산패 지연, 수분손실 감소 등의 능력을 보이며 제품의 물리적 특성에도 공헌을 한다. 효모로서는 *Candida utilis*가 에스터나 알코올과 같은 휘발성 화합물을 생산하며 *Debaryomyces hansenii*는 지방산화를 억제하고 유기산을 생산하는 것으로 보고된다.

발효 육제품의 유산균들은 pH를 낮추고 항균성 펩타이드인 bacteriocin을 생산하여 다른 그람 양성균의 성장을 억제하거나 사멸시킴으로써 식품 안전을 제공한다. *Lactobacillus sakei, Pediococci, Enterococcus casseliflavus, E. faecium, Leuconostoc mesenteroides* 등이 박테리오신을 생산하는 것으로 보고되므로 이들과 다른 유산균들을 스타터 공배양균으로 사용함으로써 풍미와 안전을 동시에 성취할 수 있다. 또 다른 항균 물질을 생산하는 균들을 활용할 수도 있다. Lysostaphin을 생산하여 *Staphylococcu aureus*를 죽이는 *Penicillium nalgiovense*, reutericyclin을 생산하는 *L. reuteri*, 새로운 항균물질, 3-hydroxy fatty acids, phenyllactic acid, 4-hydroxy-phenyl-lactic acid 등을 생산하는 *L. plantarum* 등을 스타터 미생물로 활용한다.

좀 더 건강에 유익한 제품을 생산하기 위해 스타터 미생물들의 probiotic으로의 활용이 제안되었다. 인체의 위장관 환경에서 생존이 가능한 *L. sakei* Lb3, *Pediococcus acidilactici* PA-2 가 probiotic 스타터 미생물로 제시되었고, *L. rhamnosus* FERM P-15120, *L. paracasei* subsp. *paracasei* FERM P-15121 등 여러 균주들이 전통적 식

육 발효 스타터 배양균으로서의 가능성을 보였다. 공액리놀산(conjugated linoleic acid)을 생산하는 *Lactobacilli, Bifidobacteria, Propionibacteria* 등도 발효 육제품의 건강기능성의 향상을 위해 새로운 스타터 배양균으로 활용될 가능성이 있다.

발효소시지의 숙성기간 동안 생성되는 아민류는 종종 건강에 문제가 될 수 있다. 아민은 미생물이 아미노산에서 카복실기를 제거함으로써 생성된다. 따라서 카복실기 제거 효소(decarboxylase) 음성 스타터 미생물로서 산생성이 신속한 스타터 미생물을 사용한다면 아민이 없는 제품을 생산할 수 있을 것이다. 나아가서는 아민 산화효소(amine oxidase) 활성을 가진 스타터 미생물을 활용하면 제품의 아민 함량을 줄일 수 있을 것이다.

2.2 생명공학적 품질 제어

제품의 품질을 향상시키기 위한 적절한 스타터 미생물을 자연에서 찾기가 힘들 경우에는 기존의 스타터 미생물들이 제공하는 기능을 유전적으로 강화하거나 변경하여 이용하는 것이다(표 3-4). 발효 육제품에서 활용되는 많은 미생물들이 어떻게 혐기적 환경, 고염 농도, 저온, 저 pH에서 잘 생존하고 대사활동을 수행하며, 육제품 품질에 공헌하는 기작을 이해하기 위하여 이들의 생리를 연구해 왔다. 이에 따라 분자생물학적 수단들이 개발되어 이들에 대한 유전학적 지식이 축적되어 발효 육제품에서 활용되는 유산균, 효모 그리고 곰팡이 등의 미생물 중에 유산균 *L. plantarum* WCFS1, *L. sakei* 23K, 그리고 *P. pentosaceus* ATCC25745의 게놈의 전체 염기서열이 밝혀졌다. 따라서 발효 육제품 품질 제어에 이들을 활용하려면 유용한 유전형질을 규명하고 이들을 이용하는 것이다.

표 3-4. 식육 유산균의 유전자 변형의 가능한 목표

목 표	유전자 변형
식품안전 개선	박테리오신이나 세포 용해능의 형성을 위한 유전자 도입
스타터 미생물의 배양 및 안정성 개선	파지 저항성 유전자 도입
기술적 적합성 개선	카탈레이스 혹은 박테리오신 생산, 질산염 환원 유전자 도입
풍미 개선	지방분해효소 및 단백질 분해효소 유전자 도입 혹은 변경

유전적 변형은 매개자(vector)를 이용하여 유전자 이식을 하는 것이다. 세균의 세계에는 옮겨 넣을 수 있는 유전적 요소들이 산재해 있다. 이것들은 숙주 게놈에서 유전자 발현을 변경시키거나, 게놈을 재배열시키거나, 삽입 돌연변이를 야기하여 유전형질 변이의 근원이 된다. 플라스미드, 전이인자(transposon), 삽입배열(insertion sequence), 통합(integrative) 및 접합(혹은 동원 가능)(conjugative or mobilizable) 인자, 프로파지(prophage) 등과 같은 세균에서 이식 가능한 다양한 요소들이 수평적 유전인자 이식이나 DNA 재배열을 촉진하는 것으로 알려진다.

이러한 요소들은 항생제 내성, 독성, 생체이물의 분해 등과 같은 기능을 가진 보조 유전자를 보유하고 있다. 유전자 이식은 매개자(vector)로서 플라스미드(plasmid)나 바이러스, 파지(phage) 등의 DNA를 사용하는 경우가 많기 때문에 숙주에 따라 구분하여 사용한다. 예를 들면, 유산균의 플라스미드에서 유래한 매개자를 사용하여 catalase(katA)와 Iysostaphin(lys) 유전자를 가진 *L. sake*와 *L. curvatus*를 복제를 했다. 이들은 *Staphylococci*를 죽이는 데 매우 중요한 능력이다.

표 3-5는 게놈 염기서열 분석이 끝난 유산균 게놈의 이동성 요소들(mobile genetic elements)의 수를 보여준다. 이러한 이식 가능한 요소들을 이용하여 이들이 발현시킬 수 있는 유전형질이 발효소시지 품질 개선과 관련이 있으면 특정 유산균에 이식을 시키게 된다. 이동성 요소들은 전이인자, 삽입배열 등을 포함한다. 실제적인 변이 종 설계를 위한 이식방법으로 사용되는 전기천공법(electroporation) 혹은 conjugation 방법 등 구체적인 수단은 분자 미생물학에서 추가로 공부하는 것이 좋을 것이다.

효모는 유산균이 조성해 놓은 낮은 pH와 낮은 수분활성도 같은 가공 환경에서 다른 세균들에 비해 잘 자람으로써 발효 육제품에서 초기에는 담자균류(*Basidiomycetes*)가 우세하다가 점차 자낭균류(*Ascomycetes*)로 대체된다. 이들은 부패와 발효에 모두 관여하지만 발효에 관여하는 종으로는 자낭균류인 *Debaryomyces hansenii*

표 3-5. 발효식육제품 스타터 유산균 게놈의 이동가능한 요소의 특징

유산균	게놈크기(bp)	Plasmids	단백질 수	프로파지 수	이동성 요소 수
L. sakei 23K	1,884,661	0	1,886	0(+1 remnant)	12
L. plantarum WCFS1	3,308,274	3	3,009	2(+2 remnants)	15
P. pentosaceus ATCC25745	1,832,387	0	1,757	1	1

가 풍미 발현과 육색 안정에 기여하는 것으로 보고된다. *Yerrowia lipolytica*는 단백질 및 지방 분해 능력으로 풍미 형성을 위한 스타터 미생물로 개발 가능성을 보여준다. 효모는 세균이나 곰팡이에 비해 연구가 적게 이루어졌으나 이들의 능력을 발전시키기 위해 유산균들이 가지고 있는 이동성 요소들을 이용하여 유전자 이식을 위한 연구들이 진행되고 있다.

곰팡이류는 발효건조 제품의 표면에서 주로 작용하여 항산화 효과를 통해 육색 유지, 표면이 끈적끈적 해지는 것을 방지해 주며, 단백질 및 지방분해 능력을 통해 숙성기간 동안 독특한 풍미를 형성시켜 준다. 지금까지 제품에서 분리된 곰팡이 중에서 가장 적합한 것으로는 *Penicillium nalgiovense*나 *Penicillium chrysogenum*가 보고되고 있다. 곰팡이는 스타터 미생물로 이용되려면 제품의 외관에 손상을 가져오지 않고 유색 균사 생산이 없어야 하고, 독성 대사산물의 생산이 없어야 하며, 단백질 및 지방의 분해 능력으로 풍미를 형성해야 한다. 곰팡이는 아직 유전적으로 능력을 변형시키는 연구를 하는 단계가 아니고 스타터 미생물로 사용될 수 있는 종을 선발하는 단계이다.

제6편 첨단 미래 식육과학 기술

"지금 있는 것은 언젠가 있었던 것이요. 지금 생긴 일은 언젠가 있었던 일이라. 하늘 아래 새 것이 있을 리 없다."

- 전도서 1:9 -

우리가 새로운 과학기술(new science & technology)이라고 할 때 새로운(新)의 사전적 의미는 '전에 세상에 존재하지 않았던 것 혹은 존재하였지만 처음으로 경험하거나 보거나 획득한 것'을 의미한다. 따라서 첨단 미래 과학기술이란 지금까지 존재하지 않았던 것이나 존재하였던 것을 새롭게 제시한 과학기술이라 할 수 있을 것이다. 철학계에는 비관적 메타귀납(pessimistic meta-induction)이라는 아이디어가 있다. 우리가 미래를 추론하는 능력의 미래에 대한 추론은 비관적이어야 한다는 의미이다. 그래서 우리는 기본적으로 항상 틀릴 것이며, 지금도 틀리고 있다.

우리는 인류사에서 과학이론이 결코 더 나은 이론으로 대체되어 폐기되지 않은 시대에 살아 본 적이 없다. 그러나 생각의 역사는 틀린 이론이 옳은 이론으로 대체되는 단선적 배열로 이어지지 않는다. 그보다 영감의 불씨가 수세기 동안 덮여 있다가 누군가 다시 찾아서 조심스레 불꽃으로 키워내는 어둡고 복잡한 방과 비슷하다. 설령 현재 가진 이론이 틀렸다고 해도 여전히 눈부신 진전을 이루기에 충분하다. 우리가 틀렸음을 알려주는 아이디어도 "아직 우리가 모르는 것이 얼마나 많은지 상기하는 데 큰 도움이 된다."고 스티븐 풀(Steven Poole)은 저서 『Rethink(2016)』에서 비관적 메타귀납으로 현대 첨단 과학기술을 바라보는 우리의 관점을 바로 잡아준다. 다시 말하면, 지금 활용되는 과학은 조만간 새로운 과학으로 대체될 것이고, 대체하는 과학도 전혀 새로운 것은 아니고 과거 언제인가에 누군가에 의해 시도되었던 것일 수 있다는 이야기이다.

콜롬비아 대학교의 윌리엄 더건 교수는 "결코 새로운 것을 발명하는 일은 없으며, 외부에서 끊임없이 무엇인가를 찾고 최선의 것을 발견해 그들을 조합하는 것이 창조"라고 했다. 경제경영 전문가들은 더 이상 창조가 쉽지 않다고 말한다. 세상에는 분야가 한정되어 있고, 이미 개발될 만한 것은 거의 다 개발되었다고 말한다. 그런데 세상을 깜짝 놀라게 만드는 창조가 일어나고 있다. 대부분 이종간 결합의 산물이다(고광석, 2017). 최근 회자되는 4차 산업혁명의 시대는 개방 혁신(open innovation)의 시대로서 이미 개발되어 있는 다양한 기술을 서로 융합하여 새로운 기술이나 제품을 만들어내는 특징을 가지고 있다.

비록 주된 것이 인공지능과 사물 인터넷의 융합일지라도 각 분야에서는 나름대로의 특성을 살려 스마트 팜처럼 이제껏 축적되어진 빅데이터를 활용하는 새로운 기술이 선도할 것이다. 따라서 식육과학 분야에서도 이제껏 없던 새로운 기술이 개발되기보다는 이미 개발되어 있는 다양한 기술을 융합하여 식육과학 분야에 접목시키는 창조적인 첨단기술이 제시될 것이다.

제 1 장

첨단 식육과학 기술

1. 3D 인쇄 고기

3D 인쇄 식품이란 부가적 제조(additive manufacturing)라는 공정으로 식품이 층으로 차곡차곡 쌓여 만들어지는(인쇄되는) 기술이다. 다양한 원료들을 혼합하여 주입하고 가열하는 공정이 포함되어 있다. 3D 공정과 자동공정의 차이는 3D 식품은 사용자에게 창의적이 될 기회를 제공하는 반면에 자동공정은 인간의 노력을 배제시킨다는 것이다. 3D 식품기술은 모양, 색깔, 풍미, 조직감 뿐만 아니라 영양가조차도 원하는 대로 만들 수 있게 한다. 기본적으로 3D 인쇄는 어떤 종류의 식품이든 사출시켜 그 형태를 유지한다(그림 1-1). 따라서 초콜릿, 크림치즈 혹은 짓이긴 감자(mashed potatoes)까지도 성공적으로 인쇄했다. 다중사출 노즐을 통해 피자나 다층 케이크 같은 다중원료로 구성된 음식을 만들 수 있다. 고기도 다른 공정과 형태를 통해 원료로 사용될 수 있다.

1.1 3D 인쇄 기술의 근본 원리

물질을 3차원의 디지털 모델을 이용하여 연속적인 얇은 층으로 퇴적시켜 물체를 만들어내는 공정이다. 공급되는 물질의 상태(액체 혹은 분말)와 요구되는 최종 용도의 성격에 따라 퇴적되면서 스스로 유지되는 층을 완성하고 가공을 할 수 있도록 다양한 3D 기술이 응용될 수 있다. 3D 인쇄기술은 공급되는 물질 종류에 따라 4가지, 즉 ① 액체, ② 섬유 혹은 연질 재료, ③ 고체, ④ 세포로 분류된다(표 1-1).

1) 액 체

잉크젯 인쇄는 물질의 방울들이 노즐에 의하여 요구될 때마다 퇴적시켜 쌓이게 하는 원리에 의한다. 인쇄기는 일반적으로 가열 혹은 압전기(piezoelectric) 헤드를 사용한다. 가열 잉크젯 인쇄기에서는 인쇄 헤드가 전기적으로 가열되어 압력 파동을 발생시켜 노즐로부터 방울들을 밀어낸다. 압전기 인쇄기는 압전기 결정을 인쇄 헤드 안에 가지고 있어 이것이 균일한 간격으로 액체를 방울로 분리하는 음향파동을 생산한다.

압전기 물질에 전압을 적용하면 형태가 즉각적으로 변하면서 노즐에서 방울이 발사되는 데에 필요한 압력이 발생한다.

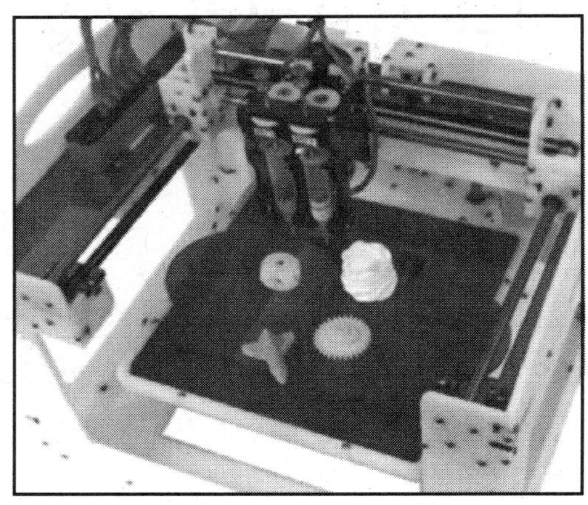

그림 1-1. 다양한 형태의 3D 인쇄 식품의 예

표 1-1. 3D 인쇄기술과 식용재료 인쇄 가능성

기술/물질	재료 준비	원 리	결합 메카니즘	식용 재료
잉크젯/액체	노즐에 액체방울	요구 시 방울 퇴적	상변화 무, 형태 인쇄 혹은 공간 충전	초콜릿, 액체빵 반죽, 설탕 아이싱, 고기반죽, 치즈, 잼, 젤
로보캐스팅(robocasting)/고분자섬유 : 연질재료	노즐에 연질재료	사출 및 퇴적	상변화 무, 층 형성은 유동학적 성질에 좌우	프로스팅, 가공치즈, 빵반죽, 고기반죽
수화젤 형성 사출/고분자섬유 : 연질재료	노즐에 연질재료	사출 및 퇴적	이온 교차결합 혹은 효소 교차결합	잔탄검, 젤라틴
용융사출/고분자섬유 : 연질재료	노즐에 연질재료	사출 및 퇴적	냉각 시 응고	초콜릿
선택적 레이저 침전/분말(고체)	바닥틀에 분말	레이저 주사(scan)	부분용융	설탕, 초코스틱
바이오인쇄/세포	세포배양	요구 시 방울 퇴적	세포들의 자율조립	-

(Guo & Leu, 2013)

2) 고분자 섬유 혹은 연질 물질

로보캐스팅은 노즐을 통해 반죽이 사출되어 기질에 퇴적되는 방식이다. 한 층이 퇴적되면 받침대의 수직 중심축이 한 층 위로 이동하여 다음 층이 퇴적된다. 이 과정이 전체 모양이 수립될 때까지 반복된다. 로보캐스팅 공정은 반죽의 점도나 균일도 같은 상태를 통제하는 것이 필수적이다. 로보캐스팅 공정 중에 축적된 층들의 결합 메커니즘이 젤 형성 원료를 포함하면 이것을 수화젤 형성사출이라 부른다. 물질을 사출기에 반입하기 전에 용융시키면 층 구조의 형성은 냉각에 의한 응고로 조절된다.

3) 고 체

선택적 레이저 침전(selective laser sintering) 공정은 바닥틀(bed)에 분말을 침전시키는 동력으로 레이저를 사용한다. 레이저를 사전에 결정한 3D 모델에 맞춰 이동시켜 고체구조를 만든다. 레이저는 원하는 형태로 입자들을 용융시켜 바닥틀의 분말의 특정 부분에서 서로 결합하게 만든다. 그 위에 새로운 분말 층을 퇴적시키고 최종 형태가 완성될 때까지 동일한 과정을 반복한다(그림 1-2).

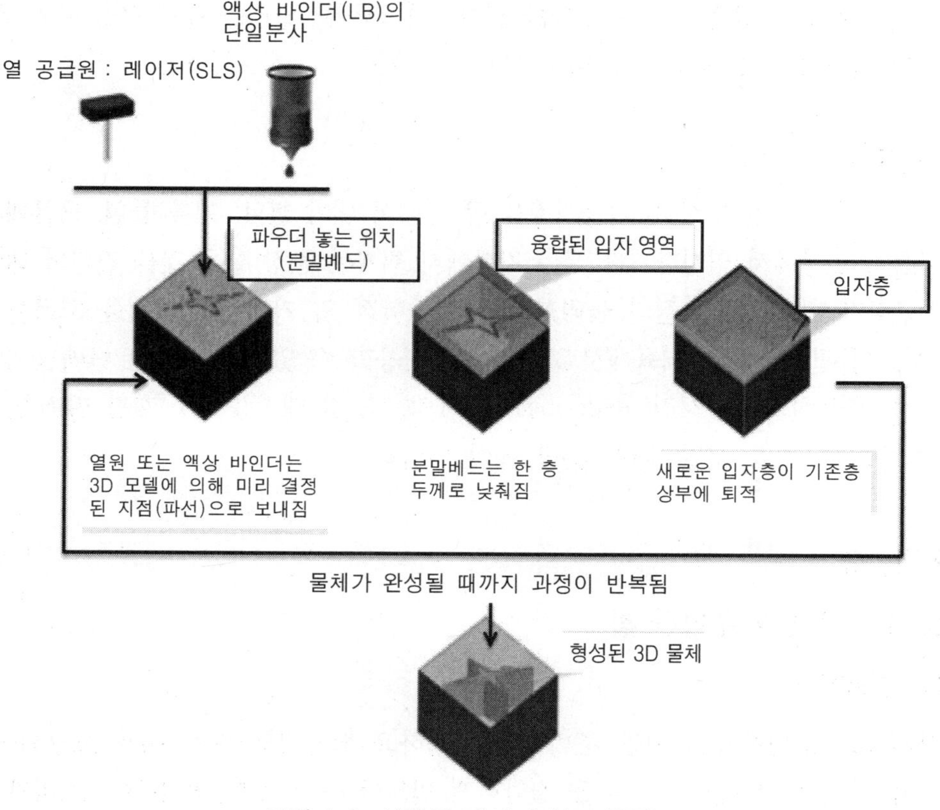

그림 1-2. 선택적 레이저 침전 공정

4) 세 포

바이오인쇄는 원래 생명물질 기반의 골격 없이 조직을 형성하는 방법이다. 이 기술은 생물재료와 살아있는 세포 배양액을 한 층 한 층 정확하게 쌓는 것이다. 다세포 원통들을 기초 덩어리로 사용하여 스스로 결합하는 세포형태를 이용하는 것이다. 갓 준비된 다세포 집합체의 방울들(bio-ink 입자들)을 생체에 적합한 지주 구조에 잉크젯 노즐로 필요에 따라 퇴적시킨다.

1.2 3D 인쇄를 위한 식품재료의 결정적 요인

1) 인쇄 가능성

재료의 성질이 3D 인쇄기에 의해 취급되고 퇴적되어 구조를 유지할 수 있는지 물질의 점도나 유동학적 성질, 혹은 겔화 메커니즘, 열 특성 등이 사출기술에 영향을 준다. 입자 크기, 밀도, 습윤성, 유동성 등은 분말에 기초한 3D 인쇄에 영향을 준다.

2) 적용성

부가적 제조 공법은 복잡한 구조를 만들거나 조직을 만드는 데에 유용하다. 독특한 구조에 영양가를 접목시킬 때 더욱 흥미롭게 된다.

3) 가공 후 공정

3D 인쇄 식품은 제조 후 가공과정을 잘 견디어 내야 한다. 예를 들면, 오븐에서 굽는다든지 열탕에서 익힌다거나 끓는 기름에서 튀기는 공정 같은 것을 견디어 내야 한다. 그러기 위해서는 물질의 물리화학적, 유동학적 및 기계적인 성질을 고려한 정확한 선택이 필수적이다. 식육에서 3D 인쇄에 사용할 수 있는 원료로는 단백질(수용성, 염용성, 불용성), 용출시킨(rendering) 지방(양, 소 및 돼지 지방), 혈장 단백질, 효소 분해 콜라겐, 식육 분말, 내장 분말 등이 있다.

1.3 장 점

1) 소비자에게 유익한 점

(1) 간편성

간편성은 소비자가 음식을 준비하고 소비하고 설거지를 하기 위해 요구되어지는 시간과 신체적 및 정신적 노력을 절약하게 만들어 주는 것을 의미한다. 소비자가 일과시간에 메뉴를 선택하고, 일과 후 집으로 돌아가는 도중에 프린터에게 신호를 보내 저녁식사 준비를 시킨다. 집에 도착하여 소비자는 인쇄가 끝난 식품을 조리해서 소비하면 된다. 다양한 음식을 3D 프린터로 준비할 수 있다.

(2) 환경적으로 지속가능한 기술

점증하는 지구상 인구로 인하여 식품과 고기를 포함한 단백질 자원에 대한 요구는 지속적으로 증가한다. 식물성 단백질을 포함한 다양한 단백질 자원을 이용하여 고기를 좋아하는 사람들이 차이를 알아차릴 수 없을 3D 인쇄 고기를 만들어 낸다. 따라서 가축을 키우거나 사료곡물을 생산하는 과정에서 발생하는 온실가스 생산을 줄일 수 있고, 저활용 단백질 자원을 이용하는 계기를 마련할 수 있다. 더욱이 개인 맞춤형 제품 생산이 가능하므로 식품 낭비를 최소화 할 수 있다.

(3) 맞춤형 건강 및 영양 그리고 조직감 및 맛

3D 식품은 개인별 식단 필요에 맞춰 영양구성을 조절할 수 있다. 식품인쇄 기술은 크기나 화학첨가물 사용량을 낮출 수 있고, 단백질 함량도 높이거나 낮출 수 있다. 따라서 노인, 운동선수, 임산부 혹은 신체 허약자 등을 위한 맞춤형 영양 해결책이 될 수 있다.

(4) 맞춤형 차별화 제품

3D 인쇄 식품 기술은 다양한 색깔과 크기로 가장 복잡한 형태의 식품을 만들 수 있다. 외형이나 저장성조차도 다른 음식을 만들 수 있다.

2) 생산자에게 유익한 점

(1) 지육 당 낭비 감소 및 추가가치 창출

3D 프린터에 주입하는 원료 물질이 소형이거나 미세해야 하기 때문에 저가의 남은 조각, 잔육 혹은 지육의 나머지 부분을 활용할 수 있다. 간이나 염통 같은 부산물들은 광물질, 비타민 및 단백질 함량이 높기 때문에 노인식품용으로 유용하다. 제조 공정이 통제되고 소규모이기 때문에 정확한 양의 제품을 생산할 수 있고 낭비가 없다. 또한 주문 생산 공정이므로 재고나 낭비를 줄일 수 있다.

시장에서 제품 외형이 특별하게 보임으로써 소매시장에서 특별히 간편성과 건강성이 돋보이기 때문에 다양한 시장에서 저장기간이 연장되고, 애완용 사료로 덜 이용됨으로써 지육에서 추가가치를 창출할 수 있다.

(2) 추가 판매량

공급 사슬의 시장에서 타 제품을 제압할 수 있다. 다른 동물성 단백질 제품이나 식물성 단백질 제품을 대체할 수 있어서 새로운 공급 사슬 통로나 시장을 통하기 때문이다.

(3) 자본 및 운영비 그리고 가공비용 절감

인건비 측면에서 유지비 및 운영 노동력 절감, 공정의 단순화로 인해 생산 공정의 신뢰도 향상, 생산계획의 개선, 가공공정의 저비용화, 재료 취급 및 저장 공간 절약 등이 장점으로 부각된다.

2. 배양식육(Cultured meat)

배양식육은 시험관(*in vitro*) 식육, 조직공학(tissue engineered) 식육, 생체생산(biofabricated) 식육, 세포농업(cellular agriculture) 식육, 수경(hydroponic) 식육, 합성(synthetic) 식육, 청정(clean) 식육 등의 다양한 용어로 지칭되는 것으로, 식용동물 체외에서 그 동물의 줄기 세포를 배양하여 고기를 생합성하는 혁신적인 방법으로 생산된 고기이다. 육종, 사육, 급이, 도축과정을 거치는 전통적인 식육 생산과 비교해 볼 때 배양식육은 통제된 환경 하에서 의학 연구와 장기이식을 위해 개발된 생명공학을 이용하여 원하는 목적의 조직을 키우는 세포 시료를 활용하는 과정을 거친다.

배양식육은 동물복지, 환경보호 및 인체 건강이라는 측면에서 많은 유익한 점을 제공한다. 배양은 가축으로부터 세포를 추출하여 줄기세포가 성숙한 근육세포로 분화하고 성장하는 데에 필요한 영양소, 에너지, 성장인자 등을 함유하고 있는 적당한 배지가 들어있는 생물반응기 안으로 옮기는 과정을 포함한다. 시험관 식육 생산 기술은 기본적으로 대규모 액체 배지에서 근육 조직을 배양하는 것이기 때문에 매우 현실적이다. 느슨한 근육 위성세포(myosatellite cells)를 기질에서 배양하여 근육세포로 분화한 다음 성숙한 근육세포들을 수확하여 다양한 식육제품으로 가공하는 것이다. 가축 없는(animal-free) 식육 생산으로 매우 긍정적인 반응을 받고 있지만, 현재로서는 생산비가 걸림돌로 작용하고 있어 획기적인 비용절감 기술이 개발되어야 보급이 활발해질 것이다.

배양식육이라는 아이디어는 1932년 영국의 윈스턴 처칠이 처음으로 "오십년 후 우리는 적당한 배지에서 닭가슴살이나 날개를 사육함으로써 그것들을 먹기 위해 닭 한 마리를 기르는 어리석은 짓에서 벗어나야 할 것이다." 라고 에세이에서 기술한 이후,

기술적으로는 1912년 알렉시스 커렐(Alexis Carrel)이 처음으로 페트리 접시에서 살아있는 닭 염통 배아근육 조각을 유지하며 상당한 정도로 키웠다. 실험실에서 생산하는 식육은 가축에서 생산한 것과 유사한 물리적 특성(외관, 조직감 및 풍미)을 보유해야 하고, 소비자가 경제적으로 구입할 수 있어야 한다.

이러한 난관들을 극복하기 위해 그 동안 많은 학자들이 다양한 배양기술을 개발하여 골격근, 지방, 섬유상 조직, 뼈 및 연골 등의 동물조직을 실험실에서 생산하려는 연구를 수행하였지만, 아직 상업적 수준으로는 개발되지 못하고 다만 2013년 세계 최초로 시험관 식육을 생산하여 햄버거를 조리 시식하였다. 개발자는 네델란드의 마스트리히트 대학교(Maastricht University)의 마크 포스트(Mark Post) 박사로서 암소 어깨에서 줄기세포를 채취하여 실험실에서 3개월 배양한 후 수확하였다. 배양식육은 무색으로서 비트(beet)즙과 사프란을 첨가하여 색을 냈다. 약 150g의 햄버거 패티를 생산하는 데에 330,000달러가 들었다.

2.1 전통 축산과 배양식육 생산의 장단점

고기를 생산하기 위해 사육되는 가축으로 인해 야기되는 지구 환경 문제는 많은 소비자들로 하여금 전통적 축산에 대한 우려와 개선을 요구하고 있다. 환경오염뿐만 아니라 물과 토지 남용, 생물다양성 손실로 인한 식육생산 시스템의 개선은 필수 사항이 되고 있다. 또한 공장식 축산에서는 구조적으로 동물 복지를 무시하는 사태를 피할 수가 없다. 동물이 고통을 느낀다는 것에 대해 과학계에서는 공감대가 확립되어 있다. 따라서 인간의 통제 하에 있는 동물에게 가해지는 불필요한 고통은 직접적이든 무관심이나 태만해서거나 상관없이 도덕적으로 변명의 여지가 없고 중단되어야 할 사안이다.

가축은 인간에게 심각한 질병 위험을 가져다준다. 인간 질병의 60%, 가장 심각한 새로운 질병의 75%가 인수공통 전염병(zoonosis)이다. 세계적인 축산물 수요의 증가는 산업적 축산의 강화로 이어져 가축과 인간 사이에 인수공통 전염병 전염의 위험은 증대되어 왔다. 축산에서 성장촉진의 목적으로나 질병 전파 방지를 위해 남용되는 항생제로 인해 수계의 오염은 세계적으로 항생제 내성균들의 범람을 야기하여 지구적인 가장 큰 위협의 하나가 되고 있다. 반면에 배양식육 생산은 동물복지, 디자인 식육 생산, 식중독 및 인수공통 전염병 감소, 생산기간 단축, 자원이용 및 생태 탄소 발자국 감소, 영양소 및 에너지전환 효율 개선, 대중지지, 산림 및 야생 복원, 이국적 식육 생산, 채식주의자 호응, 우주식품, 대체 단백질 자원 등의 많은 장점을 가지고 있다.

배양식육 생산 공정은 소비자들의 영양 및 관능적 요구를 만족시키면서 동물의 고통을 감소시키고, 지속 가능한 식육생산 시스템을 확립함으로써 식육생산을 위한 가축 이용을 줄일 수 있다. 식육생산 과정에서 가축이 배제됨으로써 윤리나 동물복지에 대한 문제도 없고, 배양식육은 무균환경에서 조직배양이 진행되므로 식품 안전상의 염려는 전혀 없게 된다. 현대 축산이나 도축현장에서 채택하기 힘든 GMP(Good Manufacturing Practice)와 같은 엄격한 품질관리를 시행함으로써 오염이나 식중독 발생을 현격히 줄일 수 있으며 무질병 식육 생산이 가능하고, 식육생산에서 가축을 제외시킴으로써 농약, 중금속, 다이옥신, 성장 호르몬, 분뇨처리 문제도 전혀 없을 것이므로 화학물질로부터 안전한 식육을 생산한다. 인수공통 전염병 위험도 완전히 배제할 수 있고, 항생제 오남용 문제도 자연스럽게 해결된다.

또한, 배양식육은 자원 효율적이다. 생활주기분석(life cycle analysis)에 의하면 배양식육 생산은 축사보다 토지 사용이 99% 적고, 물 사용량이 82~96% 적은 것으로 보고되며, 온실가스 생산량은 78~96% 적다. 따라서 산림 및 야생동물의 복원이 촉진된다. 에너지 소비는 조직배양 공정 유지에 필요한 전력의 대량 사용으로 인해 훨씬 높은 것으로 알려진다. 하지만 생산기간이 전통 축산에 비해 단기간이다. 시험관 배양기간은 닭의 수개월이나 소 및 돼지에서의 수년에 비해 수주 정도이기 때문에 생산되는 고기 kg 당 필요한 노동력 및 에너지양이 상대적으로 적다. 가축 사육과정에서 공급되는 사료의 75~95%는 대사와 골격 및 신경조직 등과 같은 비가식 부위를 위해 사용되므로 모든 에너지와 영양소가 근육조직을 생산하는 데에 이용되는 배양식육은 탄소 발자국을 엄청 감소시킬 것이다.

배양식육은 생산과정에 배양배지의 성분을 조절하거나 다른 종류의 세포들과 공배양 함으로써 지방함량(불포화지방산 함량이나 포화지방산/불포화지방산 비율 등), 영양성분이나 맛 및 조직감, 색깔까지도 조절할 수 있는 장점을 가지고 있다. 더욱이 건강에 좋은 특정 비타민과 같은 요소들을 첨가함으로써 식육의 건강에 유익한 측면을 강조할 수 있다.

줄기세포를 배양하기 때문에 멸종위기 동물이나 멸종 동물의 세포를 이용하여 배양한다면 고기 종류도 다양하게 이국적 동물 식육도 상업적으로 생산할 수 있다. 동물 윤리 문제를 염려하지 않고도 고기를 소비할 수 있기 때문에 동물 윤리에 대한 염려로 채식주의를 채택한 사람들도 고기를 즐길 수 있을 것이다. 미래 우주시대를 맞이하여 배양식육은 우주비행사들에게 뿐만 아니라 우주기지나 타 행성에서의 우주식품으로 매우 매력적인 대안이 될 수 있다. 전통 식육 생산의 비지속가능성을 해결해 주고 소비자들에게 식육과 유사한 성분을 가진 새로운 다른 동물성 단백질 자원을 제공하는 결과를 가져온다.

2.2 배양식육 생산 기술

배양식육을 대량 생산하기 위한 적정 세포주와 배양배지에 대한 연구를 포함한 기초 생명공학 연구가 필요하다. 하지만, 세포농업 혹은 생체생산(biofabrication)의 연구개발을 위한 학문분야는 아직 확립되어 있지 못하다. 현재까지는 실험실 수준에서 진행되고 있기 때문에 생산비가 높다는 문제점이 있다. 배양식육이 전통적으로 생산된 식육제품과 맛, 조직감, 성분에서 유사해지려면 아직도 많은 연구가 진행되어야 한다. 또한, 세포 배양을 위한 배지 개발도 진행 중이며, 배양식육에 대한 법적인 제도가 미비한 실정이다. 아울러 유전자 변형(genetic modification)기술이 이용될 가능성도 검토되어야 한다.

시험관 고기는 조직공학(tissue-engineering) 기술을 통하여 제조된 고기이다(그림 1-3). 배양된 고기는 전통 식육에 비해 경제적, 건강, 동물복지 및 환경 측면에서 우월하다. 주요 의도는 동물 없이 고기를 생산하는 것이다. 살아있는 동물에서 고통 없이 세포를 떼어내어 세포가 독자적으로 증식하고 성장할 수 있는 배양 매질에 투입하는 것이다. 이 과정은 이론적으로는 유전자 조작 없이 세계적인 고기 수요를 충족시킬 수 있을 정도로 효율적이다. 소시지나 햄버거 혹은 너겟과 같은 가공육제품을 위한 배양육 생산은 상대적으로 단순하지만 시험관 스테이크 같은 고도의 조직화된 고기 생산은 훨씬 어렵다.

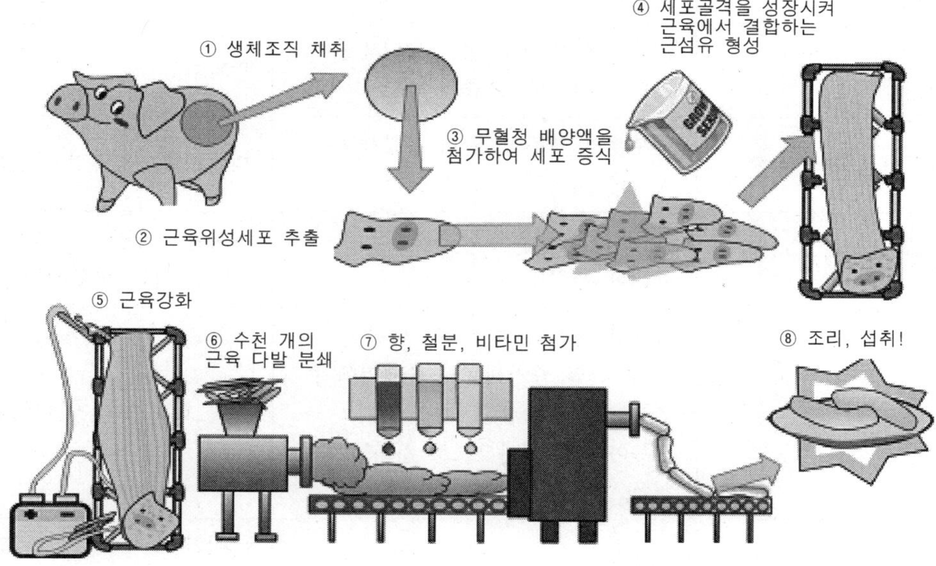

그림 1-3. 배양식육 생산 공정 (Jones, 2010)

1) 배양식육 생산을 위해 필요한 조건

(1) 세포주

㉠ 줄기세포

다양한 종류의 줄기 세포들이 시험관 식육을 개발하기 위해 시도되었다(표 1-2). 그 중에서 근원세포(myoblast) 혹은 위성세포(satellite cells)가 가장 효과적이다. 살아있는 동물에서는 성체 줄기세포가 근육 재생을 책임지고 있다. 위성세포들은 배양된 세포들이 최대 숫자에 도달하면 근관이나 성체 근원섬유로 분화한다. 따라서 골격근 조직 공학에서 선호하는 세포들이다.

㉡ 성체 줄기세포

생체의 어떤 세포들은 손상되거나 질병에 걸린 조직의 수선이나 재생을 위해 자가재생 능력을 가진다. 줄기세포는 다양한 종류의 세포로 변환 분화될 수 있기 때문에

표 1-2. 포유동물 줄기세포 종류와 특징

종 류	분화할 수 있는 방향	시험관에서 지속적으로 복제될 수 있는 횟수
배아 줄기세포	동물 체조직 세포	장기적이고 무제한
전능(totipotent) 줄기세포	모든 체세포 및 태아발달 (예: 신생 수정란세포)	이론적으로 매우 높음
만능(pluripotent) 줄기세포	대부분의 체조직. 전능 줄기세포보다 제한적(예 : 배아 줄기세포)	다양함
유도만능 줄기세포	대부분의 체조직. 완전 분화세포는 적절한 처리로 만능이 됨	다양하고 많은 경우 모름
성체 줄기세포	모든 종류의 조직. 유래한 조직에 국한	성체줄기세포는 대부분 50~60회 복제로 제한됨
다능(multipotent) 줄기세포	유래한 조직에 좌우되는 다양한 조직, 간엽 줄기세포의 중배엽에서 연골세포, 근육세포, 지방세포, 섬유아세포, 뼈아세포로 분화될 수 있음.	동물 나이에 따라 다양함
근육위성(myosatellite) 줄기세포	근육조직	나이가 들어감에 따라 감소. 성체세포는 20회 이하 복제

(Kadim 등, 2014)

자가 재생 특성을 가진다. 배아 줄기세포 같은 다능 성체 줄기세포(pluripotent adult stem cells)는 시험관 배양식육 생산을 위해 사용될 수 있다. 성체 줄기세포나 전구세포(progenitor cells)는 그들의 유래에 상관없이 배양식육 생산의 재료로 선호된다. 성체 세포는 돼지나 소에서 채취되지만 분화능력에 한계를 가진다.

㉢ 지방조직 유래 성체 줄기세포

지방조직 유래 성체 줄기세포는 배양식육 생산을 위해 사용될 수 있는 독특한 다능 세포이다. 이것은 지방조직의 피하지방에서 유래하고 근육생성, 뼈 생성, 연골생성, 지방생성 세포로 전환분화(trans-differentiation) 된다. 성숙한 지방세포는 시험관에서 골격근세포로 전환 분화하는 능력을 가진 역분화 지방세포로 알려진 다능 전지방세포(multipotnt pre-adipocyte)로 역분화 할 수 있다고 보고된다.

(2) 배양배지

포유동물 세포배양은 원핵세포에 비해 복잡한 배지가 요구된다. 근원세포는 일반적으로 동물 혈청 안에서 이루어진다. 무혈청 배지가 근육 위성세포 배양을 위해 개발되었다. 남세균(cyanobacteria)은 급속성장 광합성 박테리아로서 단백질 함량이 높아 배양배지에 이용할 수 있다. 포유동물 세포의 복제 및 유지를 위해 비타민, 지방, 아미노산은 필수적이며, 세포들은 영양분을 소비하기 위해서는 부착되어 있을 수 있는 고체 표면을 선호한다. 필수 성장인자의 공급도 세포의 적절한 영양, 성장, 발달을 위해 필수적이다. 다른 세포와의 공배양은 성장인자를 공급하기 위해 개발되어 이용된다.

(3) 생물반응기

통제된 조건 하에서 세포를 배양하기 위해 생물 반응기가 필요하다. 배지의 층흐름이 원통벽을 원심력, 견인력, 중력이 균형을 이루는 속도로 회전시킴으로써 회전벽 용기(rotating wall vessel)형 생물반응기 안에서 형성된다. 이 상태에서는 3차원 배양 세포가 영속적인 자유낙하 상태에서 배지에 잠겨 있도록 한다. 반응기의 배양실에 온도, pH, 산소 수준을 유지하여 세포의 통제된 조건을 제공한다. 근원세포는 배양식육의 증식과 분화를 위해 필요한 기질 의존성 세포이다. 발달단계에서 통제되지 않은 상황이나 탈신경(denervation)에 의해 야기된 근위축이 근육세포 크기의 축소를 가져올 수 있다.

이러한 근위축은 근원섬유의 분화와 골격근의 적절한 수축을 모방함으로써 방지할 수 있다. 시험관 배양 시스템에서 분화와 증식은 기계적, 전자기적, 중력적 그리고 유체흐름 방법 등으로 유도한다. 반복적인 수축이완은 골격근 길이를 10% 증가시킬 수 있다고 보고된다. 시험관 배양에서 전기자극의 적용은 성숙한 근육섬유 발달에 중요하다. 수축활동은 근관이 근절의 단백질 구조로의 분화를 촉진한다. 기계적 자극은 근육세포의 분화와 증식에 영향을 줄 수 있고, 적용된 신장, 시간, 자극의 빈도 등은 중요한 요인들이다.

2) 배양기술

(1) 지지틀(Scaffolding) 기술(그림 1-4)

지지틀 기술은 소, 양, 돼지 등 가축의 배아 근원세포(embryonic myoblast)나 성숙한 골격근 위성세포를 분리하여 식물유래 성장배지를 이용하는 정지 혹은 회전 생물반응기 안에서 성장하게 만드는 공정이다. 근원세포는 정착구(anchorage) 의존성 세포이기 때문에 분화와 증식을 위해 부착할 틀이 필요하다. 세포들은 수주에서 수개월간 생물반응기 내에서 계속 분열하고 근육세포로 분화하여 지지틀/하층토(substratum)에 결합한다. 이상적인 지지틀은 성장과 부착을 위해 표면적이 크고 수축을 위해 유연해야 하고, 배지의 확산을 최대화해야 하며, 근육세포 및 조직 형태를 적정화하기 위해 배양식육에서 쉽게 분리될 수 있어야 한다.

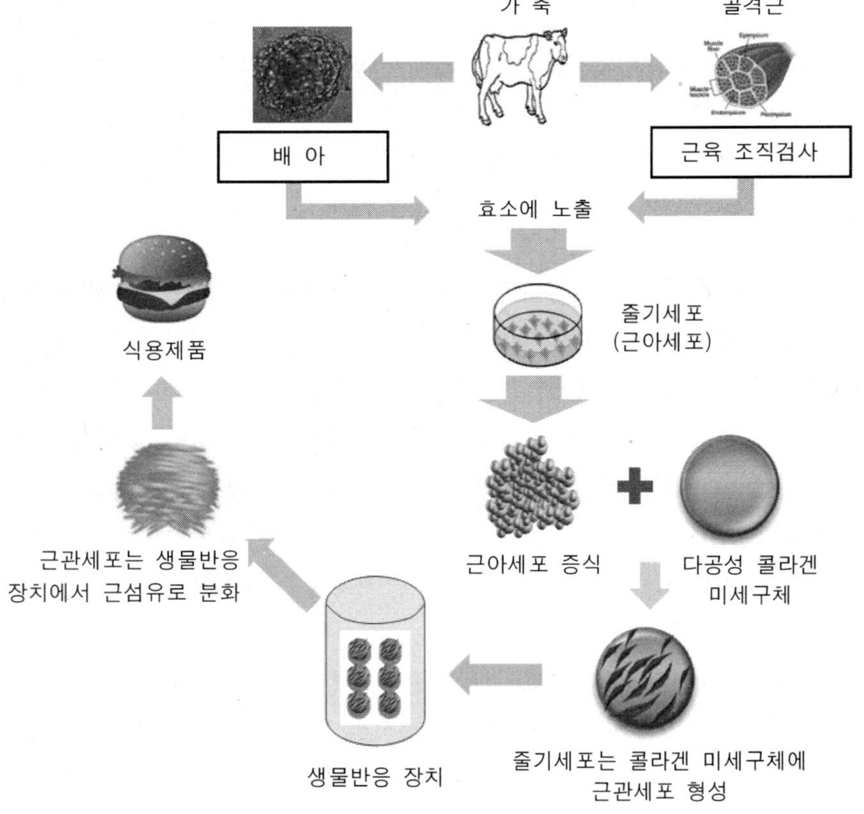

그림 1-4. 지지틀(scaffold)이용 배양식육 생산 공정 (Bhat & Bhat, 2011)

최선의 지지틀은 가식성이고 단단함을 가진 천연 조직이다. 실제로 이용된 지지틀로서 콜라겐으로 만들어진 그물망이나 미세운반 구슬과 같은 골격에 부착된 줄기세포들은 근관(myotubes)으로 전환된다. 이 근관들에 다양한 환경요인들을 제공함으로써 근섬유로 분화되어진다. 이 근섬유들은 수확되어 다양한 식육제품으로 가공된다. 이 골격화 기술은 스테이크처럼 고도로 조직화된 고기는 생산할 수 없고, 분쇄육이나 연조직의 무골 정육을 생산하는 데 이용된다.

(2) 자기 조직화 기술

자기 조직화 기술은 고도의 구조를 가진 근육 조직을 만들기 위해 자기 조직화 구조를 활용하거나 시험관에서 기존 근육조직을 증식함으로써 외식(外植)한 동물 근육조직을 활용하는 기술이다. 외식한 동물 조직은 고기를 구성하는 모든 조직들이 적절한 비율로 존재하기 때문에 고도의 조직화된 고기를 생산하기에 적합하지만, 외식된 조직에는 혈액순환이 결핍되어 있기 때문에 성장을 이룩하기는 어렵다. 따라서 인공모세혈관 같이 외식 조직 안에 구멍이 있는 가식성 고분자 망상으로 가지를 만들어 영양소가 확산될 수 있고, 근원세포와 기타의 세포들이 부착될 수 있게 만든다.

3) 해결해야 할 난관들

(1) 사용할 세포의 종류

생체검사를 통한 살아있는 동물에서 세포를 떼어내는 작업은 어렵지 않지만 어떤 종류의 세포를 이용해야 하는지가 문제이다. 줄기세포의 장점은 신속히 증식된다는 것이다. 그러나 줄기세포는 분화되지 않았기 때문에 어떤 조직이 될지를 모른다. 따라서 시험관 고기를 생산하기 위해서는 특정 세포가 필요해진다는 불리함이 있다. 또한, 줄기세포 대신에 완전히 정의된 근육세포를 사용하는 것인데, 이것은 증식이 잘 안 되는 문제점이 있다.

결국 위성세포(satellite cells)나 근원세포(myoblast)에서 분화된 세포를 사용한다. 활성화된 증식상태의 근위성세포를 분리, 배양 및 유지는 가능하지만 어려움이 많다고 보고된다. 다능성 때문에 배아 줄기세포가 대안으로 제시되지만 소, 돼지, 낙타류 같은 종에서의 배아 줄기세포 라인의 확립은 요원한 것으로 알려진다. 배양식육 생산을 위한 또 다른 세포 종류는 유도 다능성 줄기 세포인데 이것은 성숙한 피부세포를 역분화시켜 만능세포로 만들어 얻어진다. 배양식육의 품질, 조직감, 풍미 및 연도를 개선시키기 위해서는 근원섬유를 지방세포를 함께 배양하여 근내지방을 증가시키는 것이 바람직하다.

(2) 지지틀 개발

배양식육이 3차원적 구조를 가지기 위해서는 골격이 있어야 한다. 이상적인 것은 최종 근육에서 추출할 필요가 없는 가식성 골격이다. 근육세포가 살아있는 생물처럼 돌아다닐 수 있게 확장을 자극하기 위해서는 형태를 변경할 수 있는 골격을 개발하는 것이 바람직하다. 이것은 비동물성 재료에서 나온 알긴, 키토산 혹은 콜라겐으로 된 자극에 민감한 골격을 사용함으로써 성취가 가능하다. 이 골격은 주기적으로 온도나 pH의 작은 변화에 반응할 것이다. 세포들은 층으로 쌓여 서로 연결된 막이나 작은 구슬에 부착될 수 있다.

(3) 배양환경

세포들, 배양 매질 그리고 골격은 생물반응기에서 함께 섞이며, 온도의 변화를 통해 근육세포들이 운동훈련을 하는 체육관 같은 환경이 조성된다. 배양식육은 크고 작은 근육세포 섬유들과 콜라겐과 엘라스틴을 함유한 결합조직 그리고 최종 제품의 맛에 매우 중요한 지방세포로 구성되어져야 한다. 아직 지금까지 언급된 사항들을 해결할 경제적으로 가능한 방법이 아직 개발되지 못했다.

(4) 대량생산 기술

전통적인 도축장과 비교하여 식육생산 속도를 맞추려면 대규모 배양시설을 갖추어야 하지만 아직 대량생산 시설에 대한 연구가 부족하다. 적정 온도, 적절한 영양소, 운동, 올바른 성장, 무오염 등을 유지하기 위한 노동력 및 에너지의 대량 요구를 수용할 공학적 한계를 극복할 규모화 연구가 절실한 형편이다.

2.3 문제점

배양 식육 생산은 비교적 안전하지만 첨가되는 기질과 배양배지의 기타 성분들의 안전에 신경을 써야 한다. 배양식육 생산에서 병원균 오염 통제는 비교적 쉽지만 기질 오염의 위험은 훨씬 크다. 세포배양 배지에 동물성 성분을 사용하는 것은 윤리문제와 비용문제 그리고 질병야기 미생물의 존재, 건강유해 성분의 존재 혹은 성분의 균일성 등의 문제로 인해 버섯 추출물이 널리 사용된다. 식물성 단백질이 사용될 때에는 알러지 유발 성분을 제거해야 한다.

배양식육의 색깔과 외관은 전통적 식육과 다르다. 따라서 추가적인 가공이 필요하다. 배양식육의 영양소는 근육 세포가 합성하지 않는 성분들이 존재하지 못하므로 대장 미생물에 의해 합성되는 비타민 B_{12}나 마이오글로빈이나 헤모글로빈 단백질의 한 부분으로 존재하는 철분 등은 배양 배지에 추가되어져야 한다. 배양식육은 인간을 기술에 종속시키는 결과를 가져와 오히려 자연이나 가축에서 소외시키는 것에 대한 우려를 자아낼 수 있다.

배양식육 생산비가 지극히 높아 산업적 수준의 생산은 기존의 식육과 품질이나 비용면에서 경쟁력이 있기 전에는 가능하지 않을 것이다. 더욱이 대규모 전통 축산을 통해 고기를 생산하고 수출하는 국가들의 경제와 축산 부문의 고용에 부정적인 영향을 줄 것이기 때문에 반발이 예상된다. 또한 인공 식육이라는 부정적인 인상은 부자연성이라는 대중인식을 강화하는 부작용으로 대두되어 소비자들의 수용도가 저하될 위험이 상존한다.

많은 사람들은 이 기술로 인하여 인간 근육조직의 배양 가능성으로 배제할 수 없기 때문에 피해자 없는 식인성을 가져올 위험을 염려한다. 아울러 이 신기술이 법적으로나 도덕적으로 허용이 가능한 지에 대한 염려도 아울러 제기된다. 특히 배양식육이 유전자 변형(Genetically Modified Organism, GMO) 식품에 대한 일부 소비자들이나 정부의 부정적 인식과 차별화를 하지 않으면 법적 허가에서 애로사항이 발생할 여지가 있다. 또한 동물에서의 세포 채취가 도덕적으로 잘못된 과정을 거치게 될 경우 조직배양에 대한 미래세대의 인식을 망치게 될 것이다.

3. 마이크로파 지원 가열멸균(Microwave Assisted Thermal Sterilization, MATS) 가공

멸균은 포장된 저산도(low-acid) 식품의 안전을 보장하기 위해 필요하다. 그러나 멸균 공정 중의 가공환경은 제품 품질을 심각하게 저하시킨다. 식품을 다양한 형태로 포장하여(통조림, 파우치, 병, 컵, 트레이, 사발 등) 가열멸균 하는 전통적인 기술은 정지멸균(static 혹은 still retort) 공정으로 알려진다. 마이크로파 지원 가열살균(MATS)은 저산도/고수분 식품의 포장 후 멸균 기술로서 장기간 실온에서 저장 가능한 식품을 생산 가능하게 한다.

저장용 용기에 밀봉된 제품을 바람직한 멸균 심부온도까지 가열하기 위해 주파수 915 MHz 마이크로파 에너지를 이용한다. 제품의 불균일한 가열이나 에지효과(edge effect)를 없애기 위해 물을 가열하는 중간매체로 사용한다. 공정은 예비가열, 마이크로파 가열, 대기 및 냉각단계로 구성되며(그림 1-5), 포장된 식품은 가압통 속에서 예비 가열된 후 고압 고온수 통속에서 마이크로파와 함께 심부온도 섭씨 120℃까지 가열이 진행된 후 예비냉각을 위해 일정시간 대기한 후 대기압의 냉각단계로 넘어간

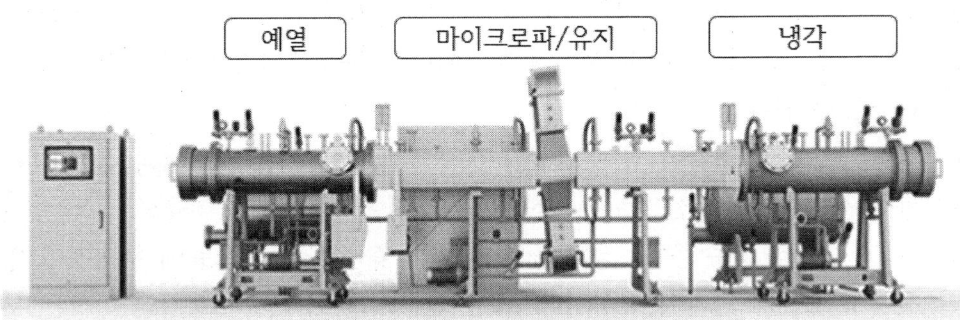

그림 1-5. MATS 기계

다. 장점으로는 가열시간이 상당히 절감되며(전통적 방법의 1/4에서 1/10 수준), 제품의 외관과 관능적 특성이 엄청나게 개선되는 것으로 보고된다. 특히 열에 민감한 성분들을 함유한 제품에서는 영양가 유지가 월등하고, 소금 사용량을 50% 줄여도 맛을 유지할 수 있다는 것이다.

4. 비가열 식육 가공기술

가열공정은 전통적으로 식품가공에서 식품의 미생물적 안전을 보장하기 위한 기술로서 사용되어져 왔다. 이 기술은 종종 과도한 가열에 의한 원하지 않은 풍미나 영양가 파괴를 가져온다. 소비자들은 점점 영양가 높고 첨가물이 없는 천연의 신선한 품질 좋은 식품을 원한다. 따라서 식품안전을 약화시키지 않으면서 기존의 가열 공정을 대체할 수 있는 다양한 비가열 가공기술이 개발되어 왔다. 이러한 기술들은 가공을 최소화하고, 안전하며, 그리고 영양가 높은 신선한 것 같은 식품을 소비자들에게 제공이 가능하게 해준다.

현재 초고압(high pressure) 기술, 저온 플라즈마(cold plasma), 방사선조사(irradiation), 펄스 광선(pulsed high intensity light), 펄스 X선(pulsed X-rays), 진동 자기장(oscillating magnetic field), 펄스 전기장(pulsed electric field), 그리고 고출력 초음파(high power ultrasonic) 등 많은 비가열 식품 가공기술들이 개발되어 기존의 전통적인 기술들을 개선하거나 대체하고 있다. 대부분은 액체 식품용이지만, 여기에서는 고기에서 활용이 시도되는 기술들만 살펴본다.

4.1 초고압(High pressure processing, HPP) 기술

초고압 처리는 물리화학적 성질이나 영양가의 손실을 최소화하는 기술로서 소비자들이 원하는 최소 가공식품으로서의 요구를 충족시켜 준다. 일반적으로 식육은 용기 등에 담겨 압력이 가해진다. 이것은 단열가열(adiabatic heating)이기 때문에 매 100 MPa당 온도가 약 섭씨 3℃씩 증가한다. 감압이 완료되면 온도는 다시 내려간다. 초고압기술의 기본은 첫째, 부피를 감소시키는 반응은 온도가 제고되고 부피를 증가시키는 반응은 억제된다. 둘째, 주어진 온도 하에서 압력이 증가하면 물질의 분자배열은 더욱 정렬이 잘 된다. 셋째, 균일한 압력이 모든 방향에서 가해진다는 것이다. 그래서 식품을 압축하여 감압이 이루어지면 원래 형태로 돌아오게 된다.

포장육을 압력통에 넣고 등방정수(isostatic) 수압을 100～1,000 MPa 수준으로 가하여 가공한다. HHP는 세균 막을 손상시켜 세균 세포를 죽인다. 그람 음성균이 가장 민감하고, 그 다음에는 그람 양성균, 그리고 포자 순이다. 일반적으로 관능적 품질에는 큰 변화가 없지만 150 MPa에서는 조리육 색깔이 생성되고, 400 MPa에서는 마이오글로빈 2가 철원자의 산화와 지방산화가 신선육에서 발생하는 것으로 보고된다. 압력은 식품의 모양이나 크기에 상관없이 모든 방향에서 즉각적으로 균일하게 작용한다. HPP가공 조건은 온도 섭씨 35～55℃, 압력 600 MPa 수준이 경제적이고, 미생물학적으로 안전한 것으로 보고된다. HPP 처리의 효과는 압력 수준, 처리시간, 단열가열, 처리온도, 감압시간, 제품 초기온도, 제품의 pH, 성분 및 수분활성도, 포장지 등에 영향을 받는다. 포장되거나 포장이 없이도 처리가 가능하지만 처리 후 오염방지를 위해서는 포장되어 있는 상태가 유리하다.

고기의 연화에 대한 고압처리의 효과는 강직 전 고기에서만 관찰되었고, 강직 후 고기에서는 150～200 MPa과 섭씨 60℃에서 긴 시간(20～30분간) 처리를 해야 얻을 수 있다고 보고된다. 이것은 고기 숙성에 관여하는 단백질 분해효소의 활성화에 기인하는 것으로 추론한다. 일반적으로 고압처리는 강직 후 고기의 근형질 단백질과 근원섬유의 응집, 응고, 혹은 젤화로 인해 실온에서는 연도를 개선시키지 못한다. 고압처리는 가열에 의한 변화와 다른 형태의 고기 단백질 젤화, 용해, 응집을 야기한다. 식육제품의 조직감과 보수력에 대한 고압처리의 효과는 제품 형태, 성분, 압력 수준 그리고 압력/온도 조합에 따라 다양하다. 고압과 가열을 병용하면 고기반죽의 보수력을 개선시킨다. 재구성육에서의 결착력 개선에 도움이 된다.

하지만, 고압처리는 생육과 가공육에서 지방산화를 유발한다. 적용 압력 수준과 시간에 따라 지방산화는 처리 후 저장기간 동안에 발생한다. 더욱이 고압처리는 냉장저장 식육에는 가열처리 만큼이나 지방산화에 나쁘다. 일반적으로 300 MPa 이하에서는 지방산화에 영향이 거의 없으나 그보다 높은 수준에서는 유의하게 영향을 미친다. 고기 단백질도 고압처리로 산화되어 아미노산들이 손실됨으로써 단백질 소화력이나 고기의 영양가 손실을 가져온다. 또한 색깔이나 조직감도 단백질 산화로 인해 악화된다.

반면에 고압처리는 고기의 안전성을 높여주는 차원에서 병원성 미생물 사멸에 효과가 있고, 가공제품에 존재하는 아민 수준을 낮춰주고, 광우병 유발인자 프리온(prion) 오염도를 낮춰주는 효과가 있음이 보고된다. 살균효과를 성취하기 위해서는 최소 400 MPa 수준 이상으로 처리해야 한다. 아울러 식육의 냉동이나 해동을 위해서나 가공육 제조 시 염지과정도 고압을 병행 처리하면 매우 효과적임이 보고된다.

4.2 충격파(Hydrodynamic shockwave, HDS) 처리

충격파는 전기적으로나 수중에서 폭약을 사용하여 만들어 낸다. 폭약을 이용하는 것은 안전상 한 솥(batch) 형태로 실행됨으로 특별한 포장이 필요하여 상업화가 어렵지만 전기적으로 생산하는 것은 상업화 되어 있다. 충격파는 고기에서 근원섬유 구조를 파괴하여 연화를 시키거나 세균수를 줄여 저장성을 연장시켜 준다.

4.3 저온 플라즈마(Cold plasma)

플라즈마는 물질을 구성하고 있는 입자들의 내부에너지 크기에 따라 고체, 액체, 기체에 이어 제 4의 물질 상태라고 이른다. 기체 상태에 있는 원자 또는 분자에 전기적으로 에너지를 가하게 되면 전기적으로 양의 전하로 구성된 핵과 그 둘레에 분포되어 있던 전자가 분리되어 가속화 된다. 이후 가속된 전자는 주변 기체 분자와 충돌하여 더 많은 이온과 전자를 만들기도 하며, 주위 다른 기체들과 반응하여 다양한 라디칼과 활성 종들을 생성한다. 이렇게 다양하고 반응성이 높은 화학종들로 구성된 덕분에 저온 플라즈마가 활용 가능한 분야는 매우 넓다.

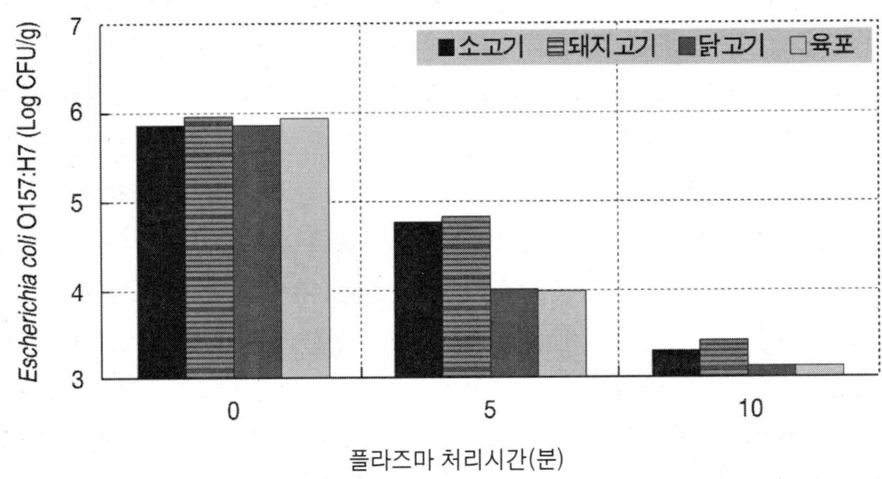

그림 1-6. 플라즈마 처리 시간에 따른 *Escherichia coli* O157:H7의 감균 효과

저온 플라즈마가 각광받는 분야 중 하나는 바로 식품 관련 산업으로서, 식품의 표면 미생물을 제거하는 데 적용될 수 있다. 실제로, 플라즈마를 이용하면 생육에 소고기, 돼지고기, 닭고기, 육포 등에 오염된 병원성 미생물들이 효과적으로 저감될 수 있다(그림 1-6). 이러한 플라즈마에 의한 살균 기작은 살균대상 유기체의 세포막을 손상시킴으로써 세포막의 구조가 변화하여 침투성을 증가시키거나 세포내의 내용물을 누출시켜 용해되게 하는 것, 그리고 염색체 DNA가 파괴되는 것으로 알려져 있다. 최근 내부에 플라즈마가 발생시킬 수 있는 포장재도 개발되었다.

저온 플라즈마는 육가공 산업 내 합성 아질산염 대체 기술로서의 가능성도 제시되고 있다. 아질산염은 *Clostridium botulinum*에 대한 정균작용, 염지육색의 발현, 육제품의 풍미 향상 등의 중요한 역할을 하는 필수적인 첨가제이지만 화학적 합성 첨가물로서 최근 소비자들이 기피하는 경향을 보인다. 플라즈마를 처리한 물 내에는 아질산 이온(NO_2^-)이 형성될 수 있기 때문에 이를 이용하여 유화형 소시지를 제조하면 합성 아질산염($NaNO_2$)이 이용된 소시지와 품질적인 차이가 없다. 최근에는 물이 아닌 혼합 등의 공정 중 플라즈마를 적용하여 아질산 이온을 생산하고, 이를 식육 또는 마늘 등 식물성 부재료에 노출시키는 기기 및 처리방법이 개발되었다.

4.4 초음파(Ultrasound)

초음파는 인간 청력의 범위를 벗어나는 주파수의 소리파장으로 대체로 18 kHz에서 1 GHz까지의 주파수를 의미한다. 초음파 기술은 가열가공에 대체 기술로 사용되어 왔다. 살균을 위해서나 저온에서 효소와 미생물을 불활성화 시켜 식품을 저장하기 위해 초음파 기술은 사용될 수 있다. 초음파는 두 가지로 구분되어 저강도(1 W/cm^2 이하) 고주파수(MHz 범위) 초음파는 주로 분석용으로 사용되고, 고강도(10～1,000 W/cm^2) 저주파수(16～100 kHz) 초음파는 조직에 물리적 손상을 야기하는 수단으로 사용된다. 따라서 고기 연화에 이용될 수 있다. 더욱이 균일한 열전달을 달성할 수 있게 함으로써 조리나 냉동 공정에서도 활용이 가능하다. 또한 염지를 촉진시키는 수단으로도 사용될 수 있다.

4.5 펄스 전기장(Pulsed electric field)

펄스 전기장은 식품에서 미생물을 불활성화 시키면서 영양가와 관능적 특성은 유지할 수 있는 유망한 기술 중의 하나이다. 따라서 조직감, 색깔, 풍미, 영양가가 유지됨으로써 소비자들은 신선식품 같은 가공식품을 즐길 수 있게 된다. 더욱이 가열공정보다 최소한의 에너지를 사용하고, 에너지 효율도 우월한 기술이다. 생물조직은 높은 전기장 박동에 노출되면 강도와 처리조건에 따라 세포막에 영구적인 혹은 일시적인 세공들이 생긴다. 세공 형성은 막투과성을 증가시켜 세포 내용물의 손실이나 주위용액의 침투를 유발한다. 따라서 고기염지에서 염지액의 미세확산이 향상되며, 세포활력이 전기세공화에 의해 손실되어 미생물이 불활성화 된다.

펄스 전기장의 기본적 원리는 10~80 kV/cm의 강도로 마이크로 초 단위의 시간 동안 고전기장의 단기박동을 식품에 적용하는 것이다. 가공시간은 박동회수를 박동지속시간으로 곱하면 되고, 고전압을 사용하면 미생물의 불활성화를 야기하는 전기장이 유발된다. 이것은 액체 식품에서 주로 사용되지만, 고기에서는 펄스 전기장이 근육조직을 물리적으로 파괴하여 연화시키는 긍정적인 효과를 가져온다. 처리는 중량감소, 조리 감량, 지방산화, 조직감, 색깔은 생육이나 조리육 상태에서, 신선육 혹은 냉동육 상태에서 전혀 차이를 보이지 않았다. 반면에 풍미가 무처리구와는 조금 다르다는 보고가 있다. 도축 후 4시간된 지육에서 근육을 취하여 2시간 동안 펄스 전기장 5 kV와 10 kV에서 20 Hz, 50 Hz, 90 Hz로 처리했을 때 저강도(5 kV, 20 Hz)에서 연화가 가장 좋았다. 저 펄스 전기장 처리는 근육 조직상에서 트로포닌과 데스민의 분해가 증가함으로써 사후 숙성과정을 개선시키는 것으로 보고된다.

5. 블록체인 기술(Block chain technology)

5.1 블록체인은 무엇인가?

'블록체인(Block Chain)'이란 거래 내역을 여러 시스템에서 분산 공유하여 서로 감시함으로써 거래의 정당성을 확보하는 장치이다(그림 1-7). 블록체인 네트워크에 참가하는 모든 노드(P2P 네트워크로 통신 노드끼리 직접 통신)는 거래를 통지받아 누구나 거래 내용을 알 수 있게 된다. 정해진 규정에 따라 특정 노드가 거래의 내역인 '블록'을 분산 공유한 장부에 등록하는 것을 허가받는다. 장부란 거래내역인 '블록'을 시간 순으로 체인처럼 연결한 것으로 "블록체인"이라고 부른다. 블록(Block)에는 일정 시간 동안 확정된 거래 내역이 담긴다. 온라인에서 거래 내용이 담긴 블록이 형성되는 것이다. 거래 내역을 결정하는 주체는 사용자다. 새로운 블록이 추가되면 네트워크에 있는 모든 참여자(노드)에게 전송된다. 참여자들은 해당 거래의 타당성 여부를 확인한다. 따라서 장부를 변조하려고 해도 분산 공유하고 있는 방대한 수의 블록체인 중 특정 블록을 거의 동시에 변조해야 하기 때문에 결과적으로 변조가 불가능하다. 또한 블록체인에서는 거래자 정보가 암호화되어 있기 때문에 거래내용은 공개되어도 거래자의 구체적 정보와는 연결되지 않아 익명성이 보장된다.

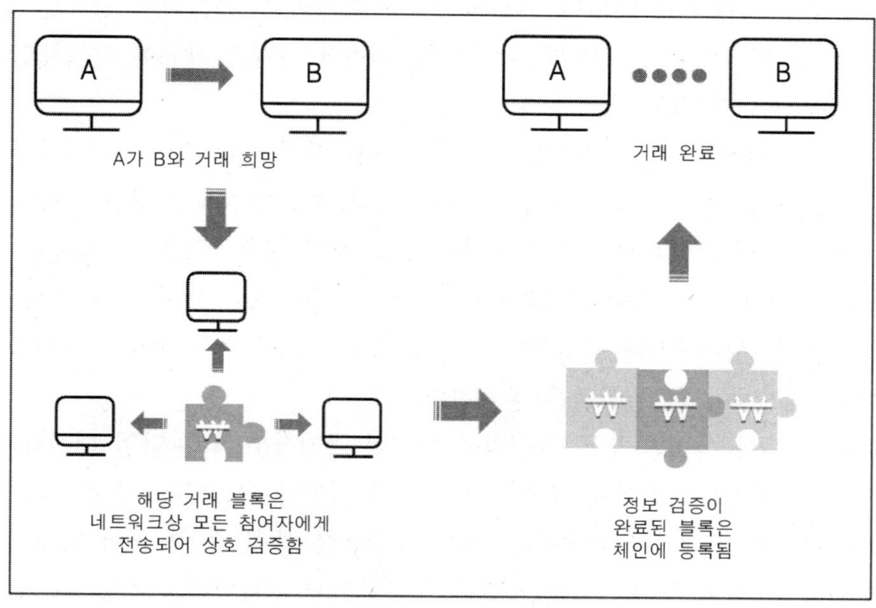

그림 1-7. 블록체인 거래

블록체인은 대표적인 온라인 가상 화폐인 비트코인에 적용되어 있다. 비트코인에서는 누구나 열람할 수 있는 장부에 거래 내역을 투명하게 기록하며, 비트코인을 사용하는 여러 컴퓨터가 10분에 한 번씩 이 기록을 검증하여 해킹을 막는다. 10분에 한 번씩 만드는 거래 내역 묶음이 '블록'이다. 즉 블록체인은 비트코인의 거래 기록을 저장한 거래장부다. 데이터베이스(DB)로 이해하면 쉽다. 거래 장부를 공개하고 분산해 관리한다는 의미에서 '공공 거래장부'나 '분산 거래장부(Distributed ledgers)'라고도 부르며, 가상 화폐로 거래할 때 발생할 수 있는 해킹을 막는 기술이다. 기존 금융회사의 경우 중앙 집중형 서버에 거래 기록을 보관하는 반면, 블록체인은 거래에 참여하는 모든 사용자에게 거래 내역을 보내주며, 거래 때마다 이를 대조해 데이터 위조를 막는 방식을 사용한다.

5.2 식품산업에서의 활용 가능성

현대 농식품 산업 시스템에서 식품공급 사슬의 점증하는 문제점은 ① 식품사기의 증가. 여기에는 원료의 부정대체, 내용물의 변조, 그리고 허위표기 등이 있다. ② 불법생산. 수산물에서 불법적으로 채취 및 생산하는 경우가 늘어난다. ③ 식중독 발생의 증가. 세계화로 인해 원료 생산지와 제품 생산지가 점점 멀어지면서 위생관리가 부실해지는 경우가 늘기 때문이다. ④ 식품 회수(리콜)/손실의 증가. 소비자들이 식품안전에 관심이 높아짐에 따라 유통과정에서 폐기되고, 리콜되는 경우가 증가하여 식품공급 사슬에서의 비용 증가를 야기한다. 이러한 문제점 해결에 블록체인 기술은 상당한 가능성을 보여준다.

생태 시스템 속에서 블록체인에 의해 가능해진 사업모델 변화는 신뢰와 투명성을 강화시키고 가치교환을 위한 새로운 연계를 가져온다. 다수가 포함된 거래를 완성하기를 바라는 개인들이나 다수의 기관 사일로들 간에 공동협력을 추구하는 기업들이거나, 확인되거나, 해결되거나, 교환되거나, 서명되거나 혹은 인가되어야 하는 서류나 거래가 있는 곳 어디에서나 블록체인 기술을 이용하여 더 많은 경제적 가치를 풀어내기 위하여 제거해야 할 갈등들은 존재한다.

블록체인은 공급사슬의 모든 구성원이 물리적 거래장부 혹은 단일 데이터베이스보다는 컴퓨터 네트워크 상에서 유지되는 분산된 데이터 로그에서 거래를 기록하도록 허용하는 분산형 거래장부 기술이다. 거래는 합의를 통해 승인되어야 하고, 모든 것은 암호화를 통해 보호된다. 거래는 일단 블록체인에 기록되면 변경될 수 없다. 이로서 참여자들이 기록을 조작하거나 변경시키는 것을 방지한다. 참여자들 모두는 또한 공급 사슬을 거쳐서 데이터에 접근할 수 있다. 예를 들면, 밀 생산 농민이 밀을 방앗간에 인도한 것을(언제가 곡물이 될 것이다) 기록하자마자 식료품점은 그것에 대해 알게 된다.

식품공급 사슬의 관련자들은 일반적으로 자신들의 자료(어떤 이는 다른 이들보다 더 자세히)를 보유하고 기껏해야 요구될 때에만 정보를 '하나 내놓고, 하나 감추고' 하는 식으로 공유하기 때문에 문제의 원인을 밝혀내기가 어려울 수 있다. 이러한 자료들은 종종 문서에 기반한 것이고, 부정확하게 갱신되곤 한다. 따라서 문제가 발생하면 불충분한 추적과 규명능력으로 인해 조사가 지체되고, 비용이 많이 소요될 수 있다. 만약에 문제발생 지점이 밝혀질 수 없으면 해당 식품은 비록 단일 배치(batch)가 영향을 받아 회수되어야 함에도 불구하고 전 식품이 판매점 진열대에서 완전히 금지될 수도 있다. 만약 지체와 낭비를 줄일 수 있다면 정책 담당자, 생산자, 가공업자, 유통업자, 공급자, 소매상 그리고 소비자 모두에게 유익할 것이다.

식품공급 사슬에 블록체인 기술이 적용될 때 생산지 농장 세부사항, 배치 번호, 공장 및 가공 데이터, 유통기한, 저장온도 그리고 선적 세부사항과 같은 제품 정보는 식품 품목에 디지털로 연결되어 있고, 정보는 과정의 매 단계마다 블록체인에 입력된다. 매 거래에서 획득된 정보는 사업 네트워크의 모든 구성원들에 의해 일단 공감대가 형성되어 합의되어지면 이것은 변경될 수 없는 영구적인 기록이 된다. 정보의 각 부분은 제품에 관련한 식품안전 내용을 드러낼 수 있는 결정적인 데이터를 제공한다. 블록체인에 의해 생성된 기록은 소매상들이 개별 상점에서 제품의 유통기간을 더 잘

관리할 수 있도록 해주며 나아가서는 식품 신뢰성에 관련된 보호수단을 강화시켜 준다.

1) 식품공급 사슬에서의 개선

(1) 투명성

공급 사슬의 모든 단계의 정보를 입력하기 때문에 재배/사육조건을 포함한 생산농장 데이터, 배치(batch) 번호, 유통기한, 저장온도/조건, 선적일자 등의 공장/가공 데이터를 알 수 있다. 식품의 진본성을 파악할 수 있으므로 식품사기를 예방할 수 있다. 따라서 소비자 신뢰도가 향상된다.

(2) 효율성

전 과정에 대한 정보를 접할 수가 있기 때문에 식품 추적/이송/판매방법을 개선할 수 있다. 전통적 문서 및 수작업 추적 시스템은 불분명하므로 확실한 관리가 가능하다. 소매상의 경우 저장기간 관리가 수월해진다. 유통과정이 유선형으로 일관성이 있게 관리가 된다. 따라서 비용/낭비가 절감된다.

(3) 식품안전

식중독은 흔히 발생하고 비용이 많이 드는 보건문제이다. 세계보건기구(WHO)는 세계적으로 매년 10명 중 한 명은 식중독에 걸린다고 보고한다. 미국 질병관리본부는 미국에서만 매년 대략 4천 8백만 명이 식중독에 걸려서 12만 8천 명이 병원에 입원하고, 3천명이 죽는다고 보고하고 있다. 국내에서는 최근 5년 간(2012~2017. 8) 식중독은 1,834건으로 3만 5144명의 환자가 발생했고, 그로 인한 사회경제적 비용은 2조 8000억 원에 달하는 것으로 보고된다(식품의약품안전처, 2017). 식품은 공급 사슬에서 어느 곳에서든지 문제가 발생하면 소비자를 보호하기 위해 전 시스템을 폐쇄시킨다. 이것은 엄청난 비용의 손실을 야기한다.

㉠ 신속한 검출/리콜 대처

식품생산과 무역의 세계화는 식품의 접근성을 높여 주고, 소비자의 선택은 훨씬 다양해진 반면에 또한 공급 사슬은 더욱 길고 복잡하게 되었다. 더욱이 농장에서 식탁까지의 과정은 전보다 덜 투명해졌다. 식량 생산자, 공급자 그리고 소매상들이 강력한 식품안전 대책을 적용한다 하여도 점점 약화되는 투명성은 신속한 진단과 필요하다면 적용하는 리콜(recall)을 포함한 문제 해결을 더욱 어렵게 한다.

블록체인을 이용하면 식중독이 발생했을 때 책임성, 추적 가능성 및 품질 보증이 확보되어 추가적인 식중독 감염사태가 일어나는 것을 막을 수 있고, 회사가 이에 대응할 수 있게 된다. 일반적으로 수주 혹은 수개월이 소요되던 식중독 조사가 수초가 아니더라도 수분으로 단축될 수 있다. 이것은 소비자들에게 엄청난 신뢰를 줄 잠재력을 가진다. 왜냐하면 소비자들은 자기들이 구입하여 소비하는 식품에 대한 모든 것을 알 수 있고, 해당 식품이 거쳐 온 모든 곳을 완전히 믿을 수 있기 때문이다.

㉡ 비용/인명 손실 절감

블록체인 데이터베이스는 또한 소매상들이 일반적으로 접근할 수 있는 것보다 훨씬 많은 데이터를 보유할 수 있다. 이 기술을 채택하면 단일 영수증으로부터 식품이 생산된 방법 및 장소 그리고 검사한 사람에 관한 세부사항들, 공급자에 대한 정보를 포함한 핵심적인 데이터를 얻을 수 있다.

그렇게 되면 리콜은 여러 날 걸리는 것에 반해 훨씬 빠르게 채택될 수 있고, 식중독에 피해를 보는 사람의 수도 줄일 수 있다. 그러한 특정 정보에 접근하는 것은 또한 전략적으로 수백 개의 상점에서 모든 해당 식품을 철수시키는 대신에 오염된 포장단위 식품들만을 제외시키는 것이 가능하게 된다. 이것은 비용도 절감하고, 소비자 신뢰와 관련된 이해당사자들의 신용도 증가시키는 한편 브랜드 명성을 보호하는 추가적 혜택도 가지게 된다.

㉢ 오염사고 감소

공급 사슬 전반에 걸쳐 모든 단계의 정보를 관리할 수 있게 됨으로써 각 단계에서 발생할 수 있는 오염을 최소화 하도록 품질관리를 효율적으로 운영할 수 있다.

5.3 활용의 한계

다른 모든 변환 기술처럼 블록체인 기술도 극복되어야 할 몇 가지 장벽이 있다.

첫째, 이 기술이 효과적으로 작동되려면 식품공급 사슬의 처음부터 끝까지의 모든 행위자들에게 접근이 가능해야 한다. 농식품 분야는 비밀로 가득 차 있다. 현재 활용되고 있는 상태의 블록체인 기술은 많은 식품회사들에게는 문제를 야기하게 될 것이다. 따라서 블록체인 기술에 가장 중요한 도전은 참여도일 것이다. 이 기술이 활용되려면 모든 이해 당사자들이 이 기술을 채택해야 한다. 따라서 식품 산업계가 진정으로 투명성을 제고하기를 원하는가가 관건이 될 것이다. 산업계 지도자들은 기회로서 블록체인 기술을 받아들여 현재 전 식품산업에 영향을 미치는 디지털화에 추가해야 한다. 농식품 산업계의 투명성, 생산성, 경쟁력 그리고 지속가능성은 이 기술로 향상될 수 있다.

식품 유통분야에서 모든 회사들이 똑같지 않고 어떤 회사들이 다른 회사들보다 우월한 힘을 행사할 수 있다. 블록체인을 성공적으로 활용하려면 모든 참여 기관들의 적극적인 개입이 요구된다. 미국의 세계적 물류 유통회사인 월마트의 블록체인이 성공적일 수 있는 것은 이것이 월마트이기 때문이다. 하지만 수많은 회사들이 월마트와 동일한 영향력을 가지고 있지는 않다.

둘째, 가공할 수 있는 정보의 양이 제한된다. 모든 정보가 존재하고 접근이 가능하지만 기관들 간의 계약들 중에는 유지되어야 할 어느 정도의 비밀은 확보되어야 하는 것이 있기 때문이다. 비밀과 투명성 사이의 균형을 어떻게 유지할 것인가는 협의가 필요할 것이다. 또 다른 장벽들은 비용과 기술에 대한 지식이다. 데이터 입력 비용은 모든 식품산업 작업자들이 불리한 지역에서 일지라도 블록체인에 접근할 수 있을 정도로 낮아야 한다. 추가적으로 농촌 작업자들도 일상적으로 스마트폰/태블릿을 사용해야 하며, 데이터를 입력하기 위해 인터넷에 접근할 수 있어야 한다. 이러한 작업은 정밀농업을 사용하는 농민들에게는 친숙한 것이지만 블록체인이 성공적이기 되기 위해서는 세계적으로 농민들이 이 기술을 사용할 필요가 있다.

끝으로 블록체인 기술을 도입할 경우, 어떤 정보가 합법적이고 진정성을 가지며, 그런 정보를 누가 제어하고, 누가 정보에 접근을 관리할 것인가도 선행적으로 합의를 보아야 한다. 또한 이 블록체인 시스템에서 지불 시스템도 함께 처리할 것인가, 별개로 처리할 것인가도 고려해야 한다는 문제가 남아 있다.

6. 새로운 동물성 단백질 자원 생산기술

6.1 대체 단백질 자원의 필요성

세계적 축산물의 수요는 세계인구 증가와 중산층 증가 및 도시화의 확산으로 인해 지속적으로 증가할 것이다. 세계 식량농업기구(FAO)의 보고에 따르면 2050년까지 축산물 생산은 2006년도 기준 약 70%를 증가시켜야 한다. 이렇게 증가된 축산물 수요를 만족시키기 위한 가축 사육규모의 확대는 지구상의 토지와 물의 한계성과 공장 축산의 증가로 인한 식품 윤리 문제의 대두, 그리고 축산이 야기하는 지구 온난화의 높은 기여도로 인하여 어려움에 봉착할 것으로 예상된다. 이에 따라 지구 식량안보를 지키는 데에 공헌할 수 있는 지속가능하고 실행 가능한 식량 및 사료 자원으로서 다양한 새로운 동물성 단백질 자원 개발이 촉구된다.

개발도상국, 특히 아시아 지역에서의 경제발전과 도시화는 식량소비 형태를 변경시켜 세계적 식육 소비량을 지속적으로 증가시키고 있다. 이에 따라 식육생산 증가를 위한 가축사료 곡물의 수요는 점차 증가하고 있다. 동물성 단백질 1kg을 생산하기 위해서는 약 6kg의 식물성 단백질이 소요된다. 지구 기후변화에 의한 농업 생산성 저하와 바이오연료 생산을 위한 곡물 수요 증가는 곡물 가격의 상승을 가져와 식량안보에 심각한 우려를 자아내고 나아가서는 축산물 가격의 상승을 가져온다. 더욱이 토지와 노동 생산성은 과거보다 심각하게 낮아질 것이며, 식량과 사료 가격의 상승은 대체 단백질 자원개발의 필요성을 대두시켜 배양육, 해초, 식물성 및 곰팡이 단백질 혹은 미니가축 등에 대한 연구를 촉진시키고 있다. 그 대안 중의 하나가 곤충을 사육해서 수확하는 단백질이다.

6.2 곤충 이용의 장점

선진국에서는 곤충의 식용(entomophagy)을 열대지방의 미개인들이 하고 있는 이상한 식습관으로 여겨 왔다. 따라서 오랫동안 곤충을 인간이 소비하는 것은 문화적으로 적절치 않다고 생각해 왔고, 결과적으로 국제기구들에서 지속가능성과 식량안보 차원에서 조차도 거의 논의가 되지 않았다. 그러나 급속히 증가하는 세계인구와 지구상의 자원고갈은 우리의 식생활 패턴과 습관에 대해, 특히 식육소비에 대해 다시 생각하게 하였다. 곤충은 전 세계적으로 주로 개도국들에서 오래 전부터 식용으로 이용되어져 왔으며, 약 2,000여 종이 소비된다. 대부분이 야생상태에서 수집되지만 특정 종류는 식품이나 사료로 사육된다.

1) 새로운 사료자원

축산물을 포함한 동물성 식품에 대한 세계적 수요의 증가는 축산과 수산양식에서의 단백질 사료에 대한 수요를 증가시켰다. 이러한 추세는 세계인구 증가와 수산자원 고갈, 그리고 완만한 농업생산성 증가로 인해 사료가격의 상승을 가져온다. 이에 대한 대체 사료자원으로서 곤충은 가장 희망적이다. 동애등에(black soldier fly)나 집파리 유충은 고단백 고지방의 우수한 사료자원으로서 축산에서 어분이나 어유 혹은 대두박을 대체할 수 있고, 메뚜기나 갈색거저리 등도 양계나 양어 사료자원으로 활용될 수 있다.

2) 온실가스 및 암모니아 배출 저감

축산(가축 및 사료 운반단계 포함)에서 온실가스 생산은 지구상의 인간이 생산하는 것의 약 18%를 차지하는 것으로 알려진다. 인간이 생산하는 대기 암모니아 배출은 지구 표층수의 부영양화와 토양 산성화의 주범이고, 대부분이 농업분야에서 생산되며, 특히 그것의 2/3가 축산에서 발생한다. 곤충은 대부분의 가축보다 온실가스와 암모니아를 상당히 적게 방출한다. 또한 생산을 증대시키기 위하여 산림을 훼손할 필요도 없다. 결과적으로 전통 축산보다 생태 발자국을 적게 남긴다.

3) 단백질 생산 사료효율 우수

축산물 수요가 증가함으로써 곡물과 고단백질 사료의 수요가 더욱 증가할 것이기 때문에 사료효율은 특히 중요하다. 곤충은 냉혈동물이기 때문에 단백질 생산을 위한 사료효율이 매우 높다(표 1-3).

4) 인수공통 전염병 가능성 희박

공장식 축산은 가축 질병의 발생을 증가시키고 새로운 병원균이나 항생제 내성균들의 발현을 증가시킨다. 더욱이 인수공통 전염병의 발생을 증가시켜 인체건강을 위협한다. 곤충은 분류학적으로 가축보다 인간과 멀리 떨어져 있기 때문에 이러한 위험이 매우 낮음을 알 수 있다.

5) 물 사용량 절감

가축과 축산물 교역과 관련하여 국제적 실질 수자원 흐름(virtual water flow)은 심각하여 실질 수자원 흐름의 거의 절반이 사료곡물에 관련되어 있다. 이것은 축산물의 실질 수분함량이 곡물작물에 비해 월등히 높기 때문이다. 그 이유는 축산물 생산을 위한 조사료 및 곡물사료 작물을 생산하기 위해 투입되는 간접 수자원 투입이 높기 때문이다. 곤충 사육은 가축 사육처럼 꼭 토지에 근거하여 이루어질 필요가 있는 것도 아니고 더욱이 물을 적게 필요로 하며, 가뭄에 대한 내성이 높다. 따라서 지구 환경보호를 위하여 곤충사육은 기존 축산보다 동물성 단백질 생산에서 유리하다.

표 1-3. 전통적 고기생산과 귀뚜라미 생산효율

	귀뚜라미	닭고기	돼지고기	소고기
사료요구율 (생체중 기준)	1.7	2.5	5	10
가식중량(%)	80	55	55	40
사료요구율 (가식중량 기준)	2.1	4.5	9.1	25

6) 유기폐기물(Side stream)의 사료화

세계적으로 생산되는 식량의 약 1/3이 폐기된다고 보고된다. 이들은 부패하면서 메탄가스를 발생시켜 인간이 만들어 내는 온실가스 배출에 공헌한다. 개도국에서는 식량 폐기물의 수집처리가 어려워 점증하는 국가 문제로 대두되고 있다. 따라서 폐기물을 곤충을 이용하여 처리하는 것이 좋은 대안이 될 수 있다. 축산에서 배출되는 가축의 분뇨를 이용하여 곤충을 사육함으로써 건물량을 58%까지 감소시키고, 인과 질소 함량도 61～70%와 30～50% 정도 각각 저감시켰다는 보고도 있다. 더욱이 곤충 종류에 따라 가축 분뇨에서 키워진 애벌레의 지방함량이 높아 바이오연료 생산자원으로 활용할 수도 있다. 결국 유기폐기물을 이용하여 곤충을 사육하는 과정에서 생산되는 애벌레를 가축사료로서 활용하는 좋은 기술이 될 수 있다.

7) 경제 사회적 요인을 고려한 생계수단

곤충 사육은 저급기술과 저자본으로 수행이 가능하여 사회에서 여성이나 토지 무소유층 같은 극빈층도 참여할 수 있다. 더욱이 도시 및 농촌 사람 모두에게 소형 축산으로서 생계수단을 제공한다. 곤충 사육은 투자규모에 따라 고도의 기술을 사용하거나 혹은 저급기술로도 가능하게 한다.

8) 영양가 높은 식용자원

곤충은 건강에 좋고 영양가 높아 닭고기, 돼지고기, 소고기 혹은 생선 등과 같은 동물성 식품을 대체할 수 있다. 많은 곤충들이 단백질이 풍부하고, 지방의 품질이 우수하며 칼슘, 철 및 아연이 풍부하다. 건물 기준으로 단백질이 40～60%에 이르고, 필수아미노산 함량도 소고기와 콩과 유사하다. 불포화지방산 함량은 건물 기준으로 10～30%에 이른다. 또한 이미 많은 국가에서 전통적으로 식용으로 이용해 왔다. 그러나 영양가는 곤충 종류, 사육방법 및 사료 종류에 따라 다양하다.

9) 작물 보호수단

열대지방에서는 작물에 해충으로 작용하는 곤충들 중에 식용으로 이용할 수 있는 종류들은 주민들이 채집하여 먹을 수 있도록 권장하여 해충구제의 방법으로 활용한다. 따라서 농약을 살포하여 구충하는 것보다 식용으로 권장하여 구제하는 것이 환경보호차원에서 추천된다. 동남아시아 혹은 아프리카 지역에서는 식용 곤충의 채집 유통이 농민들의 소득원으로도 활용된다.

6.3 사육기술

역사적으로 대부분의 가식성 곤충은 야생에서 채집하였다. 야생 채집은 작물에서 채집된 것에 비해 농약오염에서 자유로워서 식용으로 유리하다. 식용으로 이용되는 야생 곤충은 남벌, 물 오염, 산림연소 등으로 공급이 감소한다. 야생 곤충의 공급은 과다한 채집과 생태계 훼손으로 위협받고 있다. 과다한 채집은 인구 증가로 인해 수요증가와 곤충의 생애를 이해하지 못하고 순환채집을 무시하는 수집인들의 채집으로, 생태계 훼손은 환경오염과 농약사용으로 인해 야기된다. 따라서 야생 곤충 개체수를 유지하기 위한 곤충의 생존과 번식을 위한 방법이 개발되어야 한다. 곤충을 위한 식량과 적절한 생활환경을 제공하고 지속가능한 수단으로 채집을 하도록 노력해야 한다.

그러나 누에나 꿀벌 같은 곤충은 비록 곤충 자체를 식용으로 이용하기도 했지만 오래 전부터 주로 부산물을 위해 사육되어 왔다. 연지벌레(cochineal)는 식용 붉은색 염료인 카민산(caminic acid)을 수확하기 위해 그리고 약용으로 사육하여 왔다. 남미나 사하라 이남 아프리카에서는 반인공 사육(semicultivation)으로 필요한 곤충들을 키운다. 현대에 와서는 태국이나 중국에서 상업적으로 곤충을 사육하고 있다. 그러나 곤충을 식량이나 사료로 권장하려면 대량사육 기술이 개발되어야 하고, 사료나 바이오 통제 그리고 멸균공정 개발, 품질관리, 생산성 및 병원성균 관리에 신경을 써야 한다. 더욱이 자동화 공정은 생산성 증대, 품질관리, 미생물 오염 저감 및 공간 활용에 이점을 가지는 것으로 보고되므로 상업적으로 가능한지 여부도 살펴봐야 한다.

식용을 위한 곤충은 대량 사육을 위한 사육시설과 사육조건에 대한 준비가 필요하다. 거저리 사육기술을 보면 사육상자를 준비하여 매 2~3개월 마다 청소를 해 준다. 거저리 사료는 4~6cm 높이로 쌓아놓은 당근이나 곡물을 이용한다. 거저리는 사육온도로 섭씨 24℃ 이상이 요구되어 종종 28~30℃가 이용되기도 한다. 상대습도는 60% 수준에서 가장 잘 자란다. 수확은 애벌레가 번데기 단계로 넘어가기 전에 실시된다. 왜냐하면 이때에 체중이 줄기 시작하기 때문이다. 가장 효율적인 생산은 애벌레가 체중 100~110mg 정도 되었을 때이다. 일반적으로 8~10주령에 이 정도의 체중에 도달한다. 수확 때가 되면 곤충은 24시간 굶겨서 모든 분뇨를 배설하도록 하고, 불필요한 고통을 야기하지 않도록 냉동고에 넣어 죽게 한다.

6.4 영양가

수많은 가식성 곤충들의 영양성분 구성은 매우 다양하여 그들의 영양 가치를 일반화하기가 어렵다(표 1-4). 곤충의 종류뿐만 아니라 그들의 발달단계 그리고 사료가

표 1-4. 식용곤충의 영양성분 함량 비교(100g 기준)

(Payne et al., 2016)

	우육	계육	돈육	귀뚜라미 (성체)	꿀벌 (새끼)	누에 (번데기)	모페인 애벌레 (탈피 중간단계)	야자수 바구미(유충)	거저리 (유충)
단백질(g)	19.2~21.6	18~22	18.6~21.5	13.2~20.3	12.3~18.1	13.5~20.8	35.2~44.6	8.38~20.7	18.1~22.1
지방(g)	5.1~15	4~13.9	4~16.2	3.51~6.05	3.27~4.52	7.63~11.9	14.5~15.2	24.7~38	11.2~15.4
포화 지방산(g)	2.48~6.1	0.8~4	1.4~5.45	2.28	2.75	2.94~3.95	5.74	8.31~32.3	2.59~4.17
나트륨(mg)	52.5~66.5	69~89.5	55.5~67.5	143~178	19.4	14	-	1.2~109	46.9~54.2
칼슘(mg)	5~8.25	6.75~12	6~10	49.8~287	22.7~37.3	42	700	0.028~48	42.9
철분(mg)	1.54~2.31	0.7~1	0.7~0.8	2.47~8.01	15.2~21.9	1.8	-	0.528~8.4	1.6~2.45
요오드(mg)	9~11	5~7.5	5	0.021	-	-	-	-	0.017
비타민 C (mg)	0	0~2	0~0.25	3	10.25	-	-	0.00425	12
티아민(mg)	0.07	0.0675~0.12	0.635~0.928	0.04	-	0.12	-	-	0.24
비타민 A (mg)	0~2	0~16.5	0	6.44~24.4	19.1~27.4	-	-	11.3	5.7~20.5
리보플라빈 (mg)	0.17~0.25	0.125~0.22	0.18~0.28	3.41	3.24	1.05	-	2.21	0.81
니아신(mg)	4.05~5.25	4.87~7.65	4.85~6.86	3.84	-	0.9	-	-	4.07

영양성분의 중요한 결정요인이다. 인체영양에서 요구되는 단백질 품질은 아미노산 구성과 소화율로 측정한다. 따라서 다양한 곤충 중에서 해당지역의 주식에서 결핍되는 아미노산을 공급할 수 있는 것을 식용으로 선발하는 방법이 추천된다. 지방산 함량도 우수하여 포화/불포화 지방산 비율도 곤충의 것이 축육이나 어육에 비해 우수하다. 미량영양소 중에서는 개도국 여성과 어린이들에서 결핍이 널리 퍼져 있는 철분과 아연을 공급해 주는 우수한 자원으로서 곤충의 가치가 부각된다.

6.5 안전성

곤충을 식용이나 사료로 사용할 때에는 식용 곤충이나 곤충에서 유래한 재료들의 소비자 및 가축 안전성을 규명하고 저감시켜야 한다. 미생물적, 화학적, 독성학적 그리고 알러지 등과 관련하여 사전에 점검하여 소비자나 가축에게 피해가 없도록 해야 한다. 곤충은 날 것에는 식중독 세균이나 다양한 독성물질들이 함유되어 있을 위험성이 있으므로 끓이거나 열처리를 하거나 햇빛에 말려서 독성물질을 제거하여야 한다. 곤충의 키틴이나 키토산은 양계사료에서 항생제의 대체효과를 보여주는 것으로 보고된다. 어린 시절에 곤충 소비를 통해 충분한 키틴이 공급되면 알러지의 발현이 감소된다는 주장도 있다.

6.6 이용방법

많은 종류의 곤충들이 식용으로 이용될 수 있으며, 현재 이용되고 있다(그림 1-8). 대부분의 식용 곤충은 야생에서 채집되므로 특별한 저장방법을 사용하지 않는 한 계절적으로 유통된다. 아시아 지역에서는 통조림으로 유통하기도 하지만 대부분은 산채로 시장에서 유통된다. 아프리카나 아시아의 나라에 따라서는 채집 후 내장을 적출한 다음 볶거나 햇빛에 말린 후 포장하여 유통한다. 가공은 영양가에 영향을 미쳐 가열은 단백질 함량과 소화율을 저하시키며, 광물질 함량은 증가시킨다. 따라서 상업적 유통을 위해서는 적절한 가공방법이 연구되어야 할 것이다. 나아가서는 식품 첨가물로서 식용곤충을 이용하려면 추출, 정제, 단백질 용해도, 열안정성, 젤화 용량, 유화력, 기포력, 관능적 성질 등에 관한 연구가 이루어져야 한다. 사료로 이용하기 위해 단백질 추출방법은 비용이 과다한 공정이므로 곤충을 사육, 수확, 건조, 분쇄, 포장하여 사료로서 활용할 수 있겠으나 우선 적정 첨가수준을 확립하는 것이 선행되어야 한다.

수산양식이나 새들의 사료로서 곤충을 이용하는 것은 큰 어려움이 없을 것이다. 그러나 인간의 식용으로 이용하는 것은 상당수의 곤충이 여러 식문화에서 이미 수용되

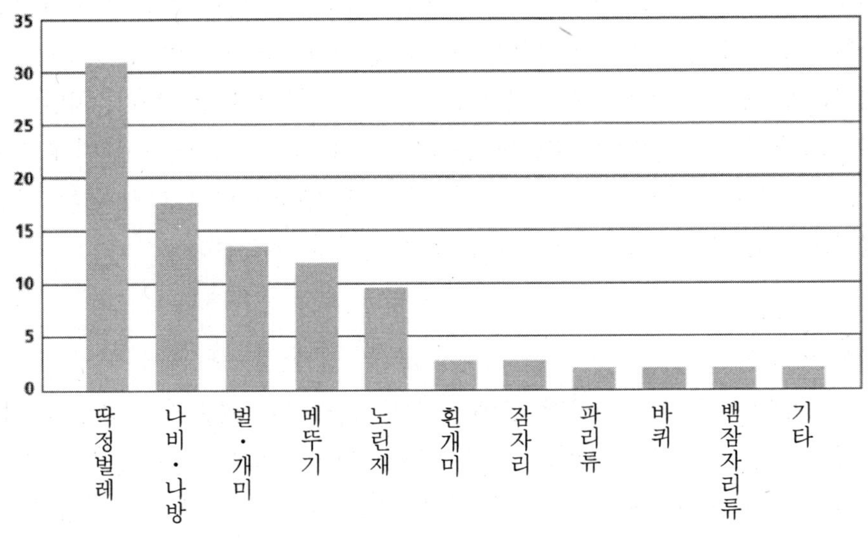

그림 1-8. 세계의 식용 곤충 종류 (Jongema, 2012)

고 있지만 금기도 있다. 식용으로 수용되는 것은 개인적, 문화적, 상황적 요인들 그리고 선호도에 의해 주로 영향을 받지만 근본적으로는 관능적 및 건강효과가 고려된다. 인간은 새로운 식품을, 특히 동물성 식품을 기피하는 경향이 있다. 새로운 식용곤충에 대한 사람들의 반응은 관심과 주저함이다. 새로운 동물성 식품에 대한 기피 반응은 그것에 대한 혐오적 성질을 낮춰줌으로써 완화시킬 수 있다. 곤충을 훨씬 전통적인 형태의 식품으로 변형시키거나 추출 정제된 곤충 단백질을 식품에 첨가함으로써 대체 단백질 공급원으로 활용하는 가공전략을 활용할 수 있을 것이다.

6.7 문제점

균일한 고품질의 곤충 바이오매스를 생산할 수 있는 비용효율이 높고 신뢰할 만한 시스템을 확립하는 것이 성공의 관건이 될 것이다. 또한 곤충을 가축 사료용 단백질 자원이나 식품용 첨가물로 활용하기 위하여 가공기술과 식품안전(농약, 오염물질, 중금속, 병원균, 알러지원 등) 문제가 중요할 것이다. 곤충 사육시 동물복지는 가축처럼 사육밀도는 크게 문제 되지 않겠지만, 일부에서는 곤충도 고통을 느낀다는 주장이 있어 관심을 가져야 할 것이다.

곤충을 식용화 하는 사업이 성공적이 되려면 정부와 산업계 및 학계가 공동으로 노력해야 한다. 이것은 다분야 간 접근이 필요하고, 마케팅이나 소비자 수용 분야는 학제 간 혹은 초학제 간의 노력이 요구된다(그림 1-9).

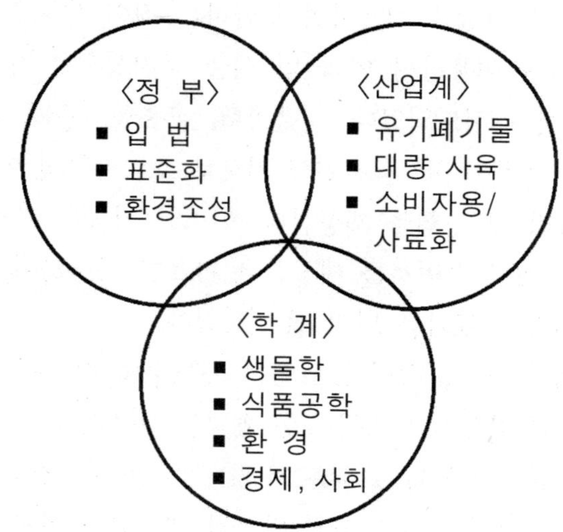

그림 1-9. 곤충 식용화를 위한 정부, 산업계 및 학계의 상호관계 (van Huis, 2013)

6.8 전 망

전통적으로 곤충을 식용으로 이용해온 지역의 소비자와 전혀 경험이 없는 문화 속에서 살아온 소비자들 간에는 곤충을 식량으로 보급하는 전략이 달라야 한다. 곤충을 소비해본 적이 없는 일반 대중에게 식량자원으로서 곤충을 보급하는 것은 소비자 수용도가 매우 중요한 걸림돌이다. 곤충을 식량화하는 것의 이점으로서의 환경보호와 건강효과에 대한 개인적 태도가 곤충을 함유한 소비자 상품을 받아들이는 결정요소가 된다. 곤충을 먹어본 적이 없는 소비자들은 혐오스럽고 맛이 역겨울 것이라는 개인적 인식이 소비 시도에 장애요인으로 작용하는 것으로 보고되어, 식품 윤리적으로 곤충의 소비가 지구환경 보호에 큰 공헌을 하고 축산물에 비해 영양적으로 우수함을 지속적으로 교육 홍보하여 소비자 인식을 정치 사회적으로 전환한다면 마케팅 전략으로서 효과가 있을 것이다.

나아가서는 상품의 형태가 소비자의 태도에 영향이 매우 큰 것으로 알려진다. 따라서 식품이 어떻게 배합되고, 어떻게 조리하고, 소득수준, 상품의 가시성 및 가득성, 제공되는 지역과 상점, 가격, 소비자 심리 그리고 상품 디자인 등이 소비자의 반복소비를 조장하는 전략을 위해 종합적으로 고려되어야 할 것이다. 이들은 또한 대상 소비자를 어느 층으로 목표를 삼을 것인가도 매우 중요하다. 미래 시장의 중심이 될 어린이와 청년층을 대상으로 할 것인지, 아니면 현재 소비자 중의 '조기 수용자'를 대상으로 할 것인지도 심사숙고해야 한다.

새로운 식품은 새로운 기술을 이용하여 보급하는 것이 새로운 전략이 될 수도 있다. 3D 식품인쇄 기술을 이용하여 미적 및 식품 조직상으로 새로운 식품을 곤충을 재료로 하여 만드는 것이 시도되었다. 식품공학, 곤충학, 공학, 프로그래밍 및 제품 디자인 분야 간의 협동과제인 3D 식품인쇄 기술로 소비자들의 인식을 변경시킬 상품 외관과 새로운 조리방법 및 경험을 제공한다. 이러한 기술은 곤충을 식용으로 해 본 경험이 적거나 없는 선진국 소비자를 대상으로 활용이 가능하여 다양한 측면에서 지구환경 보호와 자원절약의 효과를 가져 올 수 있다.

다른 한편으로는 영양실조를 경험하고 있는 개도국의 사회적 소외계층을 위한 효과적인 구제 방법으로의 활용이다. 부수적인 효과는 곤충사육은 저소득층이 저비용으로도 경영이 가능하므로 농가소득 증대를 기대할 수 있다는 것이다. 문제는 점증하는 곤충산업에 대한 관심도 기존의 농업처럼 다국적 대기업의 독점 같은 폐해를 가져올 가능성을 배제할 수 없다는 것이다. 따라서 기술적이고 소비자 홍보 측면의 연구도 필요하지만 정치 사회적으로 이에 대한 대비도 아울러 필요할 것이다.

곤충을 대량 생산하여 소비자용뿐만 아니라 산업적 용도로 활용할 수 있는 방법도 제시되었다. 참외벌레나 수수벌레에서 기름을 추출하여 생산된 곤충유를 튀김용으로, 젤라틴을 생산하여 아이스크림에 사용되는 기존의 돈피나 우피 젤라틴을 대체하고, 곤충유를 에스테르 교환반응으로 바이오디젤로 생산을 시도하여 희망적인 결과를 보여줬다. 따라서 곤충산업은 단순히 지속가능한 식량생산을 위하여 소비자를 위한 식용 혹은 가축 사료자원 확보의 목적 이외에도 개도국 영양실조 해결 수단으로, 나아가서는 산업적 용도로도 곤충을 활용할 수 있는 가능성을 보여주고 있으므로 앞으로 어떻게 다분야 간 협동연구를 통해 활용 목표를 설정하느냐에 따라 성공여부가 결정될 것으로 판단된다.

제 2 장

식육의 미래

현대 소비자들은 다양한 경로를 통해 습득하는 정보를 통해 자신의 식생활이 긍정적으로 혹은 부정적으로 영향을 받는다. 소득이 증가할수록 식품 소비가 배고픔을 해결하는 수단이 아니고 삶의 즐거움의 일부분이 되어감에 따라 소셜미디어(social media)에서는 다양한 음식 관련 프로그램을 제공하여 더욱 많은 사람들이 먹는 것에 관심을 갖게 한다. 이에 덧붙여 국가 경제 수준이 향상됨에 따라 비만, 당뇨, 혹은 서구식 심혈관계 질환으로 고통을 받는 사람의 수가 급격히 증가함으로써 현대적 식생활과 식량 생산 시스템에 대한 회의가 점증하고 있다.

대량 생산, 공장식 축산, 세계화된 식량 시스템에 대한 부정적 견해가 팽배해지면서 건강한 식생활, 자연 축산, 유기 축산, 혹은 지속가능한 식량 생산에 대한 관심이 증대되고 있으나, 국내 소비자들은 서양과는 달리 아직은 윤리적 식생활에 대한 관심은 미약하고, 자신들의 건강과 관련한 사항에만 집중하고 있는 것 같다.

1. 식육 소비

지구상의 인구수는 UN의 예측에 의하면 2050년까지 90억 명이 넘을 것이다. 선진국의 출생률은 감소하여 인구가 줄어들 것으로 예상하지만, 지구의 다른 한 편에 있는 많은 개도국에서, 특히 사하라 남부 아프리카 지역의 인구는 지속적으로 증가할 것으로 기대되어 지구상의 인구수가 증가되는 결과를 가져온다. 이러한 증가된 인구를 먹여 살리기 위하여 식량공급은 증대되어야 한다. 따라서 세계 식량 생산은 2050년에는 2005~2007 수준보다 60% 증산을 이룩하여야 한다고 보고된다(그림 2-1). 이 중에서 식육은 75% 증산이 필요하다고 예측한다. 식량 수요의 주된 요인은 세계인구 증가와 개인당 소비량 증가이다. 개인당 식량 소비량의 증가는 소득 증가와 밀접한 관계가 있다.

선진국과 개도국에서의 식육소비 상황은 다르다. 선진국에서는 식육의 소비가 정체되는 반면에 개도국에서는 축산물의 소비가 증가한다. 고기의 종류별로 닭고기 소비는 선진국에서 증가하고 있지만 적육의 소비는 정체되어 있는 반면에(그림 2-2) 개도국에서는 전반적으로 식육의 소비가 증가한다(그림 2-3). 소위 BRICS라고 칭해지는 브라질, 러시아, 인도, 중국 그리고 남아프리카공화국에서의 중산층의 비율이 지속적으로 증가했고(그림 2-4), 이들을 통한 식육 소비 증가는 세계 식육 소비량 증가를 주도해 왔다.

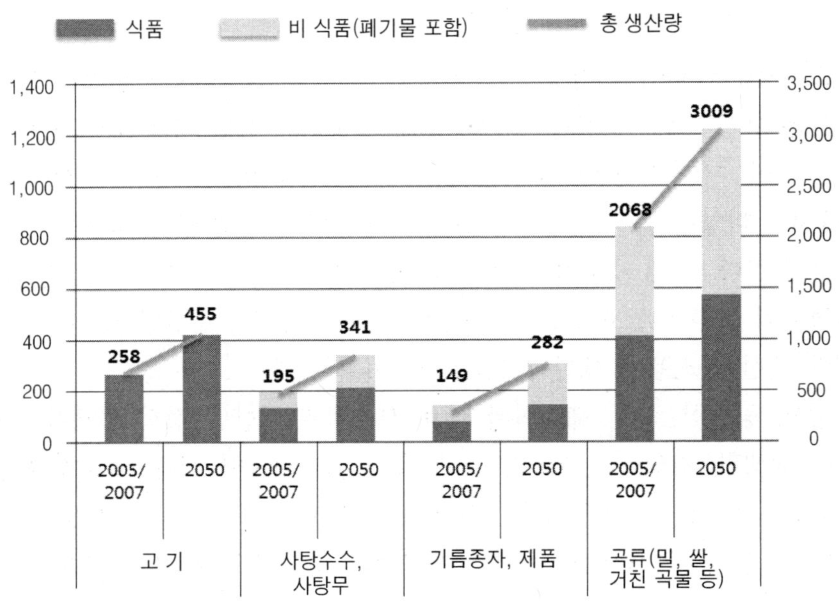

그림 2-1. 세계 식품 수요량 변화 (단위 : 백만 톤)

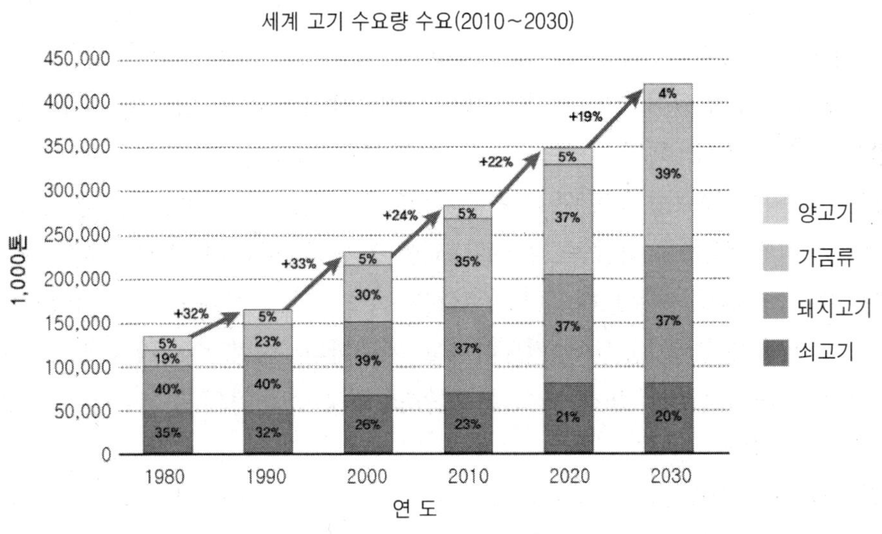

그림 2-2. 세계 고기종류별 수요 변화

WHO/FAO 전문가들은 소득수준과 주식 대신에 고기, 우유 및 계란을 포함한 동물성 단백질 소비의 증가는 강한 정의 상관관계가 있음을 보여줬다(그림 2-5). 또한 세계는 점점 더 도시화되어 가고 있어 도시 인구수가 농촌에 사는 인구수를 능가했다. 도시지역은 일반적으로 농촌지역보다 소득이 높아 식품비용이 상대적으로 낮아 엥겔지수는 낮다. 농촌의 소득이 상대적으로 낮아 값싼 식품 위주로 전통 음식에 치

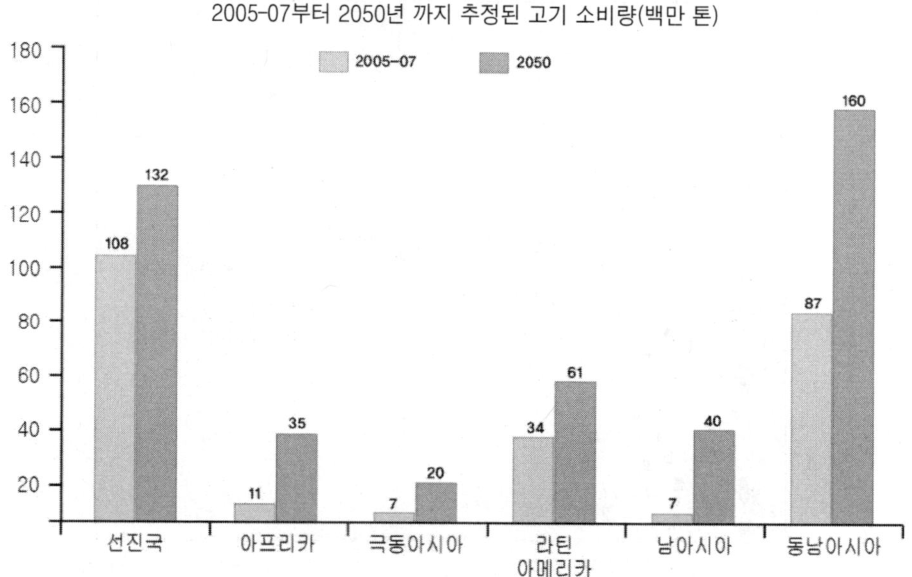

그림 2-3. 세계 지역별 고기 소비변화

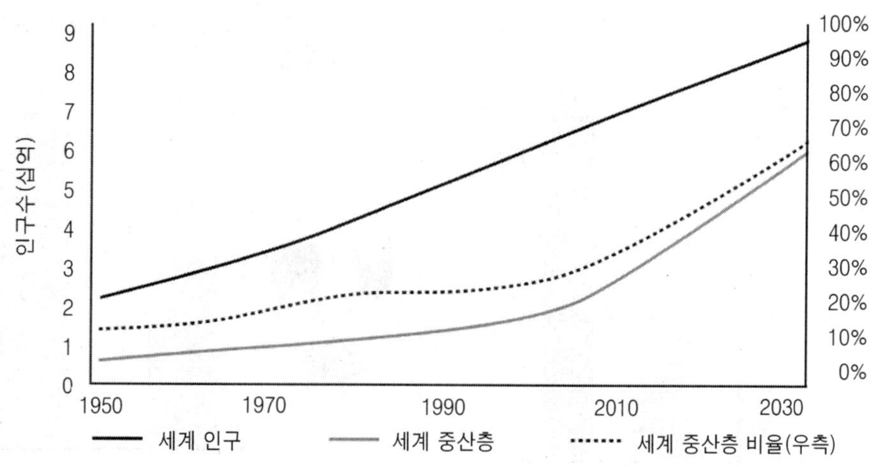

그림 2-4. 전 세계 중산층 증가 추세 (Kharas, 2017)

중하여 채소와 곡물 위주로 저지방식인 반면에 도시인은 고에너지, 설탕, 정제곡물, 지방 식품의 섭취가 높고 가공식품의 소비가 증가한다. 더욱이 고기, 우유 및 유제품을 포함한 동물성 단백질이 풍부한 식품의 소비도 증가한다. 따라서 도시화는 동물성 식품의 수요를 유발하는 주된 동인으로 간주된다(그림 2-6). 왜냐하면 사회기반시설, 냉장체제 등의 확립으로 인해 신선식품의 유통이 증가하기 때문이다.

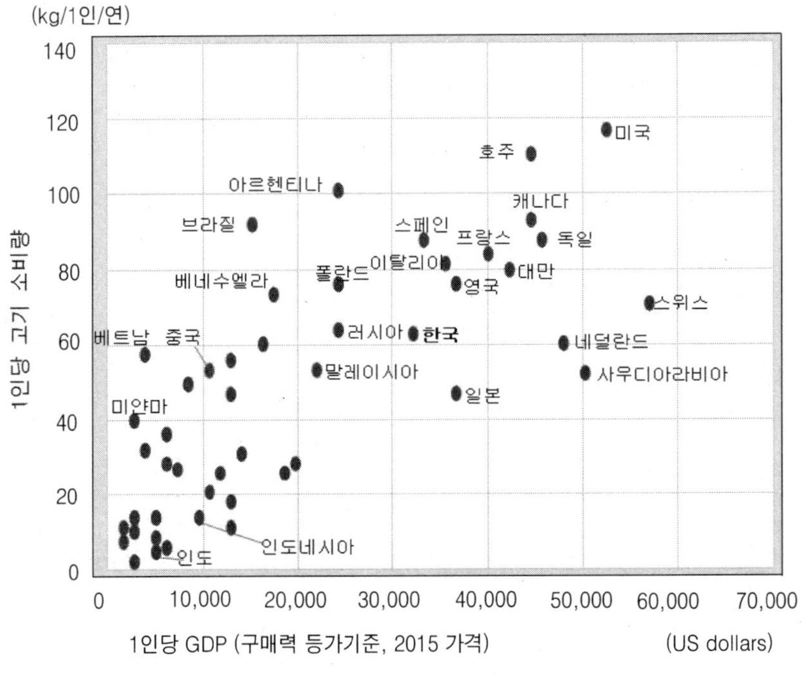

그림 2-5. 소득과 고기소비의 상관관계 (Nozaki, 2016)

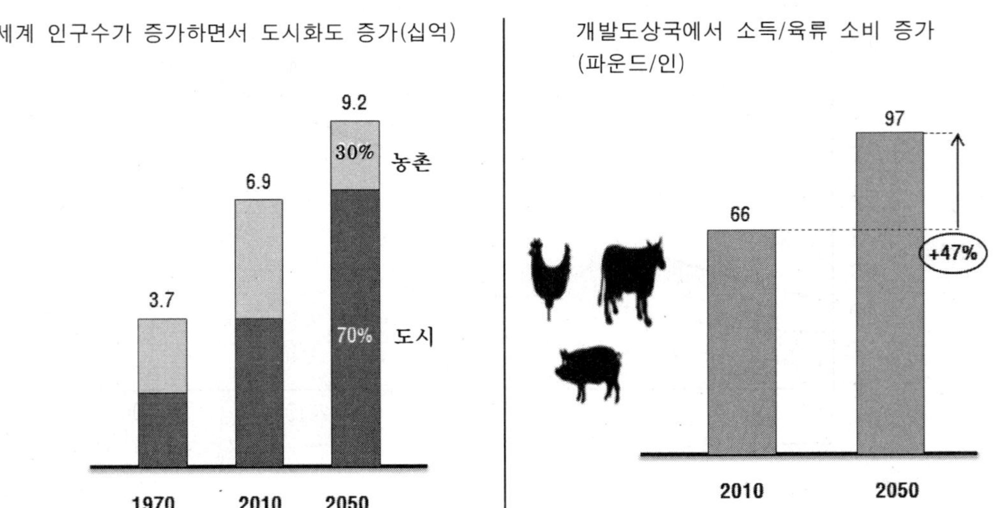

그림 2-6. 도시화 추세

1.1 소비의 유해와 유익

인간은 오랜 진화과정에서 많은 양의 식육을 소비하는 것에 적응되어져 왔다. 하지만 최근에 많은 역학조사 결과들이 식육과 식육제품들의 소비가 인체에 심혈관질환(cardio vascular disease, CVD)과 대장암을 유발하는 것으로 보고하고 있다. 이러한 질병들을 야기하는 식육 성분으로 지목되는 것들에는 지방함량, 지방산 구성, 고온에서 조리할 때 생성되는 이종환식 아민(heterocyclic amines, HCA)과 같은 발암물질 등이 있다. 이에 관련된 많은 연구 결과 보고들이 있지만 모든 결과들이 항상 일관성을 보여주는 것도 아니고 분석 방법들에 대한 문제점 제기도 있어왔다. 마찬가지로 식육 소비는 인체에 가져다 준 유익한 효과도 많았기 때문에 건강에 대한 위해주장과 유익함이 동시에 평가되어 일반 소비자들이 객관적이고 과학적인 식육소비를 실천할 수 있도록 도와주는 것이 과학을 하는 사람들의 의무이고 책임 있는 행동일 것이다.

식육소비는 개인의 부유함, 성별, 나이, 종교, 비만도, 총 열량섭취 등 사회 경제적 상황에 영향을 받는다. 총 식육 소비량은 적육(소고기, 양고기, 돼지고기 등 포유류 고기)과 백육(닭고기, 칠면조 고기 등 조류 고기)을 포함한 신선육과 가공육(햄, 베이컨, 소시지, 햄버거, 통조림 등)을 포괄한다. 우리나라는 식육 소비가 양적으로 세계에서 14위(2014년)이다(그림 2-7). 연간 소비 증가율도 아시아 지역에서는 상위에 속한다(그림 2-8).

고기 종류별로 보면 아직 백육보다는 적육 소비가 많다(표 2-1). 세계 암연구 재단(World Cancer Research Foundation, WCRF)은 2007년 일일 71g 혹은 일주일에 500 g 이하의 적육 소비를 권장하고, 가공육은 전혀 소비하지 말기를 추천하고 있다. 국내 통계에서는 신선육과 가공육 소비를 구분하지 않고 있고, 2015년 국내 통계로 적육 소비는 일일 91g을 상회하는 것으로 계산되지만, 일반적으로 국가적 소비량 계산 시 소비량이 과다 계상되는 경향이 있음이 보고되고 있다.

1) 위 해

식육소비가 위해요인으로 거론되는 심혈관 질환은 관상동맥성 심장병(coronary heart disease, CHD), 중풍, 심근경색(myocardial infarction, MI)을 포함한다. 적육 소비량이 많은 사람이 소비량이 적은 사람보다 심혈관 질환에 걸릴 위험이 높다는 연구조사 결과는 식육소비 자체보다 식생활 패턴이 더 영향이 크다는 것을 보여주고 있다. 식육 소비의 부정적 영향은 주로 적육의 지방량과 지방산 구성에 기인한다고 주장해 왔다. 심혈관 질환의 위험을 낮추려면 혈중 콜레스테롤 증가 효과를 가져오는 지방, 포화지방산 및 트랜스 지방산 섭취를 줄여야 한다고 주장한다.

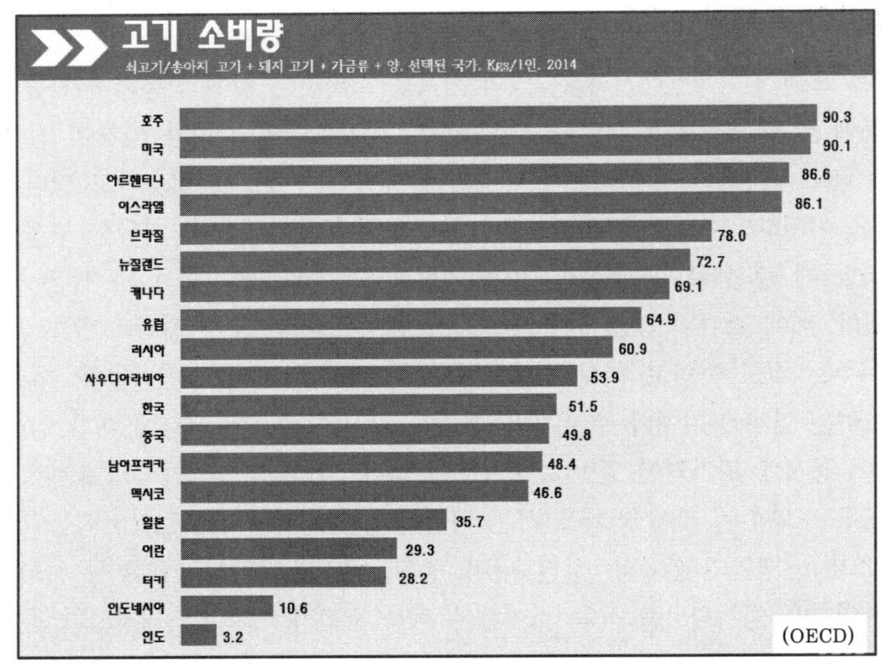

그림 2-7. 나라별 고기 소비량

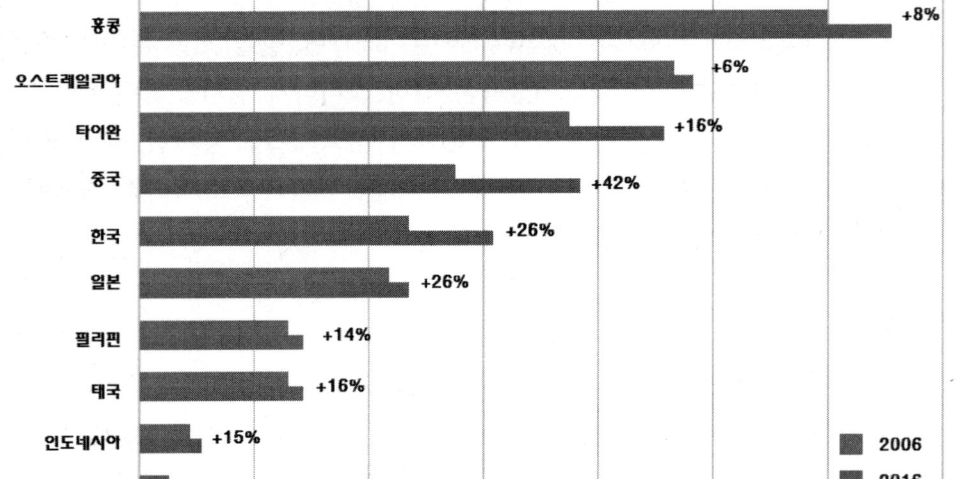

그림 2-8. 아시아 국가들의 고기소비량 증가 비율 (Rabobank, 2017)

표 2-1. 한국 국민 일인당 고기 종류별 연간 소비량 변화(단위 : kg)

연 도	소고기	돼지고기	닭고기	계
1995	6.7	14.8	6.0	27.5
2000	8.5	16.5	6.9	31.9
2005	6.7	17.8	7.6	32.1
2010	8.8	19.3	10.7	38.8
2012	9.7	19.2	11.6	40.5
2014	10.8	21.8	12.8	45.4
2015	10.9	22.8	13.4	47.1
2016	11.6	24.1	13.8	49.5
2017*	10.3	28.7	16.7	55.7

* OECD 추청치(양고기 포함)

문제가 되는 소고기의 포화지방산은 myristic acid(C14:0), palmitic acid(C16:0)이고 stearic acid(C18:0)는 문제가 되지 않는 것으로 보고된다. 이 포화지방산들이 문제가 되는 것도 일일 고기 소비량이 많은 소비자들에게 국한된 것이지, 일일 72g 이하의 적당량 소비자들에게는 전혀 문제가 없다. 식육 소비 시 절대 지방섭취량보다 지방산 구성이 더 중요함도 잊지 말아야 한다. 더욱이 현대 축산에서 가축 육종의 발전으로 과거보다 지방함량이 적은 고기를 생산하고 있기 때문에 적육 살코기 소비는 백육이나 생선 소비와 비슷한 결과를 가져온다는 보고도 있다.

식품 가공 시 발생하는 불포화지방산의 트랜스화로 인하여 생성되는 지방산이 혈중 콜레스테롤을 높여 심혈관 질환에 나쁜 것으로 보고되어 각국의 식품 성분표에 트랜스 지방산 함량을 표기토록 하고 있다. 그러나 식품가공 시 형성되는 것이 아닌 가축의 반추위에서 발생하는 미생물에 의한 트랜스화로 우유나 고기에 존재하는 천연 트랜스 지방산인 trans-vaccenic acid(C18:1, trans-11)는 총 콜레스테롤 함량이나 혈중 함량 혹은 LDL(low density lipoprotein, 저밀도 지단백질) 함량에 전혀 영향이 없는 것으로 보고된다. 이것은 오히려 CLA(conjugated linoleic acid)의 전구체이므로 건강에 유익한 효과가 있을 것으로 추정하고 있다.

최근 지금까지의 많은 연구결과들을 종합하여 적육과 가공육의 소비량이 대장암 위험과 관계가 있다는 연구는 신빙성이 있다고 결론을 내렸다(WCRF, 2007). 그러나 여전히 적육 소비가 대장암 발생과 전혀 관계가 없다는 연구 결과들이 보고되고 있고, 실험 설계상에서 시료 숫자나 식이분석 방법 혹은 시험기간의 다양함 그리고 암 발생인지 단지 선종(adenoma) 인지의 논란이 여전히 결론을 내리기 어렵게 만들고 있다. 일반적으로 주장되는 적육의 발암성은 식육의 종류(적육 혹은 가공육), 조리방법, 섭취량 그리고 개인적 유전적 위험도에 관련되어 있다고 주장된다.

가장 신빙성이 있는 돌연변이 유발물질 형성 기작은 적육을 고온에서 조리할 때 이종환식 아민(HCA)들과 다환성 방향족탄화수소(polycyclic aromatic hydrocarbon, PAH)들이 형성된다는 것이다. 현실적으로 대장암 발생의 대부분은 식생활과 생활방식과 관련 있는 것으로 보고된다. 따라서 적육 소비 한 가지만이 대장암 발생의 원인일 수가 없고, 흡연이나 운동부족 등의 다양한 위험 요인들의 상호작용의 결과로 판단되어지기 때문에 적육 소비량만을 줄임으로써 위험을 줄일 수는 없고 균형잡힌 식단을 유지하여야 된다. 하지만 비록 서로 상충되는 연구결과들이 보고되고 있지만 적육 소비가 대장암 발생에 무관하다는 증거를 보여주지 못하고 있으므로 세계 암연구재단의 권고사항들, 일주일에 500g 이하의 적육 소비와 가공육 섭취의 최소화 그리고 매우 높은 온도에서 고기를 굽지 말기를 준수하는 것은 여전히 유효하다.

2) 유 익

식육의 지방산 조성은 고기의 종류, 가축 나이, 성별, 품종, 사료, 식육 부위 등에 따라 다양하다(표 2-2). 소비되는 식육의 지방을 구성하는 지방산 종류가 다가불포화지방산(polyunsaturated fatty acids) : 포화지방산(saturated fatty acids)의 비율 소위 P/S 비율이 증가하면 혈중 콜레스테롤 수준이 감소하는 것으로 보고된다.

적육의 근내지방의 대략 절반은 불포화지방산이다. 주로 단가불포화 지방산인 올레산(C18:1)이고, 약간의 불포화지방산은 리놀산(C18:2)과 리놀렌산(C18:3)이 포함되어 있다. 적육 살코기는 리놀렌산과 장쇄 오메가-3 지방산인 EPA(C20:5), DPA(C22:5), DHA(C22:6)를 함유하고 있다. 오메가-3 지방산의 심혈관 질환에 유익한 효과는 이미 잘 알려져 있지만 중추신경계와 눈망막 기능 그리고 염증반응에 유익한 효과가 보고되고 있다.

비록 지방질 생선에 비해 함유량은 적지만 고기가 주된 섭취원인 소비자들에게는 매우 중요한 영양인자로 작용한다. 이들은 주로 식물에서 유래하기 때문에 초지에서 방목된 가축의 고기에서 더 많이 발견된다. 최근에는 고기에 들어있는 CLA의 유익한 효과가 각광을 받는다. CLA는 반추위에서 섭취된 리놀산으로부터 형성된다. 주된 것은 루멘산(rumenic acid)이며, 방목된 가축의 고기가 더 많이 함유하고 있다. 동물실험에서 항암효과와 항아테롬 효과가 관심을 받고 있고, 인체의 면역기능 조절효과가 있는 것으로 보고된다.

고기는 지금까지 인체에 유익한 단백질 공급원, 빈혈치료에 좋은 철분, 비타민 B_{12},

아연 등의 우수한 공급원으로 인류 식생활에서 필수적인 품목으로 인정받아 왔다. 비록 최근에 건강에 부정적인 사안들이 부각되면서 고기소비에 대한 염려가 늘어난 것도 사실이다. 그러나 시간이 지나면서 새로운 사실들이 부정적인 것뿐만 아니라 긍정적인 것들도 밝혀지므로 균형잡힌 식생활을 영위하는 것이 무엇보다도 중요하다는 것을 인식할 필요가 있다.

표 2-2. 고기(적육) 종류별 지방산 조성

	쇠고기	양고기	돼지고기
스테이크			
지 방[a]	15.6	30.2	21.1
근 육[b]			
16:0 palmitic	25.0	22.2	23.2
18:0 stearic	13.4	18.1	12.2
18:1 n-9 oleic	36.1	32.5	32.8
18:2 n-6 linoleic	2.4	2.7	14.2
18:3 n-3 α-linolenic	0.70	1.37	0.95
20:4 n-6 arachidonic	0.63	0.64	2.21
20:5 n-3 EPA	0.28	0.45	0.31
22:6 n-3 DHA	0.05	0.15	0.39
총 지방산	3.8	4.9	2.2
P:S	0.11	0.15	0.58
n-6:n-3	2.11	1.32	7.22
지 방[c]			
16:0 palmitic	26.1	21.9	23.9
18:0 stearic	12.2	22.6	12.8
18:1 n-9 oleic	35.3	28.7	35.8
18:2 n-6 linoleic	1.1	1.3	14.3
18:3 n-3 α-linolenic	0.48	0.97	1.43
C20 - C22 n-3PUFA[d]	ND	ND	ND

ND : 검출할 수 없음, [a] : 스테이크의 %, [b] : 총 지방산의 %, [c] : 근육의 %,
[d] : 지방조직의 %.

2. 식육 생산

열대지방의 산림훼손은 단연코 농업확장이 주된 원인이다. 그 중에서 가축 생산과 사료생산이 모든 농지의 약 3/4을 차지한다. 가축은 지구상 곡물 생산량의 1/3을 소비한다. 인간의 축산물 소비는 현대 멸종의 주된 원인이다. 결국 축산물 소비는 산림훼손뿐만 아니라 토양파괴, 공해, 기후 변화, 수산물 남획, 해안침적, 외래종 침입방조의 주된 동인이며, 야생 육식동물 및 초식동물 감소의 동인이다. 축산물 소비는 지구상 어디에서나 진행되지만 소비 수준, 종류 그리고 축산의 수준은 지역별로 다양하다. 세계 식육 소비의 절반은 개도국에서 이루어진다. 이것은 고기 소비량 증가가 선진국에서 보다 개도국에서 더 빨리 증가하기 때문이다. 비록 사하라 이남 아프리카 국가들에서는 소비량이 적지만 아시아와 남미에서의 증가는 괄목 할만하다. 이에 따른 산림훼손과 야생생물종의 생존 위협은 증대되고 있다.

2.1 지구 환경변화에 대한 축산의 영향

세계적으로 인류 생산 온실가스의 약 14.5%는 축산으로부터 야기되는 것이다. 이것은 교통수단에서 직접 발생하는 양과 대략 비슷하다. 산림훼손과 곡물재배 확충을 통한 토지 사용목적의 변화는 매년 가축으로부터 탄산가스 생산이 24억 톤에 이르고, 메탄가스는 탄산가스 22억 톤에 맞먹는 양을 배출한다. 또한 사료생산을 위해 사용되는 질소 비료와 가축분 생산은 농업이 배출하는 년간 아산화질소(N_2O)의 75~80%를 생산하다고 보고된다. 이는 탄산가스 22억 톤에 해당하는 양이다.

가축이 배출하는 분뇨에서 생산되는 질소의 양은 지구상에서 사용되는 질소비료의 양을 능가한다. 토지사용 목적 변화는 산림이 초지로의 변경과 초지의 집약적 작물재배지로의 변경을 포함하며, 이것은 주로 개도국의 집약적 산업축산이 증가함으로써 강화된다. 지구상의 초지는 육지의 거의 40%에 해당하며, 지구 토양 탄소의 약 10%를 보유하고 있다. 초지가 작물 경작지로 전환되면 토양 탄소의 50%가 감소된다. 서반구에서는 초지의 70%가 이미 작물경작지로 전환되었고, 아시아와 아프리카에서는 19% 정도, 그리고 오세아니아는 37% 정도에 이른다. 가축 중에서 반추위 가축이 생산하는 온실가스 양은 단위 가축보다 월등히 많다(그림 2-9). 반추위 가축은 돼지나 닭보다 더 많은 양의 사료작물을 섭취하고 생산 식육 단위당 필요한 면적이 더 많고, 인류 생산 메탄가스의 가장 큰 생산원이며, 단위 가축보다 6배의 질소 공급을 필요로 한다.

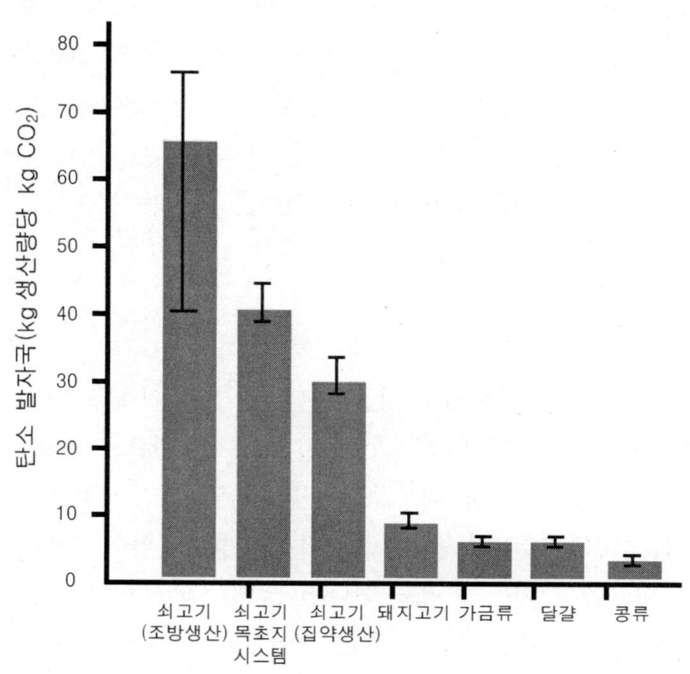

그림 2-9. 축산물 종류별 온실가스 생산량

축산부문은 사료생산, 가축사육, 및 위생을 위해 엄청난 물을 소비한다. 가축분뇨에서 순환되는 물은 지구상의 질소와 인 오염의 33%, 항생제 오염의 50%, 담수의 유해 중금속 오염의 37%를 야기한다. 지구상의 담수에 잔류하는 농약의 37%가 가축 사료 생산에서 유래하는 것으로 보고된다.

2.2 개선 방안

지구 기후변화에 대한 축산의 부정적 효과를 저감시키기 위해서는 우선 축산물 소비를 줄이고, 둘째로는 식육, 특히 반추위 가축의 고기를 훨씬 효율적인 단백질 급원으로 대체하며, 셋째로는 가축을 다양한 농생태계 생산 시스템에 접목시키는 것이다.

1) 소비 축소

작물의 소비를 통해 가축을 키워 생산된 축산물을 소비하는 것보다 작물을 직접 소비하는 것은 공급 에너지를 70% 이상 증가시킨다. 이것은 추가로 40억 인구를 먹일 수 있는 양이다. 단백질 급원으로서의 고기를 대두로 대체 소비하면 2050년에 요구되는 총 생물량을 94% 절감시킬 것으로 보고된다. 따라서 저비용, 지역적으로 입

수 가능한 환경 친화적인 농법과 기술을 통해 식물성 식품 생산을 증가시킬 수 있고, 적은 양의 동물성 식품을 가미함으로써 필요한 에너지, 단백질 그리고 영양소 수준을 공급할 수 있을 것이다. 농업을 위한 생태적 발자국 및 토지요구를 줄이고, 영양적 건강을 증진시키면서 사람들의 식육 소비욕구를 만족시키는 방안으로서 식단에서 섭취하는 에너지의 10% 정도에 해당하는 고기섭취를 줄이는 것이 제안되었다.

2) 대 체

고기를 생산하기 위해 사육되는 가축의 종류에 따라 요구되는 사육면적이 다르기 때문에 직간접으로 생물 다양성에 영향을 준다. 반추위 가축은 단위 가축보다 최소 20배 이상의 면적이 필요하다. 만약에 오로지 사료작물만으로 사육한다면 요구되는 면적은 줄어들지만 여전히 두 배 이상 요구된다. 만약 섭취 에너지의 10%에 해당하는 만큼의 축산물 섭취를 줄이려 할 때 소고기 소비를 더 많이 줄이는 대신 닭고기나 돼지고기의 소비비율을 늘리는 노력을 한다면 생태 시스템이나 생물 다양성에 대한 효과는 증폭될 것이다. 단위 가축은 고기를 생산하는 데에 반추위 가축보다 적은 토지가 요구될 뿐만 아니라 메탄가스도 적게 배출한다. 소비하는 고기 종류를 대체하면 세계적으로 반추위 가축 수를 줄이고 온실가스 배출을 줄이는 목적은 비교적 비용을 적게 들이고 신속하게 성취할 수 있을 것이다.

선진국에서는 1980년에서부터 2004년 사이에 총 가축수는 증가하였지만 반추위 가축의 비율은 7% 줄고, 가금과 돼지는 42% 증가하였다. 결과적으로 총 식육 생산량에서 닭고기와 돼지고기의 비율이 59%에서 69%로 증가하였다. 또 다른 대체 가능성은 배양 고기와 식물성 고기에 대한 연구개발 투자액이 증가하고 있다는 사실이다. 이러한 연구를 통해 고기를 즐기고자 하는 인간의 욕구를 복제하고자 한다. 이와 같이 식물기반이나 저 생태발자국 동물성 식품(닭고기, 양식어류, 곤충 등) 등과 같은 경제적인 단백질 대체원을 공급하는 것은 개도국에서는 단백질 공급원으로 야생동물을 사냥하는 일상을 완화시켜 주는 효과도 있다. 반면에 선진국에서의 이국적 식육자원을 추구하고자 하는 사냥육 추구는 여전히 문제점으로 남아있다.

3) 재통합

현대 축산의 주된 경향은 산업적 사료작물 생산과 대량 폐쇄 가축생산 시설을 통한 생산 시스템의 집약화이다. 2030년까지 총 생산 증가의 75%는 폐쇄 시스템일 것으로 예상한다. 조방축산에서 집약축산으로의 전환은 생산 축산물 단위당 메탄가스와 아산화질소(N_2O) 배출 양을 줄이고 생산성을 증대시킬 수 있는 매력적인 수단이다.

집약적인 사료작물 생산을 통한 소고기 생산은 토지 발자국이 방목 소고기 생산에 비해 1/10 정도이지만 많은 부정적인 측면을 가지고 있다. 왜냐하면 집약 축산은 비료와 농약 생산, 농기계 운용 등 비재생 화석 연료에 심하게 의존함으로써 지구 기후변화를 악화시키기 때문이다.

농장으로부터 오염 영양소 배출, 메탄, 아산화질소 및 암모니아의 생산, 토양침식, 농약, 호르몬제 및 수의약품 오염 등은 모두 축산의 집약화의 결과이다. 이러한 집약 축산이 야기하는 메탄가스나 축산폐수 및 암모니아 등의 오염물질들을 포집하여 활용하는 중앙 집중식 급이 시스템이 추천되기도 하였으나 이들이 수자원 생태계에 영양소 및 미생물 오염을 증가시킨다는 지적이 있다. 따라서 자연 생태계의 구조와 과정을 중심으로 한 농업 시스템에 축산을 접목시키는 방법이 제시되고 있다.

이것은 아시아에서 전통적으로 수천 년 동안 실행되어온 농업 시스템이다. 이것은 경종, 축산, 수산이 어우러지는 통합 영농시스템이다. 퍼마컬처(permaculture) 시스템을 지역 농생태계 시스템에 접목시켜 활용하는 방법이다. 한 종이 생산하는 부산물(폐기물)을 다른 종이 활용함으로써 훨씬 생태적으로 효율적이고 오염이 적게 발생하는 체계이다. 예를 들면, 초식동물을 방목 후 방목지에 가금류를 투입하여 배설물이나 곤충들을 이용하게 하고, 가금류에 의한 토양개선이 이루어지게 만드는 식이다. 이 방법을 채택하면 단일 제품, 집약 축산, 화석연료 시스템에서 탈피하여 다양한 제품, 에너지와 영양소를 절약하는 생태계의 구조와 기능을 활용하는 시스템과 접목하여 운영이 된다. 하지만 이 방법은 주로 개도국의 소규모 농가에서 주로 이루어져 왔고, 규모의 경제와 효율성이라는 차원에서 현실적인 제약이 존재함으로 대부분의 나라에서 무시해 오고 있다.

3. 식육의 미래

식육 소비의 미래에 관해서 고려할 수 있는 관점은 두 가지일 것이다. 우선은 계속 증가하는 식육 소비량을 공급하기 위해 가축을 생산하는 과정에서 야기되는 지구환경에 대한 부정적인 영향이다. 다른 하나는 우리의 건강과 관련하여 장래 식육 소비에 대한 우리의 입장일 것이다.

세계적으로 사육되는 가축의 숫자를 좌우하는 축산에 대해 지대한 영향을 가지는 것은 한 나라의 사회문화적 동인이다. 가축은 인간 사회에서 다중 역할을 가진다. 직접적으로 식량 안보와 인체건강에 크게 기여한다. 우리나라에서도 국민 건강 증진에 대한 축산물의 공헌은 시대적인 청소년의 신체발달 상태 변화로 증거를 보여줬다. 가축은 개도국의 가난한 사람들의 생계에 크게 공헌함은 기정사실이다. 한 가구가 시장에서나 개인 간에 거래할 수 있는 식량이나 비식량 자원을 가축이 제공해줌으로써 그들의 소득을 창출해 준다.

비식량 자원으로서 털, 가죽, 연료 등을 예로 들을 수 있다. 따라서 가축을 획득하는 것이 아프리카를 포함한 많은 개도국에서는 가난에서 벗어나는 수단으로 작용한다. 또한 농사를 짓는 과정에서 유기질 비료를 제공하거나 견인 수단이며, 가정에서 필요할 때 즉시 현금화 할 수 있는 재정적 비상수단이나 경제적 재산 축적의 도구로 이용된다. 식량안보나 인체건강에 대한 공헌과 경제적 공헌에 덧붙여 한 집안의 가축 보유 규모는 많은 개도국에서 사회적으로 공동체에서의 위상에 지대한 영향을 미친다. 아울러 보유하고 있는 가축을 공동체 구성원과 공유함으로써 사회적 관계 강화를 기하고 혼인 시 지참금으로 사용함으로써 가문 간의 유대 강화에도 영향을 미친다. 문화적으로는 선진국에서 지역 품종의 유지는 특정 지역의 자연풍경을 지키는 요소 중의 하나로 인식하고 있다. 더욱이 이제 전통 축산은 문화유산의 일환으로 인식하기 시작한다.

최근의 가축 사육의 윤리적 측면이 강조되기 시작하면서 축산이 지구 온실가스 생산에 상당한 부분을 차지하며, 공장식 축산에서의 동물복지에 대한 소비자들의 관심으로 인해 가축 사육 및 고기 소비에 대한 부정적 경향이 강화되고 있다. 그러나 이러한 부정적 경향은 선진국에서의 사정이고, 개도국에서의 사정은 오히려 중산층의 증가로 소비량이 증가되는 추세이다. 따라서 축산에 대한 부정적 영향을 불식시키기 위한 노력으로 야기되는 고기 수출국인 선진국에서의 생산비 증가는 개도국 소비자들의 부담을 증가시켜 식량안보 차원에서 부정적 결과를 초래할 위험이 존재한다.

소비 측면에서는 건강에 대한 고기 소비의 부정적 견해가 점점 과학적으로 지지받고 있으나 고기 수출국 농민들이 축산 규모를 줄이거나 변경할 가능성은 매우 희박하고, 식생활의 변경이 사회문화적으로 쉬운 문제가 아니기 때문에 고기 소비가 하루아침에 중단될 리는 없고 오히려 지구 온실가스 생산을 낮추고 좀 더 건강한 고기의 생산을 기술적으로 성취하고자 하는 노력이 경주될 것이다. 따라서 선진국 소비자들을 위해서는 유기축산을 통해 무항생제 고기나 동물복지를 고려한 축산을 실천함으로써 생산되는 윤리적 고기, 조직 배양 고기나 식물성 단백질을 이용한 조직화 고기 등이 이미 시도되고 있다. 나아가서는 새로운 식육자원 개발을 위해 야생동물들을 육성하여 기존 축산의 확장을 지양하고 이국적 고기를 소비자들에게 제공하려는 노력들이 경주되고 있다.

반면에 개도국들에서는 여전히 양적인 증가에 집중하고 있기 때문에 축산으로 인한 지구 환경의 악화는 완화될 가능성이 희미하다. 따라서 두 계층 간의 조화가 축산

관련 지구적인 환경문제와 동물복지 차원에서의 축산의 미래를 결정할 것이다.

고기 소비는 소득 수준이 높아질수록 절대 양을 기준으로 높아진다(그림 2-10). 따라서 개도국에서는 고기 소비량이 경제가 발전함에 따라 증가하고 있다. 하지만 선진국에서는 고기 소비가 정체되거나 줄어들고 있다. 내용을 보면 고기 종류 간에 대체가 일어나면서 백색육의 소비는 증가하고, 적육의 소비는 감소하여 전체적으로는 정체 내지는 감소되는 추세이다. 엥겔지수는 가계 소비지출 총액에서 식료품비가 차지하는 비율을 의미한다. 엥겔지수는 소득 수준이 높아질수록 낮아진다. 다시 말하면 식품에 대한 지출 비율이 줄어든다는 의미이다. 선진국의 엥겔지수는 낮다.

인간의 식생활과 영양 상태는 소위 영양 변천(nutrition transition)이라는 단계적인 변화를 거친다. 개인당 더 많은 식품을 획득할 수 있으면 소비자들은 주로 식물성 식품의 소비를 증가시켜 에너지 섭취를 늘린다. 이 단계를 영양 변천에서 팽창 단계(expansion stage)라고 한다. 이 단계가 지나면 탄수화물이 풍부한 식품이 식물성유, 동물성 식품 및 설탕류로 대체되는 대체단계(substitution stage)로 넘어간다. 현재 대부분의 선진국, 아시아 산업국 및 신흥 산업국(소위 BRICS)에서의 영양단계이다. 식육 소비 부분만을 고려해 볼 때 개도국은 장기적으로 고기 소비가 지속적으로 늘어날 추세이지만, 선진국에서는 어느 시점에서는 줄어들 것으로 예측된다(그림 2-11).

세계 120개국의 46년간(1961～2007)의 국민소득과 고기 소비량을 취합하여 분석한 결과를 보면, 일인당 국민소득을 구매력 등가(Purchasing Power Parity ; PPP)로

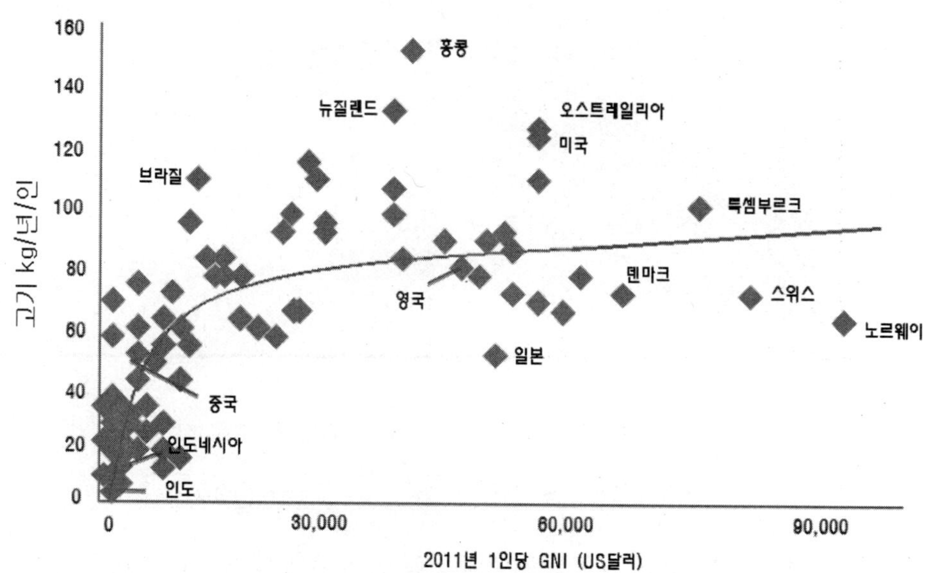

그림 2-10. 개인소득과 고기 소비량의 관계

계산했을 때 나라마다 상황이 달라 $31,275(2005년 불변가격으로 $35,035)에서 $55,258(2005년 불변가격 $48,457) 수준에서 고기 소비량이 줄어들기 시작하는 것으로 보고된다. 또 다른 보고에서는 세계 150개국의 29년간(1980~2009)의 고기 소비량과 소득 수준을 전체적으로 분석했을 때 변곡점은 $45,263(PPP, 2005년 불변가격)이었으나 도시화와 농지 보유 요인을 가미하여 분석하였을 때는 $36,375(2005년 불변가격)였다는 것을 보여준다. 고기 소비에 영향하는 주요 요인으로는 사회적으로 종교, 성, 신념, 사회경제적 신분, 교육수준, 불확실성 용납지수, 종족 차이, 자유무역 등이 거론된다. 기독교인들이 낮은 사회경제적 신분, 남성 우월주의와 권위주의의 우세 등이 고기 소비를 증가시키는 것으로 조사되었다.

일본은 이미 고기 소비가 정체되어 있고, 우리나라는 2016년 국민소득이 $34,985(PPP)이었으므로 머지않아 소비가 정체될 수 있는 가능성이 상존한다. 나라에 따라서는 단기적으로 전체적인 소비량 감소보다는 고기 종류간의 선호도 변화가 우선할 수도 있다. 장기적으로는 개인소득의 향상과 중산층의 증가 그리고 지구상의 인구수 증가로 인해 세계적으로 고기 소비량은 계속 증가할 것이지만, 소득이 충분히 높아진 특정 국가에서의 상황은 그 나라가 경제사회적으로 어느 집단에 속하느냐에 따라 상

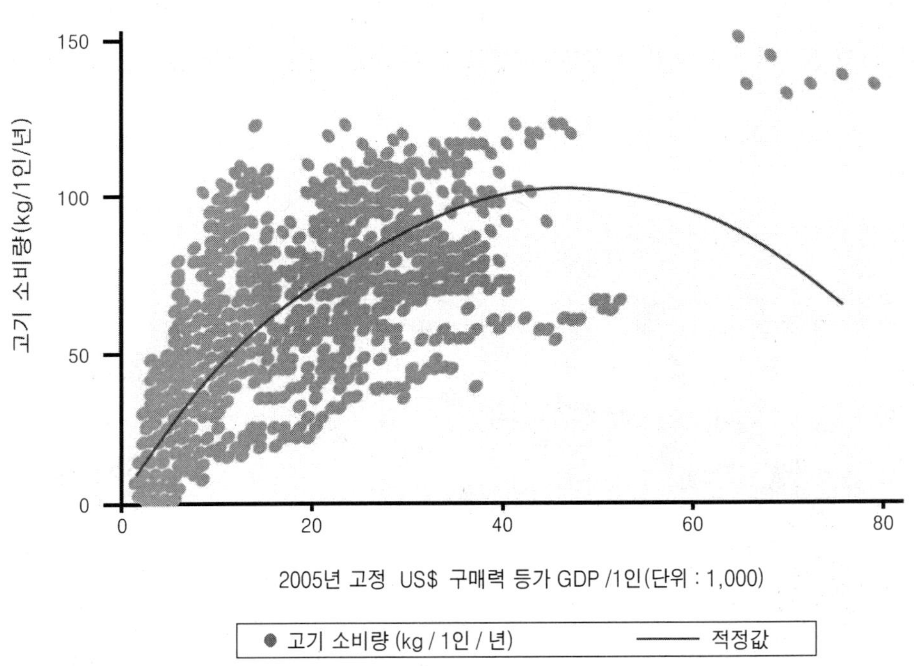

그림 2-11. 역 U자 형의 개인소득(구매력 등가) 수준에 따른 고기 소비량 변화
(Uranken 등, 2014)

이한 고기 소비 감소 경향을 보일 것이다. 우리나라는 선진국의 문턱에서 완만한 발전을 이룩하고 있지만, 고기 소비는 조만간 정체 내지는 감소할 가능성을 가진 경제 수준의 국가군에 속한다. 따라서 고기 종류간의 소비대체를 포함한 고기 소비의 정체 내지는 감소를 준비하여야 하여야 할 것이다.

그러나 세계화된 축산산업이라는 측면에서 보면 이야기는 달라진다. 2022년은 최근 역사에서 처음으로 세계 인구 중 빈곤층보다 중산층이 더 많은 시기일 것으로 예상한다. 2030년까지 50억 인구(지구 인구의 거의 2/3)가 중산층일 것으로 예측된다. 이러한 지구 중산층의 잠재적 증가는 축산물 수출국에게는 또 다른 차원을 제공한다. 왜냐하면 지구 중산층의 새로운 구성원의 거의 전부는 아시아에 거주할 것이기 때문이다. 이것은 또한 미래에 생산되어져야 할 식량의 종류에 대한 암시도 준다. 왜냐하면 팽창하는 중산층은 고기, 낙농제품, 알, 생선, 견과류와 과일 등과 같은 가치 높은 식품에 대한 수요를 증가시키기 때문이다. 소득 증가에 따른 이러한 경향에 근거하여 지구적 고기와 유제품 생산이 2050년까지 상당히 증가될 필요가 있을 것으로 예측(FAO, 2012)하기 때문이다.

참고문헌

제1편 근 육

1장. 근육 형성

1. Aberle, E. D., Forrest, J. C., Gerrard, D. E., and Mills, E. W. (2012) Principles of meat science. Kendall Hunt Publishing Company.
2. Barbut, S. (2015) The science of poultry and meat processing. Univ. Guelph.
3. Du, M. and McCormick, R. J. (edit.) (2009) Applied muscle biology and meat science. CRC Press.
4. Lawrie, R. (2006) Meat science. Woodhead Publishing Co.
5. Kerry, J., Kerry, J., and Ledward, D. (edit.) (2002) Meat processing: Improving quality. CRC Press.
6. Kerry, J. P., and Ledward D. (edit.) (2009) Improving the sensory and nutritional quality of fresh meat. Woodhead Publishing.
7. Kerth, C. R. (edit.) (2013) The science of meat quality. John Wiley & Sons, Inc.
8. Purslow, P. P. (edit.) (2017) New aspects of meat quality. From Genes to Ethics. Elsevier.
9. Toldrá, F. (edit.) (2008) Meat Biotechnology. Springer.
10. 강창기, 박구부, 성삼경, 이무하, 이영현, 정명섭, 최양일. (1992) 식육생산과 가공의 과학. 선진문화사.
11. 김병철, 박구부, 성삼경, 이무하, 이성기, 정명섭, 주선태, 최양일. (1998) 근육식품의 과학. 선진문화사.
12. 김현욱, 이무하, 성삼경. (2001) 축산식품가공학. 선진문화사.

2장. 근육 수축

1. Aberle, E. D., Forrest, J. C., Gerrard, D. E., and Mills, E. W. (2012) Principles of meat science. Kendall Hunt Publishing Company.
2. Barbut, S. (2015) The science of poultry and meat processing. Univ. Guelph.
3. Du, M., and McCormick, R. J. (edit.) (2009) Applied muscle biology and meat science. CRC Press.
4. Lawrie, R. (2006) Meat science. Woodhead Publishing Co.
5. Kerry, J., Kerry, J., and Ledward, D. (edit.) (2002) Meat processing:

Improving quality. CRC Press.
6. Kerry, J. P., and Ledward, D. (edit.) (2009) Improving the sensory and nutritional quality of fresh meat. Woodhead Publishing.
7. Kerth, C. R. (edit.) (2013) The science of meat quality. John Wiley & Sons, Inc.
8. Purslow, P. P. (edit.) (2017) New aspects of meat quality. From Genes to Ethics. Elsevier.
9. 강창기, 박구부, 성삼경, 이무하, 이영현, 정명섭, 최양일. (1992) 식육생산과 가공의 과학. 선진문화사.
10. 김병철, 박구부, 성삼경, 이무하, 이성기, 정명섭, 주선태, 최양일. (1998) 근육식품의 과학. 선진문화사.
11. 김현욱, 이무하, 성삼경. (2001) 축산식품가공학. 선진문화사.

제 2편 근육의 식육 전환

1장. 사후근육의 생화학적 변화

1. Aberle, E. D., Forrest, J. C., Gerrard, D. E., and Mills, E. W. (2012) Principles of meat science. Kendall Hunt Publishing Company.
2. Kerry, J., Kerry J., and Ledward D. (edit.) (2002) Meat processing: Improving quality. CRC Press.
3. Kerry, J. P., and Ledward, D. (edit.) (2009) Improving the sensory and nutritional quality of fresh meat. Woodhead Publishing.
4. Kerth, C. R. (edit.) (2013) The science of meat quality. John Wiley & Sons, Inc.
5. Kemp, C. M., Sensky, P. L., Bardsley, R. G., Buttery, P. J., and Parr. T. (2010) Tenderness - An enzymatic view. *Meat Sci.* **84**, 248-256.
6. Lawrie, R. (2006) Meat science. Woodhead Publishing Co.
7. Purslow, P. P. (edit.) (2017) New aspects of meat quality. From Genes to Ethics. Elsevier.
8. Toldrá, F. (edit.) (2010) Handbook of meat processing. Wiley-Blackwell.
9. 강창기, 박구부, 성삼경, 이무하, 이영현, 정명섭, 최양일. (1992) 식육생산과 가공의 과학. 선진문화사.
10. 김병철, 박구부, 성삼경, 이무하, 이성기, 정명섭, 주선태, 최양일. (1998) 근육식품의 과학. 선진문화사.
11. 김현욱, 이무하, 성삼경. (2001) 축산식품가공학. 선진문화사.
12. 송계원, 강통삼, 김현욱, 성삼경, 송인상, 이무하, 이유방, 채영석, 한석현. (1985) 식육과 육제품의 과학. 선진문화사.

2장. 식육 생산

1. Bekhit, A. E.-D A. (edit.) (2017) Advances in meat processing technology. CRC Press.
2. Bergl, C., and Raj, M. (2015) A review of different stunning methods for poultry-animal welfare aspects (stunning methods for poultry). *Animals* 5, 1207-1219.
3. Cenci-Goga, B. T., Sechi, P., Cuccurese, A., Poeta, A., De Angelis, G., Marini, P., Mattiacci, C., Rossi, R. Pezzato, R., Salamano, G., and Santori, P. (2013) Religious slaughter: Data from surveys and spot-check visits in Italy and animal welfare issues. *Society & Animals* 21, 459-488.
4. FAO. (1991) Manual of meat cold store operation and management.
5. Gerrard, F., and Mallion, F. J. (edit.) (1980) The Complete Book of Meat. Virtue & Co. Limited.
6. James, S. J., and James, C. (2002) Meat refrigeration. Woodhead, Cambridge.
7. Jocelyn M., and Alison S. (2006) Review of new and emerging technologies for red meat safety. Meat & Livestock Australia.
8. Judg, M. D., Aberle, E. D., Forrest, J. C., Hedrick, H. B., and Merkel, R. A. (1989) Principles of meat science. 2nd ed. Kendall/Hunt Pub. Co.
9. Jung, S., Kim, H. J., Park, S., Yong, H. I., Choe, J. H., Jeon, H. J., Choe, W., and Jo, C. (2015) The use of atmospheric plasma-treated water as a soruce of nitrite for emulsion-type sausage. *Meat Sci.* 108, 132-137.
10. Kerry, J., Kerry, J., and Ledward, D. (2002) Meat Processing: Improving quality. CRC.
11. Kim, H. J., Yong, H. I., Park, S., Kim, K., Kim, T. H., Choe, W., and Jo, C. (2014) Effect of atmospheric pressure dielectric barrier discharge plasma on the biological activity of naringin. *Food Chem.* 160, 241-245.
12. Lambooy, B., Lagendijk, J., and van Rhoon, G. (1989) Feasibility of stunning slaughter pigs with microwave at 434 MHz. *Fleischwirtsch.* 69, 1030-1032.
13. Misra, N. N. and Jo, C. (2017) Application of cold plasma technology for microbiological safety in meat industry. *Trends Food Sci. Tech.* 64, 74-86.
14. Needham, C. (2012) Religious slaughter of animals in the EU. Library Briefing. Library of the European Parliament.
15. Purchase, R. W., Butler-Hogg, B. W., and Davis, A. S. (edit.) (1989) Meat production and processing. New Zealand Soc. Animal Production.

16. Romans, J. R., and Ziegler, P. T. (1977) The Meat We Eat. 11th ed. The Interstate Printers & Pub., Inc.
17. Toldra, F. (edit.) (2010) Handbook of meat processing. Blackwell Publishing.
18. 강창기, 박구부, 성삼경, 이무하, 이영현, 정명섭, 최양일. (1992) 식육생산과 가공의 과학. 선진문화사.
19. 김병철, 박구부, 성삼경, 이무하, 이성기, 정명섭, 주선태, 최양일. (1998) 근육식품의 과학. 선진문화사.
20. 김현욱, 이무하, 성삼경. (2001) 축산식품가공학. 선진문화사.
21. 박형기, 오홍록, 신현길, 김천제, 강종옥 외 11명. (1991) 식육의 과학과 이용. 선진문화사.
22. 송계원, 강통삼, 김현욱, 성삼경, 송인상, 이무하, 이유방, 채영석, 한석현. (1985) 식육과 육제품의 과학. 선진문화사.

제 3편 식육 품질

1장 식육품질의 이해, 2장 관능적 품질, 3장 건전성, 4장 가공 기능성, 5장 변질과 품질의 유지

1. American Meat Science Association. (2012) Meat Color measurement guidelines. AMSA.
2. Baily, A. J., and Light, N. D. (1989) Connective tissue in meat and meat products. Elsevier Applied Science.
3. Bechtel, P. J. (edit.) (1986) Muscle as food. Academic Press, Inc.
4. Bekhit, A. E.-D A. (edit.) (2017) Advances in Meat Processing Technology. CRC Press.
5. Bell, G. A. (1996) Molecular mechanisms of olfactory perception: Their potential for future technology. *Trends in Food Sci. & Technol.* 7, 425-431.
6. Bondonno, C. P., Croft, K. D., and Hodgson, J. M. (2016) Dietary nitrate, nitric oxide, and cardiovascular health. *Crit. Rev. Food Sci. Nutr.* 56, 2036-2052.
7. Campbell-Platt, G., and Cook, P. E. (edit.) (1995) Fermented meats. Blackie Academic & Professional.
8. Cheng J. H. (2016) Lipid oxidation in meat. *J. Nutr. Food Sci.* 6, 494-497.
9. Dave, D., and Ghaly, A. E. (2011) Meat spoilage mechanisms and preservation techniques: A critical review. *Am. J. Agric. Biol. Sci.* 6, 486-510.
10. Dixon, M. P. (1968) Organoleptic qualities. *J. Food Technol.* 3, 423-429.

11. Fang, Z., Zhao, Y., and Zhang, M. (2015) Current practice and innovations in meat packaging. AMPC.
12. Girard, J. P. (1992) Technology of meat and meat products. Ellis Horwood.
13. Hur, S. J., Jo, C., Yoon, Y., Jeong, J. Y., and Lee, K. T. (2018) Controversy on the correlation of red and processed meat consumption with colorectal cancer risk: An Asian perspective. *Crit. Rev. in Food Sci. Nutr.* DOI : 10.1080/10408398.2018.14956
14. Imafidon, G. I., and Spanier, A. M. (1994) Unraveling the secret of meat flavor. *Trends Food Sci. Tech.* 5, 315-321.
15. Jin, S., Jayasena, D., Jo, C., and Lee, J. H. (2017) The breeding history and commercial development of the Korean native chicken: A Review. *World Poult. Sci J.* 73, 163-174.
16. Johnston, D. E., Knight, M. K., and Ledward, D. A. (edit.) (1992) The chemistry of muscle based foods. Royal Soc. Chemistry.
17. Judge, M. D., Aberle, E. D., Forrest, J. C., Hedrick, H. B., and Merkel, R. A. (1989) Principles of meat science. 2nd ed. Kendall/Hunt Publishing Company.
18. Kawai, T. (1996) Fish flavor. *Crit. Rev. Food Sci. Nutr.* 36, 257-298.
19. Kemp, C. M., Sensky, P. L., Bardsley, R. G., Buttery, P. J., and Parr, T. (2010) Tenderness-An enzymatic view. *Meat Sci.* 84, 248-256.
20. Kerry, J., Kerry, J. and Ledward, D. 2002. Meat processing: Improving quality. CRC Press.
21. Kinsman, D. M., Kotula, A. W., and Breidenstein, B. C. (edit.) (1994) Muscle foods. Chapman & Hall.
22. Ledward, D. A. (1984) Haemoproteins in meat and meat products. in Developments in Food Protein-3 (ed., Hudson, B.J.F.).
23. Lidder, S., and Webb, A. J. (2012) Vascular effects of dietary nitrate (as found in green leafy vegetables and beetroot) via the nitrate-nitrite-nitric oxide pathway. *Br. J. Clin. Pharmacol.* 75, 677-696.
24. Mead, G. C. (edit.) (1989) Processing of poultry. Elsevier Applied Science.
25. Min, B., and Ahn, D. U. (2005) Mechanism of lipid peroxidation in meat and meat products-A review. *Food Sci. Biotechnol.* 14, 152-163.
26. Morrissey, P. A., Mulvihill, D. M., and O'Neill, E. M. (1987) Functionality of muscle proteins. in Developments in Food Protein-5(ed., Hudson, B.J.F.).
27. Pearson, A. M., and Dutson, T. R. (edit.) (1990) Meat and Health. Adv. Meat Res. vol. 6.
28. Pearson, A. M., and Dutson, T. R. (edit.) (1994) Quality attributes and

their measurement in meat, poultry and fish products. Blackie Academic & Professional.

29. Price, J. F., and Scheigert, B. S. (edit.) (1987) The science of meat and meat products. 3rd ed. Food & Nutrition Press, Inc.
30. Puolanne, E., Demeyer, D. I., Ruusunen, M., and Ellis, S. (edit.) (1993) Pork quality: genetic and metabolic factors. CAB International.
31. Purslow, P. P. (edit.) (2017) New aspects of meat quality from genes to ethics. Woodhead Publishing.
32. Ruiz-Capillas, C., and Jimenez-Colmenero, F. (2004) Biogenic amines in meat and meat products. *Crit. Rev. Food Sci. Nutr.* **44**, 489-499.
33. Saxby, M. J. (edit.) (1993) Food Taints and Off-flavours. Blackie Academic & Professional.
34. Sindelar, J., and Milkowski, A. (2012) Human safety controversies surrounding nitrate and nitrite in the diet. *Nitric Oxide.* **26**, 259-266
35. Shahidi, F. (edit.) (1994) Flavor of meat and meat products. Blackie Academic & Professional.
36. Smulders, F. J. M., Toldra, F., Flores, J., and Prieto, M. (edit.) (1992) New technologies for meat and meat products. ECCEAMST.
37. Stadnik, J., and Dolatowski, Z. J. (2010) Biogenic amines in meat and fermented meat products. *Acta Sci. Pol. Technol. Aliment.* **9**, 251-263.
38. Taylor, S. A., Raimundo, A., Severini, M., and Smulders, F. J. M. (edit.) (1996) Meat quality and meat packaging. ECCEAMST.
39. Toldrá, F. (edit.) (2010) Handbook of meat processing. Wiley-Blackwell.
40. Zhou, G. H., Xu, X. L., and Liu, Y. (2010) Preservation technologies for fresh meat-A review. *Meat Sci.* **86**, 119-128.
41. 강창기, 박구부, 성삼경, 이무하, 이영현, 정명섭, 최양일. (1992) 식육생산과 가공의 과학 선진문화사.
42. 강통삼, 김종원, 성삼경, 송인상, 안동욱, 이무하, 이성기, 이유방, 최양일. (1988) 식육과학: 이론과 응용. 선진문화사.
43. 강통삼, 김현욱, 성삼경, 송인상, 이무하, 이유방, 채영석, 한석현. (1982) 식육과 육제품의 과학. 선진문화사.
44. 보건복지부/한국 영양학회. (2015) 2015 한국인영양소섭취기준. 보건복지부.
45. 이무하. (1989) 신선육색의 관리. 한국식육연구회지 **9(1)**, 1-7.
46. 이무하. (1995) 식육생산 사슬을 통한 식육품질의 이해. 선진문화사.
47. 김병철, 박구부, 성삼경, 이무하, 이성기, 정명섭, 주선태, 최양일. (1998) 근육식품의 과학. 선진문화사.
48. 이무하, 이성기, 최석호, 김일석. (2001) 축산식품 품질경영학. 선진문화사.

제 4편 식육 가공

1장. 신선육 가공

1. Dashdorj, D., Tripathil, V. K., Cho, S., Kim, Y., and Hwang, I. (2016) Dry aging of beef: Review. *J. Anim. Sci. Technol.* 58, 1-11.
2. Cbb and Ncba. (2006) Industry guide for beef aging.
3. Kim, S. Y., Yong, H. I., Nam, K. C., Jung, S., Yim, D. G., and Jo, C. (2018) Application of high temperature (14℃) aging of beef *M. semimembranosus* with low-dose electron beam and X-ray irradiation. *Meat Sci.* 136, 85-92
4. 강창기, 박구부, 성삼경, 이무하, 이영현, 정명섭, 최양일. (1992) 식육생산과 가공의 과학. 선진문화사.
5. 김병철, 박구부, 성삼경, 이무하, 이성기, 정명섭, 주선태, 최양일. (1998) 근육식품의 과학. 선진문화사.
6. 김현욱, 이무하, 성삼경. (2001) 축산식품가공학. 선진문화사.

2장. 가공육 제품, 3장. 가공육제품 제조기술

1. Feiner, G. (2006) Meat products handbook practical science and technology. Woodhead Publishing Limited.
2. Toldrá F. (2010) Handbook of meat processing. Blackwell Publishing.
3. Leroy, F., Verluyten, J., and De Vuyst, L. (2005) Functional meat starter cultures for improved sausage fermentation. *Int. J. Food Microbiol.* 106, 270-285.
4. Liicke, F.-K. (1994) Fermented meat products. *Food Res Int.* 27, 299-307.
5. 강창기, 박구부, 성삼경, 이무하, 이영현, 정명섭, 최양일. (1992) 식육생산과 가공의 과학. 선진문화사.
6. 김병철, 박구부, 성삼경, 이무하, 이성기, 정명섭, 주선태, 최양일. (1998) 근육식품의 과학. 선진문화사.
7. 김현욱, 이무하, 성삼경. (2001) 축산식품가공학. 선진문화사.
8. 이무하, 김대곤, 김일석, 김정환, 박승룡, 배인휴, 진상근. (2001) 축산식품 즉석가공학. 선진문화사.

제 5편 식육과 육제품의 품질 제어

1장 식육 품질에 영향하는 요인, 2장 가축에서의 제어, 3장 식육제품에서의 제어

1. Bhat, Z. F., and Bhat, H. (2011) Functional meat products. A review. *Int. J. Meat Sci.* 1, 1–14.

2. Bilić–Šobot, D., Čandek–Potokar, M., Kubale, V., and Škorjang, D. (2014) Boar taint: interfering factors and possible ways to reduce it. *Agricultura.* 11, 35-47.

3. Fernandez–Gines, J. M., Fernandez-Lopez, J., Sayas-Barbera, E., and Perez–Alvarez, J. A. (2005) Meat products as functional foods: A review. *J. Food Sci.* 70, 37–43.

4. Hammes, W. P., and Hertel, C. (1996) Selection and improvement of lactic acid bacteria used in meat and sausage fermentation. *Le Lait* 76, 159-168.

5. Kerry, J., Kerry, J., and Ledward, D. (2002) Meat Processing: Improving quality. CRC.

6. Leroy, F., Verluyten, J., and De Vuyst, L. (2005) Functional meat starter cultures for improved sausage fermentation. *Int. J. Food Microbiol.* 106, 270–285.

7. Liicke, F.–K. (1994) Fermented meat products. *Food Res. Int.* 27, 299–307.

8. Mallika, E. N., Prabhakar, K., and Reddy, P. M. (2009) Low fat meat products–An overview. *Vet. World.* 2, 364–366.

9. Scollan, N. D., Enser, M., Gulati, S. K., Richardson, I., and Wood, J. D. (2003) Effects of including a ruminally protected lipid supplement in the diet on the fatty acid composition of beef muscle. *Br. J. Nutr.* 90, 709–716.

10. Smith, S. B., Gill, C. A., Lunt, D. K., and Brooks, M. A. (2009) Regulation of fat and fatty acid composition in beef cattle. *Asian Australas J. Anim. Sci.* 22, 1225–1233.

11. Špehar, M., Vincek, D., and Žgur, S. (2008) Beef quality: Factors affecting tenderness and marbling. *STOČARSTVO.* 62, 463–478.

12. Toldra, F. (2008) Meat biotechnology. Springer Science+Business Media, LLC.

13. Urbanová, D., Stupka, R., Okrouhlá, M., Čítek, J., Vehovský, K., and Zadinová, K. (2016) Nutiritional effects on boar taint in entire male pigs: a review. *Scientia Agriculturae Bohemica.* 47, 154–163.

14. Vasilev, D., Glišić, M., Janković, V., Dimitrijević, M., Karabasil, N., Suvajdžić, B., and Teodorović, V. (2017) Perspectives in production of functional meat products. 59th International Meat Industry Conference. Earth and Environmental Science 85.

15. Wood, J. D., Enser, M., Fisher, A. V., Nute, G. R., Richardson, R. I., and Sheard, P. R. (1999) Manipulating meat quality and composition. *Proc. Nutr. Soc.* 58, 363–370.

16. Wood, J. D., Enser, M., Fisher, A. V., Nute, G. R., Sheard, P. R., Richardson, R. I., Hughes, S. I., and Whittington, F. M. (2008) Fat deposition, fatty acid composition and meat quality: A review. *Meat Sci.* **78**, 343-358.
17. Wood, J. D., Richardson, R. I., Nute, G. R., Fisher, A. V., Campo, M. M., Kasapidou, E., Sheard, P. R., and Enser, M. (2003) Effect of fatty acids on meat quality: a review. *Meat Sci.* **65**, 21-32.

제 6편 첨단 미래 식육과학 기술

1장. 첨단 식육과학 기술

1. Arshad, M. S., Javaid, M., Sohaib, M., Saeed, F., and Imran, A. (2017) Tissue Engineering Approaches to Develop Cultured Meat from Cells: a mini review. *Cogent Food Agric.* DOI: 10.1080/23311932.2017.1320814.
2. Berg, J., Wendin, K., Langton, M., Josell, A. and Davidsson, F. (2017) State of the art report: Insects as food and feed. *Ann. Exp. Biol.* **5(2)**, 37-46.
3. Bhat, Z. F. and Bhat, H. (2011) Tissue engineered meat- Future meat. *J. Stored Prod. Res.* **2(1)**, 1-10.
4. Bhat, Z. F., Kumar, S. and Fayaz, H. (2014) In Vitro meat production: Challenges and benefits over conventional meat production. *J. Integr. Agric.* DOI: 10.1016/S2095-3119(14) 60887-X
5. DeFoliart, G. R. (1999) Insects as food: Why the western attitude is important. *Annu. Rev. Entomol.* **44**, 21-50
6. Ge, Lan, C. Brewster, J. Spek, A. Smeenk, and Top, J. (2017) Blockchain for Agriculture and Food; Findings from the pilot study. Wageningen Economic Research, Report 2017-112.
7. Godoi, F. C., Godoi, P. S., and Bhandari, B. (2015) Review of 3D printing and potential red meat applications. Meat & Livestock Australia.
8. Guo, N., and Leu, M. C. (2013) Additive manufacturing: Technology, applications and research needs. *Front. Mech. Eng.* **8**, 215-243.
9. Jayasena, D. D., Kim, H. J., Yong, H. I., Park, S., Kim, K., Choe, W., and Jo, C. (2015) Flexible thin-layer dielectric barrier discharge plasma treatment of pork butt and beef loin: Effects on pathogen inactivation and meat-quality attributes. *Food Microbiol.* **46**, 51-57.
10. Jones, N. (2010) Nature. **468**, 452-453.
11. Jung, S., Kim, H. J., Park, S., Yong, H. I., Choe, J. H., Jeon, H. J., Choe, W., and Jo, C. (2015) The use of atmospheric pressure plasma-treated

water as a source of nitrite for emulsion-type sausage. *Meat Sci.* **108**, 132-137.

12. Kadim, I., Mahgoub, O., Baqir S., Faye B. and Purchas, R. (2014) Cultured meat from muscle stem cells: A review of challenges and prospects. *J. Integra. Agric.* **14(2)**, 222-233.
13. Koonce, L. (2017) Blockchains & Food Security in the Supply Chain. Davis Wright Tremaine LLT.
14. Korkka, E. (2016) Insect Protein Production - Possibilities in Finland. Bachelor's thesis. Tampere University of Applied Sciences.
15. Kumar, Y., Berwal, R., Pandey, A., Sharma, A. and Sharma, V. (2017) Hydroponics meat: An envisaging boon for sustainable meat production through biotechnological approach - A review. *Int. J. Vet. Sci. Anim. Husb.* **2(1)**, 34-39.
16. Lee, H., Yong, H. I., Kim, H. J., Choe, W., Yoo, S. J., Jang, E. J., and Jo, C. (2016) Evaluation of the microbiological safety, quality changes, and genotoxicity of chicken breast treated with flexible thin-layer dielectric barrier discharge plasma. *Food Sci. Biotechnol.* **25(4)**, 1189-1195.
17. Lin, I.-C., Shih, H., Liu, J.-C., Jie, Y.-X. (2017) Food Traceability System Using Blockchain. Proceedings of 79th IASTEM International Conference, Tokyo, Japan.
18. Mariod, A. A. (2013) Insect oil and protein: Biochemistry, food and other uses: Review. *Agric. Sci.* **4(9B)**, 76-80.
19. McLaren, M. E. (2014) Cultured Meat: A Beneficial, Crucial, and Inevitable Nutrition Technology. Law School Student Scholarship. Paper 527.
20. Müller, A., Evans, J., Payne, C. L. R., and Roberts, R. (2016) Entomophagy and Power. *J. Insect. Food Feed* **2(2)**, 121-136.
21. Muntean, M.-V., Marian, O., Barbieru, V., Catunescu, G.M., Ranta, O., Drocas, I., and Terhes, S. (2016) High pressure processing in food industry-characteristics and applications. *Agric. Agric. Sci. Procedia* **10**, 377-383.
22. Pal, M. (2017) Pulsed electric field processing: An emerging technology for food preservation. *J. Exp. Food Chem.* **3(2)**, 126-127.
23. Payne, C. L. R., Dobermann, D., Forkes, A., House, J., Josephs, J., McBride, A., Müller, A. Quilliam, R. S., and Soares, S. (2016) Insects as food and feed: European perspecties on recent research and future priorities. *J. Insect. Food Feed* **2(4)**, 269-276.
24. Payne, C. L. R., Scarborough, P., Rayner, M. and Nonaka, K. (2016) Are edible insects more or less 'healthy' than commonly consumed meats? A comparison using two nutrient profiling models developed to combat over-

and undernutrition. *Eur. J. Clin. Nutr.* 70(3), 285-291

25. Rorheim, A., Mannino, A., Baumann, T., and Caviola, L. (2016) Cultured meat: An ethical alternative to industrial animal farming. *Policy paper by Sentience Politics* 1, 1-14.
26. Saroya, H. K. (2017) Innovative Non-Thermal Food Processing Technologies Used By The Food Industry In The United States. Masters theses. Western Kentucky University.
27. Simonin, H., Duranton, F. and de Lamballerie, M. (2012) New Insights into the High-Pressure Processing of Meat and Meat Products. Vol. 11. *Compr. Rev. Food Sci. Food Saf.* IFT.
28. Stoica, M., Mihalcea, L., Borda, D. and Alexe, P. (2013) Non-thermal novel food processing technologies. An overview. *J. Agroaliment. Proc. Technol.* 19(2), 212-217.
29. UT Nieuws blogs. (2016) Bammetjes, biopsy and bioreactors: the technology behind In Vitro Meat.
30. van Huis, A. (2013) Potential of insects as food and feed in assuring food security. *Entomol.* 58, 563-583.
31. van Huis, A., van Itterbeeck, J., Klunder, H., Mertens, E., Halloran, A., Muir, G. and Vantomme. P. (2013) Edible insects Future prospects for food and feed security. FAO Forestry Paper 171.
32. Vantomme, P., Münke, C., Van Huis, A., Van Itterbeeck, J. and Hakman, A. (2014) Insects to feed the world conference. Summary report, FAO, Rome, Italy and Wageningen UR, Wageningen, the Netherlands.
33. Webb, L., Swanepoel, T. and Green, P. (2016) Final report - review of market acceptance and value proposition for 3D printed meat. Meat & Livestock Australia.
34. Yong, H. I., Lee, H., Park, S., Park, J., Choe, W., Jung, S., and Jo, C. (2017) Flexible thin-layer plasma inactivation of bacteria and mold survival in beef jerky packaging and its effects on the meat's physicochemical properties. *Meat Sci.* 123, 151-156.
35. 박성권, 윤은영. (2018) 동물성 단백질 식품으로서의 곤충의 이용. 축산식품과학과 산업 7(1), 12-20.

2장. 식육의 미래

1. AASSA. (2018) Food and Nutrition Security and Agriculture in the Asia-Pacific Regions. IAP.
2. Cole, J. R., and McCoskey, S. (2013) Does global meat consumption follow an environmental Kuznets curve? *Sustainability: Science, practice and policy.* 9, 26-36.
3. Cummins, E. J., and Lyng, J. G. (edit.) (2017) Emerging technologies in meat processing: Production, processing and technology. Wiley Blackwell.
4. FAO. (2012) World Agriculture towards 2030/2050. The 2012 Revision.
5. Ge, L., Brewster, C., Spek, J., Smeenk, A., and Top, J. (2017) Blockchain for agriculture and Food: Findings from the pilot study. Wagenigen University & Research.
6. Homi Kharas. (2017) The unprecedented expansion of the global middle class. An Update. Brookings Institution.
7. Lin, I. -C., Shih, H., Liu, J.-C., and Jie, Y.-X. (2017) Food tracebility system using block chain. Proc. 79th ISASTEM International Conference, Tokyo, Japan.
8. Machovina, B., Feeley, K. J., and Ripple, W. J. (2015) Biodiversity conservation: The key is reducing meat consumption. *Sci. Total Environment.* 536, 419-431.
9. McAfee, A. J., McSorley, E. M., Cuskelly, G. J., Moss, B. W., Wallace, J. M. W., Bonham, M. P., and Fearon, A. M. (2010) Red meat consumption: An overview of the risks and benefits. *Meat Sci.* 84, 1-13.
10. OECD. (2018) OECD-FAO Agricultural Outlook.
11. Sans, P., and Combris, P. (2015) World meat consumption patterns: An overview of the last fifty years (1961-2011). *Meat Sci.* 109, 106-111.
12. Sullivan, R., and Aldridge, T. (2011) The outlook for commodity prices and implications for New Zealand monetary policy. Reserve Bank of New Zealand.
13. Tang, J. (2015) Unlocking potentials of microwaves for food safety and quality. *J. Food Sci.* 80, 1776-1793.
14. Thornton, P. K. (2010) Livestock production: recent trends, future prospects. *Phil. Trans. R. Soc. B.* 365, 2853-2867.
15. Vranken, L., Avermaete, T., Petalios, D., and Mathijs, E. (2014) Curbing global meat consumption: Emerging evidence of a second nutrition transition. *Environ. Sci. Policy.* 39, 95-106.

16. Yukiko Nozaki. (2016) The future of global meat demand-Implications for the grain market. Mitsui Global Strategic Studies Institute.
17. 고광석. (2017) 제4의 물결, 답은 역사에 있다: 세종에서 엘론 머스크까지. 한빛비즈.
18. 농림축산식품부. (2017) 농림축산식품 주요 통계.
19. 스티븐 풀. (2017) 리씽크. 오래된 생각의 귀환. 쌤앤파커스.

찾아보기

식육과학 4.0

2018년 8월 31일 초판 발행
2019년 2월 10일 재판 발행

편저자 : 강석남 · 김일석 · 남기창 · 민병록
이무하 · 임동균 · 장애라 · 조철훈

펴낸이 : 천 승 배
펴낸곳 : 도서출판 유한문화사

주소 : 경기도 고양시 덕양구 지도로124번길 8-35
전화 : (02) 2668-2055
팩스 : (02) 2668-2565
http://www.yuhansa.com
E-mail : yuhansa@hanmail.net

등록 : 제 5-31호. 1979. 3. 6.

값 23,000 원

ISBN : 978-89-7722-937-2 93590